电工识图一本通

门宏◎编著

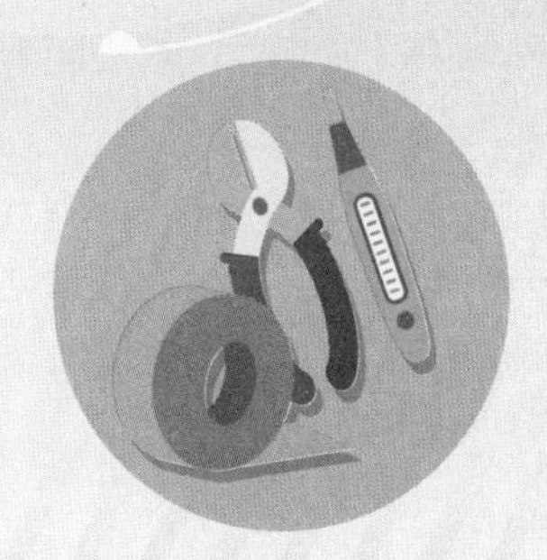

人民邮电出版社
北京

图书在版编目（CIP）数据

电工识图一本通 / 门宏编著. -- 北京 : 人民邮电出版社，2021.7
ISBN 978-7-115-56171-8

Ⅰ. ①电… Ⅱ. ①门… Ⅲ. ①电路图－识图－教材
Ⅳ. ①TM13

中国版本图书馆CIP数据核字(2021)第052493号

内 容 提 要

本书是专为电工技术初学者和电工从业人员精心打造的技术宝典，具有易读性、实用性、全面性、资料性的特点，既是电工技术初学者的快速入门教材，也是电工从业人员的翔实技术资料，能够全过程和全方面地讲解电工识图的方法、技巧及日常生活中用到的电路图。

全书共分10章，内容涵盖了电工识图的方方面面，包括电工识图基础，常用电工元器件，电工识图技巧以及照明电路图、智能照明电路图、门铃与报警器电路图、电源与充电电路图、延时与定时电路图、电动机控制电路图、供配电电路图等的识读。

本书适合广大电工技术爱好者、电工从业人员学习与查阅，并可作为职业技术学校和务工人员上岗培训的基础教材。

◆ 编　　著　门　宏
责任编辑　黄汉兵
责任印制　陈　犇

◆ 人民邮电出版社出版发行　　北京市丰台区成寿寺路 11 号
邮编　100164　　电子邮件　315@ptpress.com.cn
网址　https://www.ptpress.com.cn
临西县阅读时光印刷有限公司印刷

◆ 开本：787×1092　1/16
印张：17.25　　2021 年 7 月第 1 版
字数：460 千字　　2021 年 7 月河北第 1 次印刷

定价：89.80 元

前言

电在现代生活中无处不在，电工技术是现代科技不可或缺的重要领域，涉及社会生产生活的方方面面，社会对电工人才的需求越来越大。正确识读和理解电工电路图是电工工作人员必备的基本功。《电工识图一本通》是专为电工技术初学者和电工从业人员精心打造的技术宝典，具有易读性、实用性、全面性、资料性的特点，既是电工技术初学者的快速入门教材，也是电工从业人员的翔实技术资料。

《电工识图一本通》以图文并茂的形式系统地讲解了电工电路图的基础知识，并结合实例讲解了识读电工电路图的基本方法和技巧。随着科学技术特别是微电子技术的不断发展和进步，现代电工领域越来越多地应用了电子技术，因此书中讲解了多个涉及这些现代电子电工技术的实用电路。

本书的特色是，让电工技术初学者一看就懂、一学就会、一做就成，一本书解决学习电工识图从入门到精通全过程。让电工从业人员有启发、有提高、有资料，一本书全面地提供电工识图实用技能和技术资料。

全书共 10 章，内容涵盖了电工识图的方方面面。第 1 章讲解电工识图基础，第 2 章讲解常用电工元器件，第 3 章讲解电工识图技巧，第 4 章讲解照明电路图的识读，第 5 章讲解智能照明电路图的识读，第 6 章讲解门铃与报警器电路图的识读，第 7 章讲解电源与充电电路图的识读，第 8 章讲解延时与定时电路图的识读，第 9 章讲解电动机控制电路图的识读，第 10 章讲解供配电电路图的识读。

本书适合广大电工技术爱好者、电工从业人员阅读学习和作为资料查阅，并可作为职业技术学校和务工人员上岗培训的基础教材。书中如有不当之处，欢迎广大读者朋友批评指正。

编者

2021.1

目录

第1章 电工识图基础

电工电路识图是电工技术中很重要的内容，也是从事电工工作必须具备的基础知识。电工电路识图的主要内容包括电工电路图的基本概念、电工技术基础知识、电路图符号等构成要素、电路图的画法规则、看懂电路图的方法和技巧等。首先我们来讲讲电工识图的基础知识，包括电工电路的概念、电工技术基础知识、电路符号等。

1.1 认识电工电路图

电工电路图是用规定的符号表示配电线路、电气设备的安装位置和控制方式的图纸。它包括系统图、平面图、电路图等，是电工施工作业的依据。下面举例说明。

1.1.1 配电系统图

配电系统图用来表示整个电气线路和设备的组成和连接方式，反映了电能输送的路径和各用电单元之间的关系。图 1-1 所示为某住宅楼的配电系统图，从中我们可以明确地看到，每一户的供电都是经过总配电箱、单元配电箱、楼层配电箱、住户配电箱输送的。

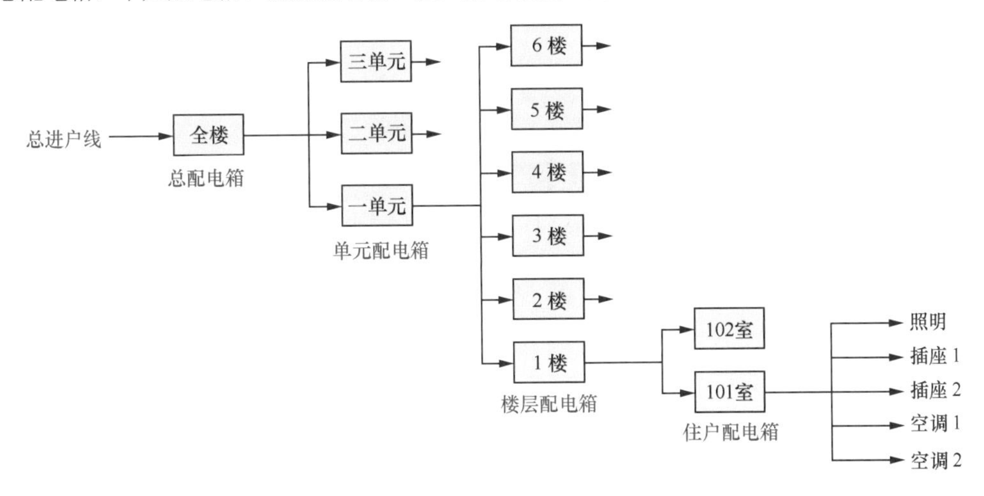

图 1-1 配电系统图

1.1.2 户内电路平面图

户内电路平面图表示的是该户内部配电箱、照明灯、开关、插座的安装位置和布线情况，以及这些电气设备的类型等。图 1-2 所示为某两居室住宅户内电气设计平面图，图中标示了照明灯、开关、插座的安装位置，供电线路的走向安排，所使用开关、插座的类型等。平面图有助于装修电工了解和掌握户内配电情况。

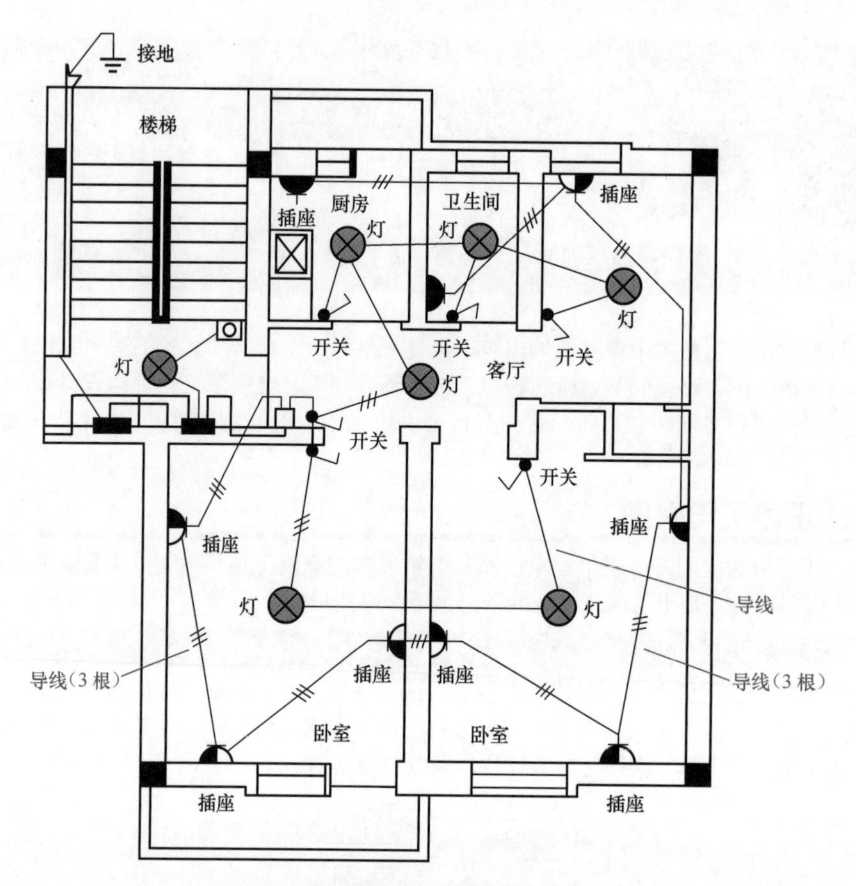

图 1-2　户内电路平面图

1.1.3　调光壁灯电路图

调光壁灯是住宅装修中常用的一种灯具。图 1-3 所示为调光壁灯电路图，采用双向晶闸管 VS 构成调光电路，VD 为双向触发二极管，RP 为调光电位器。调节电位器 RP 可改变双向晶闸管 VS 的导通角，从而达到调光的目的。

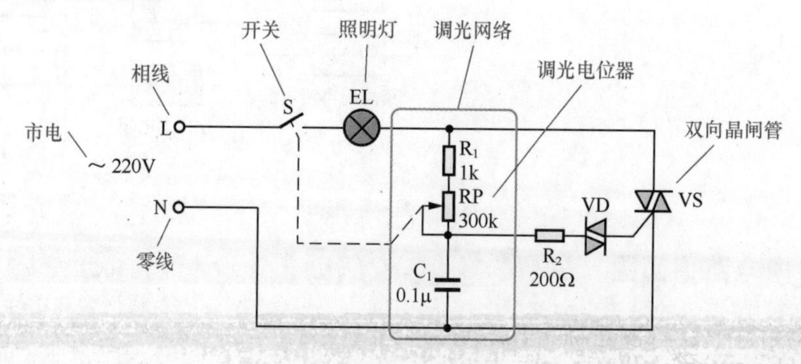

图 1-3　调光壁灯电路图

1.2　电工技术基础

电压、电流、电阻、电功率等是电工电路中最基础和最重要的参数，通过这些参数可以了解电工电路的内在特性和工作状态。这些概念和知识也是电工电路识图的基础。

1.2.1　电压

电压是指某点相对于参考点的电位差。某点电位高于参考点电位称为正电压，某点电位低于参考点电位称为负电压。电压的符号是“U”。电压的单位为伏特，简称伏，用字母“V”表示。

形象地说，电压就好比自来水管中的水压。如图 1-4 所示，水塔的水位高于水龙头的水位，它们之间的水位差即为水压。有了水压，自来水才能从水龙头里流出来。

对于一节电池来说，电压就是电池正、负极之间的电位差，如图 1-5 所示。一般以电池负极为参考点（电位为 0V），那么电池正极的电压为“1.5V”。如果以电池正极为参考点，则电池负极的电压为“-1.5V”。

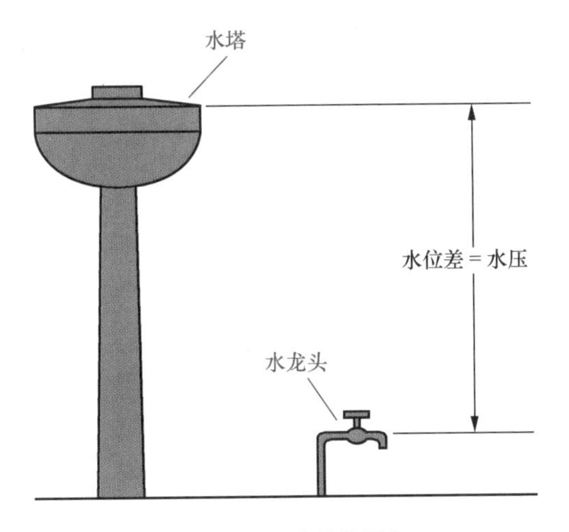

图 1-4　水压的概念

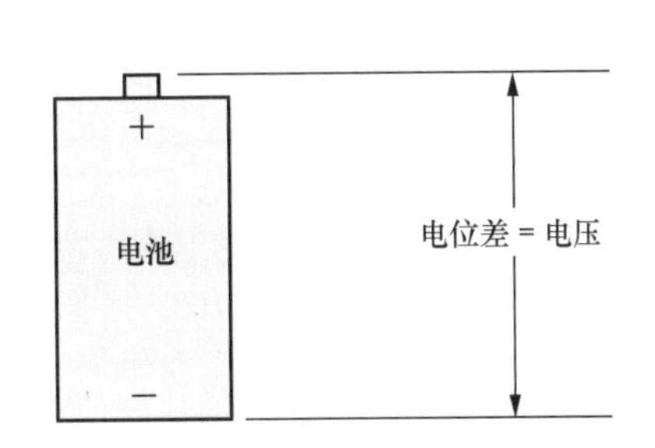

图 1-5　电压的概念

在电路中，通常以公共接地点为参考点。如果说电路中某点的电压是 6V，其含义就是说该点相对于公共接地点具有 6V 的电位差。有了电压，才会有电流在电路中流动。

1.2.2　电流

电流是指电荷有规则地移动。在电路中，电流总是从电压高的地方流向电压低的地方，就像水从高处流向低处一样。电流的符号是“I”。电流的单位为安培，简称安，用字母“A”表示。

有时我们为了分析电路的需要，可以预先设定一个电流的方向。这时，实际电流的方向与预设方向相同的称为正电流，实际电流的方向与预设方向相反的称为负电流。

图 1-6 所示手电筒电路中，如果我们规定电流的方向为从上到下，那么图 1-6(a)中电流 $I=0.25$A。如果我们将电池颠倒过来装入手电筒，如图 1-6（b）所示，那么电流 $I=-0.25$A。

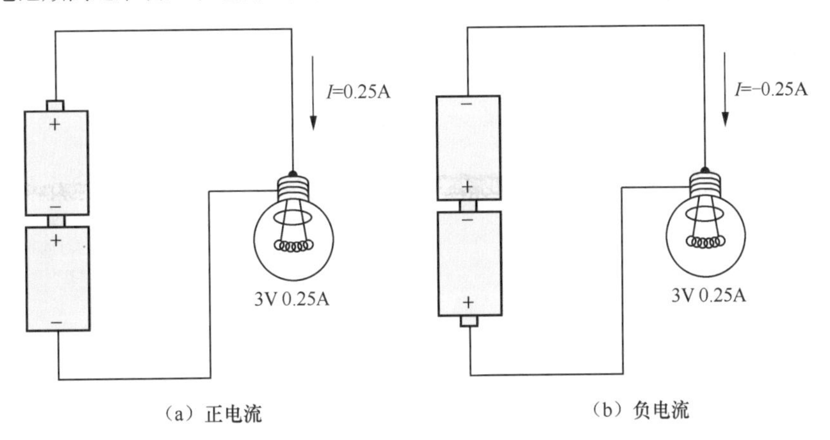

图 1-6　电流的概念

1.2.3 电阻

电阻是指电流在电路中所遇到的阻力，或者说物体对电流的阻碍能力。电阻越大，电流所受到的阻力就越大，电流就越小。电阻的符号是“R”。电阻的单位为欧姆，简称欧，用字母“Ω”表示。

1.2.4 欧姆定律

电流在电压的驱动下，在电阻的限制下流动。电压、电流、电阻三者之间存在着必然的、内在的、互相制约的关系，欧姆定律就是反映电压、电流、电阻三者之间关系的数学公式。

欧姆定律：电路中电流的大小等于电压与电阻的比值，即 $I=\frac{U}{R}$。

实际上，我们只要知道了电压、电流、电阻三项中的任意两项，就可以通过欧姆定律来求出另外一项。即欧姆定律还可以写成以下两种形式：$U=IR$，$R=\frac{U}{I}$。

1.2.5 电功率

电功率简称功率，是指电能在单位时间所做的功，或者说是表示电能转换为其他形式能量的速率。功率的符号是“P”。功率的单位为瓦特，简称瓦，用字母“W”表示。功率在数值上等于电压与电流的乘积，即 $P=UI$。

例如，某盏电灯在点亮时的电流约为0.455A，那么这盏电灯在点亮时的功率为 $P=220\text{V}\times0.455\text{A}=100\text{W}$，如图 1-7 所示。

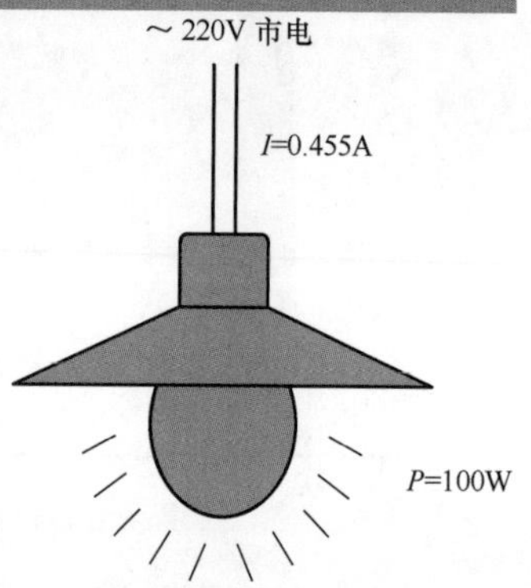

电路中的元器件在工作时会产生热量，这些热量是由电能转换而来的，它与元器件在工作时所消耗的功率，或者说所加的电压和所通过的电流有关。

图 1-7　电功率的概念

1.2.6 并联

并联是指两个物体并行连接在一起。

例如，电阻的并联如图 1-8 所示，两个电阻 R_1、R_2 并联后，等效为一个电阻 R，其总阻值 $R=\frac{R_1R_2}{R_1+R_2}$。当 $R_1=R_2$ 时，$R=\frac{1}{2}R_1$。

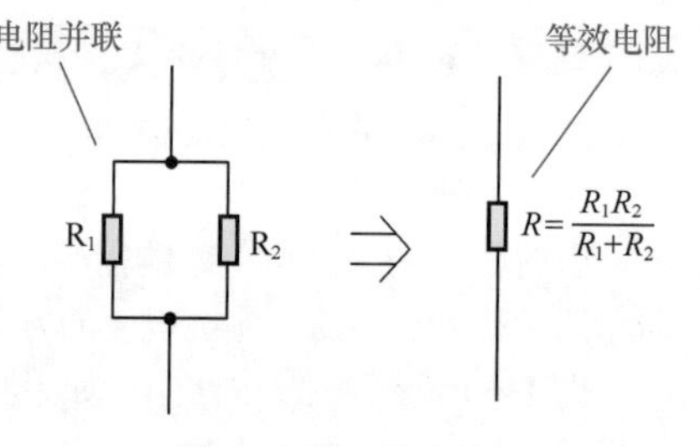

图 1-8　电阻的并联

电容的并联如图 1-9 所示，两个电容 C_1、C_2 并联后，等效为一个电容 C，其总容量 $C=C_1+C_2$。当 $C_1=C_2$ 时，$C=2C_1$。

电灯的并联如图 1-10 所示，两个灯泡 EL_1、EL_2 并联接在 220V 电源上，每个灯泡都得到 220V 电压。

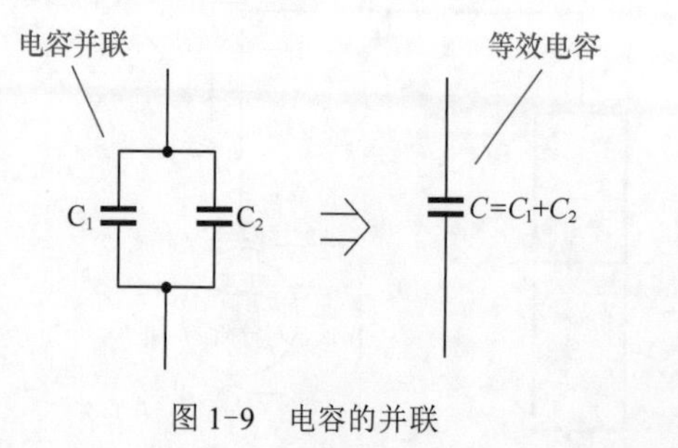

图 1-9　电容的并联

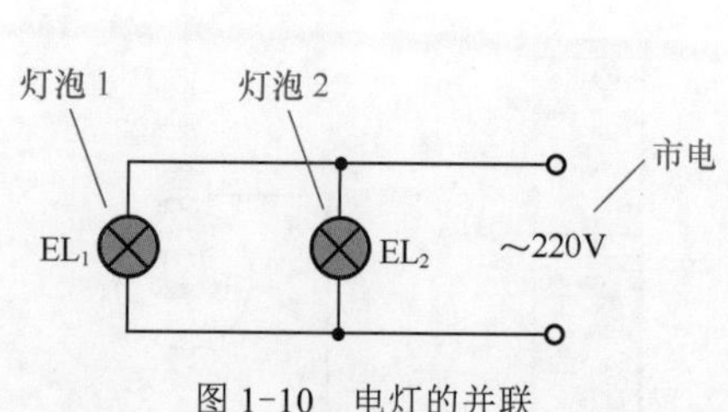

图 1-10　电灯的并联

测量电压时，一般采用并联方式，如图 1-11 所示，电压表 PV 并联接在灯泡 EL 上，即可测量灯泡上的电压。

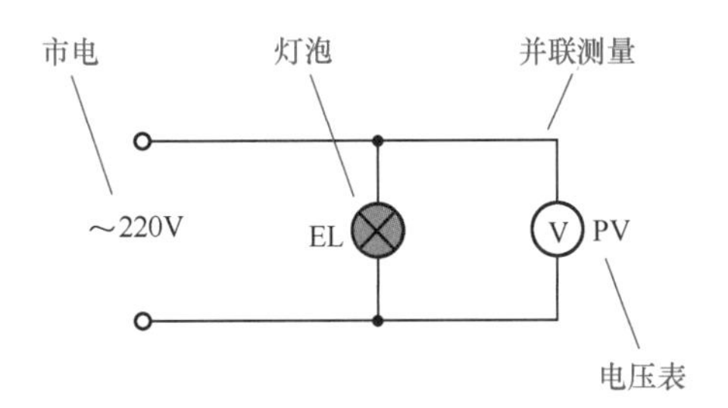

图 1-11　并联测量电压

1.2.7　串联

串联是指两个物体首尾相连串接在一起。

例如，电阻的串联如图 1-12 所示，两个电阻 R_1、R_2 串联后，等效为一个电阻 R，其总阻值 $R = R_1 + R_2$。当 $R_1 = R_2$ 时，$R = 2R_1$。

电容的串联如图 1-13 所示，两个电容 C_1、C_2 串联后，等效为一个电容 C，其总容量 $C = \dfrac{C_1C_2}{C_1 + C_2}$。当 $C_1 = C_2$ 时，$C = \dfrac{1}{2}C_1$。

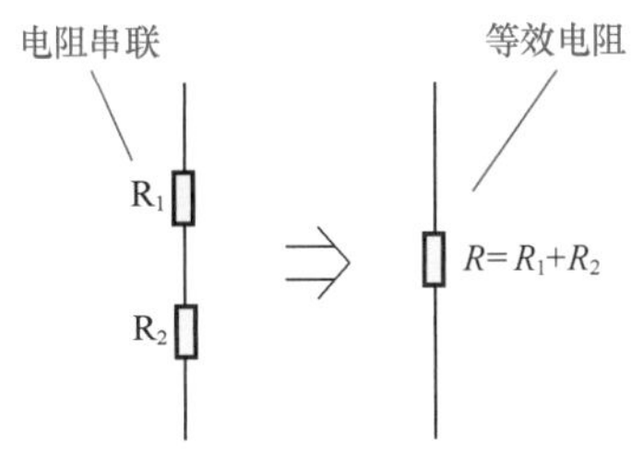

图 1-12　电阻的串联

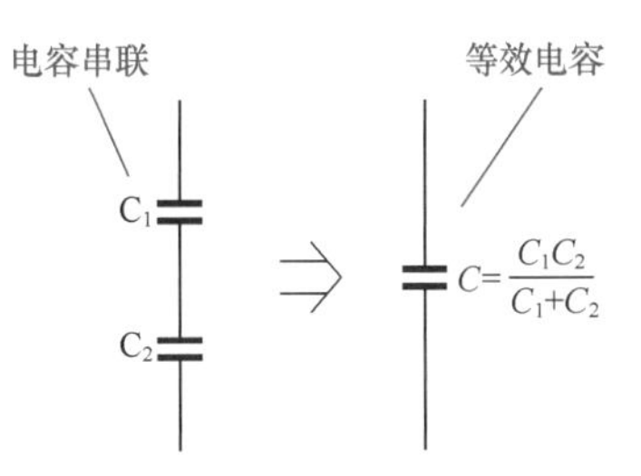

图 1-13　电容的串联

电灯的串联如图 1-14 所示，两个功率相等的灯泡 EL_1、EL_2 串联接在 220V 电源上，每个灯泡得到电源一半的电压，即 110V 电压。

测量电流时，一般采用串联方式，如图 1-15 所示，电流表 PA 串联接在灯泡 EL 的电路中，即可测量灯泡的电流。

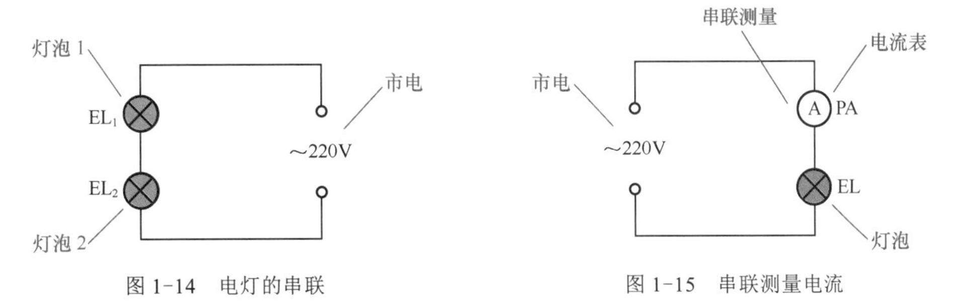

图 1-14　电灯的串联　　图 1-15　串联测量电流

1.3　电路图符号

电路图符号与规则是绘制和解读电路图的基础语言，必须有统一的规定，这个规定就是国家标准，我国现行的图形符号和文字符号的标准已与国际标准全面接轨。熟悉并牢记国家标准规定的电路图符号，了解电路图画法规则，是看懂电路图的基础。

组成电路图的符号可以分为两大部分，一部分是各种元器件和组件符号，包括图形符号和文字符号；另一部分是导线、波形、轮廓等绘图符号。

1.3.1　导线符号

电路图中除了元器件符号以外，还必须有导线将元器件连接起来，才能构成完整的电路图。导线及其连接的常用符号见表 1-1。

表 1-1　导线及其连接的常用符号

图形符号	说明	图形符号	说明
	导线		导线的连接
	导线组（示例为 3 根导线）		导线的连接
3	导线组（示例为 3 根导线）		导线的多线连接
	柔软导线		导线的交叉连接
	屏蔽导线		导线的交叉连接单线表示法（示出 3×3 线）
	绞合导线（示出 2 股）		导线的交叉连接多线表示法（示出 3×3 线）
	同轴对、同轴电缆		导线或电缆的分支和合并
	同轴对连接到端子		导线的不连接（跨越）
	屏蔽同轴对、屏蔽同轴电缆		导线的不连接单线表示法（示出 2×3 线）
	导线的连接点		导线的不连接多线表示法（示出 2×3 线）

1.3.2　电压与电流符号

电压与电流的符号用来表示直流电、交流电、低频、中频、高频等电压和电流的符号等，见表 1-2。

表 1-2　电压与电流的符号

图形符号	说明	图形符号	说明
	直流（文字符号为 DC）		交直流
	直流 注：在上一符号可能引起混乱时用本符号		具有交流分量的整流电流
	交流（文字符号为 AC）	N	中性（中性线）
	低频（工频或亚音频）	M	中间线
	中频（音频）	+	正极
	高频（超高频、载频或射频）	-	负极

1.3.3　轮廓与接地符号

轮廓线、边界线、屏蔽、非电的连接、接地等符号见表 1-3 和表 1-4。

表 1-3　轮廓与连接符号

图形符号	说明	图形符号	说明
	元件、装置、功能单元的轮廓		机械、气动、液压的连接
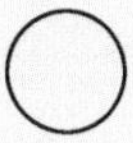	外壳（容器）、管壳		具有指示方向的机械连接
	边界线	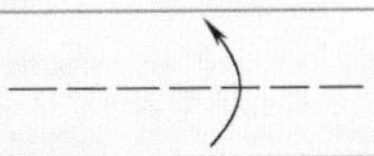	具有指示旋转方向的机械连接
	屏蔽（护罩），可画成任何方便的形状		

表 1-4　接地等符号

图形符号	说明	图形符号	说明
	接地，一般符号	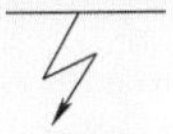	击穿
	无噪声接地（抗干扰接地）		导线间绝缘击穿
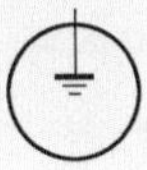	保护接地	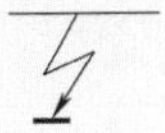	导线对机壳绝缘击穿
	接机壳或接底板	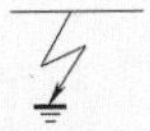	导线对地绝缘击穿
	接机壳或接底板		永久磁铁
	等电位		测试点指示
	故障（用以表示假定故障位置）		

1.3.4　常用电气设备符号

电工电路中常用电气设备符号包括插座与配电符号、开关与按钮符号、照明灯符号等，分别见表 1-5、表 1-6 和表 1-7。

表 1-5　插座与配电符号

图形符号	说明	图形符号	说明
	单相插座	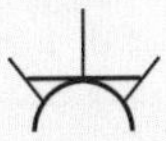	带接地插孔的三相插座
	暗装单相插座	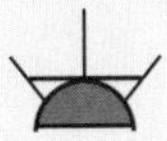	带接地插孔的暗装三相插座

续表

图形符号	说明	图形符号	说明
	密闭（防水）单相插座	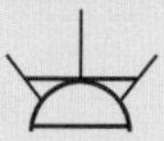	带接地插孔的密闭（防水）三相插座
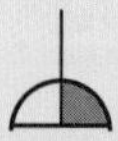	防爆单相插座	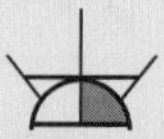	带接地插孔的防爆三相插座
	带接地插孔的单相插座	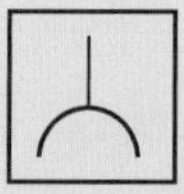	插座箱（板）
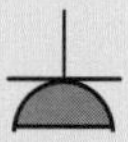	带接地插孔的暗装单相插座		配电箱
	带接地插孔的密闭（防水）单相插座		暗装配电箱
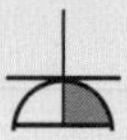	带接地插孔的防爆单相插座	 kWh	电度表（千瓦小时计）

表 1-6　开关与按钮符号

图形符号	说明	图形符号	说明
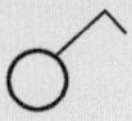	单极开关		暗装三极开关
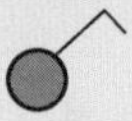	暗装单极开关		密闭（防水）三极开关
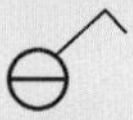	密闭（防水）单极开关	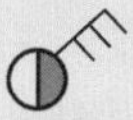	防爆三极开关
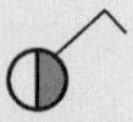	防爆单极开关		单极拉线开关
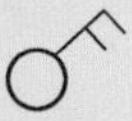	双极开关	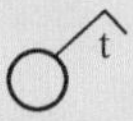 t	单极限时开关
	暗装双极开关	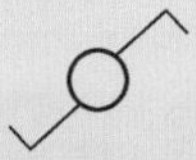	单极双控开关
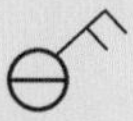	密闭（防水）双极开关	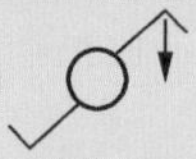	单极双控拉线开关
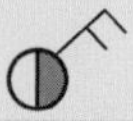	防爆双极开关		按钮（一般符号）
	三极开关	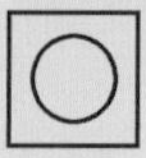	按钮盒

表 1-7　照明灯符号

图形符号	说明	图形符号	说明
	灯或信号灯的一般符号		六火装饰灯
	投光灯一般符号	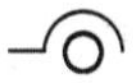	弯灯
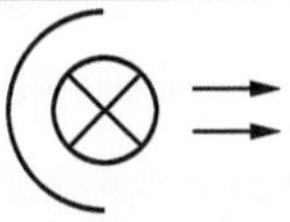	聚光灯		荧光灯一般符号
	泛光灯	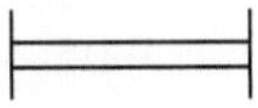	双管荧光灯
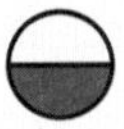	壁灯	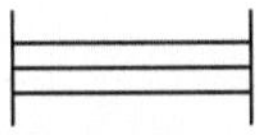	三管荧光灯
	天棚灯		自带电源的事故照明灯（应急灯）
	四火装饰灯		

1.3.5　常用元器件符号

常用元器件主要有电阻器、电容器、电感器、变压器、低压电器、半导体器件等。其图形符号与文字符号分别见表 1-8 至表 1-18。

表 1-8　电阻器的图形符号和文字符号

名称	图形符号	文字符号	说明
电阻器		R	一般符号
电阻器		R	一般用于加热电阻
可变（可调）电阻器		R	
0.125W 电阻器		R	
0.25W 电阻器		R	
0.5W 电阻器		R	
1W 电阻器		R	大于 1W 都用数字表示
两个固定抽头的电阻器	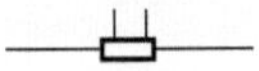	R	可增加或减少抽头数目
两个固定抽头的可变电阻器	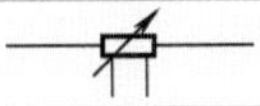	R	可增加或减少抽头数目
带分流和分压接线头的电阻器	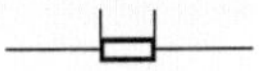	R	
滑线式变阻器	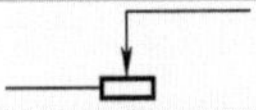	R	带箭头的为滑动接点
碳堆可变电阻器	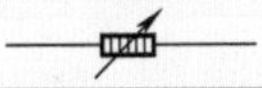	R	
加热元件		R	

续表

名称	图形符号	文字符号	说明
熔断电阻器		R	
滑动触点电位器		RP	带箭头的为动接点
带开关的滑动触点电位器		RP	带箭头的为动接点
预调电位器		RP	带箭头的为动接点
压敏电阻器	U	RV	图形符号中 U 可用 V 代替
热敏电阻器	θ	RT	图形符号中 θ 可用 $t°$ 代替
磁敏电阻器	×	R	
光敏电阻器		R	

表 1-9　电容器的图形符号和文字符号

名称	图形符号	文字符号	说明
电容器		C	一般符号
穿心电容器		C	
极性电容器	+	C	示出正极
可变（可调）电容器		C	
双连同轴可变电容器		C	可增加同调连数
微调电容器		C	
差动可调电容器		C	
分裂定片可变电容器		C	
热敏极性电容器	+ θ	C	图形符号中 θ 可用 $t°$ 代替
压敏极性电容器	+ U	C	图形符号中 U 可用 V 代替

表 1-10　电感器的图形符号和文字符号

名称	图形符号	文字符号	说明
电感器、线圈、绕组、扼流圈		L	
带磁芯铁芯的电感器		L	
磁芯有间隙的电感器		L	
带磁芯连续可调的电感器		L	
有两个抽头的电感器		L	可增加或减少抽头数目
有两个抽头的电感器		L	可增加或减少抽头数目
可变电感器		L	
穿在导线上的磁珠		L	

表 1-11　半导体二极管的图形符号和文字符号

名称	图形符号	文字符号	说明
半导体二极管		VD	一般符号，左为正极，右为负极
发光二极管		VD	左为正极，右为负极
温度效应二极管	θ	VD	图形符号中 θ 可用 t° 代替
变容二极管		VD	左为正极，右为负极
隧道二极管		VD	左为正极，右为负极
单向击穿二极管（稳压二极管）		VD	左为正极，右为负极
双向击穿二极管		VD	
反向二极管（单隧道二极管）		VD	左为正极，右为负极
双向二极管，交流开关二极管		VD	
阶跃恢复二极管		VD	左为正极，右为负极
体效应二极管		VD	
磁敏二极管	×	VD	左为正极，右为负极

表 1-12　晶体闸流管的图形符号和文字符号

名称	图形符号	文字符号	说明
反向阻断二极晶闸管		VS	左为正极，右为负极
反向导通二极晶闸管		VS	左为正极，右为负极
双向二极晶闸管		VS	
三极晶体闸流管		VS	当不必规定控制极类型时，本符号用于表示反向阻断三极晶闸管
反向阻断三极晶闸管，N 型控制极（阳极侧受控）		VS	左为正极，右为负极，下为控制极
反向阻断三极晶闸管，P 型控制极（阴极侧受控）		VS	左为正极，右为负极，下为控制极
可关断三极晶闸管		VS	未规定控制极
可关断三极晶闸管，N 型控制极		VS	阳极侧受控
可关断三极晶闸管，P 型控制极		VS	阴极侧受控
反向阻断四极晶闸管		VS	
双向三极晶闸管，三端双向晶闸管		VS	下为控制极
反向导通三极晶闸管		VS	未规定控制极
反向导通三极晶闸管，N 型控制极（阳极侧受控）		VS	左为正极，右为负极，下为控制极
反向导通三极晶闸管，P 型控制极（阴极侧受控）		VS	左为正极，右为负极，上为控制极
光控晶体闸流管		VS	左为正极，右为负极，下为控制极

表 1-13　电机的图形符号和文字符号

名称	图形符号	文字符号	名称	图形符号	文字符号
直流发电机	G	G	串励直流电动机	M	M
交流发电机	G ~	G	并励直流电动机	M	M
直流电动机	M	M	他励直流电动机	M	M
直流伺服电动机	SM	M	永磁直流电动机	M	M

续表

名称	图形符号	文字符号	名称	图形符号	文字符号
交流电动机	M ~	M	单相交流串励电动机	M 1~	M
交流伺服电动机	SM ~	M	三相交流串励电动机	M 3~	M
直线电动机	M	M	永磁步进电动机	M	M
步进电动机	M	M			

表 1-14　电源转换器件的图形符号和文字符号

名称	图形符号	文字符号	说明
双绕组变压器		T	
带铁芯双绕组变压器		T	
示出瞬时电压极性的带铁芯变压器		T	
带铁芯三绕组变压器		T	绕组数可增加
电流互感器，脉冲变压器		TA	
绕组间有屏蔽的双绕组变压器		T	
绕组间有屏蔽的双绕组铁芯变压器		T	
有中心抽头的变压器		T	抽头数可增加
耦合可变的变压器		T	

续表

名称	图形符号	文字符号	说明
自耦变压器		T	
可调压的自耦变压器		T	
整流器	~ –	UR	
桥式全波整流器		UR	右为直流正输出端，左为直流负输出端，上下为交流输入端
逆变器	– ~	UN	
电池或蓄电池		GB	长线代表正极，短线代表负极
电池或蓄电池组		GB	长线代表正极，短线代表负极

表 1-15　开关与触点的图形符号和文字符号

名称	图形符号	文字符号	说明
动合（常开）触点，开关		S	开关的一般符号
动断（常闭）触点			
先断后合的转换触点			
中间断开的双向触点			
先合后断的转换触点			
双动合触点			
双动断触点			

续表

名称	图形符号	文字符号	说明
延时闭合的动合触点	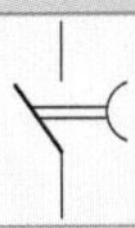		
延时断开的动合触点	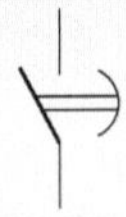		
延时闭合的动断触点			
延时断开的动断触点			
手动开关	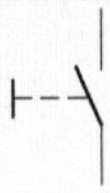	S	一般符号
按钮开关	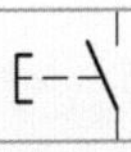	SB	不闭锁
拉拔开关	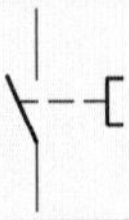	S	不闭锁
旋钮开关，旋转开关	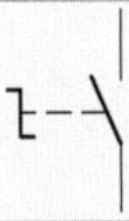	S	闭锁
单极 4 位开关	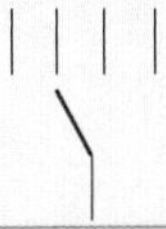	S	位数可增减
有 4 个独立电路的 4 位手动开关	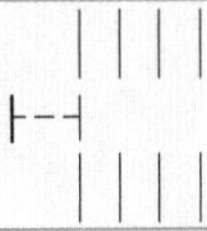	S	
三极联动开关	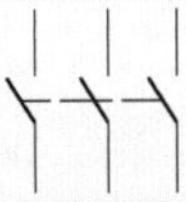	S	极数可增减
接触器（在非动作位置触点断开）		Q	
自动释放接触器		Q	
接触器（在非动作位置触点闭合）		Q	

续表

名称	图形符号	文字符号	说明
断路器		Q	

表 1-16　控制与保护器件的图形符号和文字符号

名称	图形符号	文字符号	说明
继电器的线圈	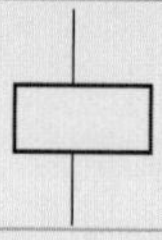	K	一般符号，触点另加
缓慢释放继电器的线圈	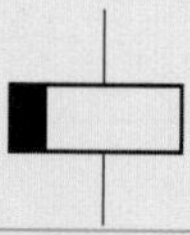	K	触点另加
缓慢吸合继电器的线圈	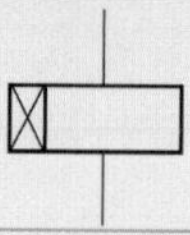	K	触点另加
快速继电器的线圈	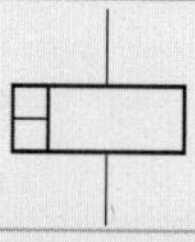	K	触点另加
交流继电器的线圈	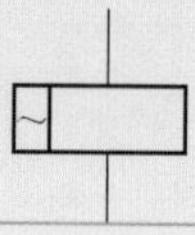 ~	KA	触点另加
机械保持继电器的线圈	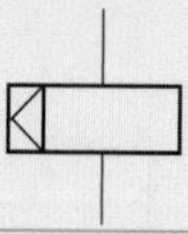	KL	触点另加
极化继电器的线圈	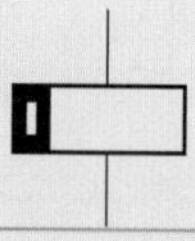	KP	触点另加
剩磁继电器的线圈	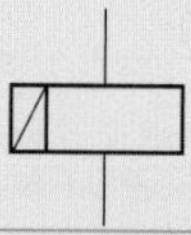	K	触点另加
热继电器的驱动器件	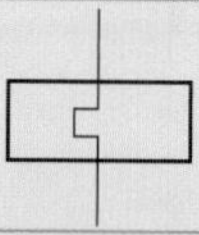	K	触点另加
熔断器		FU	一般符号
火花间隙		F	

续表

名称	图形符号	文字符号	说明
避雷器		F	
保护用充气放电管		F	

表 1-17 接插件的图形符号和文字符号

名称	图形符号	文字符号	说明
插座或插座的一个极		XS	
插头或插头的一个极		XP	
插头和插座		X	
插头和插座		X	
多极插头插座		X	示出 6 个极
两极插塞和插孔		X	左边插塞中：长极为插塞尖，短极为插塞体
三极插塞和插孔		X	示出断开的插孔
同轴的插头和插座		X	
同轴插接器		X	
端子		X	
可拆卸的端子		X	
端子板	1 2 3 4 5	XT	示出线端标记

表 1-18 测量仪表的图形符号和文字符号

名称	图形符号	文字符号	说明
电压表	V	PV	

续表

名称	图形符号	文字符号	说明
电流表	A	PA	
功率表	W	P	
相位表	φ	P	
频率表	Hz	P	
波长表	λ	P	
示波器		P	
检流计		P	
温度计	θ	P	
转速表	n	P	
电度表（瓦特小时计）	Wh	PJ	
热电偶	+	B	示出正极
带有隔离加热元件的热电偶		B	

第2章 常用电工元器件

电工元器件是构成电工电路和电工设备的基础单元。了解并掌握常用电工元器件的种类型号、性能参数、作用功能、检测方法等基本知识，是正确识读电工电路图、合理选用电工元器件的前提。

2.1 基本电工元器件

电阻器、电位器、电容器、电感器和变压器是最基本的电工元器件，它们几乎出现在所有电工电路中，应用范围广。

2.1.1 电阻器

电阻器通常简称为电阻，是一种最基本、最常用的电工电子元件。电阻器包括固定电阻器、可变电阻器、敏感电阻器等。

（1）电阻器的识别

常用的电阻器如图2-1所示。由于制造材料和结构不同，电阻器可分为碳膜电阻器、金属膜电阻器、有机实心电阻器、玻璃釉电阻器、线绕电阻器、水泥电阻器、固定抽头电阻器、可变电阻器、滑线式变阻器等。

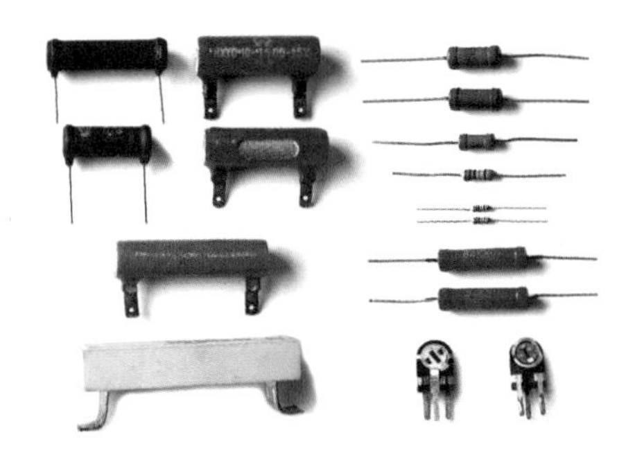

图2-1 常用的电阻器

碳膜电阻器具有稳定性较好、高频特性好、负温度系数小、脉冲负荷稳定、成本低廉的特点，应用十分广泛。金属膜电阻器具有稳定性好、温度系数小、耐热性能好、噪声小、工作频率范围宽、体积小的特点，应用也很广泛。线绕电阻器和水泥电阻器可承受较大功率，在大电流或大功率场合得到普遍应用。

电阻器的文字符号为“R”，图形符号如图2-2所示。

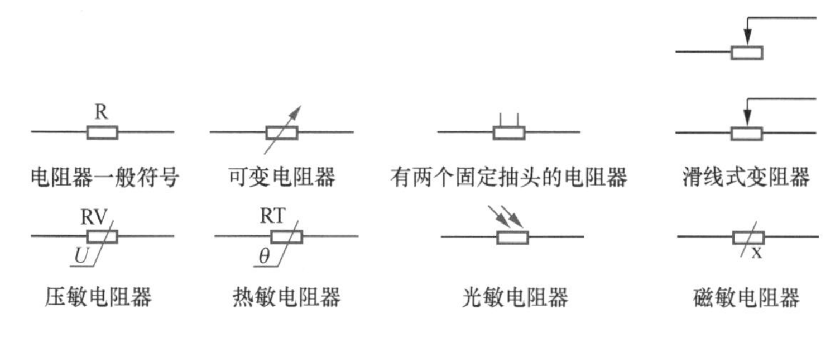

图2-2 电阻器的图形符号

电阻器的型号命名由四部分组成，如图2-3所示。第一部分用字母“R”表示电阻器的主称，第二部分用字母表示构成电阻器的材料，第三部分用数字或字母表示电阻器的分类，第四部分用数字表示序号。

电阻器型号的意义见表2-1。例如，某电阻器型号为RT11，表示这个电阻器是普通碳膜电阻器；电阻器型号为RJ71，表示这个电阻器是精密金属膜电阻器。

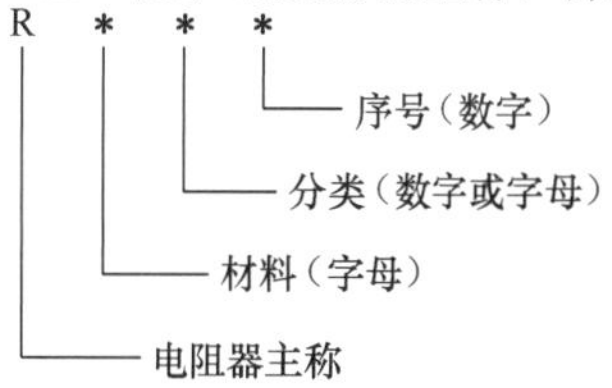

R * * *

序号（数字）

分类（数字或字母）

材料（字母）

电阻器主称

图2-3 电阻器的型号命名组成

表 2-1　电阻器型号的意义

第一部分	第二部分（材料）	第三部分（分类）	第四部分
R	H 合成碳膜	1 普通	序号
	I 玻璃釉膜	2 普通	
	J 金属膜	3 超高频	
	N 无机实心	4 高阻	
	G 沉积膜	5 高温	
	S 有机实心	7 精密	
	T 碳膜	8 高压	
	X 线绕	9 特殊	
	Y 氧化膜	G 高功率	
	F 复合膜	T 可调	

（2）电阻器的主要参数

电阻器的主要参数是电阻值和额定功率。

① 电阻值。电阻值简称阻值，基本单位是欧姆，简称欧（Ω）。常用单位还有千欧（kΩ）和兆欧（MΩ）。它们之间的换算关系是：1MΩ=1000kΩ，1kΩ=1000Ω。

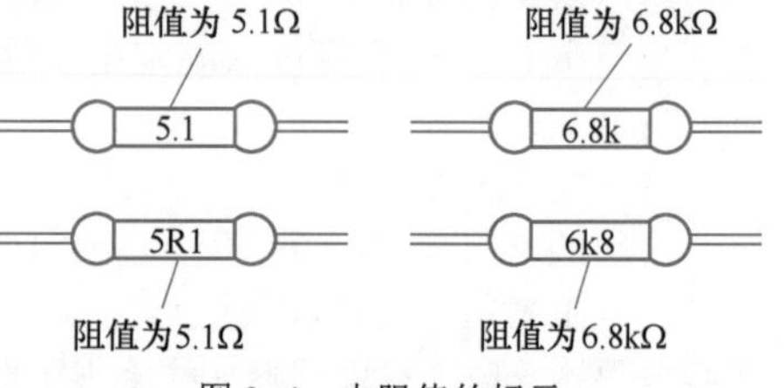

图 2-4　电阻值的标示

电阻器上阻值的标示方法有两种：一种是直标法，如图 2-4 所示。例如，在 5.1Ω 的电阻器上有“5.1”或“5R1”字样；在 6.8kΩ 的电阻器上有“6.8k”或“6k8”字样。

另一种是色环法，在电阻器上有 4 道或 5 道色环表示阻值等，阻值的单位为Ω。对于 4 环电阻器，第 1、2 环表示两位有效数字，第 3 环表示倍乘数，第 4 环表示允许偏差，如图 2-5 所示。对于 5 环电阻器，第 1、2、3 环表示 3 位有效数字，第 4 环表示倍乘数，第 5 环表示允许偏差，如图 2-6 所示。

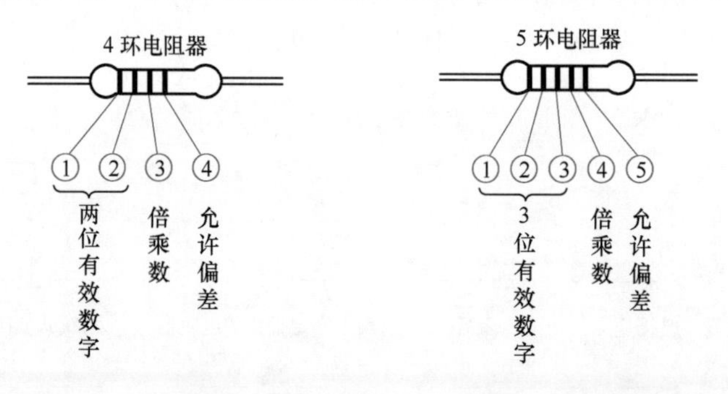

图 2-5　4 环电阻器　　图 2-6　5 环电阻器

色环一般采用黑、棕、红、橙、黄、绿、蓝、紫、灰、白、金、银 12 种颜色，它们的意义见表 2-2。例如，某电阻器的 4 道色环依次为“黄、紫、橙、银”，则其阻值为 47kΩ，允许偏差为 ±10%。某电阻器的 5 道色环依次为“红、黄、黑、橙、金”，则其阻值为 240kΩ，允许偏差为 ±5%。

表 2-2　色环颜色的意义

颜色	有效数字	倍乘数	允许偏差
黑	0	$\times10^0$	
棕	1	$\times10^1$	±1%
红	2	$\times10^2$	±2%

续表

颜色	有效数字	倍乘数	允许偏差
橙	3	$\times10^{3}$	
黄	4	$\times10^{4}$	
绿	5	$\times10^{5}$	±0.5%
蓝	6	$\times10^{6}$	±0.25%
紫	7	$\times10^{7}$	±0.1%
灰	8	$\times10^{8}$	
白	9	$\times10^{9}$	
金		$\times10^{-1}$	±5%
银		$\times10^{-2}$	±10%

② 额定功率。额定功率是电阻器的另一个主要参数，常用电阻器的功率有 1/8W、1/4W、1/2W、1W、2W、5W 等，其符号如图 2-7 所示，大于 5W 的直接用数字在电阻器上注明。使用中应选用额定功率等于或大于电路要求的电阻器。

（3）电阻器的主要作用

电阻器的特点是对直流和交流一视同仁，任何电流通过电阻器都要受到一定的阻碍和限制，并且该电流必然在电阻器上产生电压降，如图 2-8 所示。电阻器的主要作用是限流与降压。

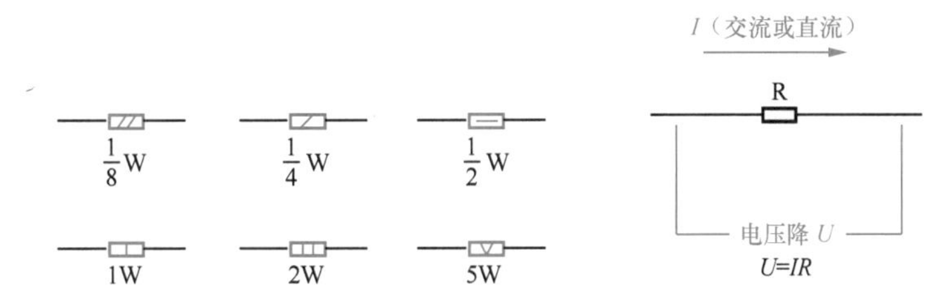

图 2-7 常用电阻器的功率及符号　　图 2-8 电阻器工作原理

① 限流。图 2-9 所示为电阻器用作限流。从欧姆定律 $I=U/R$ 可知，当电压 U 一定时，流过电阻器的电流 I 与其阻值 R 成反比。由于限流电阻 R 的存在，将发光二极管 VD 的电流限制在 10mA，保证了 VD 正常工作（设 VD 管压降为 2V）。

② 降压。图 2-10 所示为电阻器用作降压。当电流流过电阻器时，必然会在电阻器上产生一定的压降，压降 U 的大小与电阻值 R 和电流 I 的乘积成正比，即 $U=IR$。利用电阻器的降压作用，可以使较高的电源电压适应元器件工作电压的要求。

图 2-9 电阻器用作限流　　图 2-10 电阻器用作降压

例如，某继电器 K 的工作电压为 6V、工作电流为 60mA，而电源电压为 12V，必须串联接一个 100Ω 的降压电阻 R 后（R 上电压降为 6V），方可使继电器 K 正常工作。

③ 分压。基于电阻的降压作用，电阻器还可以用作分压器。如图 2-11 所示，电阻器 R_1 和 R_2 构成一个分压器，由于两个电阻串联，通过这两个电阻的电流 I 相等，而电阻上的压降 $U=IR$，R_1 上压降为 $1/3U$，R_2 上压降为 $2/3U$，实现了分压（负载电阻必须远大于 R_1、R_2），分压比为 R_1/R_2。

RC 滤波网络是一种特殊的分压器。图 2-12 所示的整流滤波电路中，R 与 C_2 可理解为分压器，输

出电压 U_o 取自 C_2 上的压降。对于直流电压，C_2 的容抗无限大；而对于交流电压，C_2 的容抗远小于 R。因此，C_2 上直流压降很大而交流压降很小，达到了滤除直流电压中的交流纹波的目的。

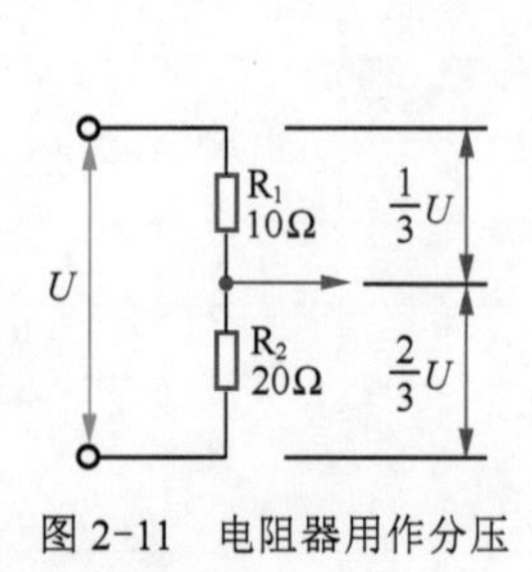

图 2-11　电阻器用作分压

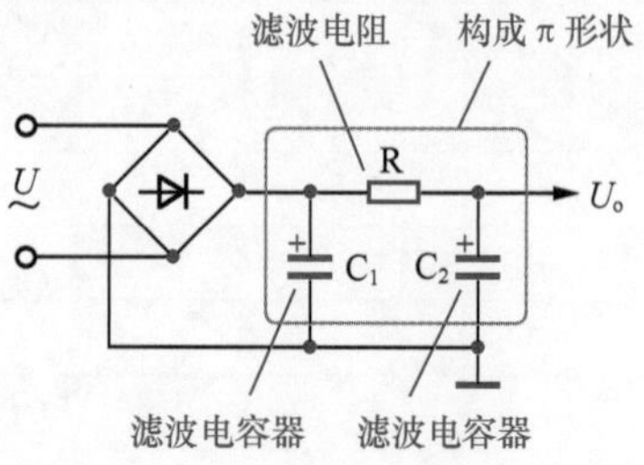

滤波电阻　构成 π 形状

滤波电容器　滤波电容器

图 2-12　RC 滤波网络

（4）电阻器的检测

电阻器的好坏可使用万用表的电阻挡进行检测。

指针式万用表检测时，首先根据电阻器阻值的大小，将万用表上的挡位旋钮转到适当的“Ω”挡位，如图 2-13 所示。由于万用表电阻挡一般按中心阻值校准，而其刻度线又是非线性的，因此测量电阻器应避免表针指在刻度线两端。一般测量 100Ω 以下电阻器可选“R×1”挡；100Ω ~ 1kΩ 电阻器可选“R×10”挡；1kΩ ~ 10kΩ 电阻器可选“R×100”挡；10kΩ ~ 100kΩ 电阻器可选“R×1k”挡；100kΩ 以上电阻器可选“R×10k”挡。

测量挡位选择确定后，需对万用表电阻挡进行校零。方法是：将万用表两表笔互相短接，转动“调零”旋钮使表针指向电阻刻度的“0”位（满度），如图 2-14 所示。需特别注意的是，测量中每更换一次挡位，均应重新对该挡进行校零。

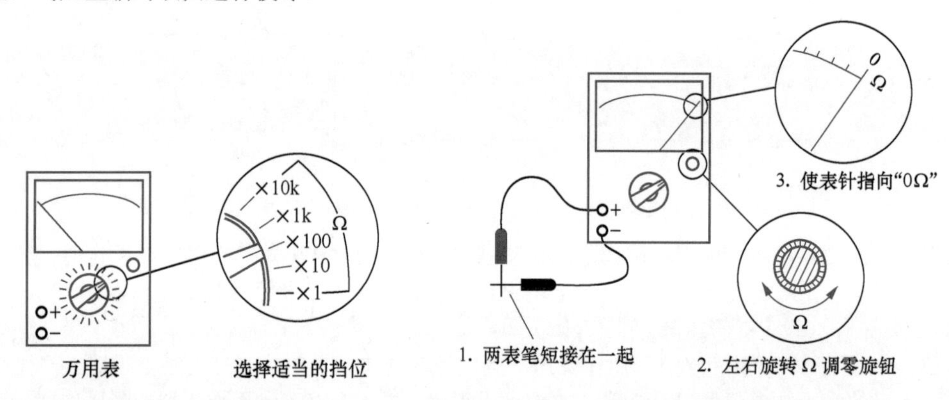

图 2-13　选择测量挡位　　图 2-14　欧姆挡校零

然后将万用表两表笔（不分正、负）分别与被测电阻器的两端引线相接，表针应指在相应的阻值刻度上，如图 2-15 所示。如表针不动、指示不稳定或指示值与电阻器上标示值相差很大，则说明该电阻器已损坏。

在测量几十千欧以上阻值的电阻器时，注意不可用手同时接触电阻器的两端引线（见图 2-16），以免接入人体电阻带来测量误差。

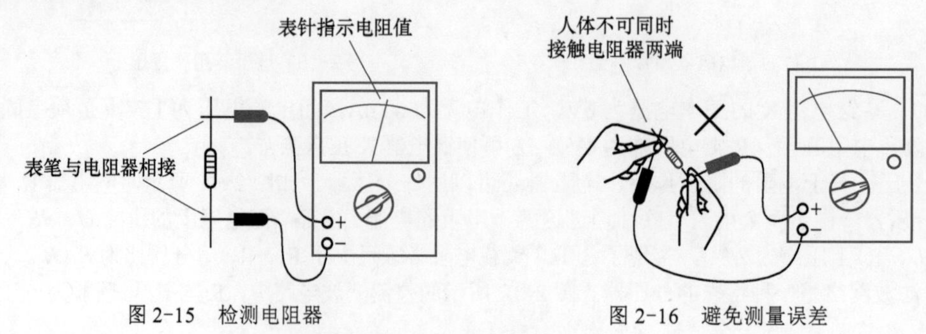

图 2-15　检测电阻器　　图 2-16　避免测量误差

数字式万用表检测电阻器前不用校零，将挡位旋钮转到适当的“Ω”挡位，打开电源开关即可测量。

选择测量挡位时应尽量使显示屏显示较多的有效数字，一般测量 200Ω 以下电阻器可选“200Ω”挡；200~1999Ω 电阻器可选“2kΩ”挡；2kΩ~19.99kΩ 电阻器可选“20kΩ”挡；20kΩ~199.9kΩ 电阻器可选“200kΩ”挡；200kΩ~1999kΩ 电阻器可选“2MΩ”挡；2MΩ~19.99MΩ 电阻器可选“20MΩ”挡；20MΩ~199.9MΩ 电阻器可选“200MΩ”挡。200MΩ 以上电阻器因已超出最高量程而无法测量（以 DT890B 数字式万用表为例）。

测量时，两表笔（不分正、负）分别接被测电阻器的两端，LCD 显示屏即显示出被测电阻 R 的阻值，如图 2-17 所示。如显示“000”（短路）、仅最高位显示“1”（断路）、显示值与电阻器上标示值相差很大，则说明该电阻器已损坏。

（5）电阻器的种类

1）碳膜电阻器

碳膜电阻器是较常用的电阻器之一，结构如图 2-18 所示，它是在陶瓷骨架上形成一层碳膜作为电阻体，再加上金属帽盖和引线制成的，外表涂有绝缘保护漆。

碳膜电阻器的性能特点是稳定性良好、受电压影响小、负温度系数小、适用频率较宽、噪声较小、价格低廉。碳膜电阻器的阻值范围通常为 1Ω~10MΩ，在各种电子电路中应用十分广泛。

2）金属膜电阻器

金属膜电阻器是最常用的电阻器之一，结构如图 2-19 所示，在陶瓷骨架上形成一层金属或合金薄膜作为电阻体，两端加上金属帽盖和引线，外表涂有绝缘保护漆。

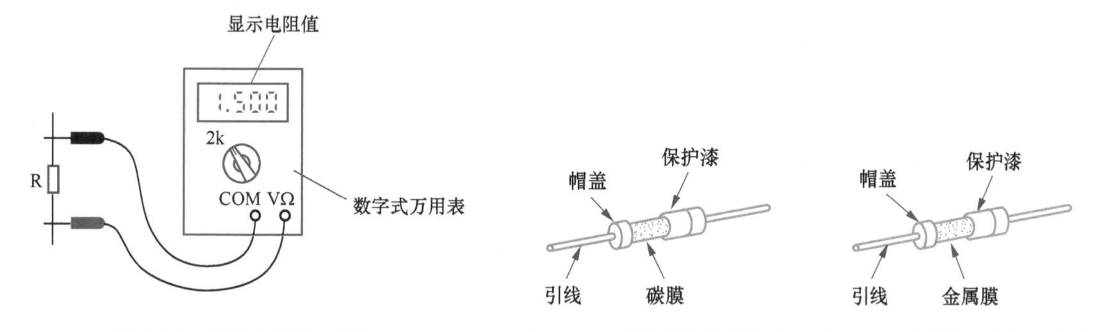

图 2-17 数字表检测电阻器　图 2-18 碳膜电阻器的结构　图 2-19 金属膜电阻器的结构

金属膜电阻器的性能特点是稳定性好、受电压影响更小、温度系数小、耐热性能好、噪声很小、工作频率范围宽、高频特性好，体积比相同功率的碳膜电阻器小许多。金属膜电阻器的阻值范围通常为 1Ω ~ 1000MΩ，应用非常广泛。

3）有机实心电阻器

有机实心电阻器的结构如图 2-20 所示，其电阻体是用碳黑、石墨等导电物质粉末，混合有机黏合剂制成的实心圆柱体，两端加上引线，外面有塑料外壳。

有机实心电阻器的性能特点是机械强度高、过载能力较强、可靠性较高、体积小、价格低廉，但噪声较大，稳定性差。有机实心电阻器的阻值范围通常为 4.7Ω ~ 22MΩ，一般用于要求不太高的电路中。

4）玻璃釉电阻器

玻璃釉电阻器的结构如图 2-21 所示，在陶瓷骨架上涂覆一层金属氧化物和玻璃釉黏合剂的混合物作为电阻体，经高温烧结而成。

玻璃釉电阻器的性能特点是耐高温和耐高湿性好、稳定性好、噪声和温度系数小、可靠性高。玻璃釉电阻器的阻值范围通常为 4.7Ω ~ 200MΩ，常用于高阻、高压、高温等场合。

5）线绕电阻器

线绕电阻器也是较常用的电阻器之一，结构如图 2-22 所示。线绕电阻器的电阻体是电阻丝，将电阻丝绕在陶瓷骨架上，连接好引线，表面涂覆一层玻璃釉或绝缘漆即制成线绕电阻器。

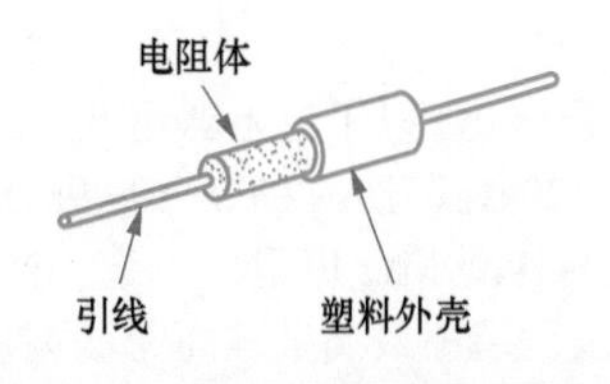

图 2-20　有机实心电阻器的结构

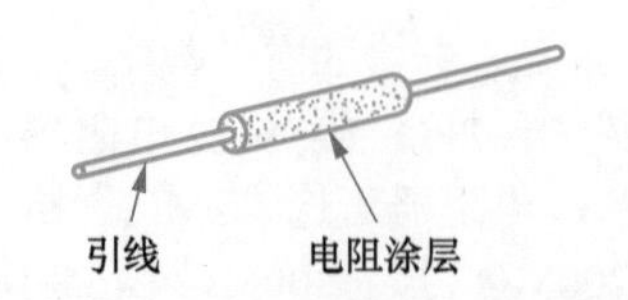

图 2-21　玻璃釉电阻器的结构

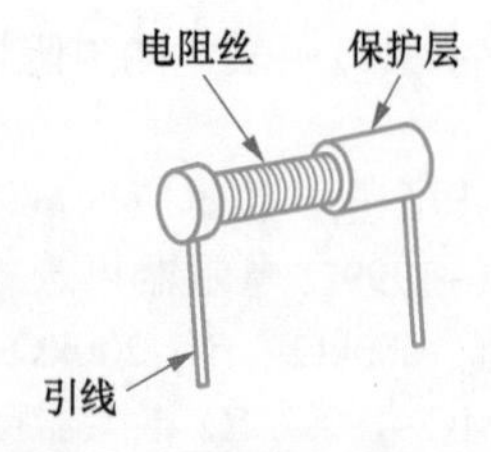

图 2-22　线绕电阻器的结构

线绕电阻器的性能特点是噪声极小、耐高温、功率大、稳定性好、温度系数小、精密度高，但高频特性较差。线绕电阻器的阻值范围通常为 0.1Ω～5MΩ，特别适用于高温和大功率场合。

6）水泥电阻器

水泥电阻器是陶瓷密封功率型线绕电阻器的习惯称呼，结构如图 2-23 所示。线绕电阻体放置在陶瓷外壳中，并用封装填料密封，仅留两端引线在外。

水泥电阻器的性能特点是功率大、耐高温、绝缘性能好、稳定性好和过载能力较强，并具有良好的阻燃、防爆性能。水泥电阻器的阻值范围通常为 0.1Ω～4.3kΩ，主要应用于大功率低阻值场合。

7）压敏电阻器

压敏电阻器是利用半导体材料的非线性特性原理制成的，其电阻值与电压之间为非线性关系。压敏电阻器的外形如图 2-24 所示。

压敏电阻器的文字符号为“RV”，图形符号如图 2-25 所示。

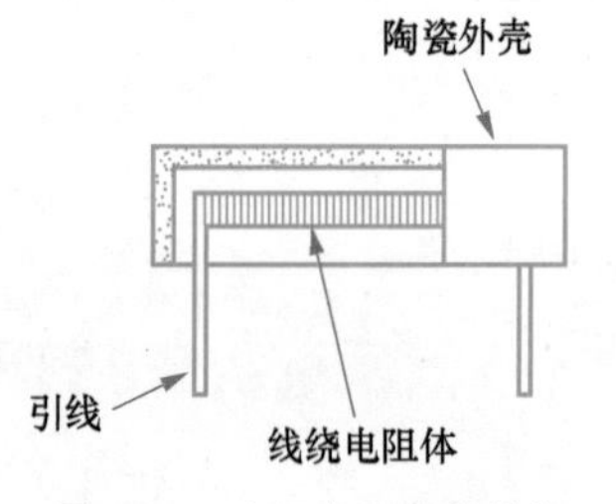

图 2-23　水泥电阻器的结构

图 2-24　压敏电阻器的外形

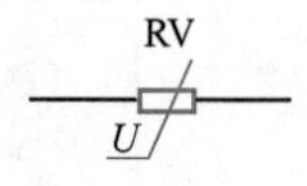

图 2-25　压敏电阻器的图形符号

压敏电阻器的特点是当外加电压达到其临界值时，其阻值会急剧变小。

压敏电阻器的主要作用是过压保护和抑制浪涌电流。图 2-26 所示为电源输入电路，压敏电阻器 RV 跨接于电源变压器 T 的初级两端，正常情况下，由于 RV 的阻值很大，对电路无影响。当电源输入端一旦出现超过 RV 临界值的过高电压时，RV 阻值急剧减小，电流剧增使保险丝 FU 熔断，保护电路不被损坏。

8）热敏电阻器

热敏电阻器大多由单晶或多晶半导体材料制成，它的阻值会随温度的变化而变化。热敏电阻器的外形如图 2-27 所示。

热敏电阻器的文字符号为“RT”，图形符号如图 2-28 所示。

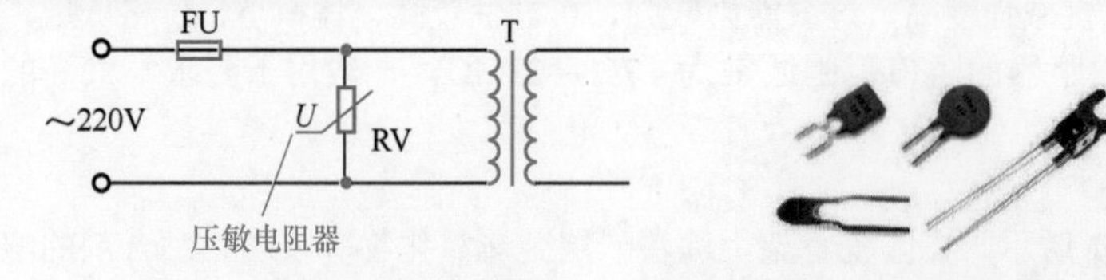

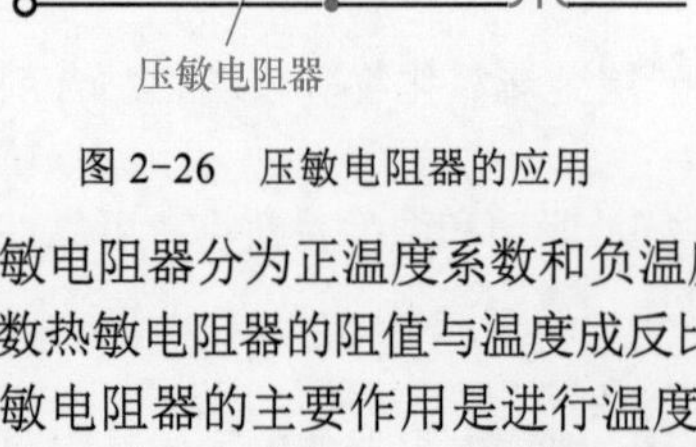

图 2-26　压敏电阻器的应用

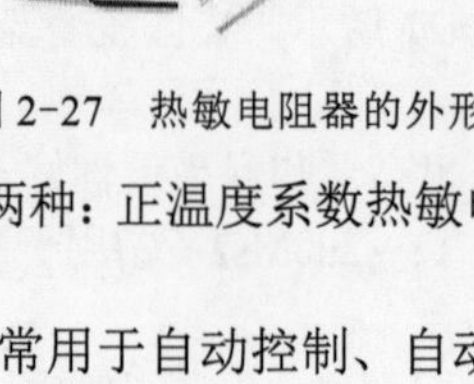

图 2-27　热敏电阻器的外形

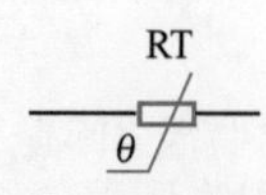

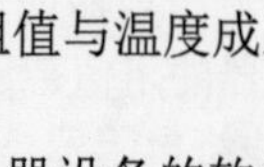

图 2-28　热敏电阻器的图形符号

热敏电阻器分为正温度系数和负温度系数两种：正温度系数热敏电阻器的阻值与温度成正比，负温度系数热敏电阻器的阻值与温度成反比。

热敏电阻器的主要作用是进行温度检测，常用于自动控制、自动测温、电器设备的软启动电路等，目前用得较多的是负温度系数热敏电阻器。

图 2-29 所示为电子温度计电路，RT 为负温度系数热敏电阻器，与负载电阻 R 组成测温分压器。

温度越高，负温度系数热敏电阻器的阻值越小，负载电阻 R 上获得的分压就越大。RT 将温度转换为电压，经放大、整流后指示出来。

9）光敏电阻器

光敏电阻器大多数由半导体材料制成，它是利用半导体的光导电特性原理工作的。光敏电阻器的外形如图 2-30 所示。

光敏电阻器的文字符号为“R”，图形符号如图 2-31 所示。

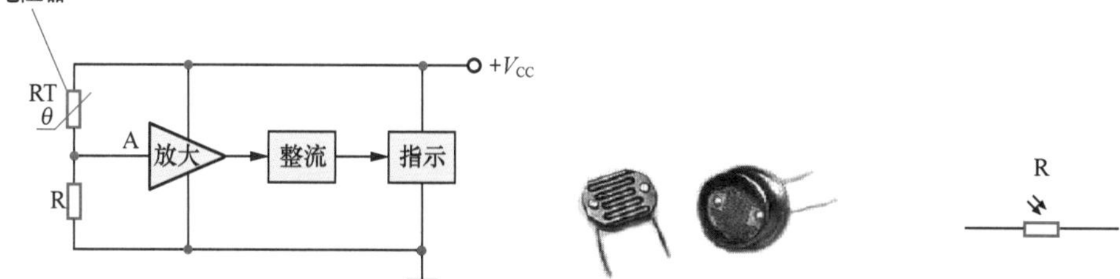

图 2-29　热敏电阻器的应用　　图 2-30　光敏电阻器的外形　图 2-31　光敏电阻器的图形符号

光敏电阻器的特点是其阻值会随入射光线的强弱而变化，入射光线越强，其阻值越小；入射光线越弱，其阻值越大。根据光敏电阻器的光谱特性，可分为红外光光敏电阻器、可见光光敏电阻器、紫外光光敏电阻器等。

光敏电阻器的主要作用是进行光的检测，广泛应用于自动检测、光电控制、通信、报警等电路中。

图 2-32 所示的光控电路中，R_2 为光敏电阻器。当有光照时，R_2 阻值变小，A 点电位降低，使控制电路动作。

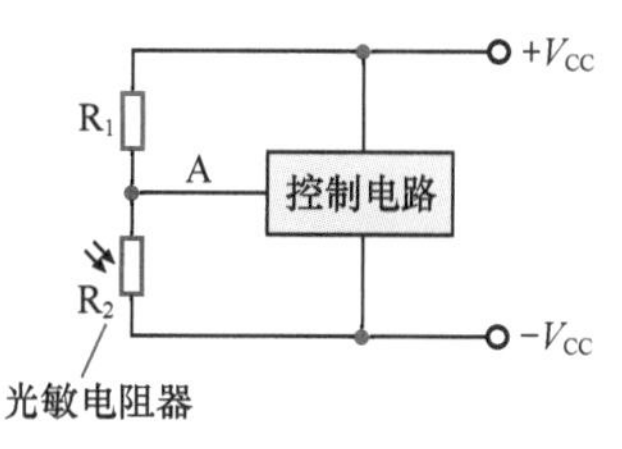

图 2-32　光敏电阻器的应用

2.1.2　电位器

电位器是一种最常用的可调电子元件。电位器是从可变电阻器发展派生出来的，它由一个电阻体和一个转动或滑动系统组成，有的电位器还附带有开关。

（1）电位器的识别

电位器的种类很多，按结构不同可分为普通旋转式电位器、带开关电位器、超小型带开关电位器、直滑式电位器、多圈电位器、微调电位器、双连电位器等，如图 2-33 所示。按照电阻体所用制造材料的不同，电位器又分为碳膜电位器、金属膜电位器、有机实心电位器、无机实心电位器、玻璃釉电位器、线绕电位器等。

电位器的文字符号为“RP”，图形符号如图 2-34 所示，左图为电位器一般符号，右图为带开关电位器的符号。

电位器的型号命名由四部分组成，如图 2-35 所示。第一部分用字母“W”表示电位器的主称，第二部分用字母表示构成电位器电阻体的材料，第三部分用字母表示电位器的分类，第四部分用数字表示序号。

图 2-33　电位器

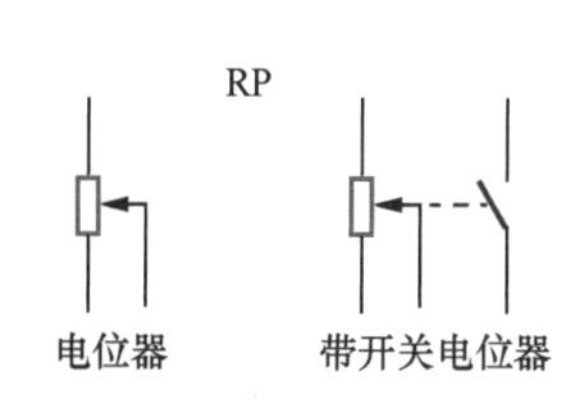

图 2-34　电位器的图形符号

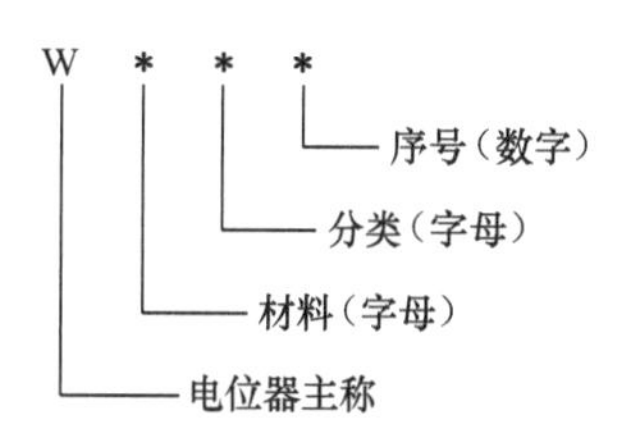

图 2-35　电位器的型号命名组成

电位器型号的意义见表 2-3。例如，某电位器型号为 WHJ3，表示这是精密合成碳膜电位器。

表 2-3　电位器型号的意义

第一部分	第二部分（材料）	第三部分（分类）	第四部分
W	H 合成碳膜	G 高压类	序号
	S 有机实心	H 组合类	
	N 无机实心	B 片式类	
	I 玻璃釉膜	W 螺杆预调类	
	X 线绕	Y 旋转预调类	
	J 金属膜	J 单旋精密类	
	Y 氧化膜	D 多旋精密类	
	D 导电塑料	M 直滑精密类	
	F 复合膜	X 旋转低功率	
		Z 直滑低功率	
		P 旋转功率类	
		T 特殊类	

（2）电位器的主要参数

电位器的主要参数是标称阻值、阻值变化特性和额定功率。

① 标称阻值。标称阻值通常用数字直接标示在电位器壳体上，如图 2-36 所示。标称阻值是指电位器的最大阻值。

② 阻值变化特性。阻值变化特性是指其阻值随动臂的旋转角度或滑动行程而变化的关系。常用的有直线式（X）、指数式（Z）和对数式（D），如图 2-37 所示。直线式适用于大多数场合，指数式适用于音量控制电路，对数式适用于音调控制电路。

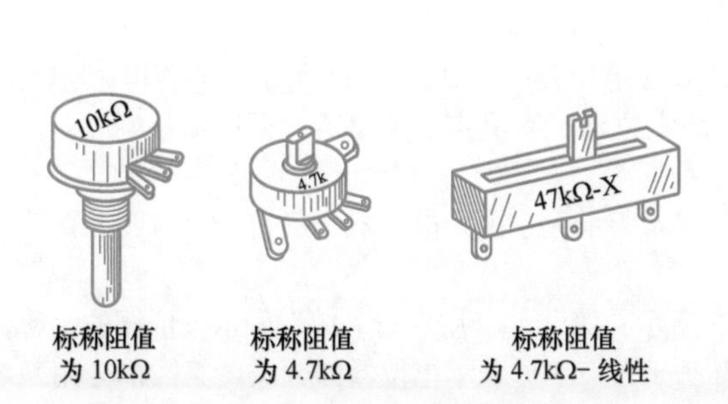

图 2-36　标称阻值的标示

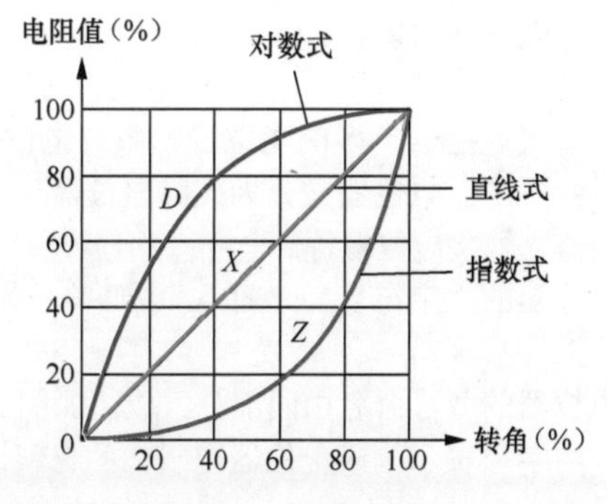

图 2-37　阻值变化特性

③ 额定功率。额定功率是指电位器在长期连续负荷下所允许承受的最大功率，使用中，电位器的额定功率必须大于实际消耗功率。额定功率值通常直接标示在电位器上，如图 2-38 所示。

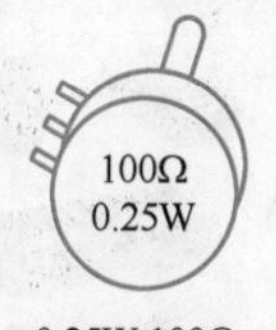

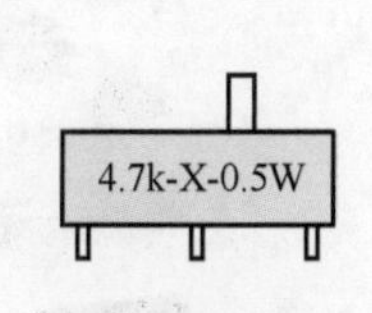

图 2-38　额定功率的标示

（3）电位器的工作原理与作用

电位器的结构特点决定了它具有可连续改变的分压特性。

电位器的结构如图 2-39 所示，电阻体的两端各有一个定臂引出端，中间是动臂引出端。动臂在电阻体上移动，即可使动臂与两个定臂引出端间的电阻值连续变化。电位器 RP 可等效为两个电阻器 R_a 和 R_b 串联构成的分压器，如图 2-40 所示。

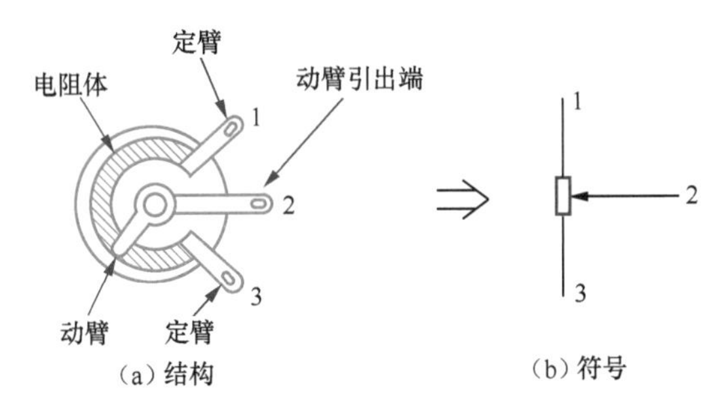

图 2-39 电位器的结构

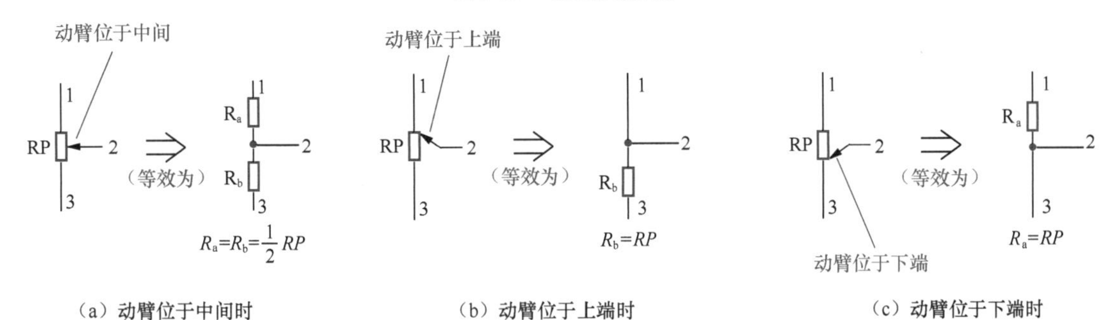

图 2-40 电位器的工作原理

① 当动臂 2 处于电阻体中间时，$R_a = R_b$，如图 2-40（a）所示，动臂 2 处的输出电压为输入电压的一半。

② 当动臂 2 向上移动时，R_a 减小，而 R_b 增大。当动臂 2 移至最上端时，$R_a = 0$，2 端与 1 端直通，$R_b = RP$，2、3 端间阻值达到最大，如图 2-40（b）所示，动臂 2 处的输出电压为输入电压的全部。

③ 当动臂 2 向下移动时，R_a 增大而 R_b 减小。当动臂 2 移至最下端时，$R_b = 0$，2 端与 3 端直通，$R_a = RP$，1、2 端间阻值达到最大，如图 2-40（c）所示，动臂 2 处的输出电压为零。

电位器的主要功能和作用是可变分压，分压比随电位器动臂转角的增大而增大，如图 2-41 所示。

直流稳压电源取样电路中的电位器就是可变分压的一个例子，如图 2-42 所示，取样电路由电阻 R_1、R_2 和电位器 RP 串联构成。稳压电源输出电压 U_o 的大小取决于基准电压的大小和取样电路的分压比，调节电位器 RP 改变分压比，即可改变输出电压 U_o 的大小。

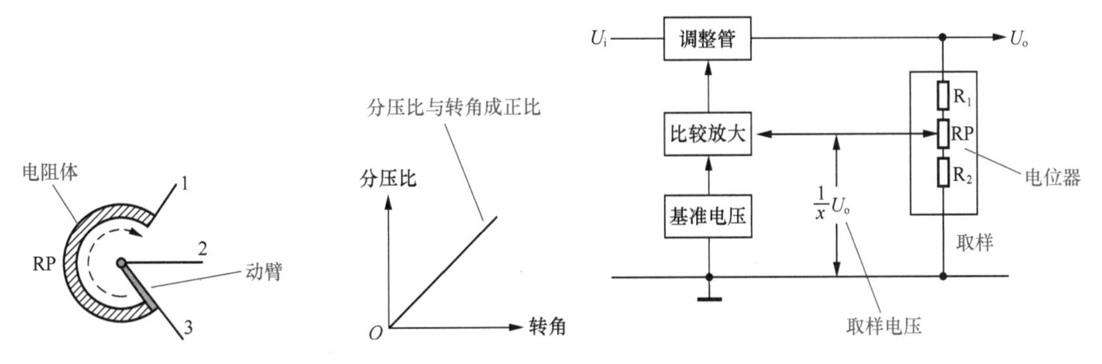

图 2-41 分压比与动臂转角成正比　　图 2-42 电位器改变取样比

（4）电位器的检测

电位器可使用万用表的电阻挡进行检测。

① 检测标称阻值。根据电位器标称阻值的大小，将万用表置于适当的“Ω”挡位，两表笔短接，然后转动调零旋钮校准“Ω”挡的“0”位。万用表两表笔（不分正、负）分别与电位器的两定臂相接，表针应指在相应的阻值刻度上，如图 2-43 所示。如表针不动、指示不稳定或指示值与电位器标称值相差很大，则说明该电位器已损坏。

② 检测动态阻值。将万用表的某一表笔与电位器动臂相接，另一表笔与定臂 A 相接，来回旋转电位器旋柄，万用表表针应随之平稳地来回移动，如图 2-44 所示。如表针不动或移动不平稳，则说明该电位器动臂接触不良。然后再将接定臂 A 的表笔改接至定臂 B，重复以上检测步骤。

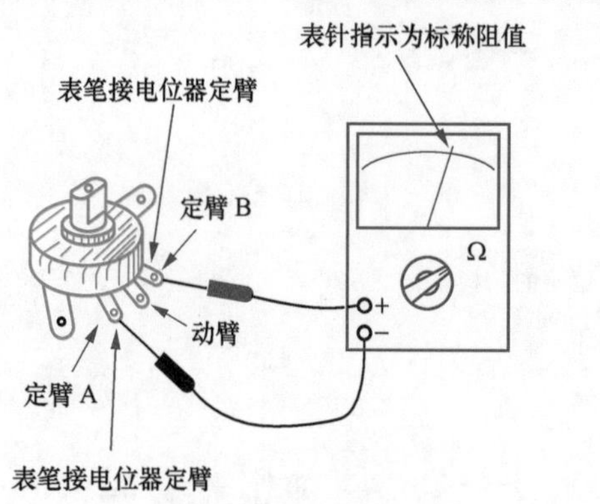

图 2-43　检测电位器

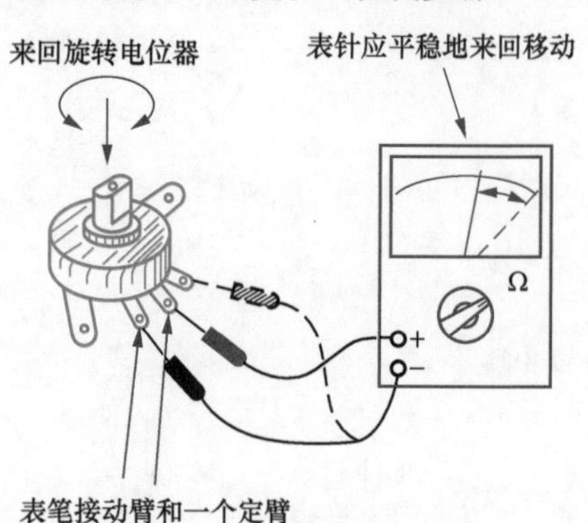

图 2-44　动态检测电位器

对于带开关电位器，还要检测电位器上的开关。检测时，万用表仍置于“Ω”挡位，两表笔分别接开关接点 A 和 B，旋转电位器旋柄使开关交替地“开”与“关”，观察表针的指示，如图 2-45 所示，开关“开”时，表针应指向最右边（满度）；开关“关”时，表针应指向最左边（电阻∞）。可重复以上步骤若干次以观察开关有无接触不良现象。

（5）电位器的种类

1）旋转式电位器

常用电位器主要有旋转式电位器、直滑式电位器、带开关电位器、双连电位器、多圈电位器、超小型电位器、微调电位器等。

旋转式电位器是最基本和最常用的电位器之一，结构如图 2-46 所示，电阻体呈圆环状，动接点固定在转轴上，转动转轴时带动动接点在电阻体上移动。

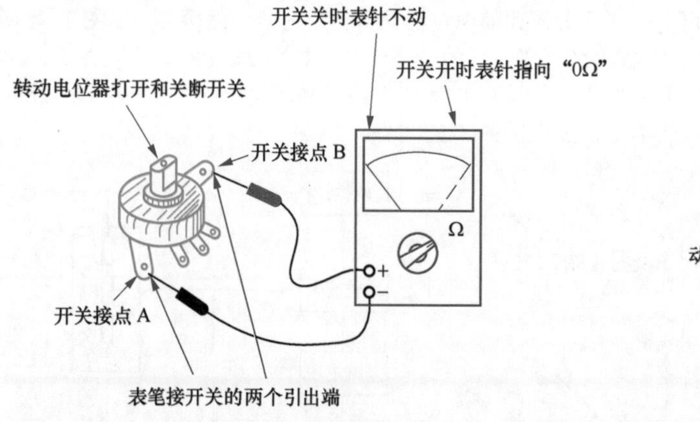

图 2-45　检测电位器的开关

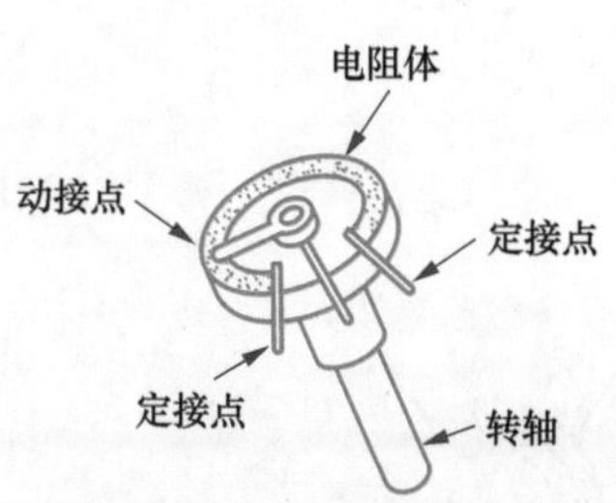

图 2-46　旋转式电位器的结构

2）碳膜电位器

采用碳膜电阻体的电位器称为碳膜电位器，其特点是分辨率高、阻值范围宽、寿命长、价格低，但耐热耐湿性较差，噪声较大。

3）金属膜电位器

采用金属膜电阻体的电位器称为金属膜电位器，其特点是分辨率高、耐热性好、频率范围宽、噪声较小，但耐磨性较差。

4）线绕电位器

采用线绕电阻体的电位器称为线绕电位器，其特点是耐热性好、功率大、精度高、稳定性好、噪声低，但分辨率较低、高频特性差。

5）实心电位器

采用实心电阻体的电位器称为实心电位器，其特点是分辨率高、耐磨性好、阻值范围宽、可靠性高、体积小，但耐高温性差，噪声大。

6）直滑式电位器

直滑式电位器的结构如图 2-47 所示，电阻体呈长条状，动接点固定在滑柄上，左右移动滑柄时带动动接点在电阻体上移动。直滑式电位器有利于美化电子设备的面板。

7）带开关电位器

带开关电位器实际上就是将开关附加在电位器上，并由电位器转轴控制。带开关电位器的结构如图 2-48 所示，在电位器外壳上面有一开关，它由固定在转轴上的拨柄控制。当转轴从 0° 转出时，拨柄使开关接通；当转轴转回 0° 时，拨柄使开关断开。

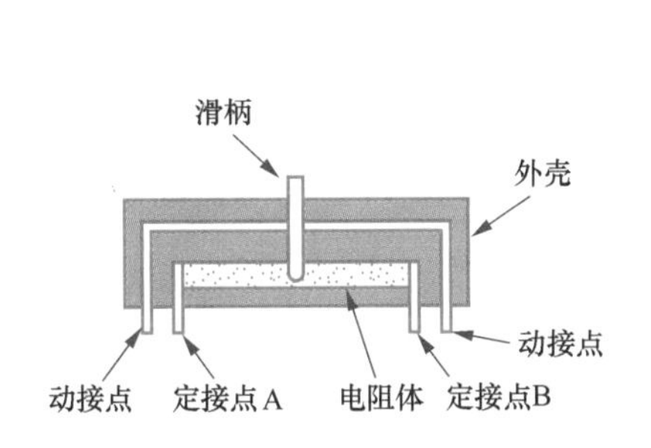

图 2-47 直滑式电位器的结构

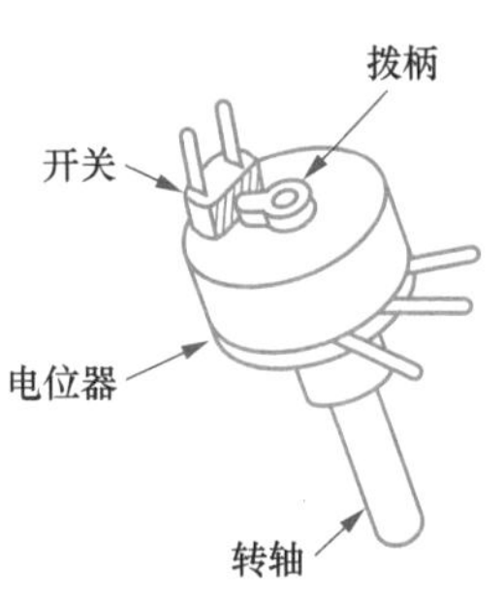

图 2-48 带开关电位器的结构

8）双联电位器

双联电位器通常是将两个相同规格的电位器安装在同一个转轴上，如图 2-49 所示，转动转轴时，两个电位器的动接点同步移动。双联电位器常用于需要同步调节的场合，例如立体声音响设备中的音量控制和音调控制。

9）多圈电位器

大多数电位器均为单圈电位器，转轴旋转角度小于 360°，而多圈电位器的转轴旋转角度大于 360°，即可以转动一圈以上。

多圈电位器的结构如图 2-50 所示，分为直线移动式和旋转转动式，转轴通过蜗轮、蜗杆传动，带动动接点在电阻体上移动。转轴每转一圈，动接点只移动很小的距离。动接点走完整个电阻体，转轴需要转动多圈。多圈电位器具有较高的分辨率，主要应用于精密调节电路中。

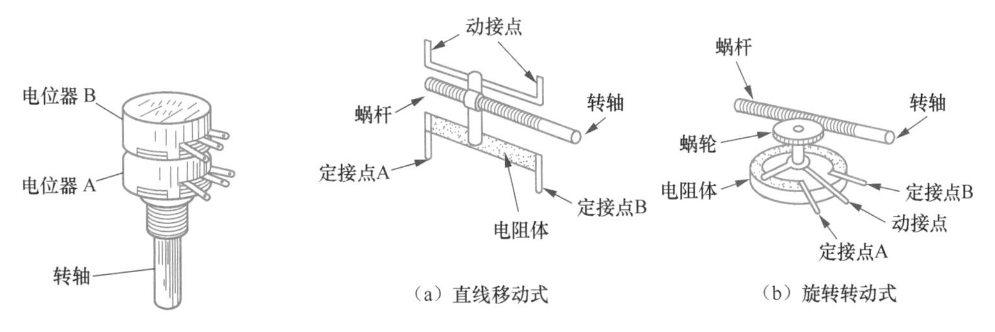

图 2-49 双联电位器

图 2-50 多圈电位器的结构

10）超小型电位器

超小型电位器如图 2-51 所示，有带开关和不带开关两类，主要应用于袖珍收音机等小型电子设备中。

11）微调电位器

微调电位器如图 2-52 所示，具有体积小、价格低廉的特点，主要应用于电路中不需要经常调节的地方。

图 2-51　超小型电位器

图 2-52　微调电位器

2.1.3 电容器

电容器通常简称为电容，是一种最基本、最常用的电工电子元件。电容器包括固定电容器和可变电容器两大类，固定电容器又分为无极性电容器和有极性电容器。

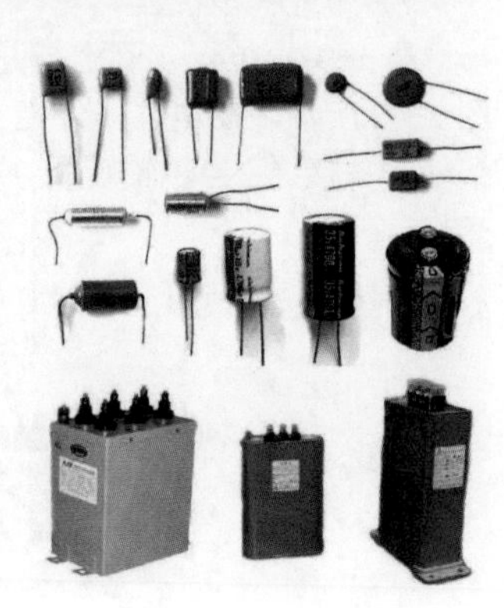

图 2-53　电容器

（1）电容器的识别

电容器有许多种类，常见的有金属化纸介电容器、聚苯乙烯电容器、涤纶电容器、玻璃釉电容器、云母电容器、瓷片电容器、独石电容器、铝电解电容器、钽电解电容器等，如图 2-53 所示。其中，电解电容器通常为有极性电容器，其他电容器为无极性电容器。

使用有极性电容器时，应注意其引线有正、负极之分，在电路中，其正极引线应接在电位高的一端，负极引线应接在电位低的一端。如果极性接反了，会使漏电流增大并易损坏电容器。

电容器的文字符号为“C”，图形符号如图 2-54 所示，包括无极性电容器符号、有极性电容器、可变电容器等的符号。

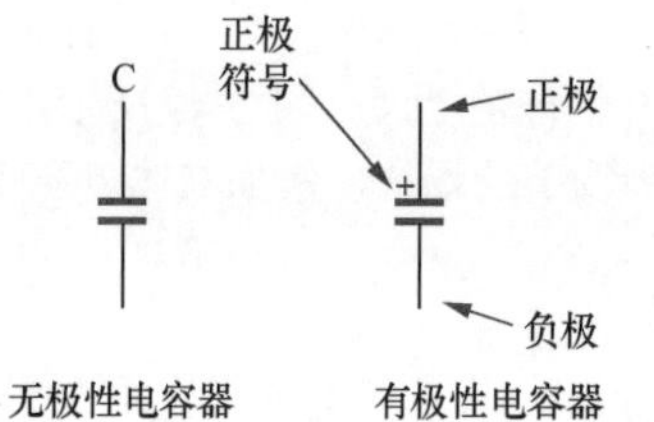

无极性电容器　有极性电容器

可变电容器　双连可变电容器

微调电容器

图 2-54　电容器的图形符号

电容器的型号命名由四部分组成，如图 2-55 所示。第一部分用字母“C”表示电容器的主称，第二部分用字母表示电容器的介质材料，第三部分用数字或字母表示电容器的类别，第四部分用数字表示序号。

C　*　*　*

序号（数字）

类别（数字或字母）

介质材料（字母）

电容器主称

图 2-55　电容器的型号

电容器型号中，第二部分介质材料的字母代号的意义见表 2-4，第三部分类别代号的意义见表 2-5。

表 2-4　电容器型号中介质材料代号的意义

字母代号	介质材料	字母代号	介质材料
A	钽电解	L	聚酯
B	聚苯乙烯	N	铌电解
C	高频陶瓷	O	玻璃膜
D	铝电解	Q	漆膜
E	其他材料电解	T	低频陶瓷
G	合金电解	V	云母纸
H	纸膜复合	Y	云母

续表

字母代号	介质材料	字母代号	介质材料
I	玻璃釉	Z	纸介
J	金属化纸介		

表 2-5　电容器型号中类别代号的意义

代号	瓷介电容	云母电容	有机电容	电解电容
1	圆形	非密封	非密封	箔式
2	管形	非密封	非密封	箔式
3	叠片	密封	密封	非固体
4	独石	密封	密封	固体
5	穿心		穿心	
6	支柱等			
7				无极性
8	高压	高压	高压	
9			特殊	特殊
G	高功率型			
J	金属化型			
Y	高压型			
W	微调型			

（2）电容器的主要参数

电容器的主要参数是电容量和耐压。

① 电容量。电容器储存电荷的能力叫作电容量，简称容量，基本单位是法拉，简称法（F）。由于法拉作单位在实际运用中往往显得太大，所以常用微法（μF）、毫微法（nF）和微微法（pF）作为单位。它们之间的换算关系是：1F =10^6μF，1μF =1000 nF，1 nF =1000 pF。

电容器上容量的标示方法常见的有两种。一种是直标法，如图 2-56 所示。例如，100 pF 的电容器上有“100”字样；0.01μF 的电容器上有“0.01”字样；2.2μF 的电容器上有“2.2μ”或“2μ2”字样；47μF 的电容器上有“47μ”字样。有极性电容器上还有极性标志。

另一种是数码表示法，一般用三位数字表示容量的大小，其单位为 pF。三位数字中，前两位是有效数字；第三位是倍乘数，即表示有效数字后有多少个“0”，如图 2-57 所示。

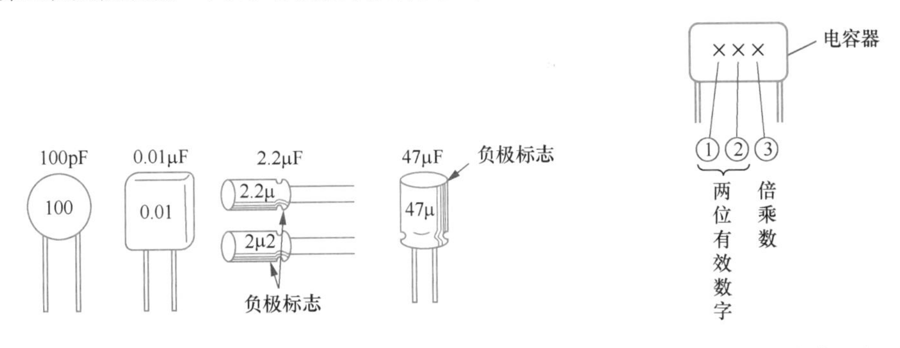

图 2-56　电容量的直标法

图 2-57　电容量的数码表示法

倍乘数的标示数字所代表的含义见表 2-6，标示数为 0 ~ 8 时分别表示 10^0 ~ 10^8，而 9 则是表示 10^{-1}。例如，103 表示 10×10^3=10000pF = 0.01μF；229 表示 22×10^{-1} = 2.2pF”。

表 2-6 电容器上倍乘数的意义

标示数字	倍乘数	标示数字	倍乘数
0	$\times10^0$	5	$\times10^5$
1	$\times10^1$	6	$\times10^6$
2	$\times10^2$	7	$\times10^7$
3	$\times10^3$	8	$\times10^8$
4	$\times10^4$	9	$\times10^{-1}$

② 耐压。耐压表示电容器在连续工作中所能承受的最高电压。耐压值一般直接标示在电容器上，也有一些体积很小的小容量电容器不标示耐压值。电路图中对电容器耐压的要求一般直接用数字标出，如图 2-58 所示 。电路中不做标示的可根据电路的电源电压选用电容器。使用中，应保证加在电容器两端的电压不超过其耐压值，否则将会损坏电容器。

除主要参数外，电容器还有其他一些参数指标，但在实际使用中，一般只考虑容量和耐压，只有在有特殊要求的电路中，才考虑容量误差、高频损耗等参数。

（3）电容器的基本功能

电容器的特点是隔直流通交流。直流电流不能通过电容器，而交流电流则可以通过电容器。

电容器的基本结构是两块金属电极之间夹着一绝缘介质层，如图 2-59 所示，因此两电极之间是互相绝缘的，直流电无法通过电容器。但是对于交流电来说情况就不同了，交流电可以通过在两电极之间充、放电而“通过”电容器。

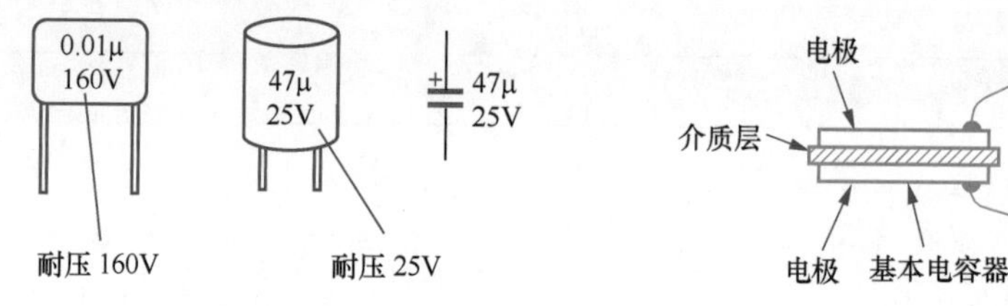

图 2-58 耐压的标示

图 2-59 电容器的结构原理

如图 2-60 所示，在交流电正半周时，电容器被充电，有一充电电流通过电容器（左图）；在交流电负半周时，电容器放电并反方向充电，放电和反方向充电电流通过电容器（右图）。归纳起来，我们可以用一句话来概括电容器的基本功能：隔直流通交流。电容器的各项作用都是这一基本功能的具体应用。

电容器对交流电流具有一定的阻力，称之为容抗，用符号“X_C”表示，单位为Ω。容抗等于电容器两端交流电压（有效值）与通过电容器的交流电流（有效值）的比值。容抗 X_C 分别与交流电的频率 f 和电容器的容量 C 成反比，即 $X_C=\dfrac{1}{2\pi fC}$（Ω），如图 2-61 所示。可见，交流电流的频率越高则容抗越小，电容器的容量越大则容抗越小。

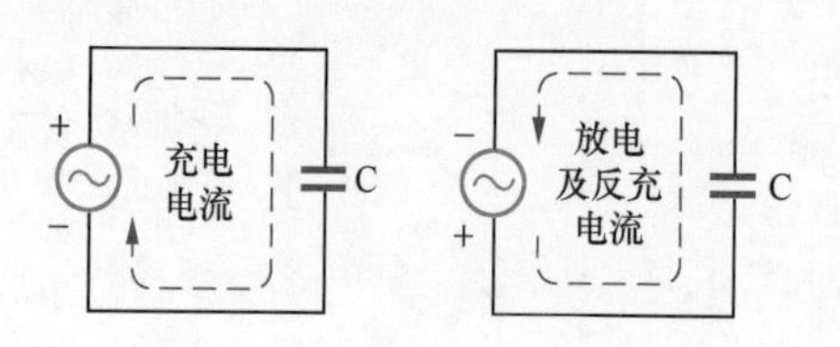

图 2-60 交流电通过电容器

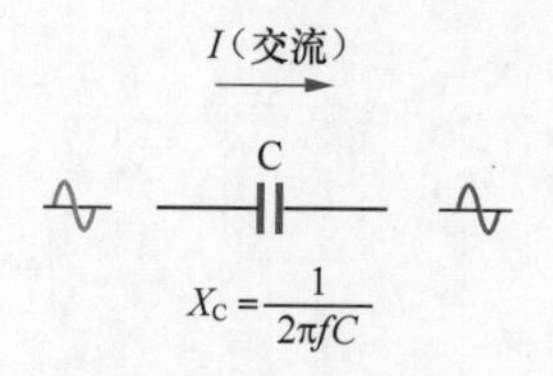

图 2-61 容抗的概念

（4）电容器的主要作用

电容器的主要作用是旁路滤波、耦合、移相、交流降压与分压等。

① 旁路滤波。如图 2-62 所示，在整流电源电路中，二极管整流出来的电压 U_i 是脉动直流，其中既有直流成分也有交流成分，由于输出端接有滤波电容器 C，交流成分被 C 旁路到地，输出电压 U_o 就是较纯净的直流了。

② 耦合。如图 2-63 所示，在两级音频放大电路中，晶体管 VT_1 集电极输出的交流信号通过电容 C 传输到 VT_2 基极，而 VT_1 集电极的直流电位则不会影响到 VT_2 基极，VT_1 与 VT_2 可以有各自适当的直流工作点，这就是电容器的耦合作用。

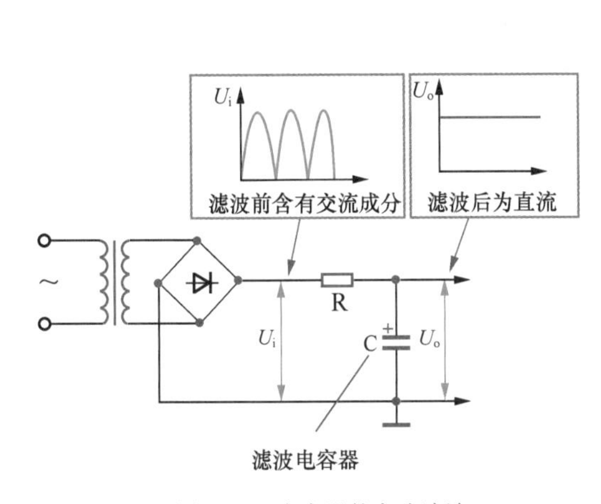

图 2-62　电容器的旁路滤波

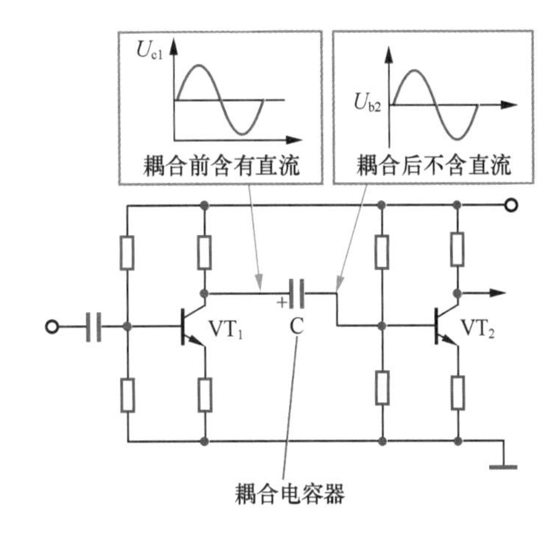

图 2-63　电容器的耦合作用

③ 移相。由于通过电容器的电流大小取决于交流电的变化率，因此电容器上电流超前电压 90°，具有移相作用，如图 2-64 所示。利用电容器上电流超前电压的特性，可以构成 RC 移相网络，如图 2-65（a）所示。RC 移相网络中，输出电压 U_o 取自电阻 R，由于电容器 C 上电流 i 超前输入电压 U_i，因此 U_o 超前 U_i 一个相移角 φ，如图 2-65（b）所示的矢量图。φ 在 0°~90° 之间，由组成移相网络的 R、C 的比值决定。

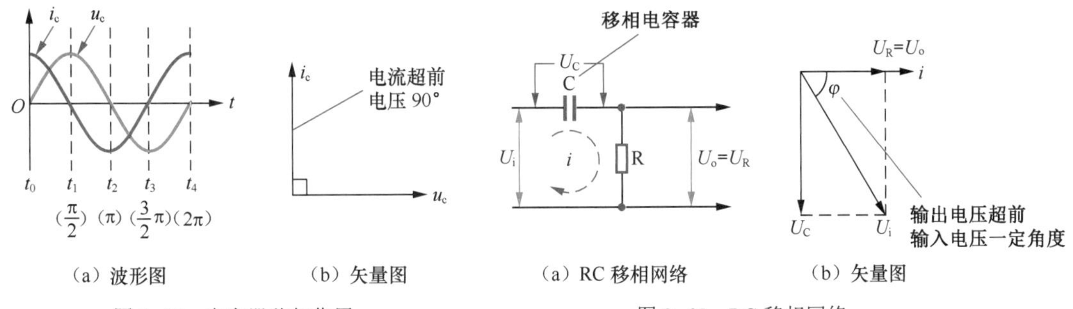

图 2-64　电容器移相作用　　图 2-65　RC 移相网络

当需要的相移角超过 90° 时，可用多节移相网络来实现。图 2-66（a）所示为三节 RC 移相网络，每节移相 60°，三节共移相 180°，图 2-66(b)所示为其矢量图。该移相网络可用于晶体管 RC 振荡器。振荡频率 $f=\dfrac{1}{2\pi\sqrt{6}RC}$。

图 2-67 所示为 RC 移相振荡器构成的电子门铃电路，$C_1\sim C_3$ 与 $R_1\sim R_3$ 组成三节移相网络，将 VT 集电极输出电压 U_c（与其基极输入电压 U_b 相差 180°）倒相后正反馈到基极，形成振荡。

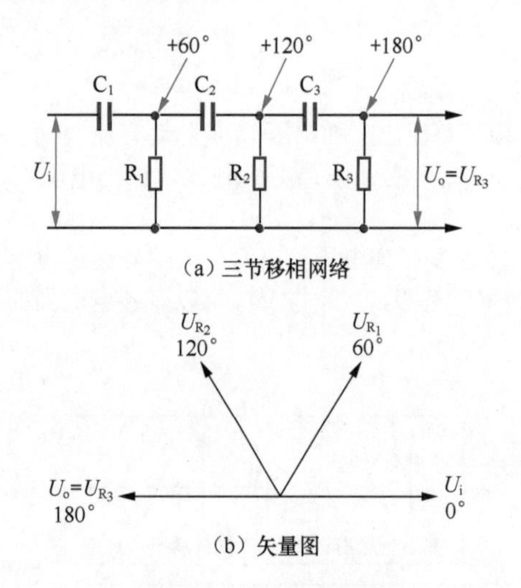

图 2-66　三节移相网络

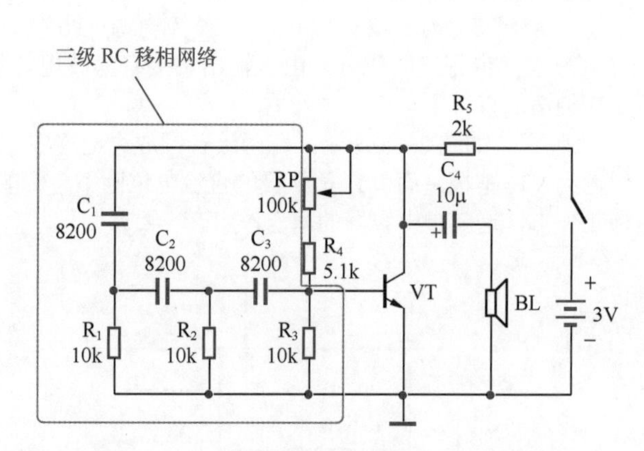

图 2-67　RC 移相振荡器构成的电子门铃电路

④ 交流降压与分压。由于电容器存在容抗，交流电流通过时必然产生压降，因此电容器可以用作交流降压或分压。图 2-68 所示为电容降压整流电源电路，C_1 为降压电容器，将 220V 市电降压后经 VD_1～VD_4 桥式整流、C_2 滤波为直流电压 U_o 输出至负载 R_L。

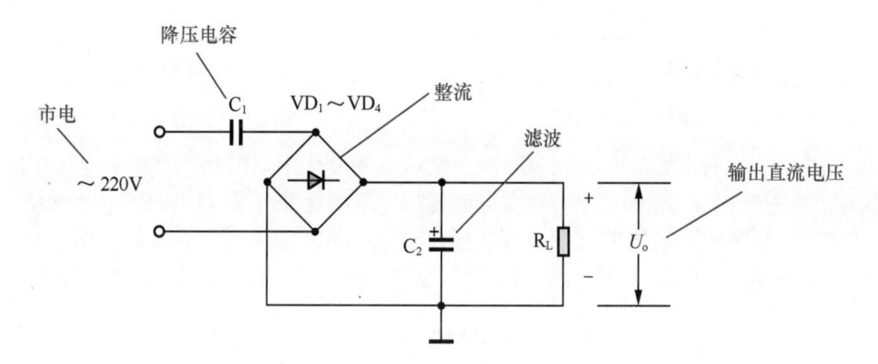

图 2-68　电容降压整流电源电路

（5）电容器的检测

电容器的好坏可使用指针式万用表的电阻挡或数字式万用表的电容挡进行检测。

首先根据电容器容量的大小，将指针式万用表上的挡位旋钮转到适当的“Ω”挡位。例如，100μF 以上的电容器用“R×100”挡，1~100μF 的电容器用“R×1k”挡，1μF 以下的电容器用“R×10k”挡，如图 2-69 所示。

检测时，将万用表的两表笔（不分正、负）分别与被测电容器的两引线连接，在刚接触的一瞬间，表针应向右偏转，然后缓慢向左回归，如图 2-70 所示。将两表笔对调后再测量，表针应重复以上过程。电容器容量越大，表针右偏越大，向左回归也越慢。

如果万用表表针不动，说明该电容器已断路损坏，如图 2-71 所示。如果表针向右偏转后不向左回归，说明该电容器已短路损坏，如图 2-72 所示。如果表针向右偏转然后向左回归稳定后，阻值指示< 500kΩ，如图 2-73 所示，说明该电容器绝缘电阻太小，漏电流较大，也不宜使用。

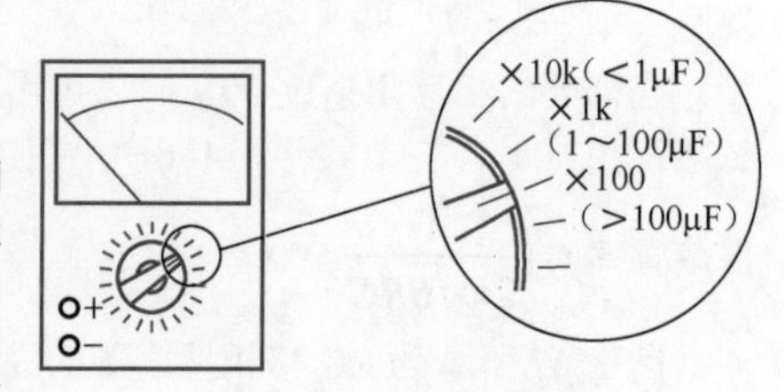

图 2-69　选择测量挡位

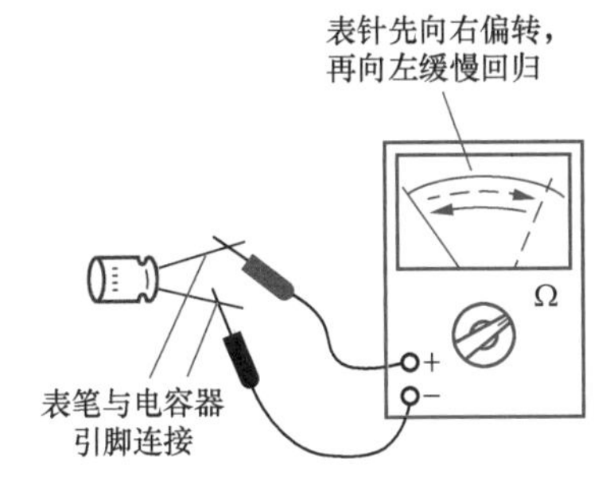

图 2-70　检测电容器

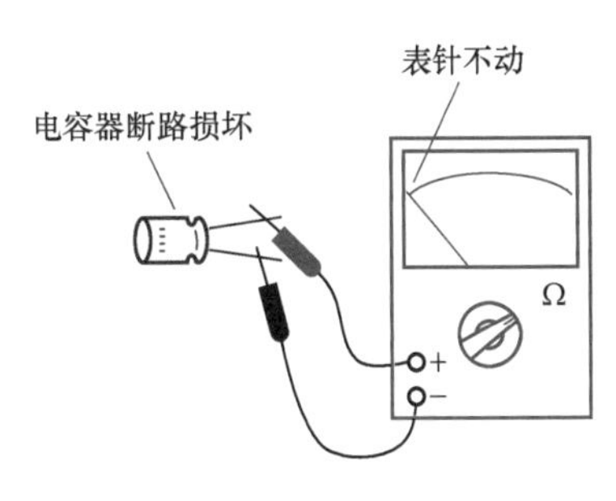

图 2-71　电容器断路

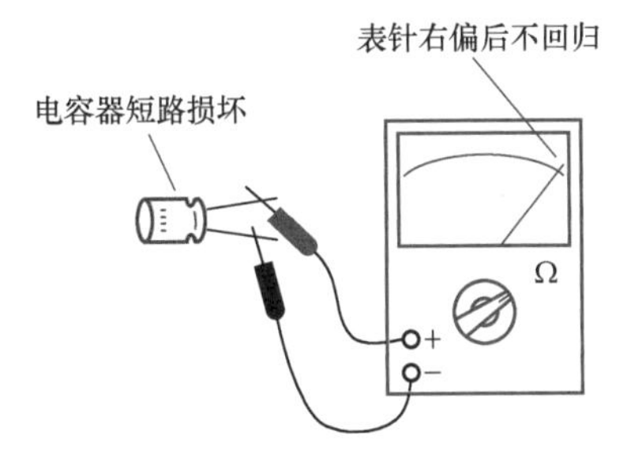

图 2-72　电容器短路

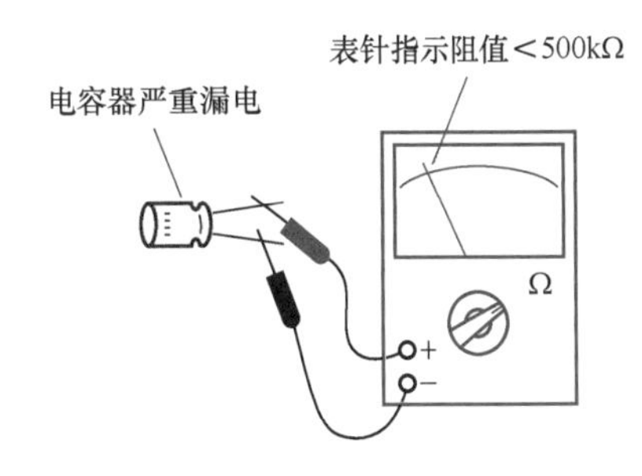

图 2-73　电容器漏电

对于正负极标志模糊不清的电解电容器，可用测量其正、反向绝缘电阻的方法，判断出其引脚的正、负极。具体方法是：使用万用表“R×1k”挡测出电解电容器的绝缘电阻；将红、黑表笔对调后再测出第二个绝缘电阻。两次测量中，绝缘电阻较大的那一次，黑表笔（与万用表中电池正极相连）所接为电解电容器的正极，红表笔（与万用表中电池负极相连）所接为电解电容器的负极，如图 2-74 所示。

对于容量很小的电容器，用指针式万用表检测时，由于充电电流极小，几乎看不出表针右偏，可用数字式万用表的电容挡进行检测。

首先将数字式万用表上挡位旋钮转到适当的“F”挡位，一般测量 2000pF 以下电容器可选“2nF”挡；2000pF ~ 19.99 nF 电容器可选“20nF”挡；20nF ~ 199.9nF 电容器可选“200nF”挡；200 nF ~ 1.999μF 电容器可选“2μF”挡；2μF ~ 19.99μF 电容器可选“20μF”挡。

然后将被测电容器插入数字式万用表上的“Cx”插孔，LCD 显示屏即显示出被测电容器 C 的容量，如图 2-75 所示。如显示“000”（短路）、仅最高位显示“1”（断路）、显示值与电容器上标示值相差很大，则说明该电容器已损坏。

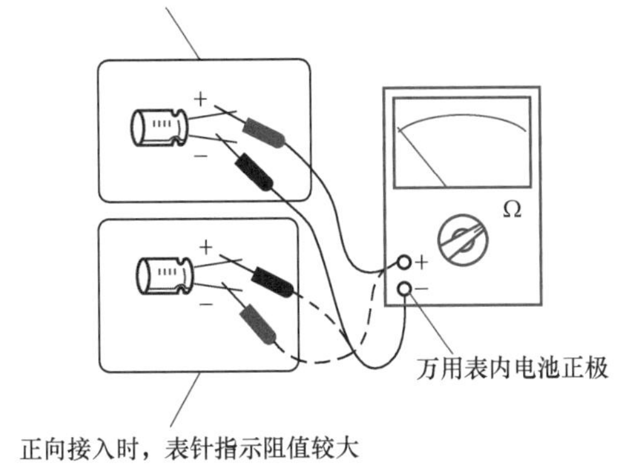

图 2-74　判断电解电容器正负极

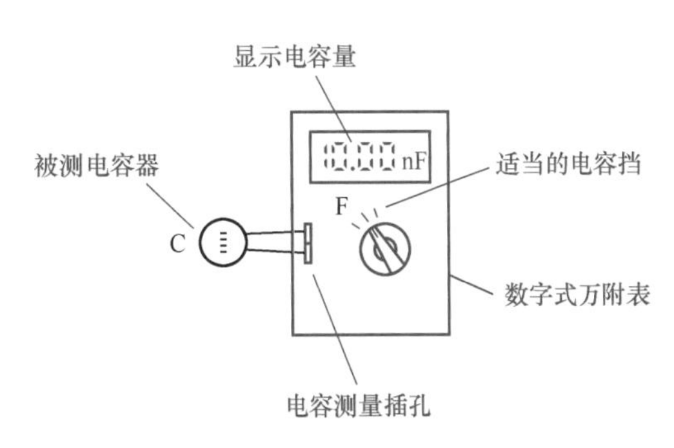

图 2-75　数字式万用表检测电容器

（6）电容器的种类

常用电容器主要有瓷片电容器、涤纶电容器、聚丙烯电容器、云母电容器、独石电容器、铝电解电容器、钽电解电容器等。

1）瓷片电容器

瓷片电容器是较常用的电容器之一，结构如图 2-76 所示。它是在陶瓷片两表面涂覆一层银膜作为电极，再焊上引线，外表涂上保护漆制成的。

瓷片电容器的特点是耐热性和耐腐蚀性好、绝缘性能好、损耗小、稳定性好、体积小，但容量一般不大。瓷片电容器分为高频和低频两类，容量范围通常为 1pF ~ 0.47μF，分别应用于高频和低频电路。

2）涤纶电容器

涤纶电容器的结构如图 2-77 所示。它是在涤纶薄膜上镀上金属膜作为电极并焊上引线，然后卷绕成型，最后用环氧树脂包封起来。

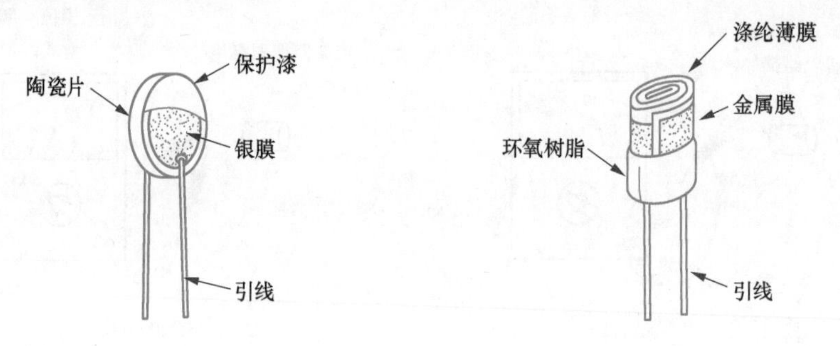

图 2-76　瓷片电容器的结构　　图 2-77　涤纶电容器的结构

涤纶电容器的特点是耐高温、耐高压、耐潮湿、容量大、体积小、价格低，但稳定性较差。涤纶电容器的容量范围通常为 470pF ~ 4μF，适用于对稳定性要求不高的场合。

3）聚丙烯电容器

聚丙烯电容器结构与涤纶电容器类似，所不同之处是聚丙烯电容器采用无极性聚丙烯薄膜作为介质材料。

聚丙烯电容器具有更好的电气性能，具有损耗小、绝缘性好、性能稳定、容量大的特点。聚丙烯电容器的容量范围通常为 1000pF ~ 10μF，广泛应用在各种电子电路，特别是高保真放大和信号处理电路中。

4）云母电容器

云母电容器是高性能电容器之一，结构如图 2-78 所示，它是在云母片上涂覆一层银膜作为电极，根据容量大小将若干片叠加起来，焊上引线，封压在塑料外壳中制成的。

云母电容器的特点是稳定性好和可靠性高、分布电感小、频率特性优良、精度高、损耗小、绝缘电阻很高。云母电容器的容量范围通常为 5pF ~ 0.05μF，主要应用于高频电路和对稳定性与可靠性要求高的场合。

5）独石电容器

独石电容器也是一种瓷介电容器，它是采用多层陶瓷膜片叠加起来烧结而成的。由于外形像一块独石，所以称其为独石电容器。

独石电容器的特点是性能稳定可靠、耐高温、耐潮湿、体积小、容量大。独石电容器的容量范围通常为 1pF ~ 1μF，广泛应用在电子仪器及各种电子产品中。独石电容器也分为高频和低频两类，分别应用于高频和低频电路。

6）电解电容器

电解电容器的特点是含有电解质，绝大多数为有极性电容器，包括铝电解电容器、钽电解电容器、铌电解电容器等。

铝电解电容器是最常用的电解电容器之一，结构如图 2-79 所示。铝电解电容器的正极为铝箔，介质为氧化膜，负极为电解质，叠加卷绕成电容器芯后封装在外壳中。

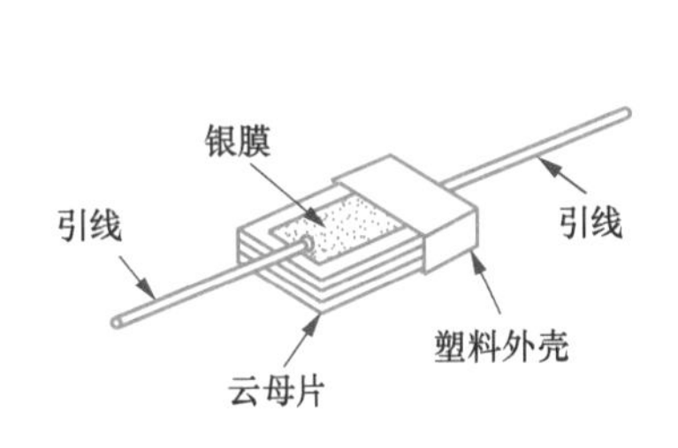

图 2-78　云母电容器的结构

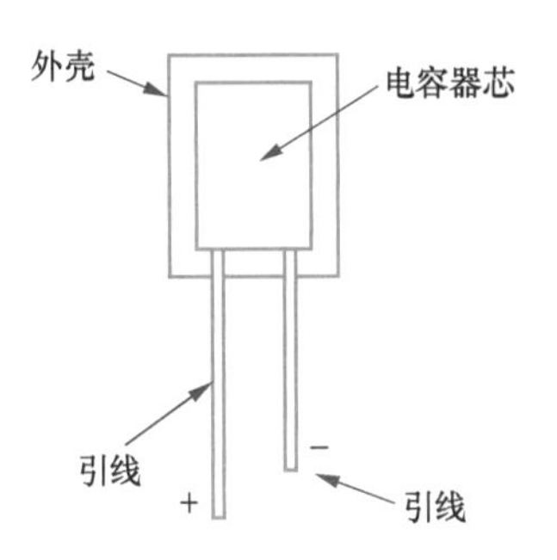

图 2-79　铝电解电容器的结构

铝电解电容器的特点是单位体积的电容量大、价格低，但稳定性较差、损耗大。铝电解电容器的容量范围通常为 0.33μF ~ 47000μF，应用十分广泛。

钽电解电容器的结构与铝电解电容器类似，所不同的是钽电解电容器的正极为金属钽，介质为氧化钽，负极仍为电解质。

钽电解电容器的特点是损耗小、绝缘电阻大、体积小、容量大、可靠性高、稳定性好，但价格较贵。钽电解电容器的容量范围通常为 0.1μF ~ 1000μF，主要应用在要求较高的场合。

7）可变电容器

电容器家族中，除电容量固定不变的电容器外，还有一些特殊电容器的电容量是可以改变的，称为可变电容器。可变电容器是电容量在一定范围内可以连续调节的电容器，是一种常用的可调电子元件。

空气可变电容器是以空气作为动片与定片之间的绝缘介质的，即动片与定片互相悬空，如图 2-80 所示。空气可变电容器的特点是稳定性好、耐压高，但体积较大。空气可变电容器包括单连和双连，广泛应用于收音机、电台、电子仪器等设备中。

双连可变电容器实质上是同轴的两个可变电容器，随着转轴的转动，两连的电容量同步变化。两连的最大电容量可以相等（等容式），也可以不相等（差容式）。

固体可变电容器是以塑料薄膜或云母薄片作为动片与定片之间的绝缘介质，如图 2-81 所示。固体可变电容器的特点是体积小、重量轻，可做成密封形式，但易磨损。

图 2-80　空气可变电容器

图 2-81　固体可变电容器

固体可变电容器包括单连、双连和多连，主要应用于小型收音机、通信设备、电子仪表等。超外差收音机中的小型密封双连可变电容器一般为差容式。

8）微调电容器

微调电容器也称为半可变电容器，其电容量变化范围较小。微调电容器常用在接近开关等自动控制电路中做频率校准，以及用于各种振荡和调谐电路中做频率微调和补偿等。常用的瓷介微调电容器如图 2-82 所示。

图 2-82　常用的瓷介微调电容器

拉线微调电容器的特点是电容量只可减小，并且减小后不可再恢复。使用时，将拉线微调电容器顶端的导线逐渐拉去，直至电容量减小至符合要求为止，最后将拉出的导线剪掉，如图 2-83 所示。

瓷介微调电容器的特点是电容量可减小也可增大。调节瓷介微调电容器时，用小螺丝刀旋转瓷介微调电容器上的动片，使电容量符合要求即可，如图 2-84 所示。

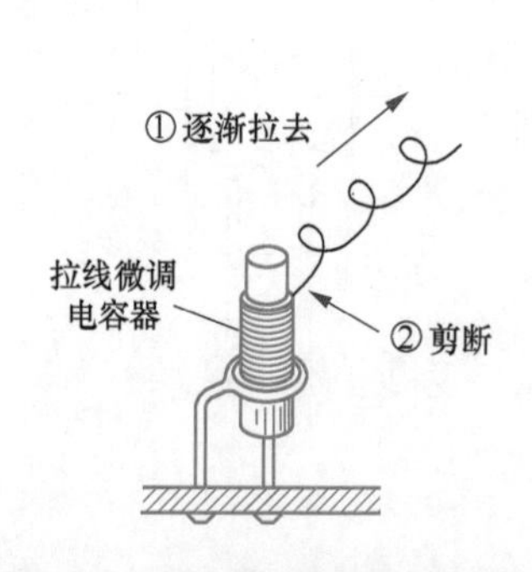

图 2-83　拉线微调电容器的应用

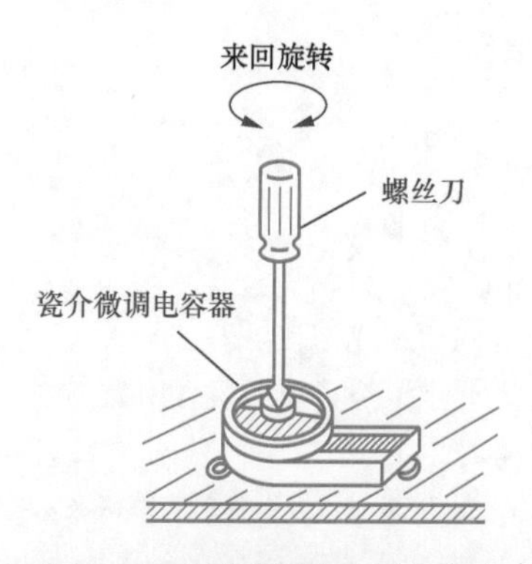

图 2-84　瓷介微调电容器的应用

2.1.4　电感器

电感器习惯上简称为电感，是常用的基本电工电子元件之一。电感器包括固定电感器、可变电感器、微调电感器等。

（1）电感器的识别

电感器种类繁多，形状各异，常用的电感器如图 2-85 所示。按使用材料的不同，电感器可分为空心电感器、磁芯电感器、铁芯电感器、铜芯电感器等。线圈装有磁芯或铁芯，可以增加电感量，一般磁芯用于高频场合，铁芯用于低频场合。线圈装有铜芯，则可以减小电感量。阻流圈、偏转线圈、振荡线圈等也是一种电感器。

电感器的文字符号为“L”，图形符号如图 2-86 所示。

图 2-85　常用的电感器

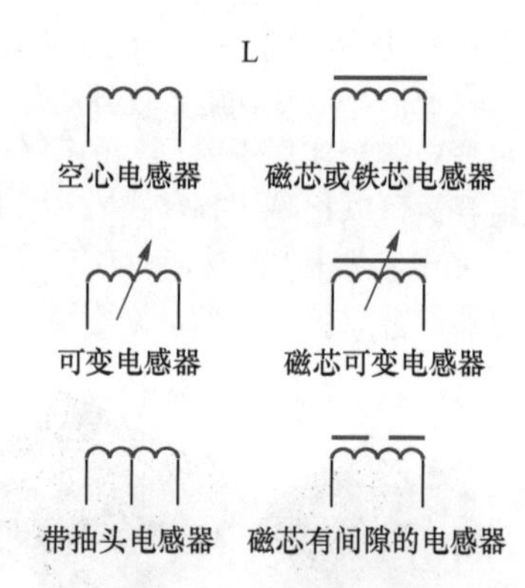

图 2-86　电感器的图形符号

电感器的型号命名一般由四部分组成，如图 2-87 所示。第一部分用字母表示电感器的主称，“L”为电感线圈，“ZL”为阻流圈；第二部分用字母表示电感器的特征，例如“G”为高频；第三部分用字母表示电感器的型式，例如“X”为小型；第四部分用字母表示区别代号。例如，LGX 型为小型高频电感器。

（2）电感器的主要参数

电感器的主要参数是电感量和额定电流。

① 电感量。电感量的基本单位是亨利，简称亨，用字母“H”表示。在实际应用中，一般常用毫亨（mH）或微亨（μH）作单位。它们之间的相互关系是：1H =1000 mH，1 mH =1000μH。

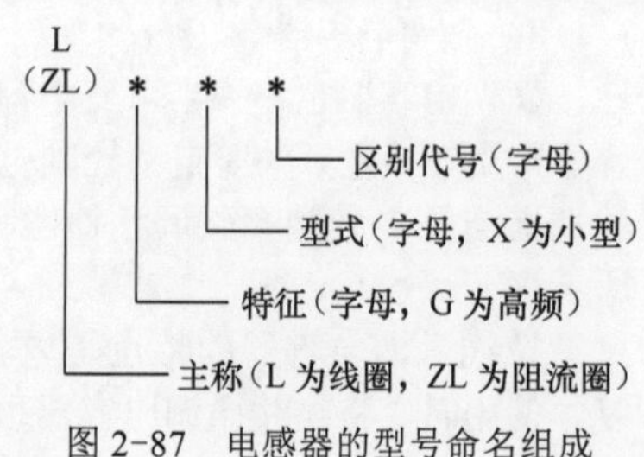

图 2-87　电感器的型号命名组成

电感器上电感量的标示方法有两种。一种是直标法，即将电感量直接用文字标示在电感器上，如图 2-88 所示。

另一种是色标法，即用色环表示电感量，其单位为 μH。色标法如图 2-89 所示，第 1、2 环表示两位有效数字，第 3 环表示倍乘数，第 4 环表示允许偏差。各色环颜色的含义与色环电阻器相同，见表 2-2。

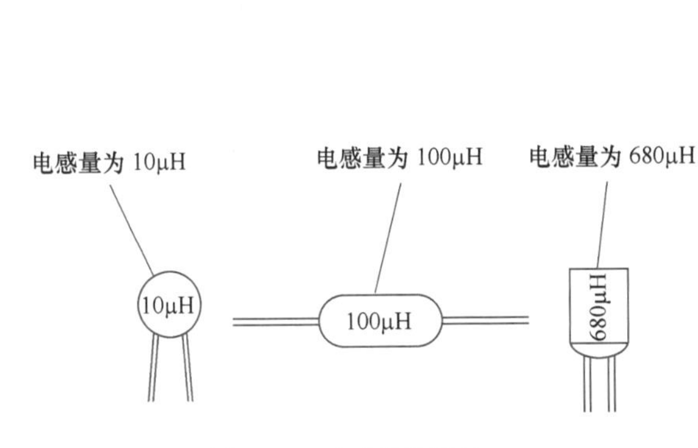

图 2-88　电感量的标示

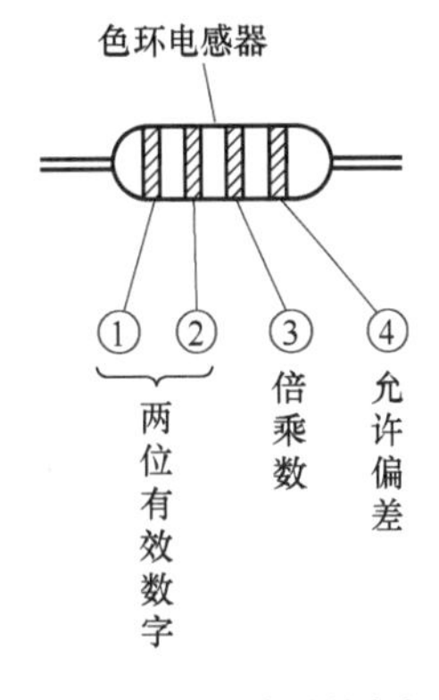

图 2-89　电感量的色标法

② 额定电流。额定电流是指电感器在正常工作时，所允许通过的最大电流。额定电流一般以字母表示，并直接标示在电感器上，字母的含义见表 2-7。使用中，电感器的实际工作电流必须小于额定电流，否则电感线圈将会严重发热甚至烧毁。

表 2-7　电感器上额定电流代号的意义

字母代号	额定电流	字母代号	额定电流
A	50 mA	D	700 mA
B	150 mA	E	1.6 A
C	300 mA		

电感器还有品质因素（Q 值）、分布电容等参数，在对这些参数有要求的电路中，选用电感器时必须予以考虑。

（3）电感器的基本功能

电感器的特点是通直流阻交流。直流电流可以无阻碍地通过电感器，而交流电流通过时则会受到很大的阻力，交流电流的频率越高阻力越大。

电感线圈在通过电流时会产生自感电动势，自感电动势总是反对原电流的变化。如图 2-90 所示，当通过电感线圈的原电流增加时，自感电动势与原电流反方向，阻碍原电流增加；当原电流减小时，自感电动势与原电流同方向，阻碍原电流减小。

自感电动势的大小与通过电感线圈的电流的变化率成正比。由于直流电的电流变化率为零，所以其自感电动势也为零，直流电可以无阻力地通过电感线圈（忽略电感线圈极小的导线电阻），如图 2-91 所示。

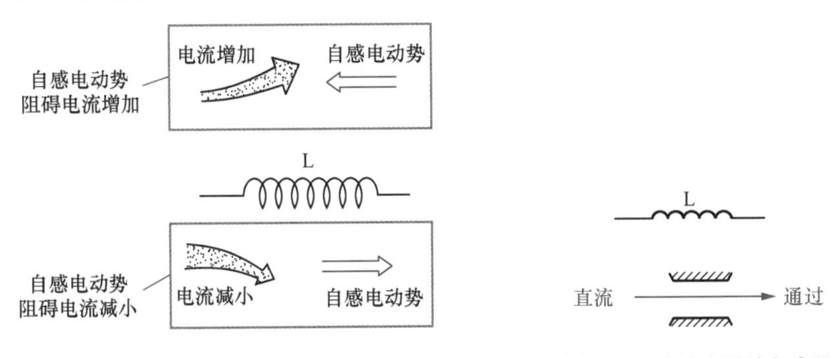

图 2-90　自感电动势　　图 2-91　直流电通过电感器

对于交流电来说，情况就不同了。交流电的电流时刻在变化，它在通过电感线圈时必然受到自感电动势的阻碍，如图 2-92 所示。交流电的频率越高，电流变化率越大，产生的自感电动势也越大，交流电流通过电感线圈时受到的阻力也就越大。

综上所述，电感器的最基本的功能是：通直流阻交流。

电感器对交流电所呈现的阻力称之为感抗，用符号“X_L”表示，单位为Ω。感抗等于电感器两端交流电压（有效值）与通过电感器的交流电流（有效值）的比值。感抗 X_L 分别与交流电的频率 f 和电感器的电感量 L 成正比，即 $X_L=2\pi fL$（Ω），如图 2-93 所示。

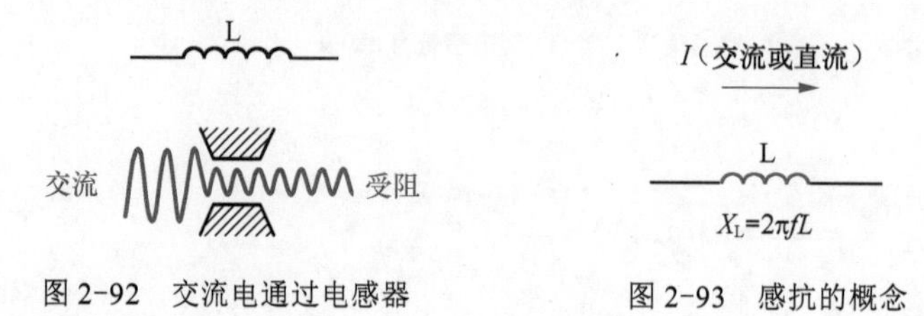

图 2-92　交流电通过电感器　　图 2-93　感抗的概念

（4）电感器的主要作用

电感器主要作用是电源滤波、高频阻流、谐振以及磁偏转等。

① 电源滤波。图 2-94 所示为电感器用于整流电源滤波，L 与 C_1、C_2 组成 Π 型 LC 滤波器。由于 L 具有通直流阻交流的功能，因此，整流输出的脉动直流电压 U_i 中的直流成分可以通过 L，而交流成分绝大部分不能通过 L，被 C_1、C_2 旁路到地，输出端 U_o 便是较纯净的直流电压了。

② 高频阻流。电感器可以用于区分高、低频信号。图 2-95 所示为来复式收音机中高频阻流圈的应用示例，由于高频阻流圈 L 对高频电流感抗很大而对音频电流感抗很小，晶体管 VT 集电极输出的高频信号只能通过 C 进入检波电路。检波后的音频信号再经 VT 放大后则可以通过 L 到达耳机。

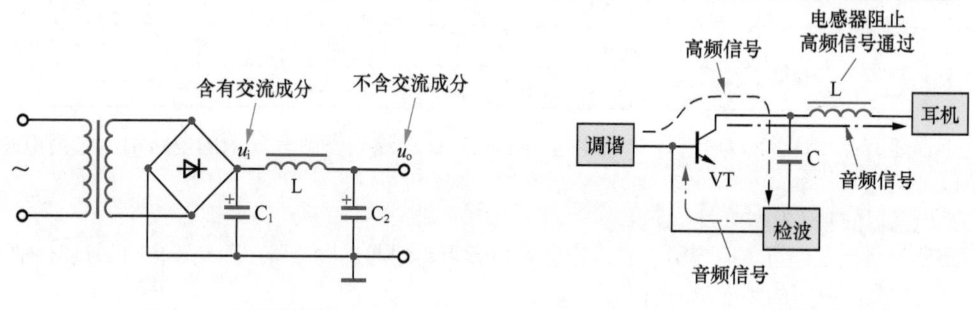

图 2-94　电感器滤波　　图 2-95　复式收音机中高频阻流线圈的应用

③ 谐振。电感器可以用于谐振选频回路。图 2-96 所示为收音机高放级电路，可变电感器 L 与 C_1 组成调谐回路，调节 L 即可改变谐振频率，起到选台的作用。

④ 磁偏转。电感线圈还可以用于磁偏转电路。图 2-97 所示为显像管偏转线圈工作示意图，偏转电流通过偏转线圈产生偏转磁场，使电子束随之偏转完成扫描运动。

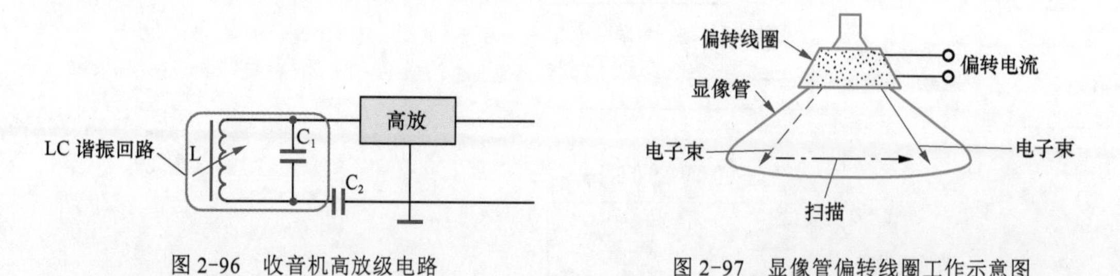

图 2-96　收音机高放级电路　　图 2-97　显像管偏转线圈工作示意图

（5）电感器的检测

电感器的好坏可以使用万用表进行初步检测，即检测电感器是否有断路、短路、绝缘不良等情况。

检测电感器线圈时，将万用表置于“R×1”挡，两表笔（不分正、负）与电感器的两引脚连接，表针指示应接近为“0Ω”（因为电感器线圈具有很小的直流电阻），如图 2-98 所示。如果表针不动，说明该电感器内部断路；如果表针指示不稳定，说明电感器内部接触不良。

对于电感量较大的电感器，由于其线圈圈数相对较多，直流电阻相对较大，万用表指示应有一定的阻值，如图 2-99 所示。如果表针指示为“0Ω”，说明该电感器内部短路。

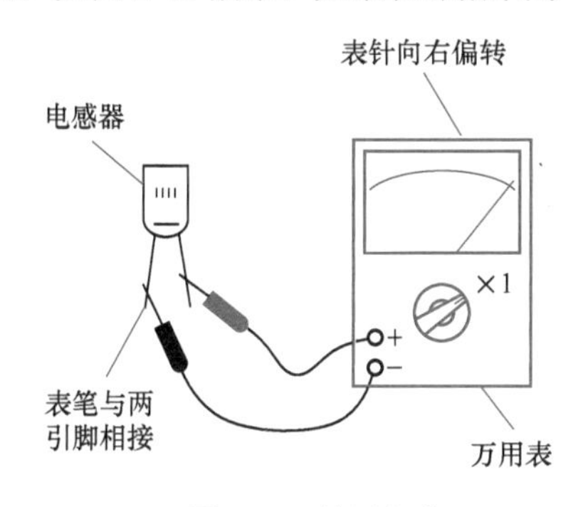

图 2-98 检测电感器

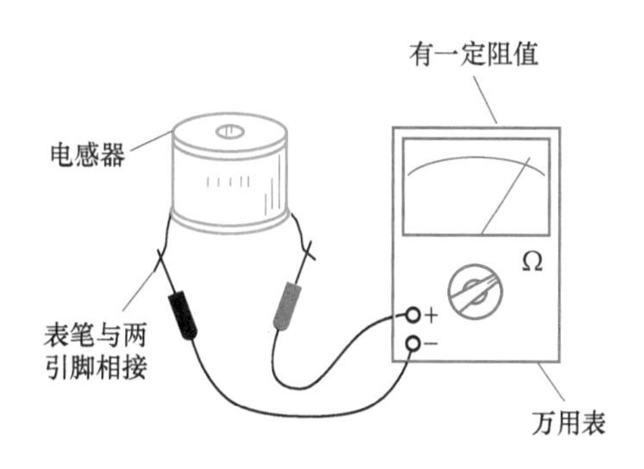

图 2-99 检测电感量较大的电感器

检测电感器绝缘性能时，将万用表置于“R×10k”挡，主要是针对具有铁芯或金属屏蔽罩的电感器。图 2-100 所示为测量线圈引线与铁芯或金属屏蔽罩之间的电阻，阻值均应为无穷大（表针不动），否则说明该电感器绝缘不良。

要仔细观察电感器的结构，线圈绕线应不松散、不会变形，引出端应固定牢固，磁芯既可灵活转动，又不会松动等，如图 2-101 所示。

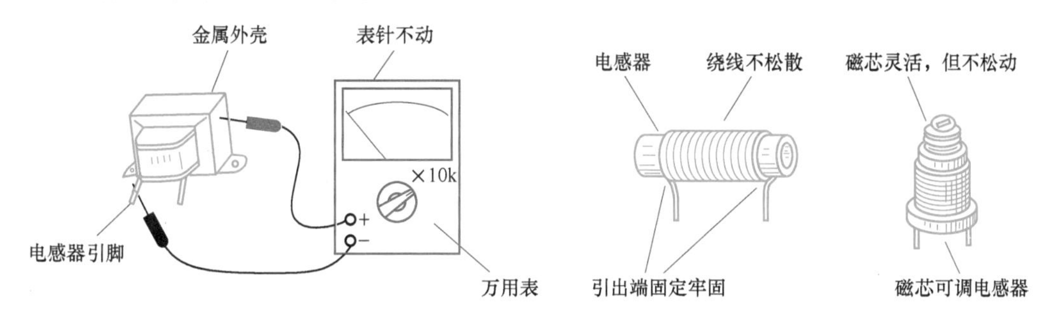

图 2-100 检测电感器绝缘性能

图 2-101 检查电感器结构

（6）电感器的种类

常用的电感器主要有空心电感器、磁芯电感器、铁芯电感器、铜芯电感器、固定电感器、可调电感器和偏转线圈等。

1）空心电感器

将导线按一定方向缠绕即成为空心电感器，如图 2-102 所示。空心电感器可以绕在绝缘骨架上，也可以没有骨架（常称为脱胎线圈）；可以一圈挨一圈地密绕，也可以圈与圈之间保持一定间距的间绕；可以是单层线圈，也可以是多层线圈。空心电感器一般电感量较小，主要应用于高频场合。

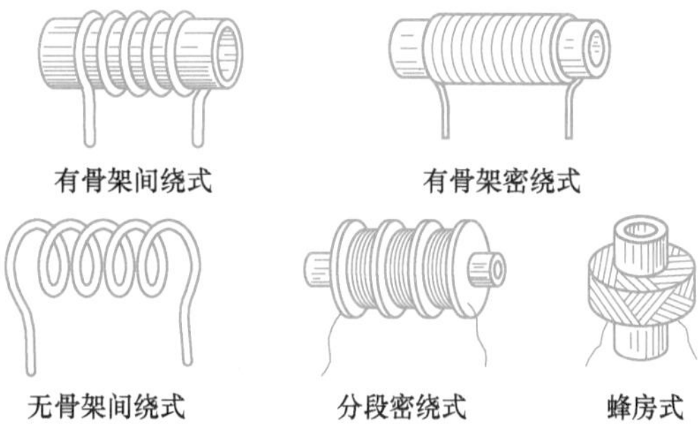

有骨架间绕式　有骨架密绕式　无骨架间绕式　分段密绕式　蜂房式

图 2-102 空心电感器

2）磁芯电感器

线圈中装有磁芯的电感器称为磁芯电感器，如图 2-103 所示。磁芯可以增加线圈的电感量，减小电感器的体积。磁芯电感器是应用最广泛的电感器之一，特别适用于中频、高频场合。

3）铁芯电感器

线圈中装有铁芯的电感器称为铁芯电感器，如图 2-104 所示。铁芯可以增加线圈的电感量，但工作频率较低。铁芯电感器主要应用于低频场合，例如电源滤波等。

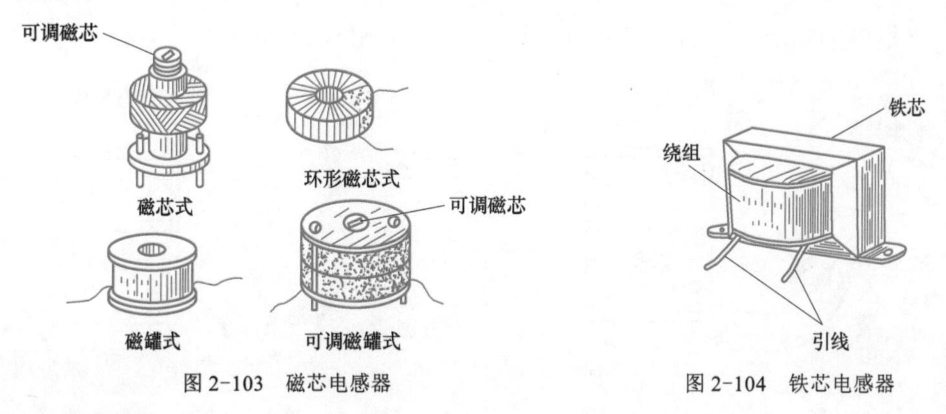

图 2-103　磁芯电感器

图 2-104　铁芯电感器

4）铜芯电感器

线圈中装有铜芯的电感器称为铜芯电感器，如图 2-105 所示。铜芯可以减小线圈的电感量。铜芯电感器主要应用于超高频场合，例如电视机高频头中的微调线圈等。

5）固定电感器

固定电感器是一种通用性强的系列化产品，其结构如图 2-106 所示，线圈（往往含有磁芯）被密封在外壳内，具有体积小、重量轻、结构牢固、电感量稳定和使用安装方便的特点，在各种电子电路中得到了广泛的应用。

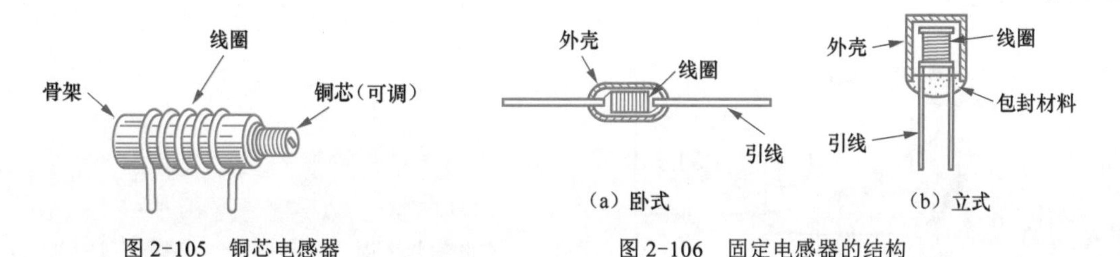

图 2-105　铜芯电感器

图 2-106　固定电感器的结构

部分国产固定电感器的型号和参数见表 2-8。

表 2-8　部分国产固定电感器的型号和参数

型号	电感量（μH）	额定电流（mA）	Q 值
LG400 LG402 LG404 LG406	1 ~ 82000	50 ~ 150	
LG408 LG410 LG412 LG414	1 ~ 5600	50 ~ 250	30 ~ 60
LG1	0.1 ~ 22000	A	40 ~ 80
	0.1 ~ 10000	B	40 ~ 80
	0.1 ~ 1000	C	45 ~ 80
	0.1 ~ 560	D、E	40 ~ 80
LG2	1 ~ 22000	A	7 ~ 46
	1 ~ 10000	B	3 ~ 34
	1 ~ 1000	C	13 ~ 24
	1 ~ 560	D	10 ~ 12
	1 ~ 560	E	6 ~ 12

续表

型号	电感量（μH）	额定电流（mA）	Q 值
LF12DR01	39 ±10%	600	
LF10DR01	150 ±10%	800	
LF8DR01	6.12 ~ 7.48		> 60

6）可调电感器

可调电感器是指电感量在一定范围内可以调节的电感器。可调电感器结构如图 2-107 所示，在线圈骨架中有一个可以调节的磁芯或铜芯，改变磁芯或铜芯在线圈中的位置即可改变电感量。应用最普遍的是磁芯可调电感器。

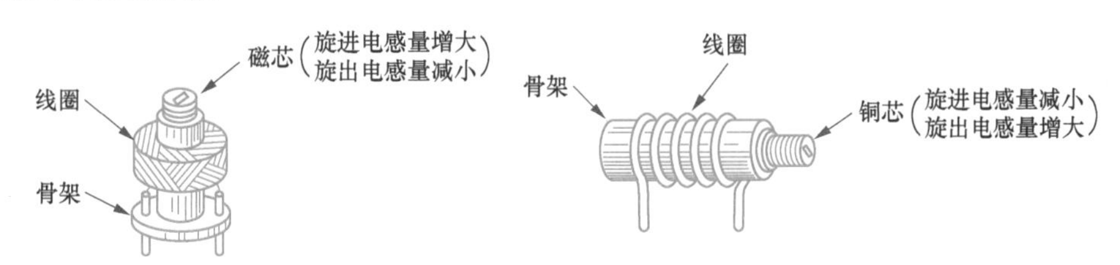

图 2-107　可调电感器

对于磁芯电感器，当磁芯旋进线圈时电感量增大，当磁芯旋出线圈时电感量减小。对于铜芯电感器，当铜芯旋进线圈时电感量减小，当铜芯旋出线圈时电感量增大。

2.1.5　变压器

变压器是一种常用的元器件，在电力、电工和电子领域应用比较广泛。掌握变压器的识别和检测技术，才能正确选用变压器。

（1）变压器的识别

变压器种类繁多，大小形状千差万别，如图 2-108 所示。根据工作频率的不同，变压器可分为工频变压器、音频变压器、中频变压器、高频变压器四大类。根据结构与材料的不同，变压器又可分为铁芯变压器、固定磁芯变压器、可调磁芯变压器等。铁芯变压器适用于低频场合，磁芯变压器更适合工作于高频场合。根据绕组的多少，变压器还可分为双绕组变压器、多绕组变压器、自耦变压器等。

变压器的文字符号为“T”，图形符号如图 2-109 所示。

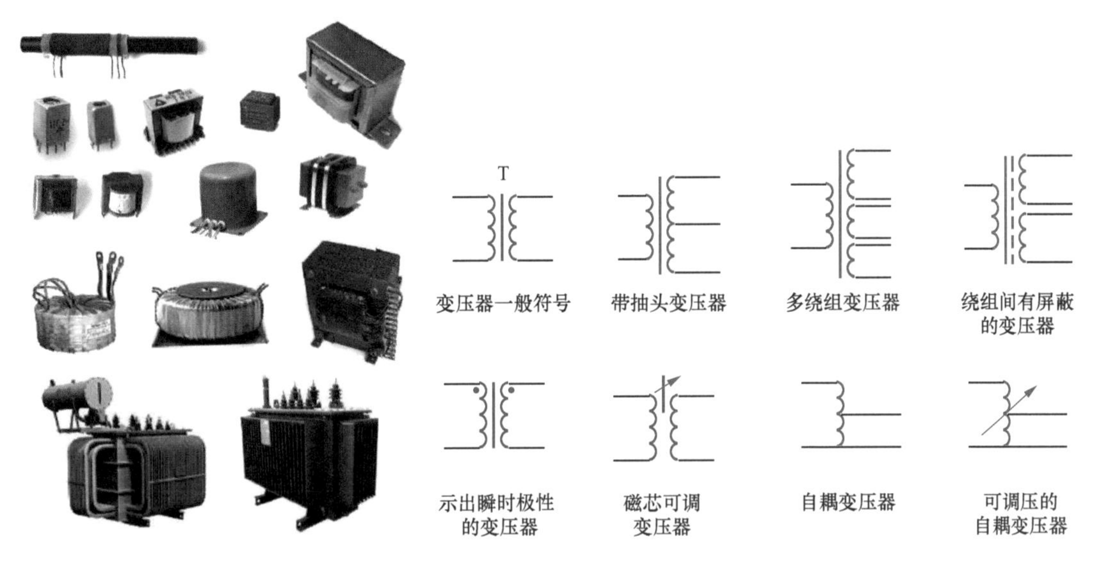

图 2-108　变压器

图 2-109　变压器的图形符号

（2）变压器的工作原理

变压器是利用互感应原理工作的。变压器一般具有若干个线圈，各线圈间互不相通，但交流电压可以通过磁场耦合从一个线圈传输至其余线圈。

图 2-110 所示为变压器工作原理示意图，变压器由初级、次级两部分互不相通的线圈组成，它们之间由铁芯或磁芯作为耦合媒介。当在初级线圈两端加上交流电压 U_1 时，交流电流 I_1 流过初级线圈使其产生交变磁场，在次级线圈两端即可获得交流电压 U_2。

直流电压不会产生交变磁场，所以次级无感应电压。变压器的特点是传输交流隔离直流，并可同时实现电压变换、阻抗变换和相位变换。

（3）变压器的主要作用

变压器的主要作用是电压变换、阻抗变换、相位变换和信号耦合传输。

① 电压变换。变压器具有电压变换的作用。如图 2-111 所示，变压器次级电压的大小，取决于次级与初级的圈数比。空载时，次级电压 U_2 与初级电压 U_1 之比，等于次级圈数 N_2 与初级圈数 N_1 之比，即$\frac{U_2}{U_1}=\frac{N_2}{N_1}$。

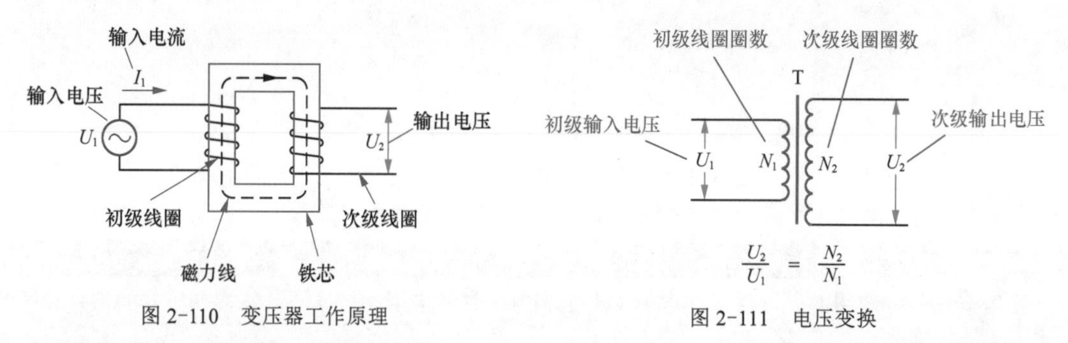

图 2-110　变压器工作原理　　图 2-111　电压变换

② 阻抗变换。变压器具有阻抗变换的作用。如图 2-112 所示，变压器初级与次级的圈数比不同，耦合的阻抗也不同。在数值上，次级阻抗 R_2 与初级阻抗 R_1 之比，等于次级圈数 N_2 与初级圈数 N_1 之比的平方，即$\frac{R_2}{R_1}=\left(\frac{N_2}{N_1}\right)^2$。

③ 相位变换。变压器还具有相位变换的作用。图 2-113 所示的变压器电路中，标出了各绕组线圈的瞬时电压极性。可见，通过改变变压器线圈的接法，可以很方便地将信号电压倒相。

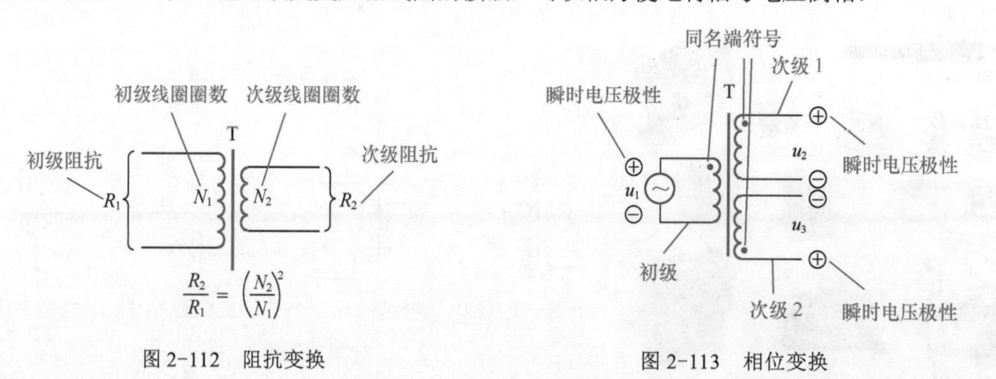

图 2-112　阻抗变换　　图 2-113　相位变换

④ 信号耦合传输。变压器可以耦合传输交流信号。如图 2-114 所示，变压器初级既有交流信号电压 U_i，又有直流电压$\underline{U}$，经过变压器耦合传输到次级负载 R_L 上的只有交流信号 U_o（$U_o=\frac{N_2}{N_1}U_i$）。

（4）变压器的检测

变压器可以用万用表进行基本检测。

① 检测变压器绕组线圈。使用万用表“R×1”挡测量各绕组线圈，应有一定的电阻值，如图 2-115

所示。如果表针不动，说明该绕组内部断路；如果阻值为“0”，说明该绕组内部短路。

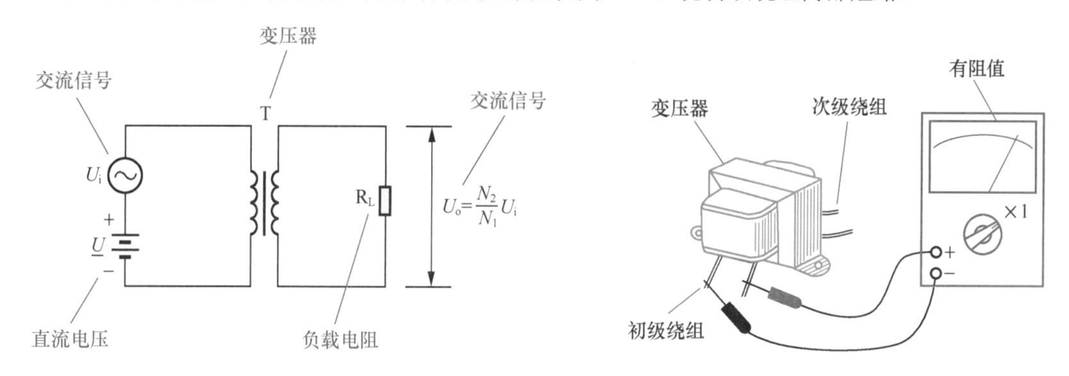

图 2-114　信号耦合传输　　图 2-115　检测变压器

② 检测变压器绝缘性能。使用万用表“R×1k”或“R×10k”挡测量每两个绕组线圈之间的绝缘电阻，均应为无穷大，如图 2-116 所示。再测量每个绕组线圈与铁芯之间的绝缘电阻，也均应为无穷大，如图 2-117 所示。否则说明该变压器绝缘性能太差，不能使用。

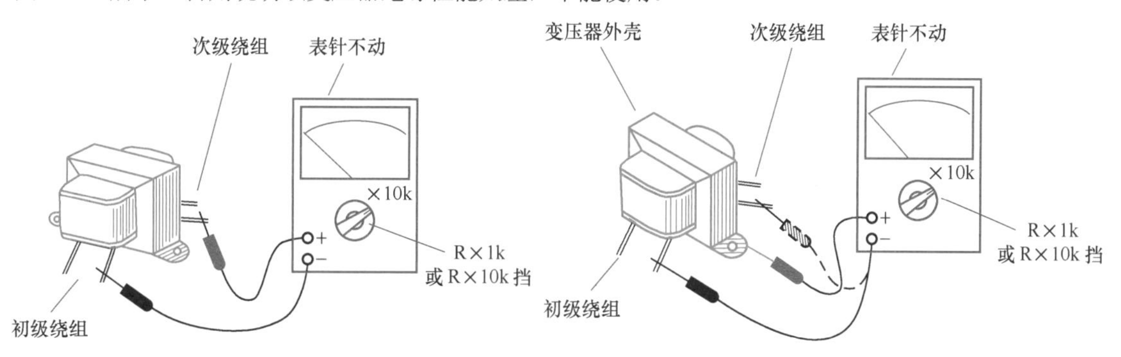

图 2-116　检测绕组间绝缘性能　　图 2-117　检测绕组与铁芯间绝缘性能

③ 检测初级空载电流，以判断变压器质量。检测电源变压器初级空载电流 I_o 时，如图 2-118 所示，电源变压器所有次级引线悬空，初级串联接入一只 50～100Ω 的电阻 R，然后接入交流 220V 电源，使用万用表“交流 10V”挡测量 R 上的压降 U_R，根据 $I_o = U_R / R$ 即可计算出初级空载电流。初级空载电流一般应在 20mA 以下，过大说明变压器质量差。

推挽功率放大器所用的音频输入变压器与输出变压器外形一样，均为 5 个引出线，如果标志不清，可使用万用表进行鉴别。鉴别方法如图 2-119 所示，用万用表“R×1”挡测量音频变压器有两根引出线的绕组，如阻值在 1Ω 左右则为输出变压器；如阻值在几十到几百欧姆则为输入变压器。

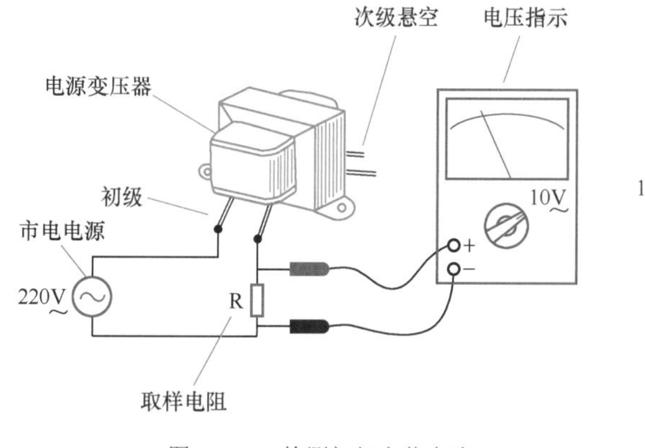

图 2-118　检测初级空载电流

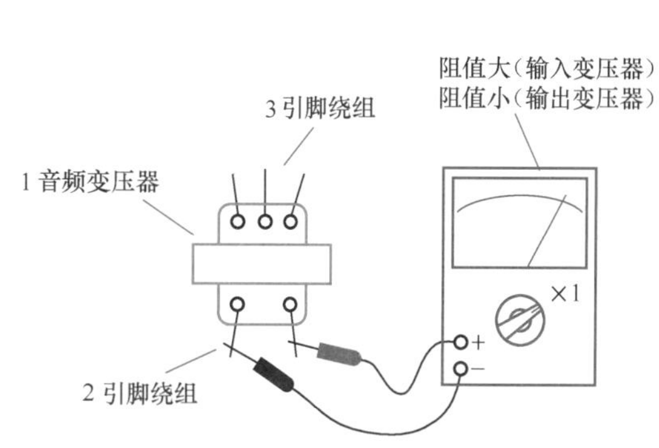

图 2-119　鉴别输入与输出变压器

（5）变压器的种类

1）电源变压器

电源变压器是最常用的一类变压器。电源变压器一般可分为降压变压器（$U_2 < U_1$），升压变压器（$U_2 > U_1$），隔离变压器（$U_2 = U_1$），多绕组变压器等，如图 2-120 所示。多绕组电源变压器具有若干个互为独立的次级绕组，各次级电压既可以低于初级电压，也可以等于或高于初级电压。

电源变压器的主要参数是额定功率、额定电压和额定电流。

额定功率是指电源变压器正常工作时所能承受的最大功率。变压器的功率与铁芯截面面积的平方成正比，如图 2-121 所示，铁芯截面面积越大，变压器功率越大。额定功率一般用文字直接标注在变压器上。

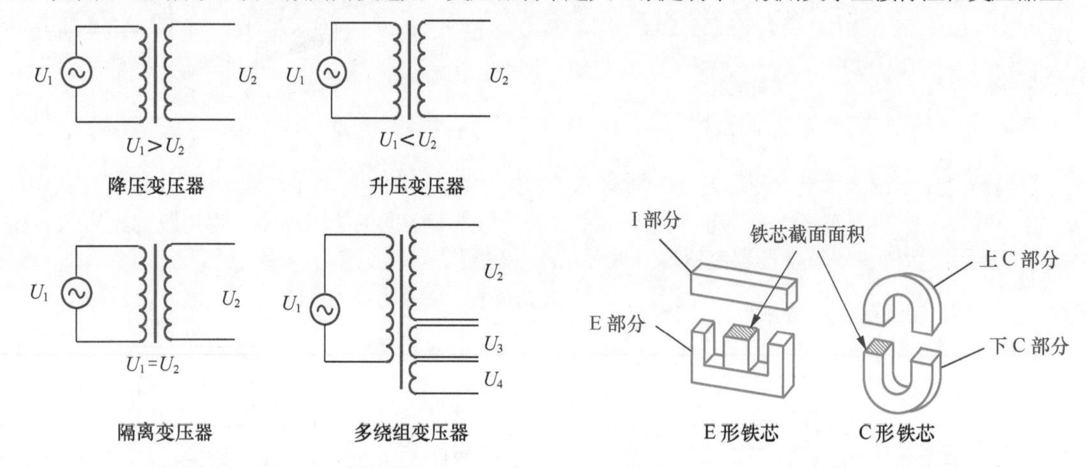

图 2-120　电源变压器的种类

图 2-121　铁芯截面面积的概念

额定电压包括初级输入电压和次级输出电压。电源变压器的初级电压一般为交流 220V，也有交流 380V 的。次级电压有各种规格。有多个次级绕组的电源变压器，也可以有多种次级电压，如图 2-122 所示。使用时，应根据需要选用具有符合要求的次级电压的变压器。

额定电流是指次级绕组所能提供的最大输出电流，选用变压器时，其次级额定电流必须大于电路实际电流值。图 2-122 中示出了某电源变压器的次级电压和电流值。次级电压和电流一般均用文字直接标注在变压器上。

电源变压器的参数还有空载电流、绝缘电阻等，选购成品变压器时可不必考虑它们。

电源变压器的用途是电源电压进行变换，并可同时提供多种电源电压，以适应不同电路和不同用电设备的需要。

2）隔离变压器

隔离变压器实际上就是变压比为 1 ∶ 1 的电源变压器，它具有电源隔离作用。如图 2-123 所示，由于变压器的隔离作用，即使人体接触到电压 U_2，也不会与交流 220V 市电构成回路，保证了人身安全。这就是维修热底板家电时必须要用电源隔离变压器的道理。

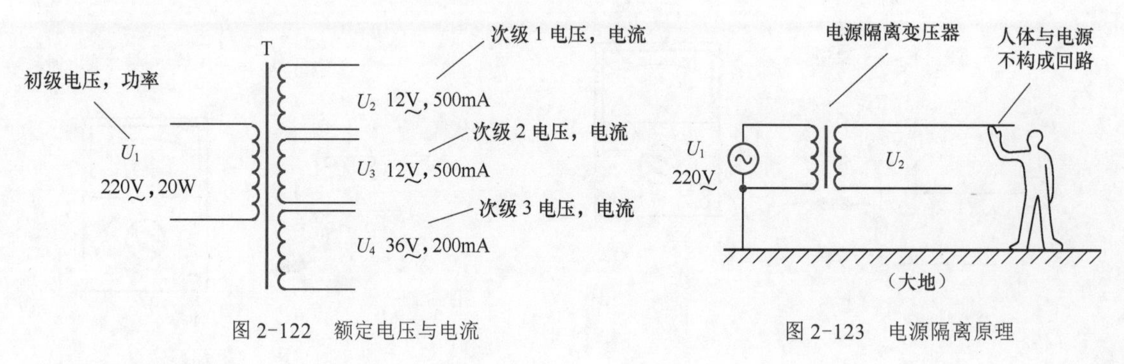

图 2-122　额定电压与电流

图 2-123　电源隔离原理

3）自耦调压器

自耦调压器是一种变压比可调的自耦变压器。自耦变压器的初级与次级共用一部分绕组，如

图 2-124 所示，因此初级与次级之间既有磁的联系，又有电的联系。①②端之间为初级，接入交流 220V 电压 U_1；③④端之间为次级，向负载 R_L 输出电压 U_2。

当③端在绕组上的位置与①端相同时，$U_2 = U_1$；当③端在绕组上的位置低于①端时，$U_2 < U_1$；当③端在绕组上的位置高于①端时，$U_2 > U_1$。自耦调压器中，③端可在绕组上移动，使输出电压 U_2 在 0～250V 范围内连续可调。自耦调压器的作用是调节电源电压。

4）音频变压器

音频变压器是工作于音频范围的变压器。放大器中的输入变压器和输出变压器都属于音频变压器，如图 2-125 所示。有线广播中的线路变压器也是音频变压器，如图 2-126 所示。

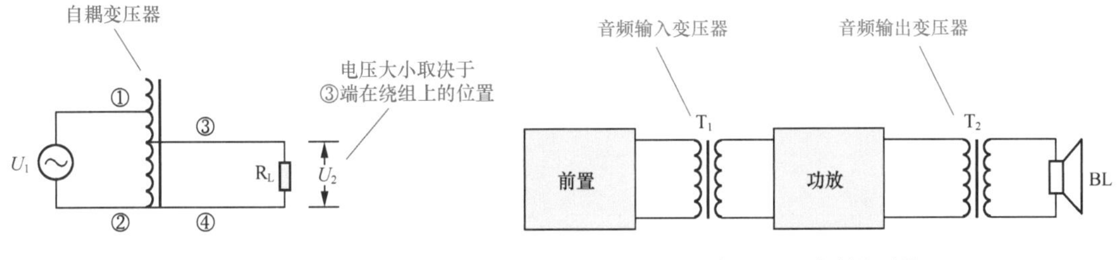

图 2-124 自耦调压器原理

图 2-125 音频变压器

音频变压器的主要参数是阻抗比和功率。图 2-127 所示为音频输出变压器的标示，其次级阻抗直接标注在变压器上。功率是指音频变压器正常工作时所能承受的最大功率。

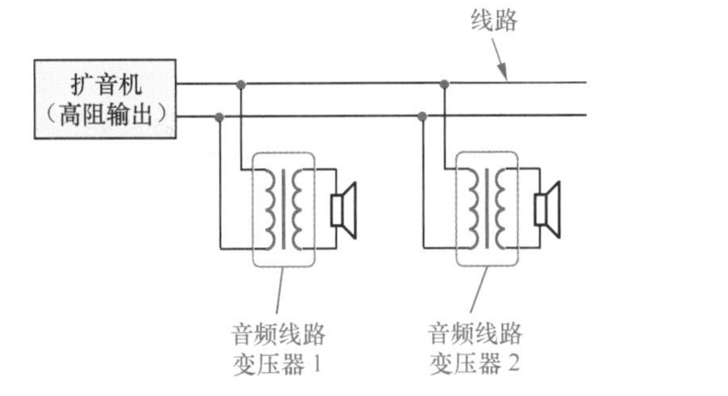

图 2-126 线路变压器

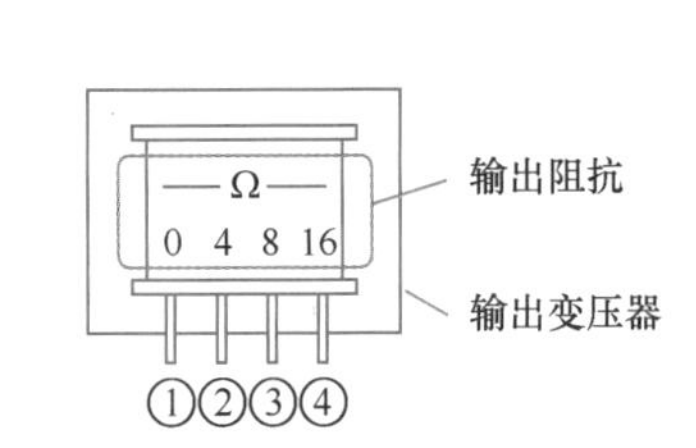

图 2-127 音频输出变压器的标示

音频变压器的用途之一是阻抗匹配，如图 2-128 所示，输出变压器将扬声器的 8Ω 低阻变换为数百欧姆的高阻，与放大器的输出阻抗相匹配，使得放大器输出的音频功率最大而失真最小。

音频变压器的另一个用途是信号传输与分配。图 2-129 所示为推挽功率放大器电路，输入变压器将信号电压传输、分配给晶体管 VT_1 和 VT_2（送给 VT_2 的信号还倒了相），使 VT_1 和 VT_2 轮流分别放大正、负半周信号，然后再由输出变压器将信号合成输出。

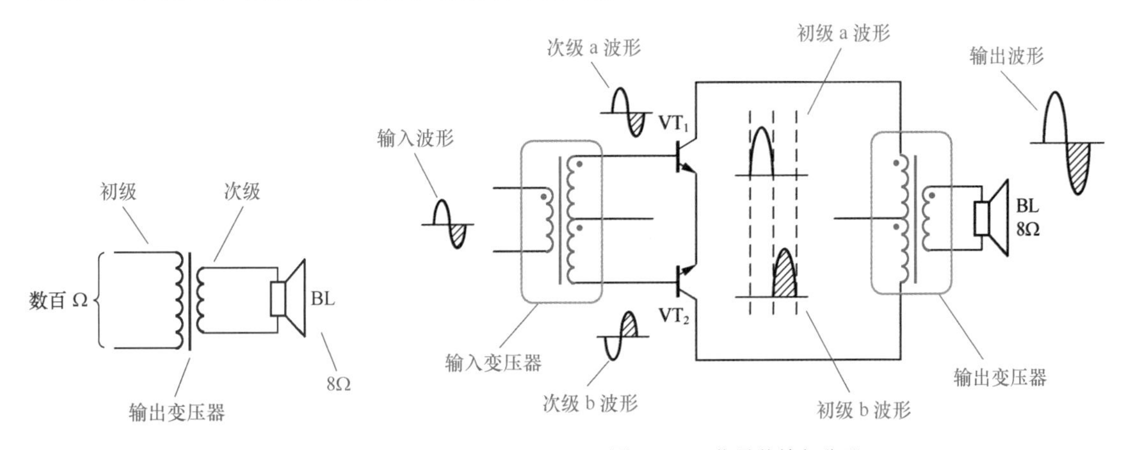

图 2-128 阻抗匹配

图 2-129 信号传输与分配

5）高频变压器

工作于更高频率范围的变压器称为高频变压器。日光灯电子镇流器电路中的振荡变压器、石英射灯电源电路中的降压变压器等，都属于高频变压器。

图 2-130 所示为石英射灯电源电路，交流 220V、50Hz 市电经直接整流、高频振荡电路后，转换为 270V、50kHz 的高频交流电，再由高频变压器 T 降压为 12V 点亮石英射灯。高频变压器的工作频率是工频电源变压器的 1000 倍，因此体积可以做得很小，重量也大幅度减轻。高频变压器的主要参数除额定电压、电流外，还有工作频率。

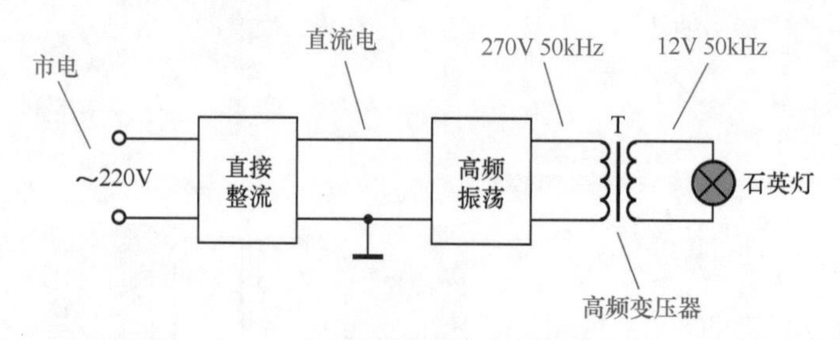

图 2-130 石英射灯电源电路

2.2 电工半导体器件

随着现代电工技术的不断发展，半导体器件越来越多地进入电工领域。电工技术人员了解和掌握整流二极管、稳压二极管、晶体闸流管、集成稳压器等电工领域常用半导体器件的基本知识和使用技能是很重要的。

2.2.1 整流二极管

整流二极管是晶体二极管中的重要一类，简称二极管，是一种常用的具有一个 PN 结的半导体器件，具有单向导电的特性。整流二极管品种很多，大小各异，较常见的有塑封二极管、金属壳二极管、大功率螺栓状二极管、大功率模块二极管等，如图 2-131 所示。

（1）整流二极管的识别

整流二极管的文字符号为“VD”，图形符号如图 2-132 所示。整流二极管两管脚有正、负极之分，如图 2-133 所示。二极管电路符号中，三角形一端为正极，短杠一端为负极。二极管实物中，有的二极管上标示出电路符号和极性，有的在二极管负极一端采用一道色环作为负极标记，有的二极管两端形状不同，平头为正极，圆头为负极，使用中应注意识别。

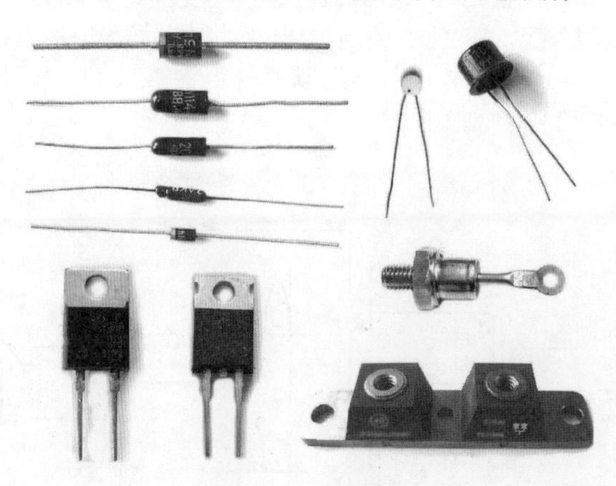

图 2-131 整流二极管

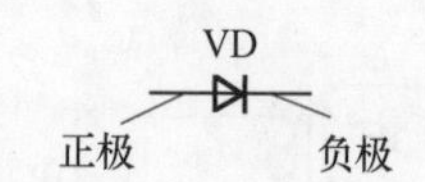

图 2-132 整流二极管的图形符号

包括整流二极管在内的国产晶体二极管的型号命名由五部分组成，如图 2-134 所示。第一部分用数字“2”表示二极管，第二部分用字母表示二极管的材料和极性，第三部分用字母表示二极管的类型，第四部分用数字表示序号，第五部分用字母表示规格。

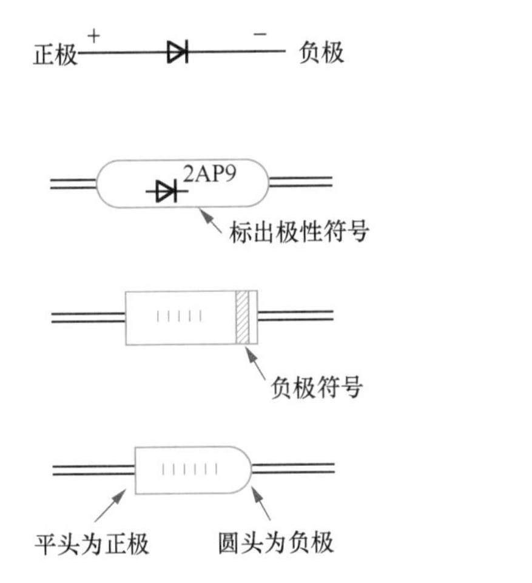

图 2-133　整流二极管的管脚正负极之分

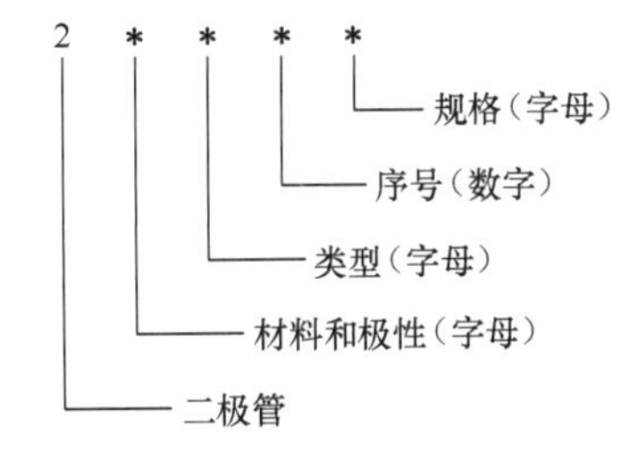

图 2-134　晶体二极管的型号

晶体二极管型号的意义见表 2-9。例如，2CP10 为 N 型硅材料普通二极管，2CZ55A 为 N 型硅材料整流二极管，2DW1 为 P 型硅材料稳压二极管。

表 2-9　晶体二极管型号的意义

第一部分	第二部分	第三部分	第四部分	第五部分
2	A：N 型锗材料	P：普通管	序号	规格（可缺）
	B：P 型锗材料	Z：整流管		
	C：N 型硅材料	K：开关管		
	D：P 型硅材料	W：稳压管		
	E：化合物	L：整流堆		
		C：变容管		
		S：隧道管		
		V：微波管		
		N：阻尼管		
		U：光电管		

（2）整流二极管的主要参数

整流二极管的参数很多，主要参数有最大整流电流（I_{FM}）、最大反向电压（U_{RM}）和最高工作频率（f_M）等。

① 最大整流电流。最大整流电流（I_{FM}）是指二极管长期连续工作时，允许正向通过 PN 结的最大平均电流。使用中实际工作电流应小于二极管的 I_{FM}，否则将损坏二极管。

② 最大反向电压。最大反向电压（U_{RM}）是指反向加在二极管两端而不致引起 PN 结击穿的最大电压。使用中应选用 U_{RM} 大于实际工作电压 2 倍以上的二极管，如果实际工作电压的峰值超过 U_{RM}，二极管将被击穿。

③ 最高工作频率。由于 PN 结极间电容的影响，使二极管所能应用的工作频率有一个上限。f_M 是指二极管能正常工作的最高频率。在作高频整流使用时，应选用 f_M 至少是电路实际工作频率 2 倍的二极管，否则不能正常工作。

（3）整流二极管的特点

整流二极管的基本作用是整流。整流二极管的整流作用是基于半导体 PN 结的单向导电特性。

① 单向导电特性。晶体二极管的特点是具有单向导电特性，一般情况下，只允许电流从正极流向负极，而不允许电流从负极流向正极，图 2-135 形象地说明了这一点。

② 非线性特性。电流正向通过二极管时，要在 PN 结上产生电压降（称为管压降），管压降的大小是由二极管 PN 结的材料所决定的，与通过二极管的电流大小基本无关，如图 2-136 所示。

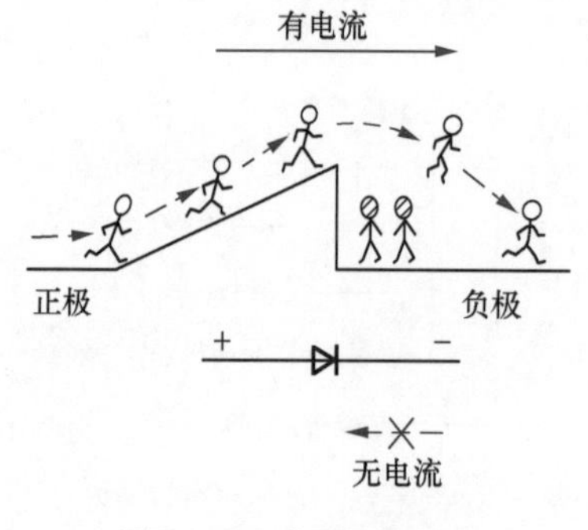

图 2-135 单向导电特性

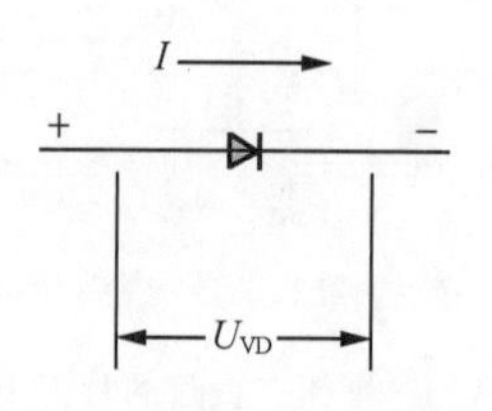

图 2-136 管压降的概念

锗二极管和硅二极管在正向导通时具有不同的正向管压降。锗二极管的正向管压降约为 0.3V，当所加正向电压大于 0.3V 时，锗二极管导通。硅二极管的正向管压降约为 0.7V，当所加正向电压大于 0.7V 时，硅二极管导通。另外，硅二极管的反向漏电流比锗二极管的反向漏电流小得多。

图 2-137 所示为晶体二极管伏安特性曲线，可见，其电压与电流为非线性关系。因此，晶体二极管是非线性半导体器件。

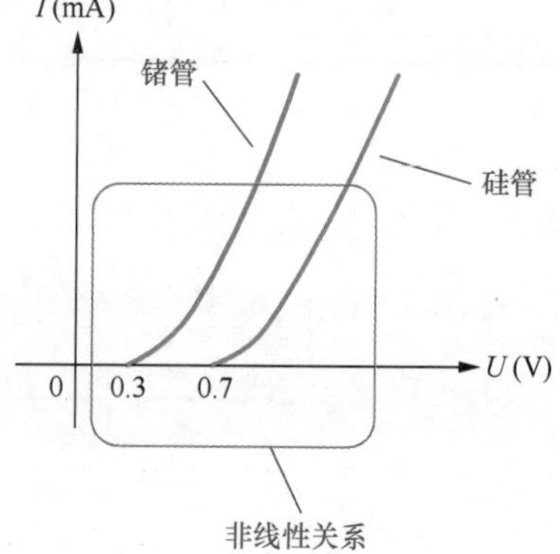

图 2-137 晶体二极管伏安特性曲线

（4）整流二极管的应用

整流二极管的主要用途是整流，包括半波整流、全波整流、桥式整流等。

① 半波整流。图 2-138 所示为半波整流电源电路，由于二极管的单向导电特性，在交流电压正半周时二极管 VD 导通，有输出；在交流电压负半周时二极管 VD 截止，无输出。经二极管 VD 整流出来的脉动电压再经 RC 滤波器滤波后即为直流电压。

② 全波整流。图 2-139 所示为全波整流电源电路，使用了两只整流二极管 VD_1 和 VD_2。在交流电压正半周时，变压器次级电压为上正下负，VD_1 导通而 VD_2 截止，电流方向如图 2-140 所示，负载上电压 U_R 为上正下负。

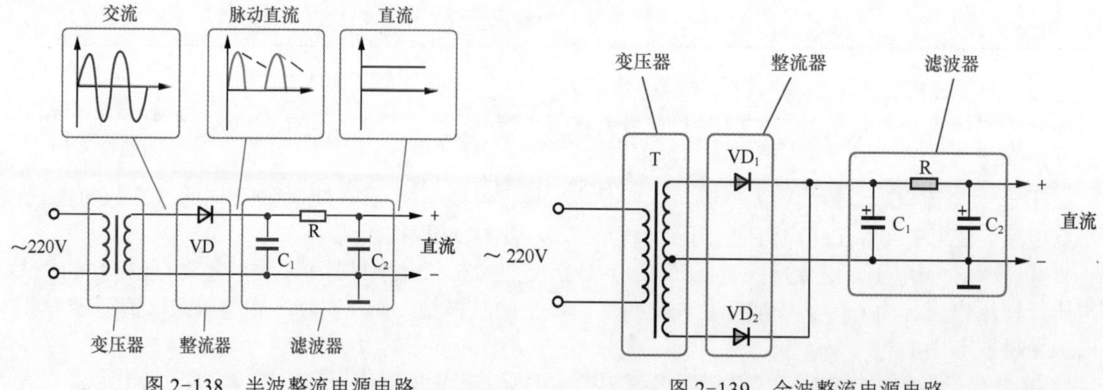

图 2-138 半波整流电源电路

图 2-139 全波整流电源电路

在交流电压负半周时，变压器次级电压为上负下正，VD_1 截止而 VD_2 导通，电流方向如图 2-141 所示，负载上电压 U_R 仍为上正下负。全波整流利用了交流电的正、负两个半周，提高了效率。

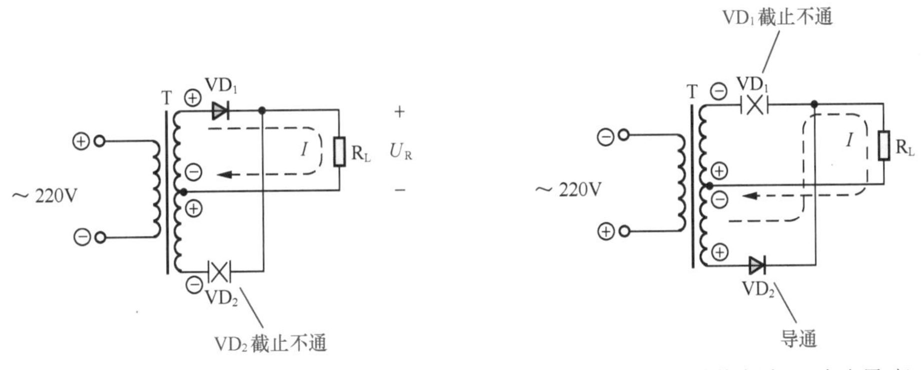

图 2-140　全波整流原理（正半周时）　　图 2-141　全波整流原理（负半周时）

③ 桥式整流。使用 4 只整流二极管可以组成桥式整流电路，如图 2-142 所示。交流电压正半周时如图 2-143 所示，VD_2 和 VD_4 导通，VD_1 和 VD_3 截止，电流 I 经 VD_2、负载 R、VD_4 形成回路，负载上电压 U_R 为上正下负。

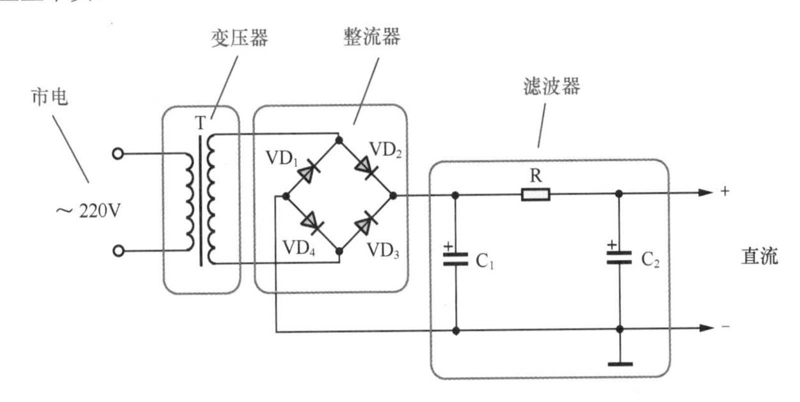

图 2-142　桥式整流电路

交流电压负半周时如图 2-144 所示，VD_2 和 VD_4 截止，VD_1 和 VD_3 导通，电流 I 经 VD_3、负载 R、VD_1 形成回路，负载上电压 U_R 仍为上正下负，实现了全波整流。采用桥式整流变压器次级绕组不必有中心抽头。

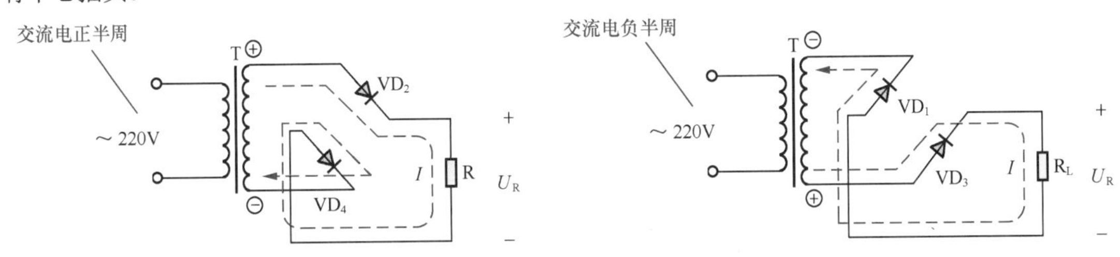

图 2-143　桥式整流原理（正半周时）　　图 2-144　桥式整流原理（负半周时）

（5）整流二极管的检测

整流二极管可使用万用表进行管脚识别和检测。

① 判别管脚。将万用表置于“R×1k”挡，两表笔分别接到二极管的两端，测量其两端间的电阻。如果测得的电阻值较小，则为二极管的正向电阻，这时与黑表笔（即表内电池正极）相连接的是二极管正极，与红表笔（即表内电池负极）相连接的是二极管负极，如图 2-145 所示。

如果测得的电阻值很大，则为二极管的反向电阻，这时与黑表笔相连接的是二极管负极，与红表笔相连接的是二极管正极，如图 2-146 所示。

② 检测整流二极管。正常的整流二极管，其正、反向电阻的阻值应该相差很大，且反向电阻接近于无穷大。如果某二极管正、反向电阻值均为无穷大，说明该二极管内部断路损坏。如果正、反向电阻值均

为“0”，说明该二极管已被击穿短路。如果正、反向电阻值相差不大，说明该二极管质量太差，也不宜使用。

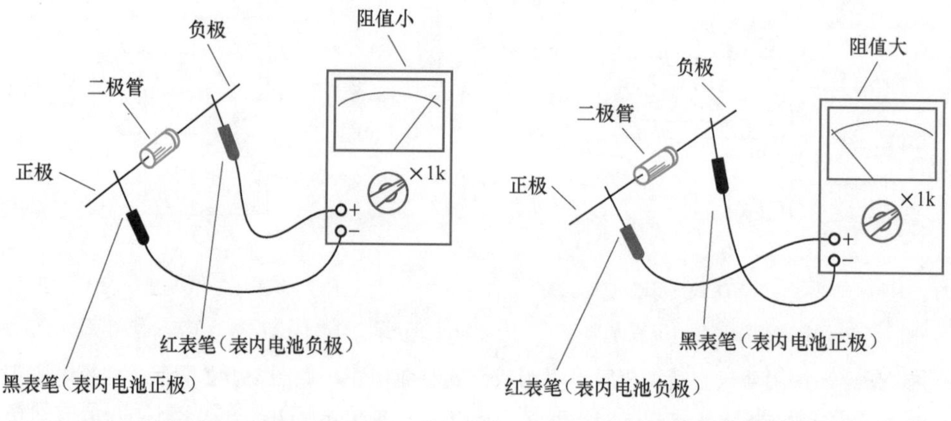

图 2-145　检测二极管正向电阻　　图 2-146　检测二极管反向电阻

③ 区分锗二极管与硅二极管。由于锗二极管和硅二极管的正向管压降不同，因此可以用测量二极管正向电阻的方法来区分。如果正向电阻小于 1kΩ，则为锗二极管，如图 2-147 所示。如果正向电阻为 1kΩ~ 5kΩ，则为硅二极管，如图 2-148 所示。

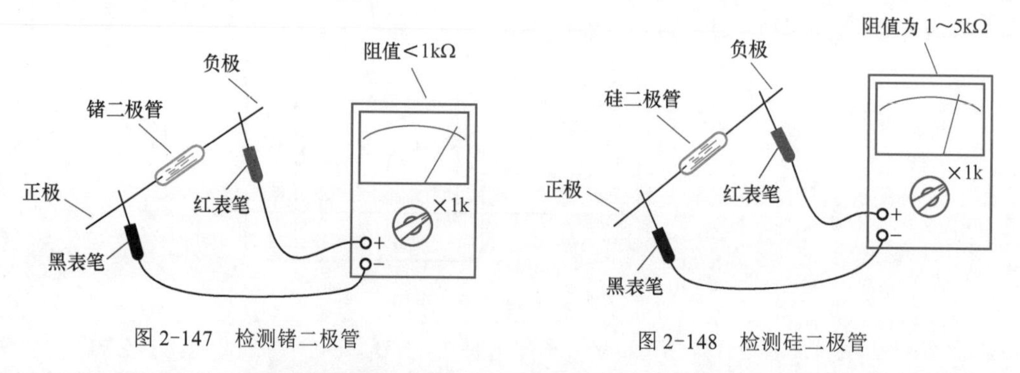

图 2-147　检测锗二极管　　图 2-148　检测硅二极管

2.2.2　整流桥堆

整流桥堆是一种整流二极管的组合器件，包括全桥整流堆、半桥整流堆等，如图 2-149 所示。高压硅堆也是一种整流桥堆。整流桥堆则是由整流二极管组合而成的。

图 2-149　整流桥堆

（1）全桥整流堆

全桥整流堆通常简称为全桥，有长方形、圆形、扁形、方形等，并有多种电压、电流、功率规格。全桥整流堆的文字符号为“UR”，图形符号如图 2-150 所示。

全桥整流堆内部包含 4 只整流二极管，并按一定规律连接，如图 2-151 所示。全桥整流堆有 4 个引脚：2 个交流输入端（用符号“~”标示）、1 个直流正极输出端（用符号“+”标示）和 1 个直流负极输出端（用符号“－”标示）。

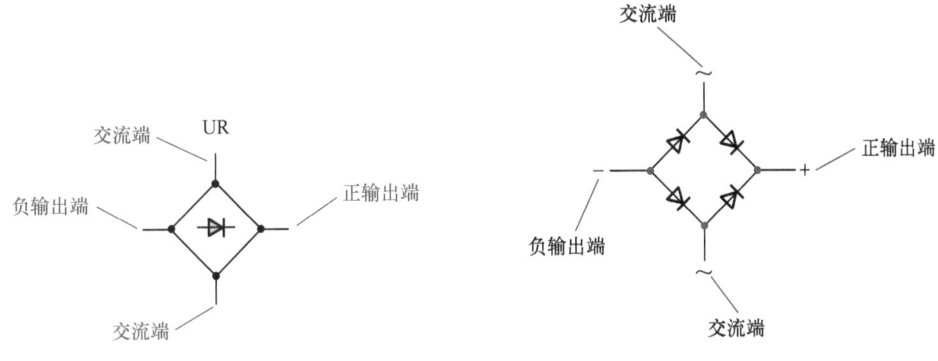

图 2-150 全桥整流堆的图形符号　　图 2-151 全桥整流堆的结构

全桥整流堆主要用于桥式整流电路，如图 2-152 所示，工作原理与使用 4 只二极管的桥式整流电路相同。使用全桥整流堆，可以简化整流电路的结构。

（2）半桥整流堆

半桥整流堆通常简称为半桥。半桥整流堆内部包含两只整流二极管，并按一定规律连接。按照其内部二极管连接方式的不同，可分为：① 两只二极管正极相连构成的半桥；② 两只二极管负极相连构成的半桥；③ 两只二极管互相独立构成的半桥，如图 2-153 所示。

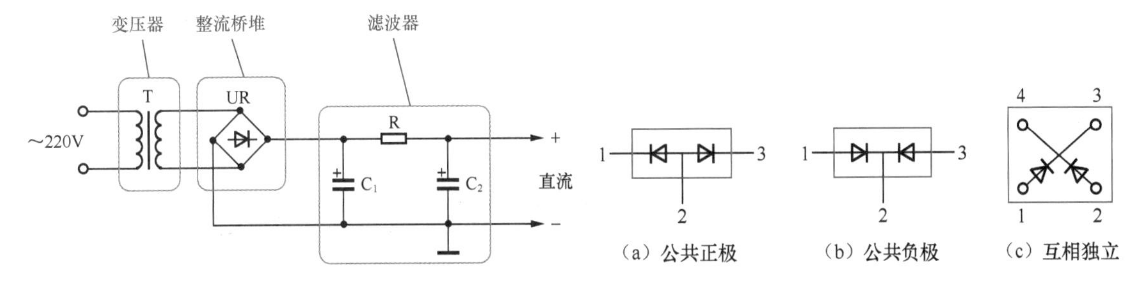

图 2-152 全桥整流堆的应用　　图 2-153 半桥整流堆的结构

半桥整流堆主要用于全波整流电路。两只二极管负极相连构成的半桥可构成输出正电压的全波整流电路，如图 2-154 所示。两只二极管正极相连构成的半桥可构成输出负电压的全波整流电路，如图 2-155 所示。两只二极管互相独立构成的半桥可按需要连接，灵活应用。使用两个半桥可组成桥式整流电路。

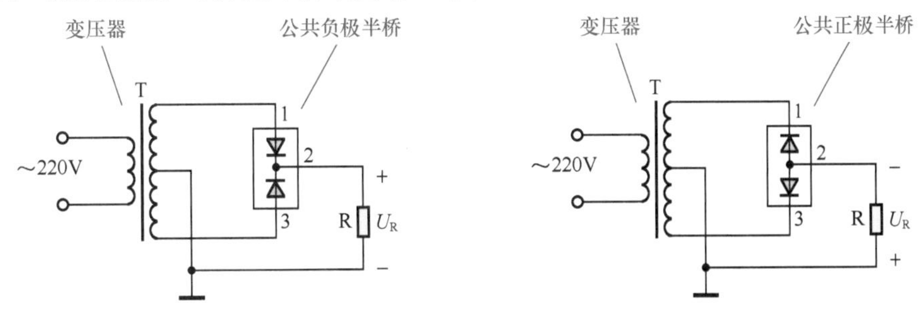

图 2-154 半桥构成全波整流电路　　图 2-155 半桥构成负压整流电路

（3）高压硅堆

高压硅堆也称为硅柱，是一种高压整流器件，工作电压在几千伏至几万伏之间。高压硅堆实际上是由多个整流二极管串联起来组合而成的，如图 2-156 所示。高压硅堆主要用于高压整流电路。

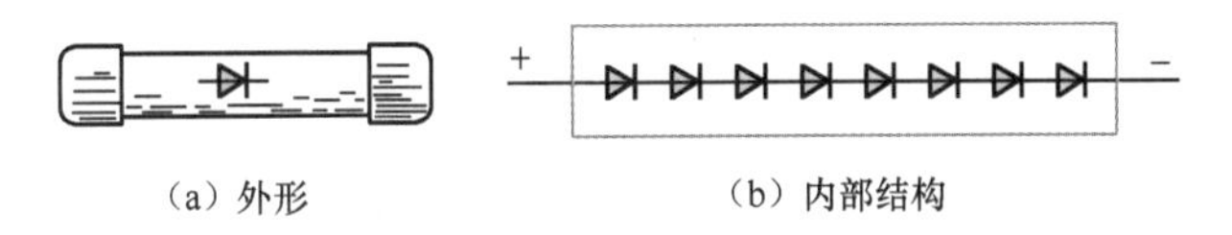

图 2-156 高压硅堆

（4）整流桥堆的检测

整流桥堆可使用万用表进行检测。

① 检测整流桥堆。由于整流桥堆是由若干只二极管组合而成的，因此可用检测整流二极管的方法逐个检测其中的每一只二极管，即可判断该整流桥堆的好坏。例如，检测全桥如图 2-157 所示，将万用表置于“R×1k”挡，用两表笔分别测量全桥每相邻的两个引脚的正、反向电阻，均应符合正常二极管的检测要求，否则该全桥已损坏。

② 检测高压硅堆。检测时，将万用表置于“R×10k”挡，黑表笔（即表内电池正极）接高压硅堆的正极，红表笔（即表内电池负极）接高压硅堆的负极测其正向电阻，应为数百千欧姆（表针略有偏转），如图 2-158 所示。再对调红、黑表笔测其反向电阻，应为无穷大（表针不动）。否则，该高压硅堆不能使用。

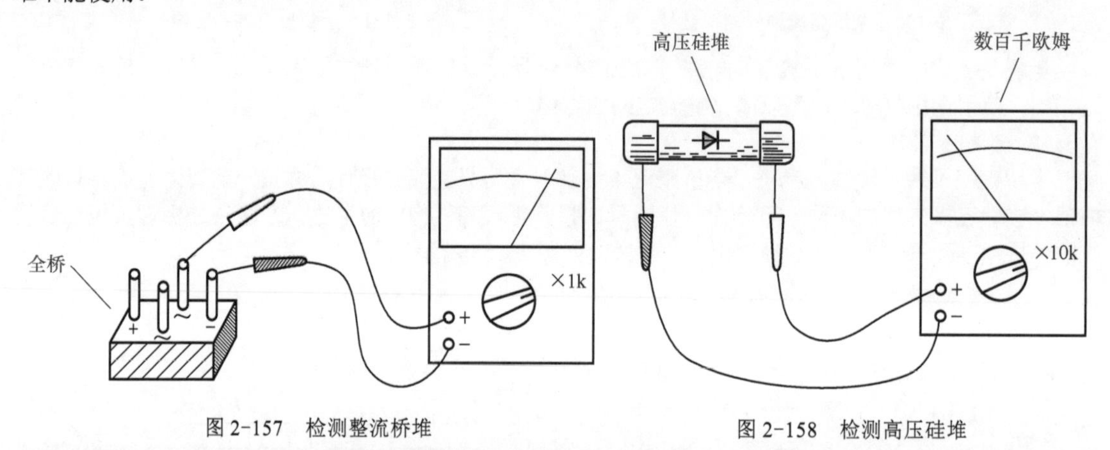

图 2-157　检测整流桥堆　　　　图 2-158　检测高压硅堆

2.2.3　稳压二极管

稳压二极管是一种特殊的具有稳压功能的二极管，也是具有一个 PN 结的半导体器件。与一般二极管不同的是，稳压二极管工作于反向击穿状态。

（1）稳压二极管的识别

稳压二极管有许多种类，图 2-159 所示为常见稳压二极管。按封装不同可分为玻璃外壳、塑料封装、金属外壳稳压二极管等，按功率不同可分为小功率（1W 以下）和大功率稳压二极管，还可分为单向击穿（单极型）和双向击穿（双极型）稳压二极管两类等。

稳压二极管的文字符号为“VD”，图形符号如图 2-160 所示。

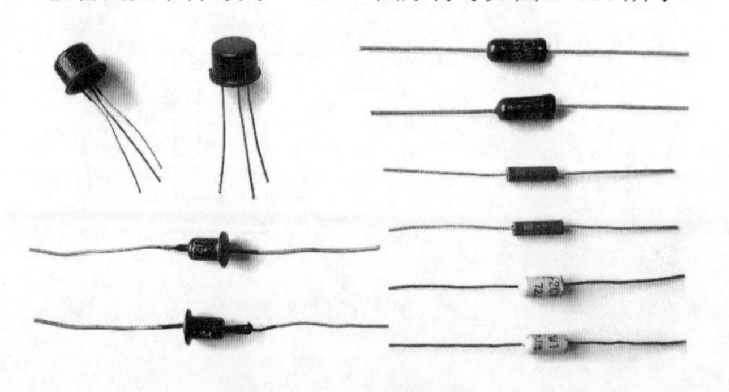

图 2-159　稳压二极管

图 2-160　稳压二极管的图形符号

稳压二极管两引脚有正、负极之分。稳压二极管的管体上一般均标示负极标志或图形符号，如图 2-161 所示，使用时应注意识别。

由于稳压二极管工作于反向击穿状态，所以接入电路时，其负极应接电源正极，其正极应接地，如图 2-162 所示，R 为限流电阻。

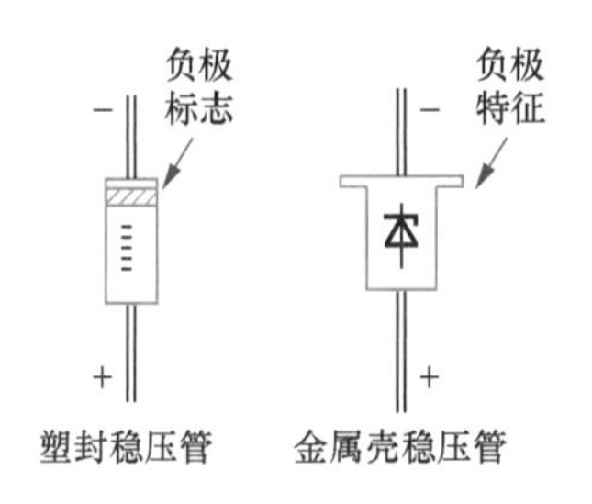

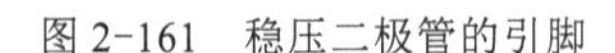
图 2-161　稳压二极管的引脚

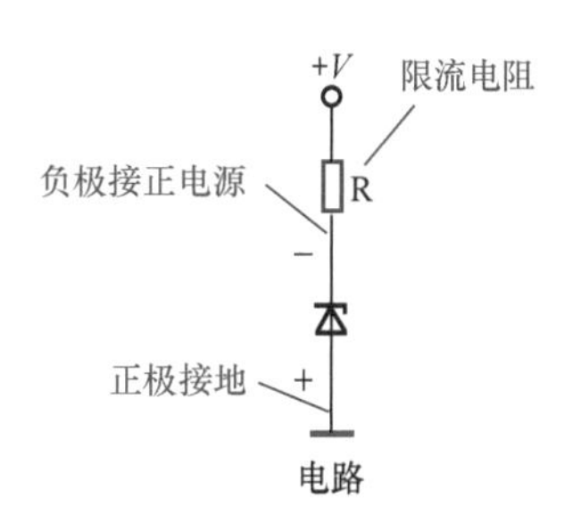

图 2-162　引脚的连接

（2）稳压二极管的主要参数

稳压二极管的主要参数是稳定电压（U_Z）和最大工作电流（I_{ZM}）。

① 稳定电压。稳定电压（U_Z）是指稳压二极管在起稳压作用的范围内，其两端的反向电压值。不同型号的稳压二极管具有不同的稳定电压（U_Z），使用时应根据需要选取。

② 最大工作电流。最大工作电流（I_{ZM}）是指稳压二极管长期正常工作时，所允许通过的最大反向电流值。使用中应控制通过稳压二极管的工作电流，使其不超过最大工作电流（I_{ZM}），否则将烧毁稳压二极管。

（3）稳压二极管的工作原理

稳压二极管的特点是工作于反向击穿状态时具有稳定的端电压。与普通二极管不同的是，稳压二极管的工作电流是从负极流向正极。

稳压二极管是利用 PN 结反向击穿后，其端电压是在一定范围内保持不变的原理工作的，图 2-163 所示为稳压二极管伏安特性曲线。

在加正向电压或反向电压较小时，稳压二极管与一般二极管一样具有单向导电特性。当反向电压增大到一定程度时，反向电流剧增，二极管进入了反向击穿区，这时即使反向电流在很大范围内变化，二极管端电压仍保持基本不变，这个端电压即为稳定电压（U_Z）。只要使反向电流不超过最大工作电流（I_{ZM}），稳压二极管是不会损坏的。

（4）稳压二极管的应用

稳压二极管的作用是稳压，主要应用在各类稳压电路中。

① 并联稳压电路。图 2-164 所示为简单的并联稳压电路，稳压二极管 VD 上的电压即为输出电压。这种简单并联稳压电路主要应用在输入电压变化不大、负载电流较小的场合。

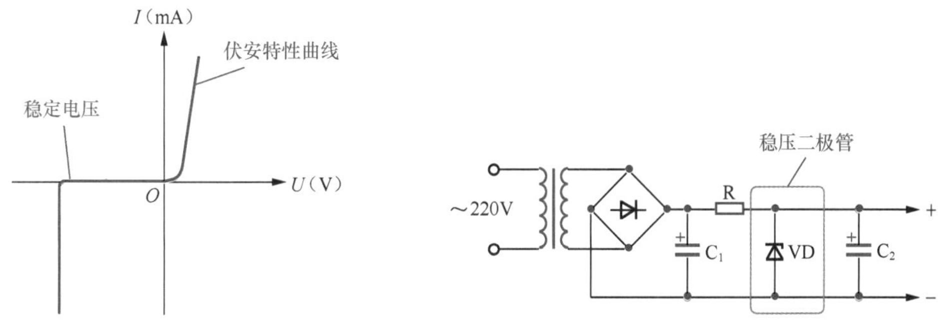

图 2-163　稳压二极管伏安特性曲线　　图 2-164　简单的并联稳压电路

② 串联稳压电路。图 2-165 所示为简单的串联稳压电路，由于调整管 VT 的基极电压被稳压二极管 VD 所稳定，所以当输出电压发生变化时，调整管 VT 的基－射极间的电压，使得 VT 的管压降向相反方向变化，从而使输出电压基本保持稳定。

③ 带放大环节的串联稳压电路。图 2-166 所示为应用广泛的带放大环节的典型串联稳压电路，在调整管 VT_1 基极与稳压二极管 VD 之间，增加了一个由 VT_2 构成的直流放大管，起比较放大作用，因此该电路稳压效果较好。当输出电压发生变化时，VT_2 将输出电压与稳压二极管 VD 提供的基准电压进行比较，并将差值放大后去控制调整管 VT_1 的管压降做相反方向的变化，从而保持输出电压稳定。

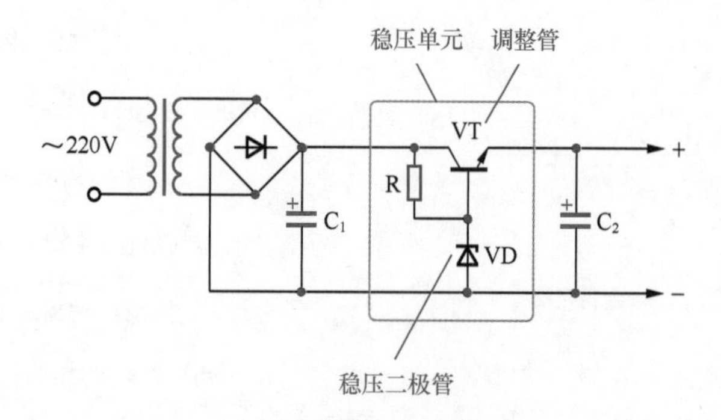

图 2-165　简单的串联稳压电路

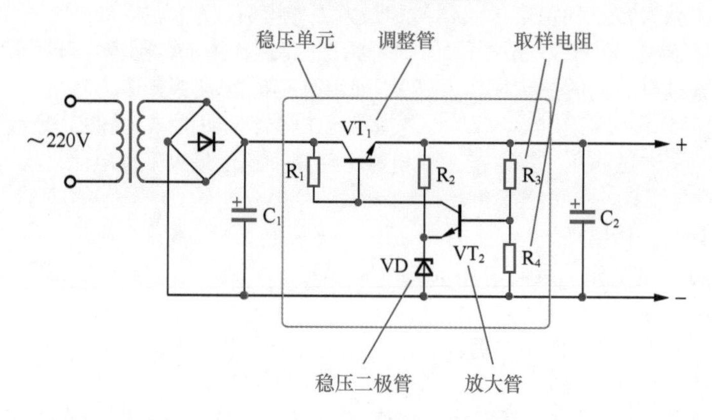

图 2-166　带放大环节的典型串联稳压电路

（5）三引脚稳压管

三引脚稳压管是一种具有温度补偿的稳压二极管，例如 2DW7 系列、2DW8 系列等，其外形与晶体三极管一样，具有三个引脚，其管壳内包含了两个背对背反向串联的稳压二极管，如图 2-167 所示。1 脚和 2 脚分别为两个稳压二极管的负极，由于是对称的，可随意互换，使用时一个接电源正极，另一个接地。3 脚为两个稳压二极管的公共正极，悬空不用，如图 2-168 所示。

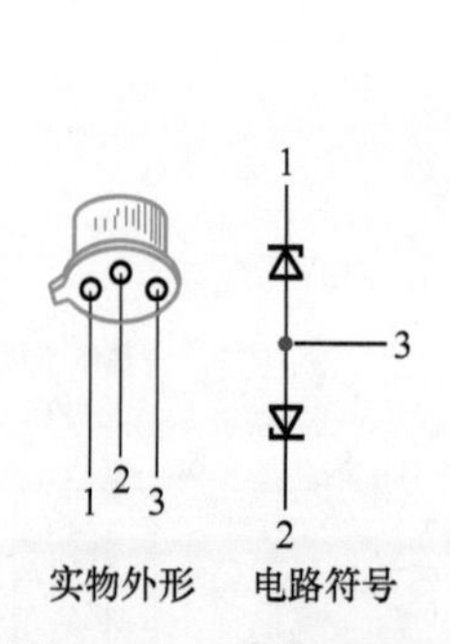

图 2-167　三引脚稳压管

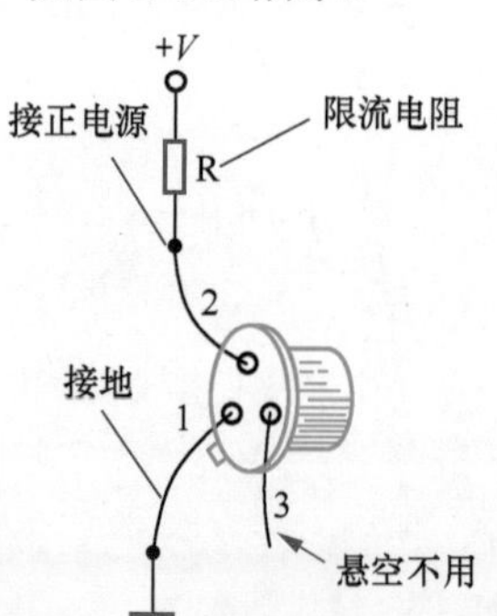

图 2-168　三引脚稳压管的应用

工作时，这两个反向串联的二极管一个反向击穿，另一个正向导通。由于二极管正向导通和反向击穿时的温度系数正好相反，可以互相抵消。因此，这类稳压二极管具有较高的温度稳定性，主要应用于对温度稳定度要求较高的精密稳压电路中。

（6）瞬态电压抑制二极管

瞬态电压抑制二极管是一种特殊的稳压二极管，它在遇到高能量瞬态浪涌电压时，能迅速反向击穿泄放浪涌电流，并将其电压钳位于规定值，起到过压保护作用。

瞬态电压抑制二极管有单极型(单向击穿型)和双极型(双向击穿型)两种，其符号如图 2-169 所示。

单极型瞬态电压抑制二极管具有一个 PN 结，一般用于直流电路负载保护。保护电路如图 2-170

所示，VD 为单极型瞬态电压抑制二极管，R 是限流电阻。

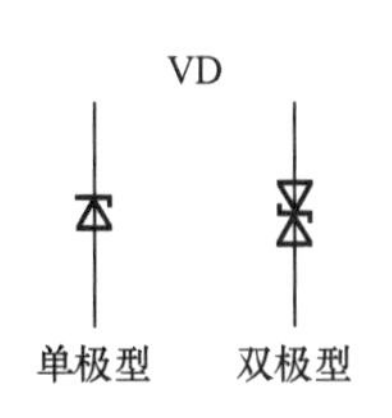

图 2-169　瞬态电压抑制二极管的符号

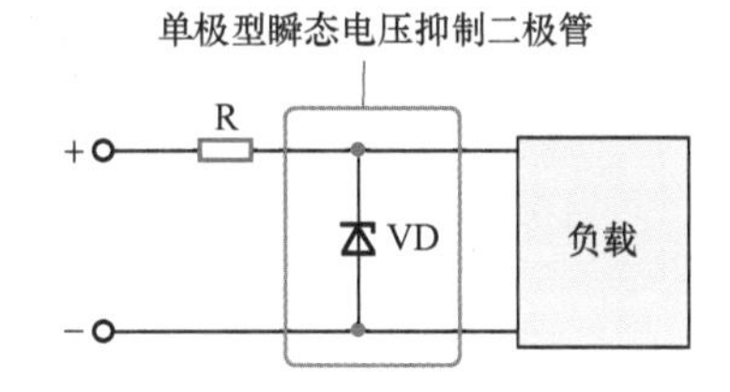

图 2-170　单极型瞬态电压抑制二极管的应用

双极型瞬态电压抑制二极管具有背对背的两个 PN 结，具有双向过压保护功能，可用于包括交流电路在内的各电路不同部位的保护。保护电路如图 2-171 所示，VD_1、VD_2 为双极型瞬态电压抑制二极管。

瞬态电压抑制二极管具有钳位系数很小、体积小、响应快（不到 1ns）、每次经受瞬态电压后性能不会下降、电压范围很宽等特点，可以有效地降低由于雷电、电路中开关通断时感性元件产生的高压脉冲等的危害，在电话交换机、仪器电源电路、感性负载电路等电路系统中得到广泛的应用。

（7）稳压二极管的检测

稳压二极管可以使用万用表进行检测，方法如下。

① 管脚判别与常规检测。检测时，将万用表置于“R×1k”挡，分别测量稳压二极管的正向电阻和反向电阻，并根据测出的两个电阻值，判断被测稳压二极管的正、负极和好坏，如图 2-172 所示。其检测方法与检测整流二极管基本相同，只是稳压二极管的反向电阻要小一些。

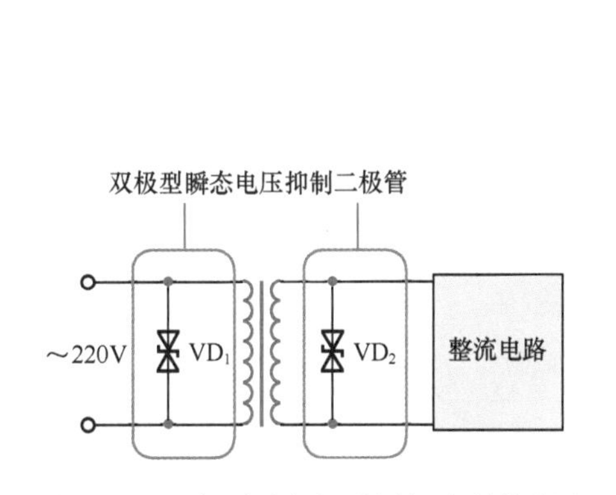

图 2-171　双极型瞬态电压抑制二极管的应用

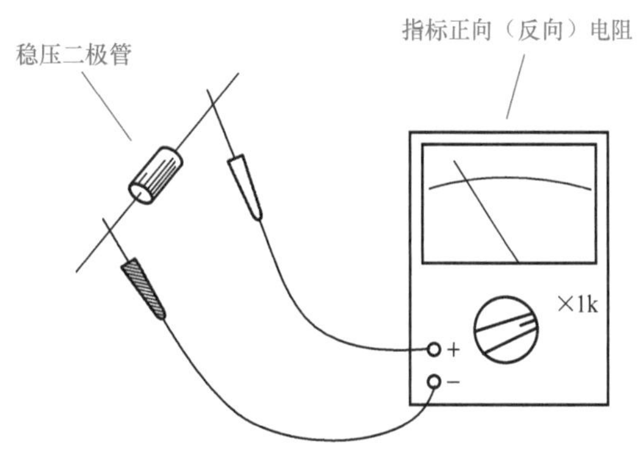

图 2-172　检测稳压二极管

② 电阻挡测量稳压值。稳压值在 15V 以下的稳压二极管，可以使用 MF47 万用表电阻挡直接测量其稳压值。测量方法是：将万用表置于“R×10k”挡，红表笔（表内电池负极）接稳压二极管正极，黑表笔（表内电池正极）接稳压二极管负极，如图 2-173 所示。

因为 MF47 万用表内“R×10k”挡所用高压电池为 15V，所以读数时刻度线最左端为 15V，最右端为“0”。例如，测量时表针指在左 1/3 处，则其读数为 10V，如图 2-174 所示。

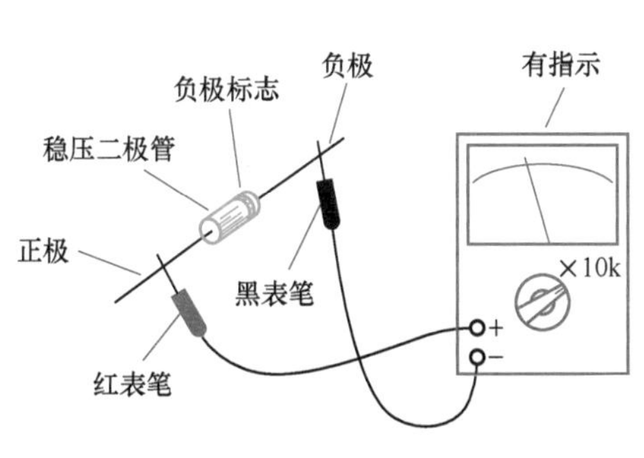

图 2-173　电阻挡测量稳压值

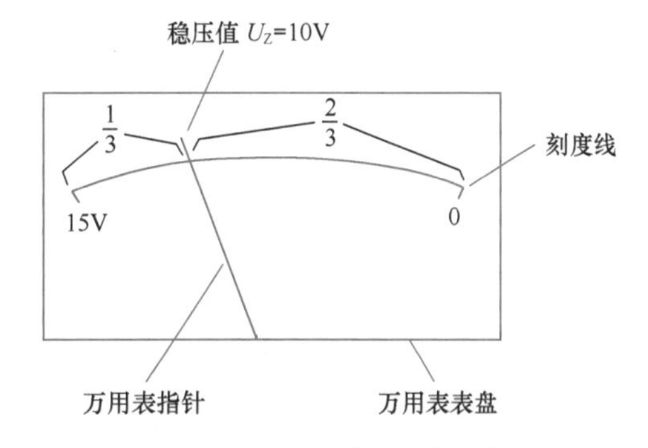

图 2-174　稳压值的读数方法

可利用万用表原有的50V挡刻度来读数，并代入以下公式求出稳压值 U_Z：

$$U_Z=\frac{50-x}{50}\times 15\text{V}$$

式中，x 为50V挡刻度线上的读数。

当然，也可以用其他型号的万用表进行测量。如果所用万用表的"R×10k"挡高压电池不是15V，则将上式中的"15V"改为自己所用万用表内高压电池的电压值即可。

③ 电压挡测量稳压值。对于稳压值 $U_Z \geqslant$ 15V的稳压二极管，可以用一输出电压大于稳压值的直流电源，如图2-175所示，通过限流电阻R给稳压二极管加上反向电压，使用万用表直流电压挡即可直接测量出稳压二极管的稳压值。测量时，适当选取限流电阻R的阻值，使稳压二极管反向工作电流为5～10mA即可。

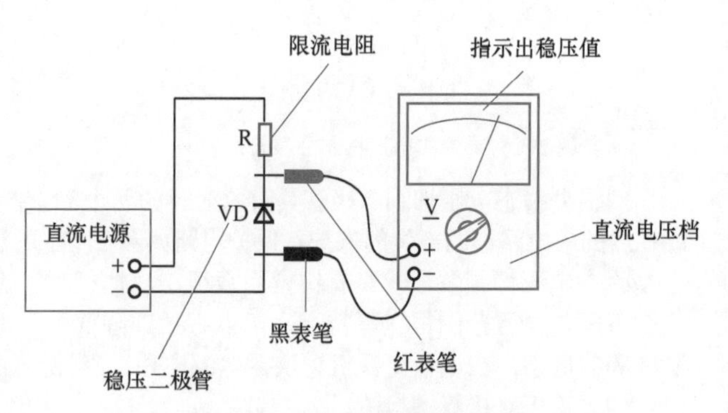

图2-175　电压挡测量稳压值

2.2.4　晶体闸流管

晶体闸流管简称为晶闸管，也叫作可控硅，是一种具有三个PN结的功率型半导体器件，包括单向晶闸管、双向晶闸管、可关断晶闸管等。

（1）晶体闸流管的识别

晶体闸流管种类很多，按控制特性可分为单向晶闸管、双向晶闸管、可关断晶闸管、正向阻断晶闸管、反向阻断晶闸管、双向触发晶闸管、光控晶闸管等。按电流容量可分为小功率管、中功率管和大功率管。按关断速度可分为普通晶闸管和高频晶闸管（工作频率＞10kHz）。按封装形式可分为塑封式晶闸管、陶瓷封装式晶闸管、金属壳封装式晶闸管和大功率螺栓式晶闸管等。图2-176所示为常见的晶体闸流管。

图2-176　常见的晶体闸流管

晶体闸流管的文字符号为"VS"，图形符号如图2-177所示。

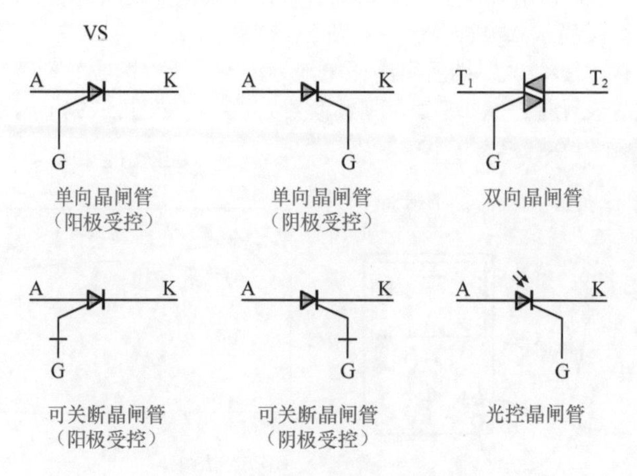

图2-177　晶体闸流管的图形符号

晶体闸流管具有三个引脚。单向晶闸管的三个引脚分别是阳极 A、阴极 K 和控制极 G，常见单向晶闸管的引脚如图 2-178 所示。

双向晶闸管的三个引脚分别是控制极 G、主电极 T_1 和 T_2，常见双向晶闸管的引脚如图 2-179 所示，使用中应注意识别。

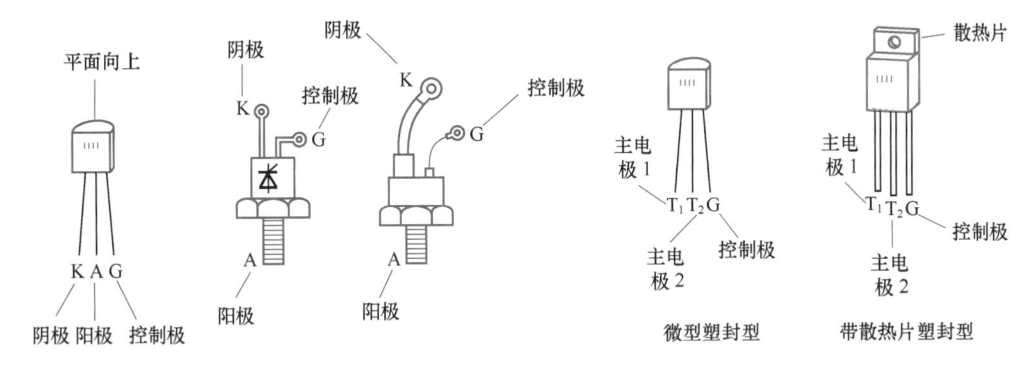

图 2-178 单向晶闸管的引脚

图 2-179 双向晶闸管的引脚

国产晶体闸流管的型号见表 2-10。单向晶闸管主要有 3CT 系列和 KP 系列，双向晶闸管主要有 3CTS 系列和 KS 系列，高频晶闸管主要有 KK 系列。

表 2-10 晶体闸流管的型号

类型	型号
单向晶闸管	3CT * * * KP * * *
双向晶闸管	3CTS * * KS * *
高频晶闸管	KK * *

（2）晶体闸流管的主要参数

晶体闸流管的主要参数有额定通态平均电流、正反向阻断峰值电压、维持电流、控制极触发电压和电流等。

① 额定通态平均电流。额定通态平均电流（I_T）是指晶闸管导通时所允许通过的最大交流正弦电流的有效值。应选用 I_T 大于电路工作电流的晶闸管。

② 正反向阻断峰值电压。正向阻断峰值电压（U_{DRM}）是指晶闸管正向阻断时所允许重复施加的正向电压的峰值。反向峰值电压（U_{RRM}）是指允许重复加在晶闸管两端的反向电压的峰值。电路施加在晶闸管上的电压必须小于 U_{DRM} 与 U_{RRM} 并留有一定余量，以免造成击穿损坏。

③ 维持电流。维持电流（I_H）是指保持晶闸管导通所需要的最小正向电流。当通过晶闸管的电流小于 I_H 时，晶闸管将退出导通状态而阻断。

④ 控制极触发电压和电流。控制极触发电压（U_G）和控制极触发电流（I_G）是指使晶闸管从阻断状态转变为导通状态时，所需要的最小控制极直流电压和直流电流。

（3）晶体闸流管的工作原理

晶体闸流管的特点是具有可控的单向导电特性，即不但具有一般二极管单向导电的整流作用，而且可以对导通电流进行控制。

1）单向晶闸管的工作原理

单向晶闸管是 PNPN 四层结构，形成三个 PN 结，具有三个外电极 A、K 和 G，可等效为 PNP、NPN 两个晶体管组成的复合管，如图 2-180 所示。在 A、K 间加上正电压后，晶闸管并不导通。当在控制极 G 加上正电压时，VT_1、VT_2 相继迅速导通，此时即使去掉控制极的电压，晶闸管仍维持导通状态。

2）双向晶闸管原理

双向晶闸管是在单向晶闸管的基础之上开发出来的，是一种交流型功率控制器件。双向晶闸管不仅能够取代两个反向并联的单向晶闸管，而且只需要一个触发电路，使用很方便。

双向晶闸管可以等效为两个单向晶闸管反向并联，如图 2-181 所示。双向晶闸管可以控制双向导通，因此除控制极 G 外的另两个电极不再分阳极和阴极，而称之为主电极 T_1、T_2。

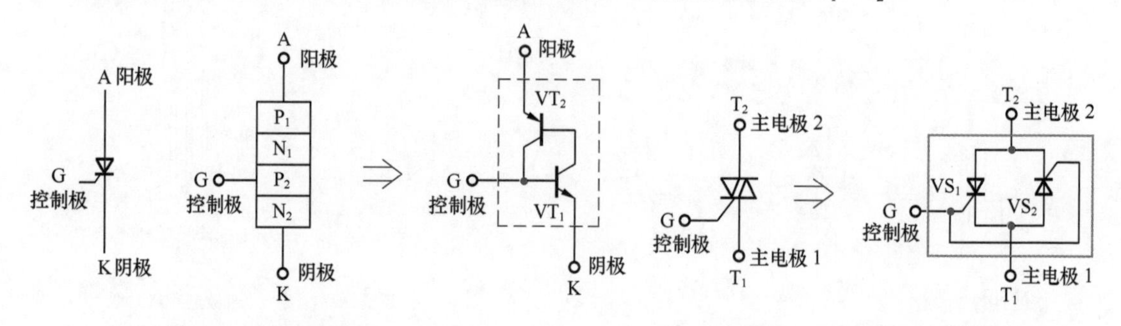

图 2-180　单向晶闸管的工作原理　　图 2-181　双向晶闸管工作原理

3）可关断晶闸管原理

可关断晶闸管也称为门控晶闸管，是在普通晶闸管基础上发展起来的功率型控制器件，其特点是可以通过控制极进行关断。

普通晶闸管导通后控制极即不起作用，要关断必须切断电源，使流过晶闸管的正向电流小于维持电流（I_H）。可关断晶闸管克服了上述缺陷。如图 2-182 所示，当控制极 G 加上正脉冲电压时晶闸管导通，当控制极 G 加上负脉冲电压时晶闸管关断。

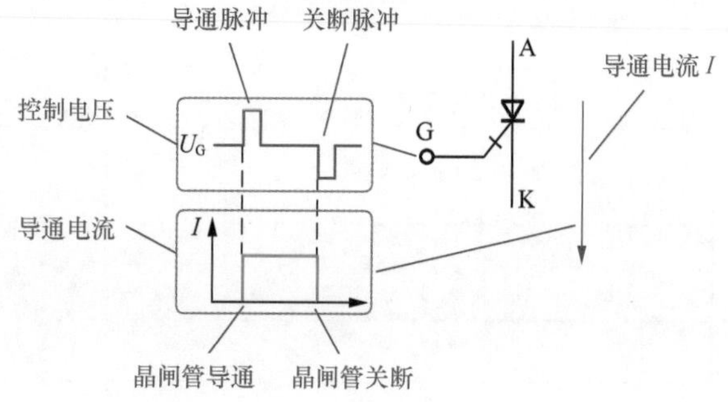

图 2-182　可关断晶闸管工作原理

（4）晶体闸流管的应用

晶体闸流管具有以小电流（电压）控制大电流（电压）的作用，并具有体积小、重量轻、功耗低、效率高、开关速度快等优点，在无触点开关、可控整流、逆变、调光、调压、调速等方面得到广泛的应用。

1）可控整流电路

晶体闸流管可以用作可控整流，电路如图 2-183 所示。只有当控制极有正触发脉冲时，晶闸管 VS_1、VS_2 才导通进行整流，而每当交流电压过零时，晶闸管关断。改变触发脉冲在交流电每半周内出现的时间，即可改变晶闸管的导通角，从而改变了输出到负载的直流电压的大小。

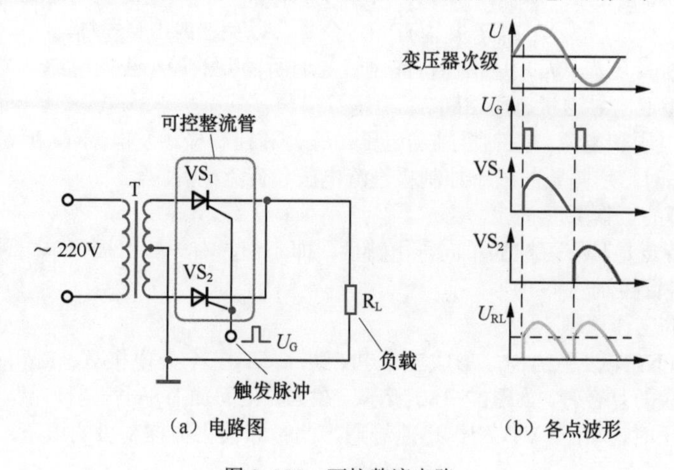

图 2-183　可控整流电路

2）无触点开关电路

晶体闸流管可以用作无触点开关。图 2-184 所示为报警器电路，晶闸管 VS 为无触点开关。当探头检测到异常情况时，输出一正脉冲至控制极 G，晶闸管 VS 导通使报警器报警，直至有关人员到场并切断开关 S 才停止报警。

双向晶闸管可以用作无触点交流开关。图 2-185 所示为交流固态继电器电路，当其输入端加上控制电压时，双向晶闸管 VS 导通，接通输出端交流电路。

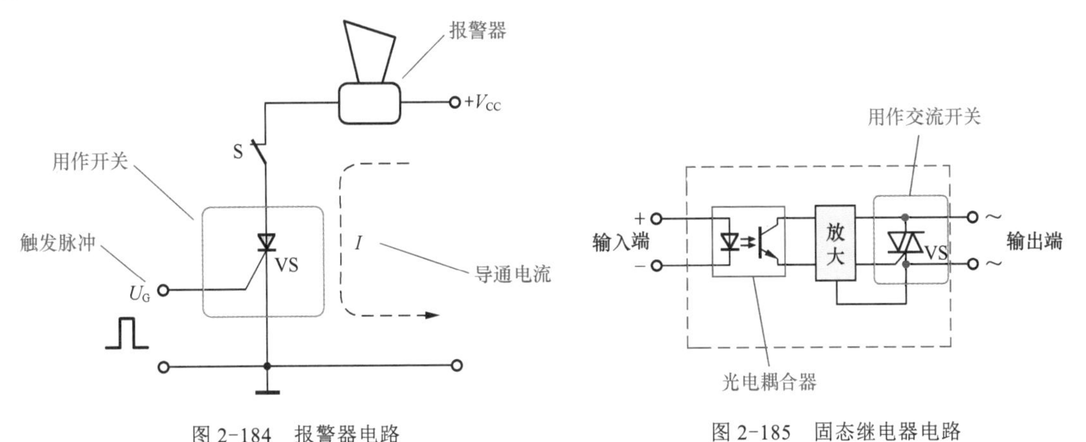

图 2-184 报警器电路

图 2-185 固态继电器电路

3）交流调压电路

双向晶闸管可以用作交流调压器。图 2-186 所示的电路中，RP、R 和 C 组成充放电回路，C 上电压作为双向晶闸管 VS 的触发电压。调节 RP 可改变 C 的充电时间，也就改变了 VS 的导通角，达到交流调压的目的。

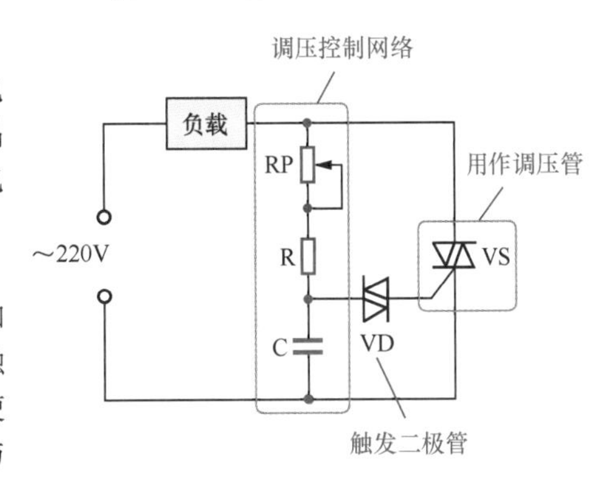

图 2-186 交流调压电路

4）直流逆变电路

可关断晶闸管可以很方便地构成直流逆变电路，如图 2-187 所示。两个可关断晶闸管 VS_1、VS_2 的控制极触发电压 U_{G1}、U_{G2} 为频率相同、极性相反的正、负脉冲，使得 VS_1 与 VS_2 轮流导通，在变压器次级即可得到频率与 U_G 相同的交流电压。

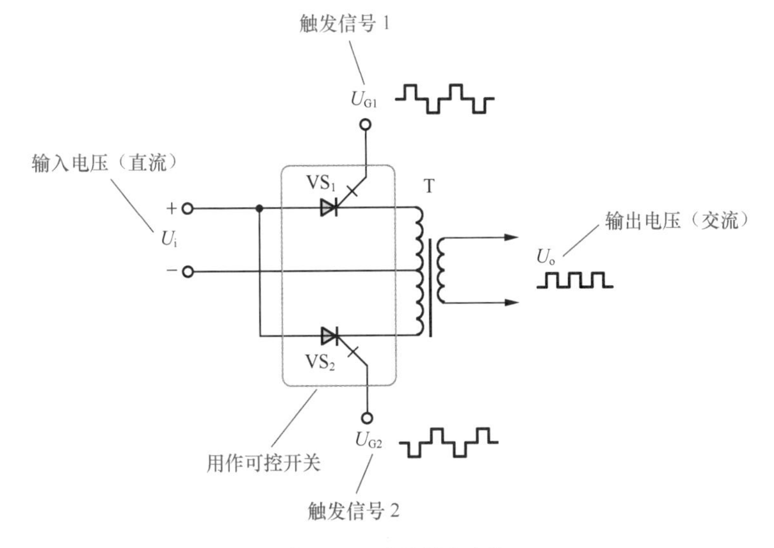

图 2-187 直流逆变电路

（5）晶闸管的种类

常用的晶闸管主要有单向晶闸管、双向晶闸管、可关断晶闸管等。

1）单向晶闸管

单向晶闸管的特点是电流只能从阳极A流向阴极K，主要应用于直流电源或直流脉动电压的控制、交流电源整流、直流电源逆变等场合。

单向晶闸管可分为普通晶闸管和高频晶闸管（工作频率在10kHz以上）。常用单向晶闸管主要有3CT系列、3DT系列、KP系列和KK系列(高频晶闸管)，以及进口的MCR系列、SF系列、BST系列等。

2）双向晶闸管

双向晶闸管是在单向晶闸管的基础之上开发出来的，是一种交流型功率控制器件。双向晶闸管不仅能够取代两个反向并联的单向晶闸管，而且只需要一个触发电路，使用很方便。

双向晶闸管的特点是可以通过交流电流，主要应用于交流电源的控制、交流电压的调整等场合。

常用的双向晶闸管主要有3CTS系列和KS系列，以及进口的MAC系列、SM系列、BCR系列等。

3）可关断晶闸管

可关断晶闸管的特点是可以通过控制极进行关断，主要应用于可关断无触点开关、直流逆变、调压、调光、调速等场合。

可关断晶闸管也称为门控晶闸管，是在普通晶闸管基础上发展起来的功率型控制器件。普通晶闸管触发导通后其控制极即不起作用，要关断晶闸管必须切断电源，使流过晶闸管的正向电流小于维持电流。可关断晶闸管克服了上述缺陷，当控制极G加上正脉冲电压时晶闸管导通，当控制极G加上负脉冲电压时晶闸管关断。

可关断晶闸管是理想的高电压、大电流开关器件。例如，DG系列大功率可关断晶闸管最高电压可达4500V，最大电流可达3000A。

（6）晶闸管的检测

晶闸管可用万用表电阻挡进行检测。

1）检测单向晶闸管

① 检测PN结电阻。将万用表置于“R×10Ω”挡，黑表笔（表内电池正极）接控制极G，红表笔接阴极K，如图2-188所示，这时测量的是PN结的正向电阻，应有较小的阻值。对调两表笔后测其反向电阻，应比正向电阻明显大一些。

黑表笔仍接控制极G，红表笔改接至阳极A，阻值应为无穷大，如图2-189所示。对调两表笔后再测，阻值仍应为无穷大。这是因为G、A之间为两个PN结反向串联，正常情况下正、反向电阻均为无穷大。

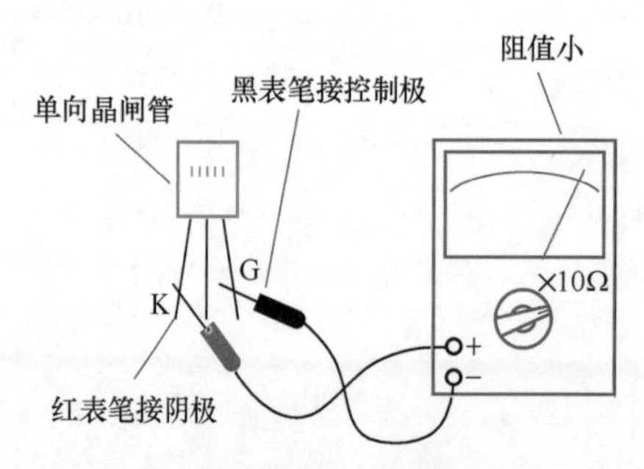

图2-188　检测单向晶闸管（一）

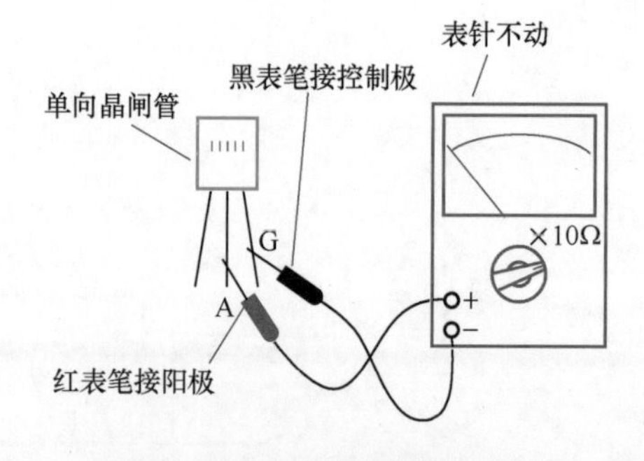

图2-189　检测单向晶闸管（二）

② 检测导通特性。将万用表置于“R×1Ω”挡，黑表笔接阳极A，红表笔接阴极K，表针指示应为无穷大。用螺丝刀等金属物将控制极G与阳极A短接一下（短接后即断开），表针应向右偏转并保持在十几欧姆处，如图2-190所示。否则说明该晶闸管已损坏。

2）检测双向晶闸管

① 检测正、反向电阻。将万用表置于“R×1Ω”挡，用两表笔测量控制极G与主电极T_1之间的正、反向电阻，均应为较小阻值，如图2-191所示。用两表笔测量控制极G与主电极T_2之间的正、反向电阻，均应为无穷大，如图2-192所示。

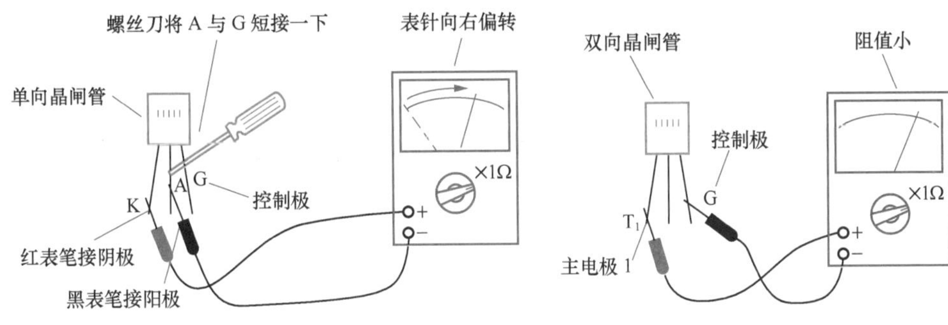

图 2-190 检测单向晶闸管导通特性　　图 2-191 检测双向晶闸管（一）

② 检测双向晶闸管的导通特性。将万用表仍置于“R×1Ω”挡，黑表笔接主电极 T_1，红表笔接主电极 T_2，表针指示应为无穷大。将控制极 G 与主电极 T_2 短接一下，表针应向右偏转并保持在十几欧姆处，如图 2-193 所示。否则，说明该双向晶闸管已损坏。

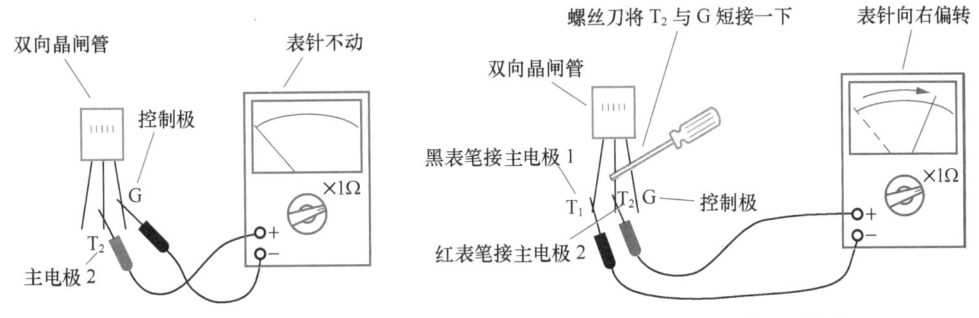

图 2-192 检测双向晶闸管（二）　　图 2-193 检测双向晶闸管导通特性

3）检测可关断晶闸管

将万用表置于“R×1Ω”挡，黑表笔接阳极 A，红表笔接阴极 K，表针指示应为无穷大。然后用一节 1.5V 电池串联一只 100Ω 左右限流电阻作为控制电压，其一端接在阴极 K 上，如图 2-194 所示。

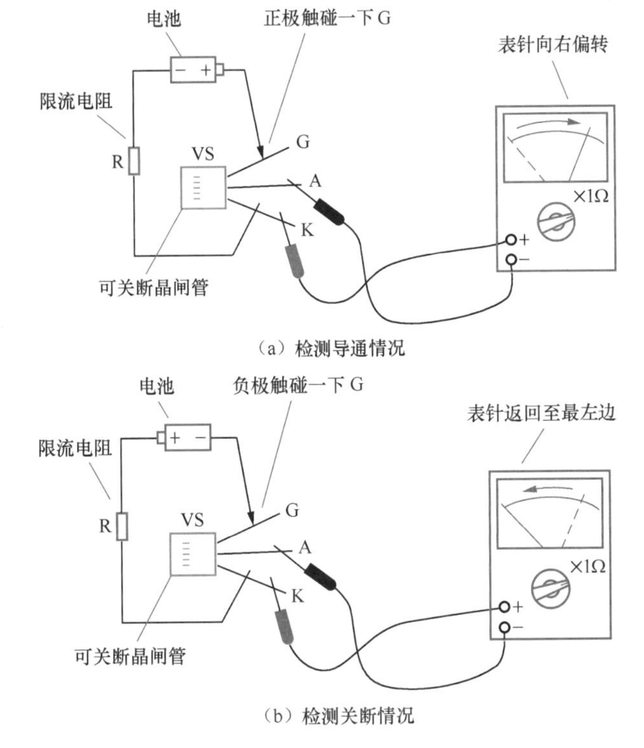

（a）检测导通情况

（b）检测关断情况

图 2-194 检测可关断晶闸管

当用电池正极触碰一下控制极G后，表针应右偏指示晶闸管导通，如图2-194（a）所示。当调换电池极性用电池负极触碰一下控制极G后，表针应返回无穷大指示晶闸管关断，如图2-194（b）所示。否则，说明该可关断晶闸管已损坏。

2.2.5 集成稳压器

集成稳压器是一种能够将不稳定的直流电压变为稳定的直流电压的集成电路。集成稳压器具有稳压精度高、工作稳定可靠、外围电路简单、体积小、重量轻等特点，在各种电源电路中得到了越来越普遍的应用。集成稳压器包括线性稳压器、开关稳压器、电压变换器和电压基准源等，应用最广泛的是串联式集成稳压器。

（1）集成稳压器的识别

集成稳压器种类较多。常见的集成稳压器有金属圆形封装、金属菱形封装、塑料封装、带散热板塑封、扁平式封装、单列封装和双列直插式封装等多种形式，如图2-195所示。

图2-195 集成稳压器

集成稳压器按输出电压的正负可分为正输出稳压器、负输出稳压器和正负对称输出稳压器。按输出电压是否可调可分为固定输出稳压器和可调输出稳压器，固定输出稳压器具有多种输出电压规格。按引脚数可分为三端稳压器和多端稳压器。按工作原理可分为线性稳压器、开关稳压器、电压变换器和电压基准源等。

集成稳压器的文字符号采用集成电路的通用符号"IC"，图形符号如图2-196所示。

（2）集成稳压器的主要参数

集成稳压器的参数包括极限参数和工作参数两个方面，一般应用时，关注其输出电压（U_o）、最大输出电流（I_{OM}）、最小输入/输出压差、最大输入电压（U_{iM}）和最大耗散功率（P_M）等主要参数即可。

① 输出电压。输出电压（U_o）是指集成稳压器的额定输出电压。对于固定输出的稳压器，U_o是一个固定值；对于可调输出的稳压器，U_o是一个电压范围。

② 最大输出电流。最大输出电流（I_{OM}）是指集成稳压器在安全工作的条件下所能提供的最大输出电流。应选用I_{OM}大于（至少等于）电路工作电流的稳压器，并按要求安装足够的散热板。

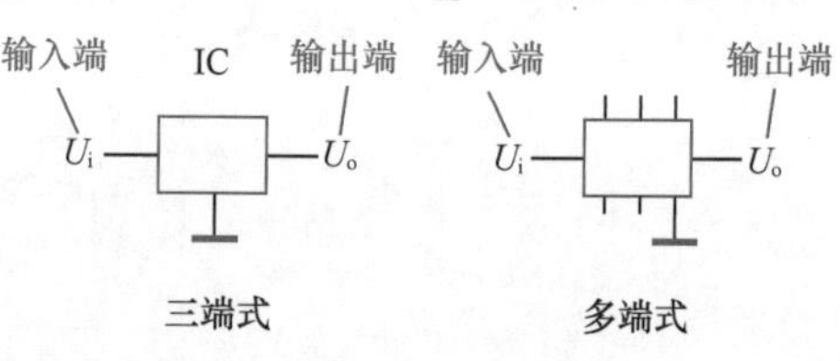

图2-196 集成稳压器的图形符号

③ 最小输入/输出压差。最小输入/输出压差是指集成稳压器正常工作所必需的输入端与输出端之间的最小电压差值。这是因为调整管必需承受一定的管压降，才能保证输出电压U_o的稳定。否则稳压器不能正常工作。

④ 最大输入电压。最大输入电压（U_{iM}）是指在安全工作的前提下，集成稳压器所能承受的最大输入电压值。输入电压超过U_{iM}将会损坏集成稳压器。对于可调输出集成稳压器，往往采用最大输入、输出压差来表示此项极限参数。

⑤ 最大耗散功率。最大耗散功率（P_M）是指集成稳压器内部电路所能承受的最大功耗，$P_M=(U_i-U_o)\times I_o$，使用中电路功率不得超过P_M，以免损坏集成稳压器。

（3）集成稳压器的工作原理

集成稳压器分为串联式集成稳压器、并联式集成稳压器和开关式集成稳压器三大类。

1）串联式集成稳压器

串联式集成稳压器的特点是调整管与负载串联并工作在线性区域。

图 2-197 所示为应用最广泛的串联式集成稳压器内部电路结构方框图，工作原理是：取样电路将输出电压 U_o 按比例取出，送入比较放大器与基准电压进行比较，差值被放大后去控制调整管，使调整管管压降做反方向变化，最终使输出电压 U_o 保持稳定。

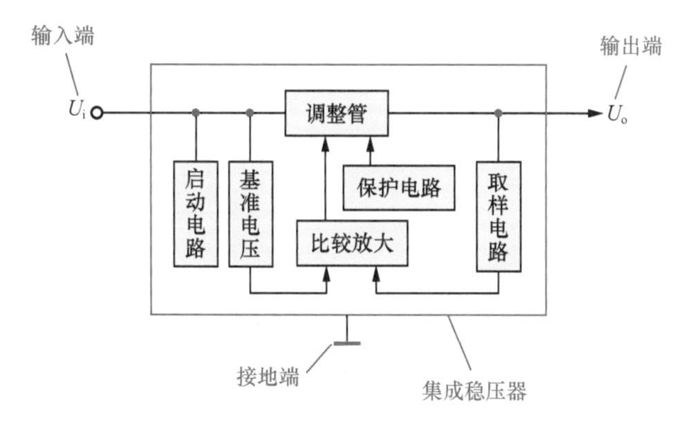

图 2-197　串联式集成稳压器内部电路结构方框图

串联式集成稳压器电压调整率高、负载能力强、纹波抑制能力强、电路结构简单，绝大多数集成稳压器都是串联式稳压器。

2）并联式集成稳压器

并联式集成稳压器的特点是调整管与负载并联并工作在线性区域。

图 2-198 所示为并联式集成稳压器内部电路结构方框图，其工作原理是：取样电路将输出电压 U_o 按比例取出，送入比较放大器与基准电压进行比较，差值被放大后去控制调整管，使调整管分流比例作反方向变化，最终使输出电压 U_o 保持稳定。

并联式集成稳压器负载短路能力强，但电压、电流调整率差，通常作为电流源运用。

3）开关式集成稳压器

开关式集成稳压器的特点是调整管工作于开关状态，因此效率高、自身功耗低。缺点是输出电压精度较差、纹波系数和噪声较大。

开关式集成稳压器可分为自激串联控制式稳压器、自激并联控制式稳压器、他激脉宽控制式稳压器、他激频率控制式稳压器、他激脉宽频率控制式稳压器等。

自激串联控制式稳压电路原理如图 2-199 所示，开关元件与负载串联，开关元件输出的脉动电压经滤波器滤波为直流电压输出。电压比较器根据输出电压的变化调节开关元件的导通、截止比例，使输出电压 U_o 保持稳定。

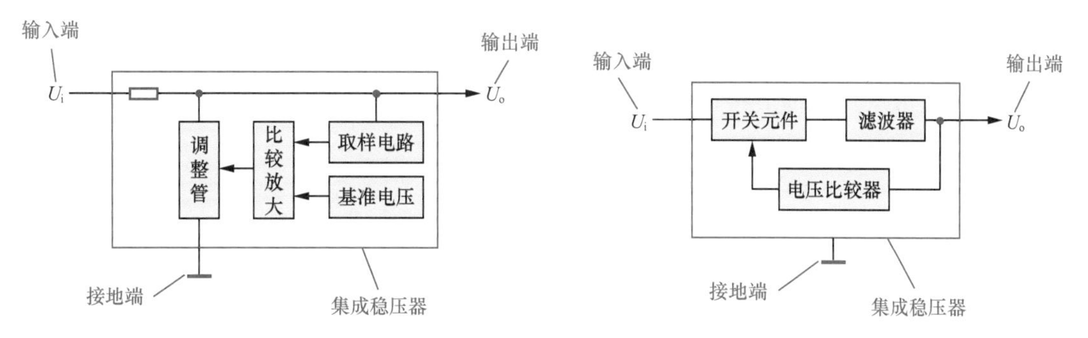

图 2-198　并联式集成稳压器内部电路结构方框图　　图 2-199　自激串联控制式稳压器电路原理

自激并联控制式稳压电路原理如图 2-200 所示，开关元件与负载并联，对输出电压做开关式分流调整。电压比较器根据输出电压的变化调节开关元件的导通、截止比例，使输出电压 U_o 保持稳定。

他激脉宽控制式稳压电路原理如图 2-201 所示，开关元件与负载串联，开关元件输出的脉动电压经滤波器滤波为直流电压输出。在脉宽控制式稳压电路中，开关元件的开关频率不变，取样信号通过脉宽控制器调节开关元件的占空比，从而达到调节输出电压、使输出电压 U_o 保持稳定的目的。

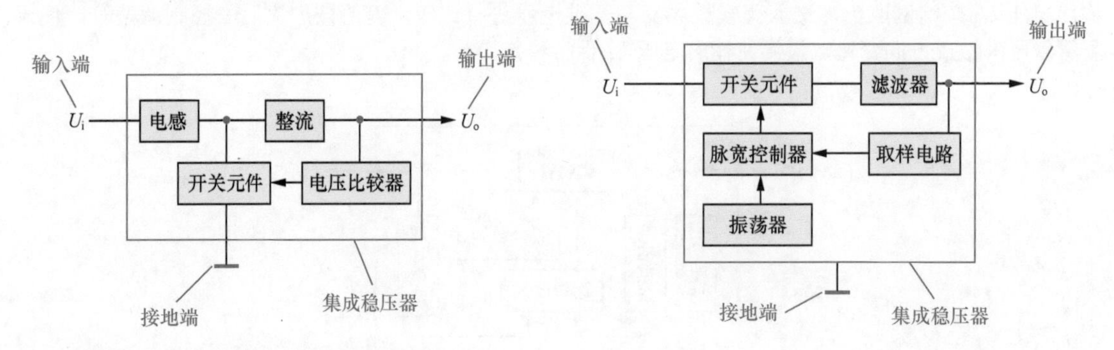

图 2-200 自激并联控制式稳压电路原理　　图 2-201 他激脉宽控制式稳压电路原理

他激频率控制式稳压电路原理如图 2-202 所示，开关元件的导通时间固定，取样信号通过频率控制器调节开关元件的开关频率，即改变截止时间，以达到调节输出电压、使输出电压 U_o 保持稳定的目的。

他激脉宽频率控制式稳压电路原理如图 2-203 所示，取样信号通过脉宽控制器和振荡器，同时调节开关元件的占空比和频率，即同时调节开关元件的导通时间和截止时间来稳定输出电压，使输出电压 U_o 保持稳定。

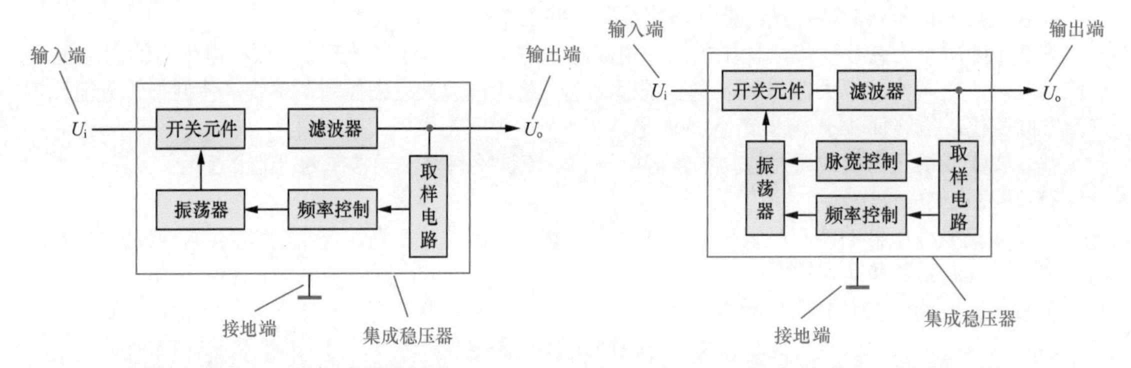

图 2-202 他激频率控制式稳压电路原理　　图 2-203 他激脉宽频率控制式稳压电路原理

（4）集成稳压器的应用

集成稳压器的主要作用是稳压，还可以用作恒流源。

1）固定正输出稳压电路

图 2-204 所示为输出固定正电压的稳压电路，IC 采用 7800 系列集成稳压器，C_1、C_2 分别为输入端和输出端滤波电容，稳压输出的电压值取决于所用集成稳压器 IC 的输出电压。

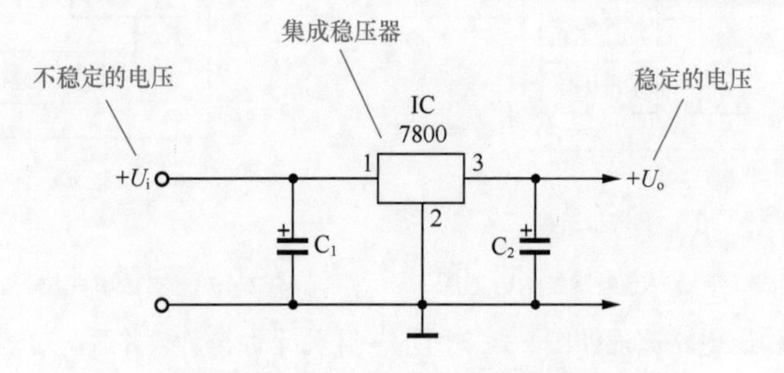

图 2-204 输出固定正电压的稳压电路

2）固定负输出稳压电路

图 2-205 所示为输出固定负电压的稳压电路，IC 采用 7900 系列集成稳压器，C_1、C_2 分别为输入端和输出端滤波电容，稳压输出的负电压值取决于所用集成稳压器 IC 的输出电压。

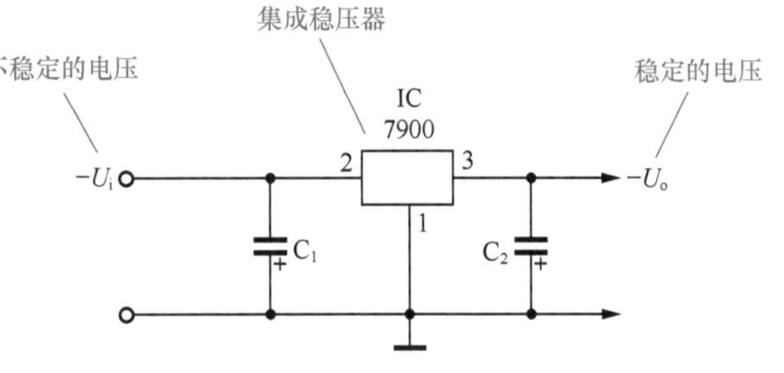

图 2-205　输出固定负电压的稳压电路

3）正、负对称输出稳压电路

图 2-206 所示为输出正、负对称电压的稳压电路，IC_1 采用 7800 系列固定正输出集成稳压器，IC_2 采用 7900 系列固定负输出集成稳压器，并且它们的输出电压的绝对值相等。VD_1、VD_2 为保护二极管，用以防止正或负输入电压有一路未接入时损坏集成稳压器。

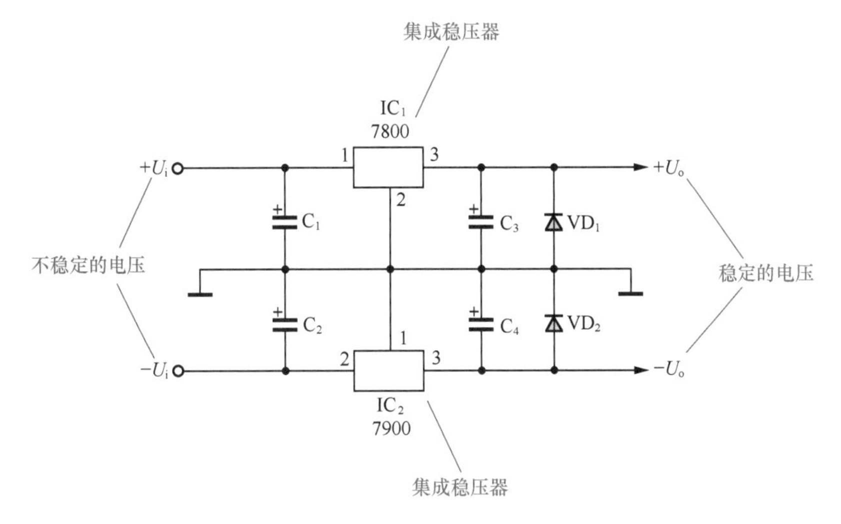

图 2-206　输出正、负对称电压的稳压电路

4）可调正输出稳压电路

图 2-207 所示为采用 CW117 组成的输出电压可连续调节的稳压电路，输出电压可调范围为 1.2 ~ 37V。R_1 与 RP 组成调压电阻网络，调节电位器 RP 即可改变输出电压。RP 动臂向上移动时，输出电压增大；RP 动臂向下移动时，输出电压减小。

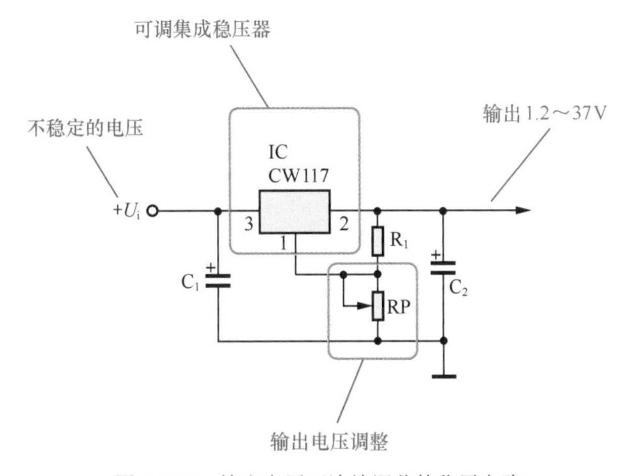

图 2-207　输出电压可连续调节的稳压电路

5）可调负输出稳压电路

图 2-208 所示为采用 CW137 组成的输出负电压可连续调节的稳压电路，输出电压的可调范围为 -37~-1.2V。RP 为输出电压调节电位器，RP 动臂向上移动时，输出负电压的绝对值增大；RP 动臂向下移动时，输出负电压的绝对值减小。

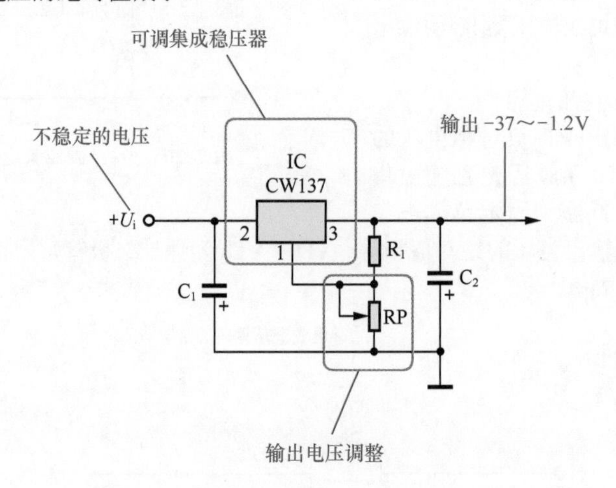

图 2-208 输出负电压可连续调节的稳压电路

6）软启动稳压电路

图 2-209 所示为应用 CW117 组成的软启动稳压电源电路。刚接通输入电源时，C_2 上无电压，VT 导通将 RP 短路，稳压电源输出电压 U_o=1.2V。随着 C_2 的充电，VT 逐步退出导通状态，U_o 逐步上升，直至 C_2 充电结束，VT 截止，U_o 达最大值。启动时间的长短由 R_1、R_2 和 C_2 决定。VD 为 C_2 提供放电通路。

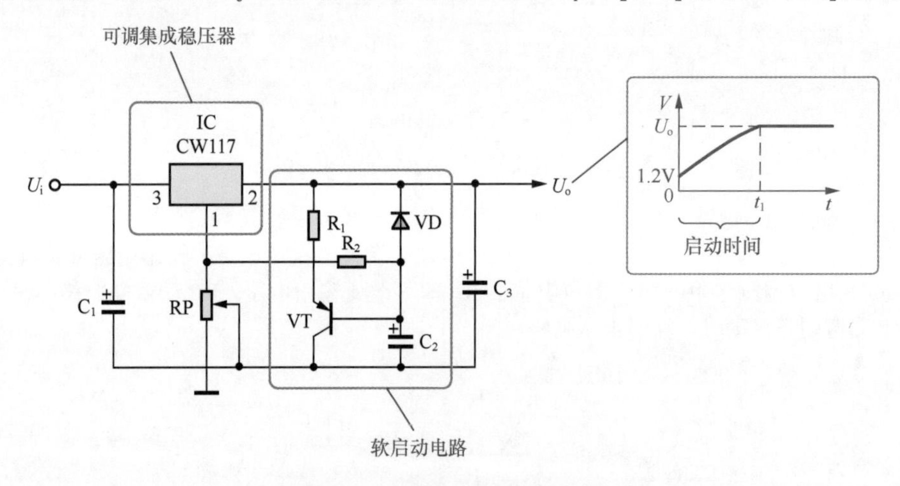

图 2-209 软启动稳压电源电路

7）集成稳压器用作恒流源

图 2-210 所示为 7800 稳压器构成的恒流源电路，其恒定电流 I_o 等于 7800 稳压器输出电压与 R_1 的比值。

（5）集成稳压器的检测

集成稳压器的好坏，可以用万用表通过检测其电压和电流来判断。

1）检测集成稳压器的输出电压

检测集成稳压器输出电压的方法如图 2-211 所示。R_f 为可调电阻，作为集成稳压器的负载。用直流电源给集成稳压器输入端提供输入电压，输入电压应大于集成稳压器输出电压 2V 以上并且不超过最高输入电压。将万用表置于“直流电压”挡，测量集成稳压器的输出电压。

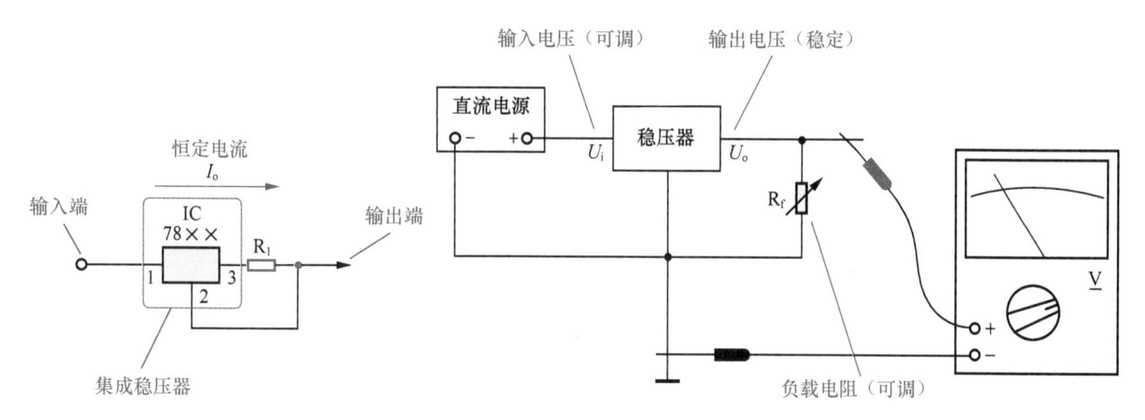

图 2-210 7800 稳压器构成的恒流源电路

图 2-211 检测集成稳压器输出电压的方法

万用表测量结果应与集成稳压器标称输出电压一致。在一定范围内（大于输出电压 2V 至最高输入电压之间）改变输入电压，输出电压应不变。调节 R_f 改变负载电阻的大小，输出电压也应不变。以上测量结果说明该集成稳压器是好的。

如果测量结果与标称输出电压严重不符，或者改变输入电压、改变负载电阻时输出电压不稳定，说明该集成稳压器已损坏。

2）检测集成稳压器的静态电流

静态电流是指集成稳压器空载时自身电路工作所需的电流。检测时，将万用表置于“直流 50mA”挡，串联接在电源与集成稳压器之间。

对于输出正电压的集成稳压器，将万用表红表笔接电源正极输出端，黑表笔接集成稳压器输入端，如图 2-212 所示。

对于输出负电压的集成稳压器，将万用表黑表笔接电源负极输出端，红表笔接集成稳压器输入端，如图 2-213 所示。

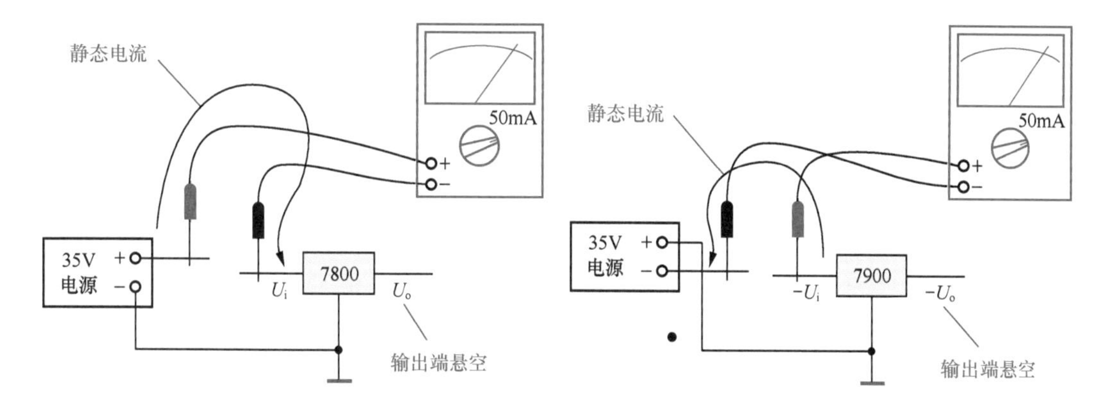

图 2-212 检测正输出稳压器静态电流

图 2-213 检测负输出稳压器静态电流

大多数集成稳压器的静态电流为 3 ~ 8mA，如果测量结果远大于正常值，说明该集成稳压器已损坏。

（6）三端固定正输出集成稳压器

三端固定正输出集成稳压器是最常用的稳压器，例如 7800 系列、78L 系列、低压差稳压器等。

1）7800 系列集成稳压器

7800 系列集成稳压器是常用的固定正输出电压的集成稳压器，其常见外形及电路符号如图 2-214 所示。7800 系列集成稳压器为三端器件，1 脚为非稳压电压 U_i 输入端，2 脚为接地端，3 脚为稳压电压 U_o 输出端，使用十分方便。

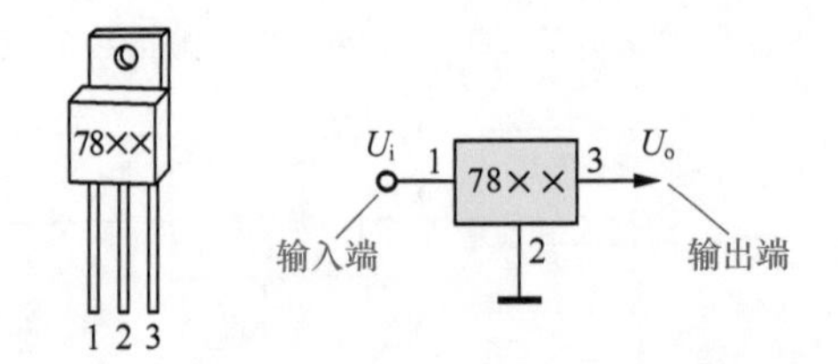

图 2-214　7800 系列稳压器

7800 系列集成稳压器具有 1.5A 的电流输出能力，内部含有限流保护、过热保护和过压保护电路，采用了噪声低、温度漂移小的基准电压源，工作稳定可靠。其主要参数见表 2-11。

表 2-11　7800 系列集成稳压器主要参数

输出电压（V）	5，6，9，12，15，18，24
输出电流（A）	1.5
最小输入 / 输出压差（V）	2.5
最大输入电压（V）	35（U_o = 5 ~ 18V） 40（U_o = 24V）
最大功耗（W）	15（加散热板）

7800 系列集成稳压器的应用电路很简单。图 2-215 所示为输出 +9V 直流电压的稳压电源电路。IC 采用集成稳压器 7809，C_1、C_2 分别为输入端和输出端滤波电容，R_L 为负载电阻。当输出电流较大时，7809 应配上散热板。

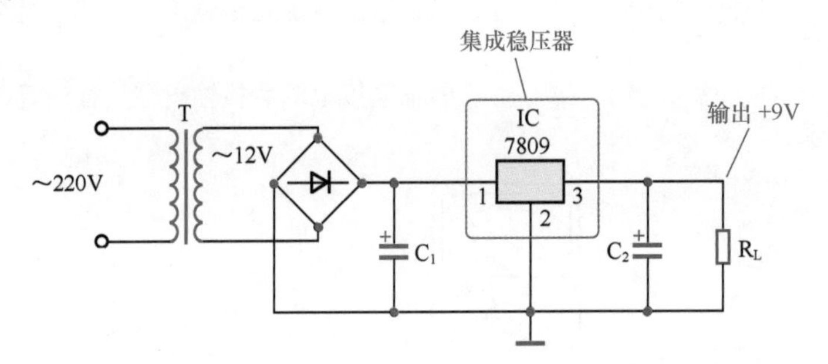

图 2-215　输出+9V 直流电压的稳压电源电路

7800 系列集成稳压器可以采用外接扩流功率管的办法扩大稳压电路的输出电流，电路如图 2-216 所示，VT_1 为扩流功率管。电路输出电压取决于集成稳压器，输出电流为 VT_1 输出电流和集成稳压器输出电流之和。VT_2 与 R_1 等组成过流保护电路。

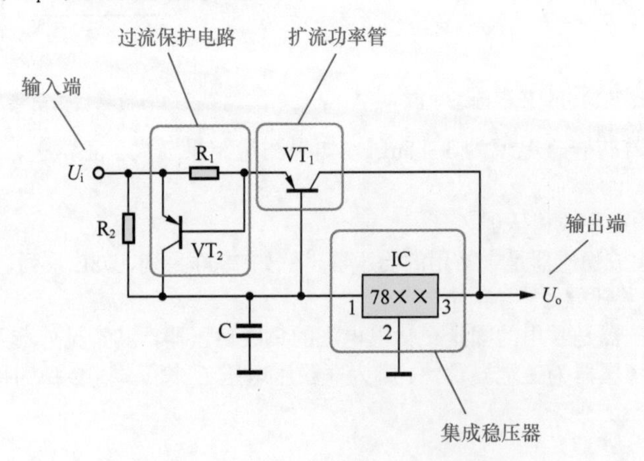

图 2-216　7800 系列稳压器的扩流应用

2）78L 系列集成稳压器

78L 系列集成稳压器为小电流固定正输出电压集成稳压器，其常见外形及电路符号如图 2-217 所示。78L 系列集成稳压器外形类似塑封三极管，1 脚为非稳压电压 U_i 输入端，2 脚为接地端，3 脚为稳压电压 U_o 输出端。78L 系列集成稳压器体积小巧，使用方便。

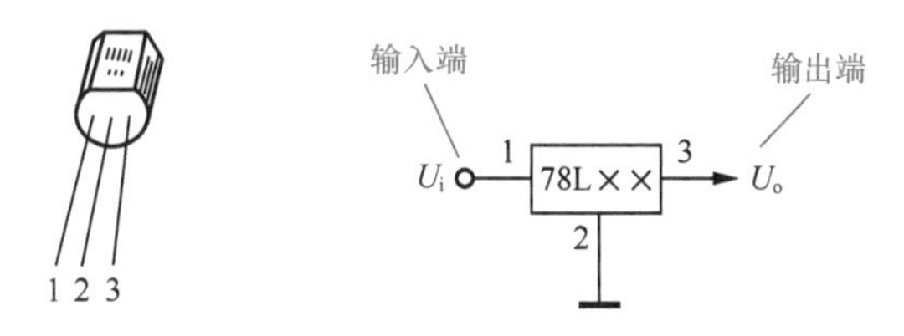

图 2-217 78L 系列集成稳压器的外形及电路符号

78L 系列集成稳压器的输出电流为 100mA，内部具有过流、过热和短路保护电路，采用了正、负温度系数补偿式的基准电压源，工作稳定可靠。78L 系列集成稳压器的主要参数见表 2-12。

表 2-12 78L 系列集成稳压器的主要参数

输出电压（V）	5，6，9，12，15，18，24
输出电流（A）	0.1
最小输入 / 输出压差（V）	1.7
最大输入电压（V）	30（U_o = 5 ~ 9V） 35（U_o = 12 ~ 18V） 40（U_o = 24V）
最大功耗（W）	0.7（加散热板）

78L 系列集成稳压器的应用电路如图 2-218 所示，IC 采用集成稳压器 78L06，C_1、C_2 为滤波电容。78L06 将 +12V 电源电压稳压为 +6V，供前置放大器使用，提高了电路的性能和稳定性。

3）低压差集成稳压器

CW2930 为低压差三端固定正输出电压集成稳压器，其常见的外形及电路符号如图 2-219 所示。CW2930 的 1 脚为非稳压电压 U_i 输入端，2 脚为接地端，3 脚为稳压电压 U_o 输出端。

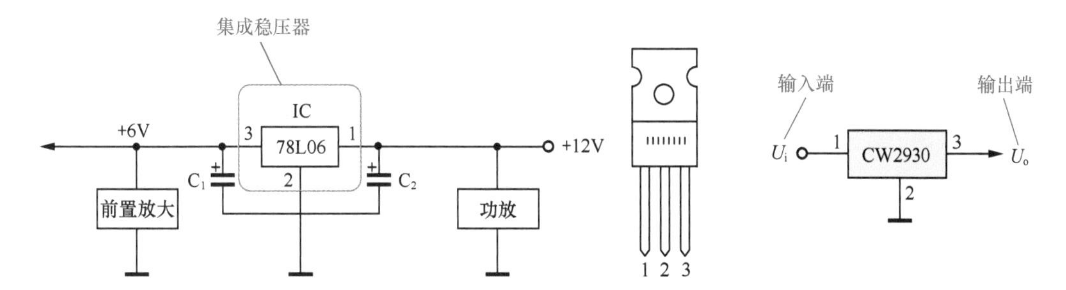

图 2-218 78L 系列集成稳压器的应用电路　　图 2-219 CW2930 低压差集成稳压器的外形及电路符号

CW2930 低压差集成稳压器的最大特点是输入、输出压差可以很小（小于 0.6V），输出电流为 150mA，内部具有限流电路和过热、过压保护电路。CW2930 低压差集成稳压器的主要参数见表 2-13。

表 2-13　CW2930 低压差集成稳压器的主要参数

输出电压（V）	5，8
输出电流（A）	0.15
输入 / 输出压差（V）	< 0.6
最大输入电压（V）	26
过压保护电压（V）	40

（7）三端固定负输出集成稳压器

三端固定负输出集成稳压器也是经常使用的稳压器，例如 7900 系列、79L 系列稳压器等。

1）7900 系列集成稳压器

7900 系列集成稳压器是常用的固定负输出电压的三端集成稳压器，实物图及电路符号如图 2-220 所示。7900 系列集成稳压器的三个引脚中，1 脚为接地端，2 脚为非稳压电压 $-U_i$ 输入端，3 脚为稳压电压 $-U_o$ 输出端。

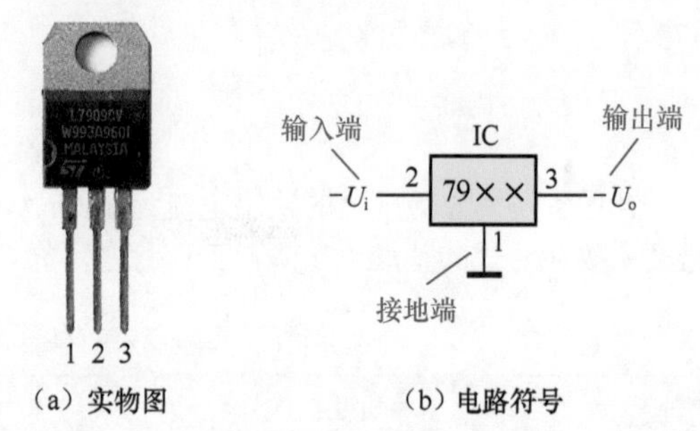

（a）实物图　（b）电路符号

图 2-220　7900 系列集成稳压器的实物图及电路符号

7900 系列集成稳压器与 7800 系列完全对应，所不同的是 7900 系列输出为负电压，最大输出电流也是 1.5A。7900 系列集成稳压器的主要参数见表 2-14。

表 2-14　7900 系列集成稳压器的主要参数

输出电压（V）	-5，-6，-9，-12，-15，-18，-24
输出电流（A）	1.5
最小输入 / 输出压差（V）	1.1
最大输入电压（V）	-35（U_o = -5 ~ -18V） -40（U_o = -24V）
最大功耗（W）	15（加散热板）

7900 系列集成稳压器的应用电路也很简单。图 2-221 所示为输出 -9V 直流电压的稳压电源电路，IC 采用集成稳压器 7909，输出电流较大时应配上散热板。

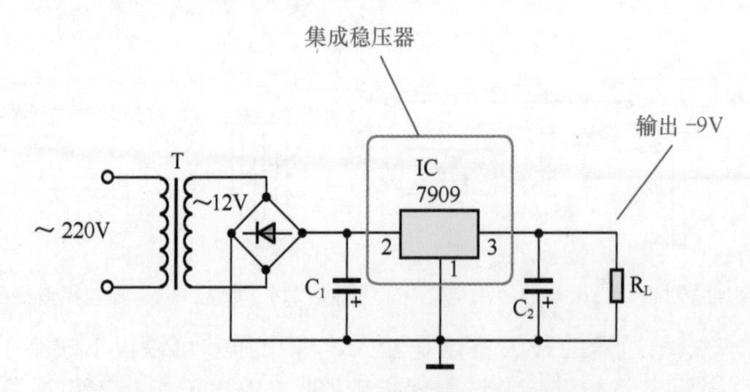

图 2-221　输出 -9V 直流电压的稳压电源电路

7900 系列集成稳压器也可以采用外接扩流功率管的办法扩大稳压电路的输出电流，电路如

图 2-222 所示，VT_1 为扩流功率管，VT_2 与 R_1 等组成过流保护电路。

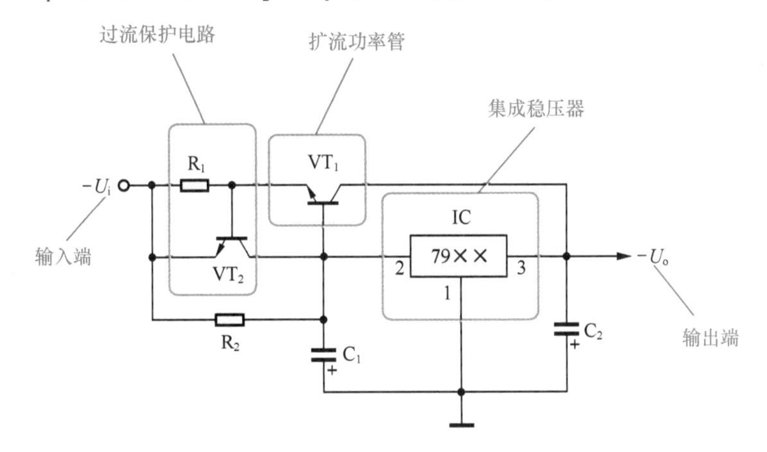

图 2-222　7900 系列稳压器的扩流应用电路

2）79L 系列集成稳压器

79L 系列集成稳压器为小电流固定负输出电压集成稳压器，其常见的外形及电路符号如图 2-223 所示。79L 系列集成稳压器为塑封三端式，1 脚为接地端，2 脚为非稳压电压 $-U_i$ 输入端，3 脚为稳压电压 $-U_o$ 输出端。

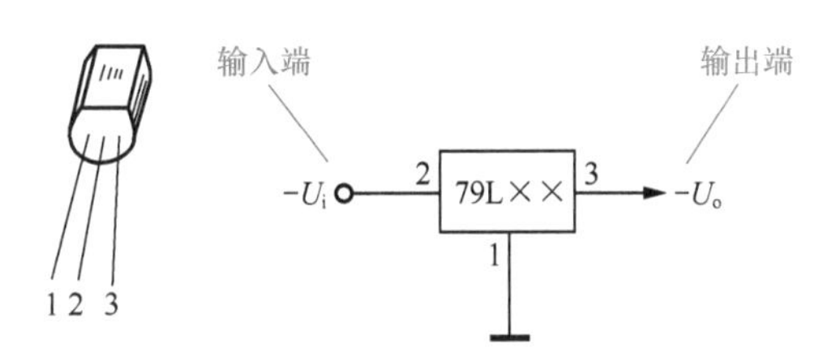

图 2-223　79L 系列集成稳压器的外形及电路符号

79L 系列集成稳压器的输出电流为 100mA，内部具有过流、过热和短路保护电路，具有小型化、高性能和安全可靠的特点。79L 系列集成稳压器的主要参数见表 2-15。

表 2-15　79L 系列集成稳压器的主要参数

参数	数值
输出电压（V）	-5，-6，-9，-12，-15，-18，-24
输出电流（A）	0.1
最小输入 / 输出压差（V）	1.7
最大输入电压（V）	30（U_o = 5 ~ 9V） 35（U_o = 12 ~ 18V） 40（U_o = 24V）
最大功耗（W）	0.7（加散热板）

79L 系列集成稳压器的应用电路如图 2-224 所示，IC 采用集成稳压器 79L05，将不稳定的 -9V 电源电压稳压为 -5V 输出，C_1、C_2 为滤波电容。

（8）三端可调输出集成稳压器

三端可调输出集成稳压器是常用的输出电压可调的稳压器，包括三端可调正输出集成稳压器和三端可调负输出集成稳压器。

1）三端可调正输出集成稳压器

CW117 为常用的三端可调正输出集成稳压器，输出电压的可调范围为 1.2V ~ 37V，输出电流可达 1.5A。图 2-225 所示为 CW117 稳压器的外形及电路符号，其 1 脚为调整端，2 脚为稳压电压 U_o 输出端，3 脚为非稳压电压 U_i 输入端。

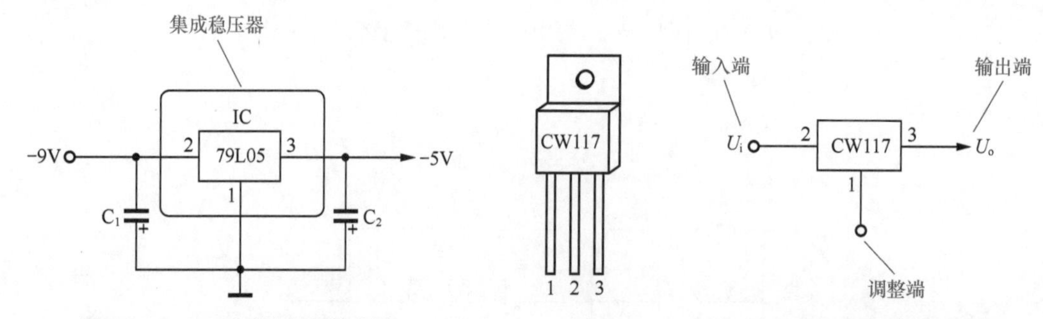

图 2-224 79L 系列稳压器的应用　　图 2-225 CW117 稳压器的外形及电路符号

CW117 集成稳压器主要参数见表 2-16。CW217、CW317 的主要参数与 CW117 相同，只是工作温度范围不一样。

表 2-16 CW117 集成稳压器的主要参数

输出电压（V）	1.2～37
输出电流（A）	1.5
最大允许输入 / 输出压差（V）	40
最大功耗（W）	20（加散热板）

图 2-226 所示为 CW117 稳压器的典型应用电路，R_1 与 RP 组成调压电阻网络，调节电位器 RP 即可改变输出电压。RP 动臂向上移动时，输出电压增大；RP 动臂向下移动时，输出电压减小。

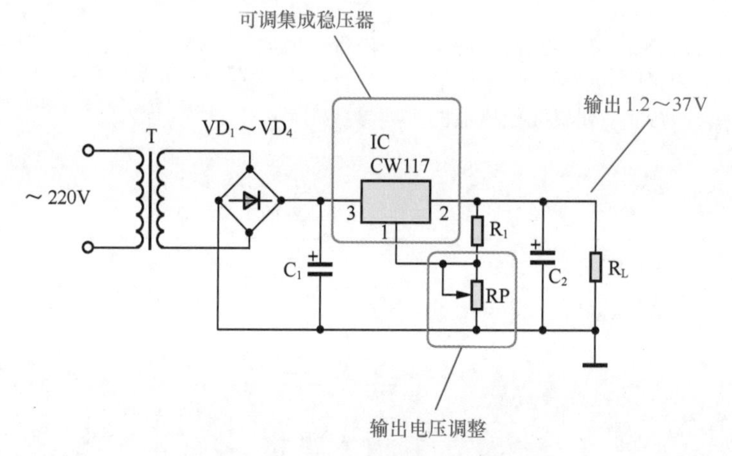

图 2-226 CW117 稳压器的典型应用电路

CW117 稳压器固定低压应用电路如图 2-227 所示，将 CW117 的调整端直接接地，即可获得 +1.25V 的稳定的固定低压输出。

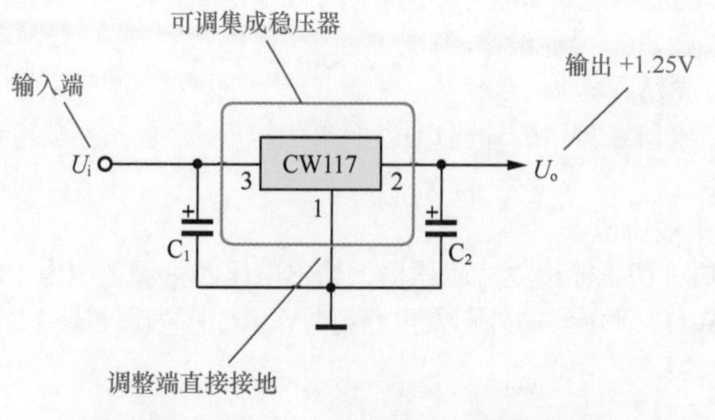

图 2-227 CW117 稳压器固定低压应用电路

2）三端可调负输出集成稳压器

CW137 为常用的三端可调负输出集成稳压器，输出电压的可调范围为 -37V ~ -1.2V，输出电流可达 1.5A。图 2-228 所示为 CW137 稳压器的外形及电路符号，其中，1 脚为调整端，2 脚为输入端，3 脚为输出端。

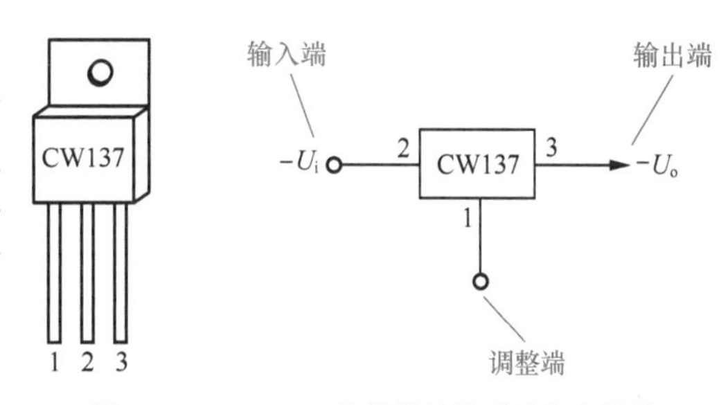

图 2-228　CW137 稳压器的外形及电路符号

CW137 集成稳压器的主要参数见表 2-17。CW237、CW337 的主要参数与 CW137 相同，只是工作温度范围不一样。

表 2-17　CW137 集成稳压器的主要参数

输出电压（V）	-37 ~ -1.2
输出电流（A）	1.5
最大允许输入 / 输出压差（V）	40
最大功耗（W）	20（加散热板）

图 2-229 所示为 CW137 稳压器典型的应用电路。调节电位器 RP 可改变输出电压的大小，RP 动臂向上移动时，输出负电压的绝对值增大；RP 动臂向下移动时，输出负电压的绝对值减小。

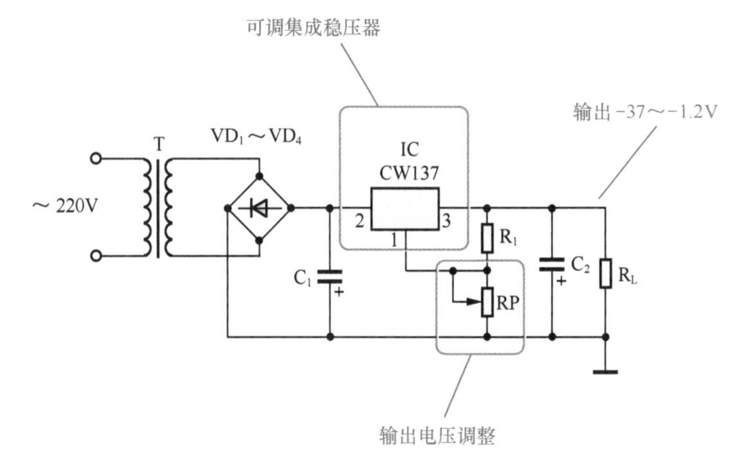

图 2-229　CW137 稳压器典型的应用电路

（9）多端可调输出集成稳压器

多端可调输出集成稳压器也包括正输出电压和负输出电压两类。

1）多端可调正输出集成稳压器

CW3085 为通用多端可调正输出集成稳压器，输出电压的可调范围为 1.6V ~ 37V，输出电流为 100mA，并具有外接扩流端和基准电压检测端，使用灵活方便。CW3085 电路由启动电路、基准电压、比较放大、调整管和保护电路等组成，常见为 8 脚双列直插式封装（CW3085），如图 2-230 所示。CW3085 集成稳压器的主要参数见表 2-18。

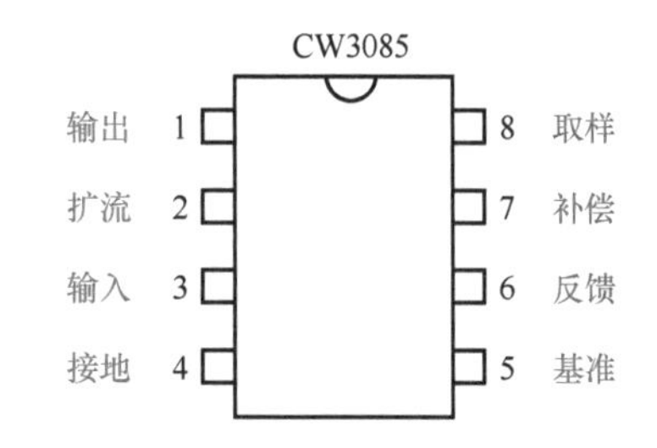

图 2-230　CW3085 稳压器的 8 脚双列直插式封装

表 2-18　CW3085 集成稳压器的主要参数

输出电压范围（V）	1.6 ~ 37
输出电流（A）	0.1

续表

最小输入 / 输出压差（V）	4
最大输入电压（V）	30
最大功耗（W）	0.63

CW3085 稳压器的应用电路如图 2-231 所示，RP 与 R_2 组成取样电路，调节 RP 可调节输出电压，R_1 为限流电阻，C_3 为消振电容，C_1、C_2、C_4 为滤波电容。该电路输出电压为 $U_o = U_i \frac{RP + R_2}{R_2}$。

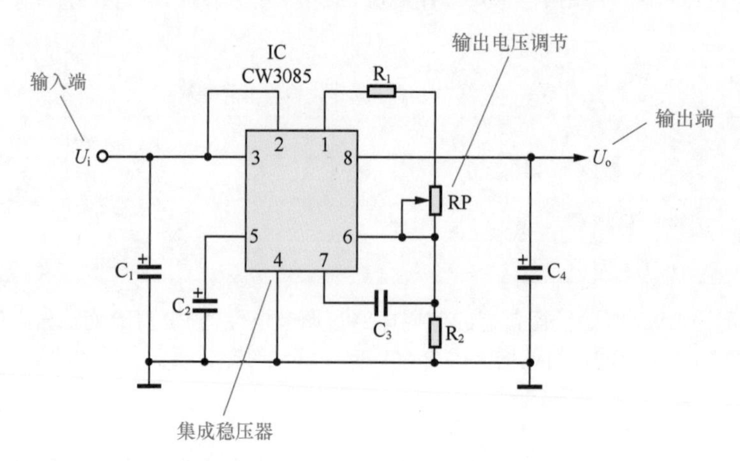

图 2-231　CW3085 稳压器的应用电路

W612 为大电流多端可调正输出集成稳压器，输出电压的可调范围为 3V ~ 30V，输出电流可达 2A，W612 集成稳压器的主要参数见表 2-19。W612 稳压器常见为 7 脚金属菱形封装，如图 2-232 所示。W612 稳压器的应用电路如图 2-233 所示。

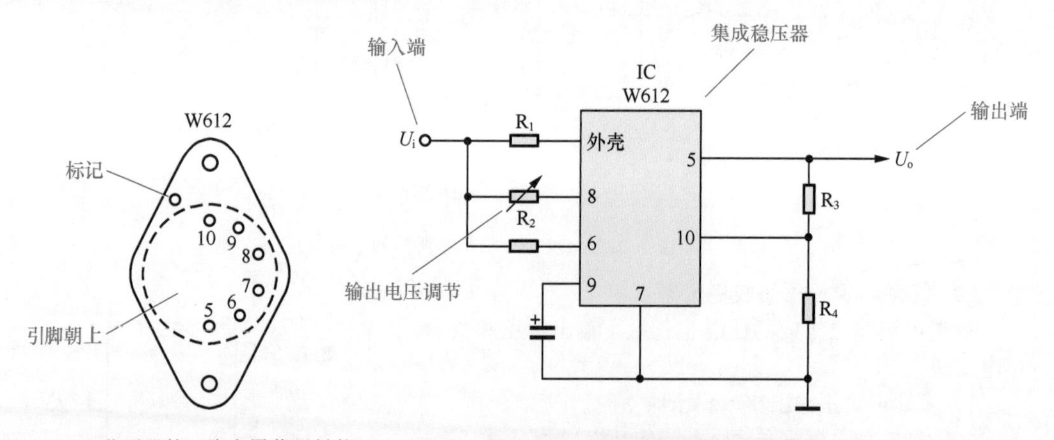

图 2-232　W612 稳压器的 7 脚金属菱形封装　　图 2-233　W612 稳压器的应用电路

表 2-19　W612 集成稳压器的主要参数

输出电压范围（V）	3 ~ 30
输出电流（A）	2
最小输入 / 输出压差（V）	6
最大输入电压（V）	40
最大功耗（W）	15

2）多端可调负输出集成稳压器

CW1511 为通用多端可调负输出集成稳压器，由恒流偏置、基准电压、比较放大、调整管和保护电路等组成，输出电压的可调范围为 -37～-2V，输出电流为 30mA，并具有逻辑控制电路，使用灵活方便。CW1511 集成稳压器的主要参数见表 2-20。CW1511 稳压器常见为 14 脚双列直插式封装，如图 2-234 所示。

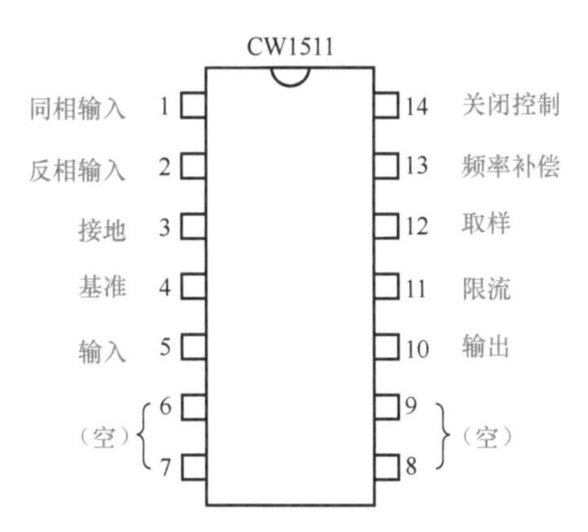

图 2-234　CW1511 稳压器 14 脚双列直插式封装

表 2-20　CW1511 集成稳压器的主要参数

输出电压范围（V）	-37～-2
输出电流（A）	0.03
最小输入 / 输出压差（V）	3
最大输入电压（V）	-30
最大功耗（W）	0.3

CW1511 稳压器的应用电路如图 2-235 所示，R_3、RP 与 R_4 组成取样电路，调节 RP 可调节输出电压，R_2 为限流电阻，C_1 为频率补偿电容，C_2 为滤波电容。

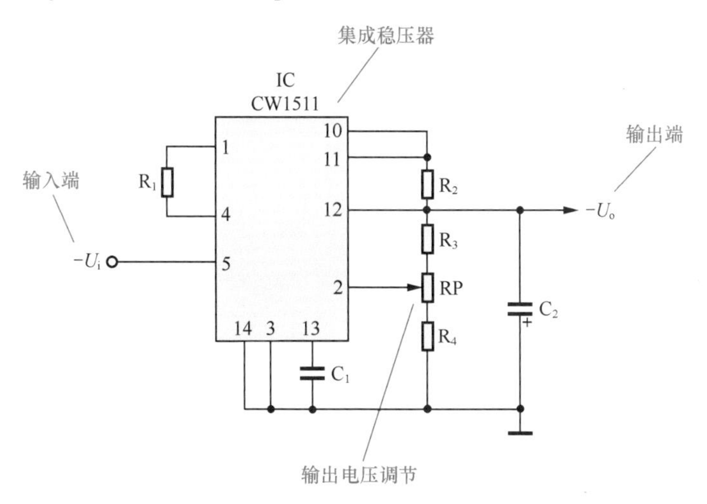

图 2-235　CW1511 稳压器的应用电路

WA8 为大电流多端可调负输出集成稳压器，输出电压的可调范围为 -32～-3V，输出电流可达 2A。WA8 集成稳压器的主要参数见表 2-21。WA8 稳压器常见为 7 脚金属菱形封装，如图 2-236 所示。WA8 稳压器的应用电路如图 2-237 所示。

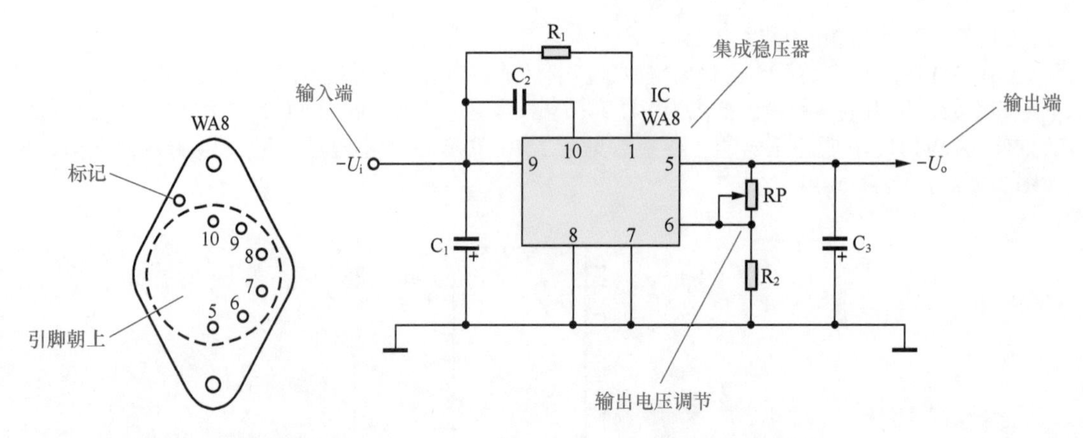

图 2-236　WA8 稳压器 7 脚金属菱形封装

图 2-237　WA8 稳压器的应用电路

表 2-21　WA8 集成稳压器的主要参数

输出电压范围（V）	-32 ~ -3
输出电流（A）	2
最小输入 / 输出压差（V）	2
最大输入电压（V）	-38
最大功耗（W）	20

（10）正、负对称输出集成稳压器

正、负对称输出集成稳压器应用时，输出电压是固定的，但也可以构成输出电压可调的稳压电路。

1）正、负对称固定输出集成稳压器

CW1468 为跟踪式正、负对称固定输出集成稳压器，由两个差分比较器和两个调整器组成，电路结构属于串联式稳压器。输出电压为 ±15V，负输出电压的绝对值自动跟踪正输出电压值，保证输出正、负电压的完全对称。CW1468 集成稳压器的输出电流为 ±100mA，并具有正、负过流保护功能。CW1468 集成稳压器的主要参数见表 2-22。

表 2-22　CW1468 集成稳压器的主要参数

输出电压（V）	±15
输出电流（A）	0.1
最小输入 / 输出压差（V）	2
最大输入电压（V）	±30
最大功耗（W）	1

CW1468 稳压器常见为 14 脚双列直插式封装，如图 2-238 所示。CW1468 稳压器的应用电路如图 2-239 所示，C_1、C_2 为补偿电容。R_1、R_2 分别为正、负输出限流电阻，其取值可按公式 R_1（R_2）= $\frac{0.6V}{1.2I}$(Ω) 计算，式中，I 为输出电流。

2）正、负对称稳压器的可调输出应用

CW1468 稳压器也可以构成正、负对称可调输出稳压电路，如图 2-240 所示。固定 R_1 不变，调节 R_2 可以使输出电压在 ±8V ~ ±14V 范围内改变，并保持正、负输出电压的完全对称。正、负输出电压的绝对值 $U_o = 7.6\frac{R_1+R_2}{R_2}$（V）。$R_3$、$R_4$ 为平衡电阻。

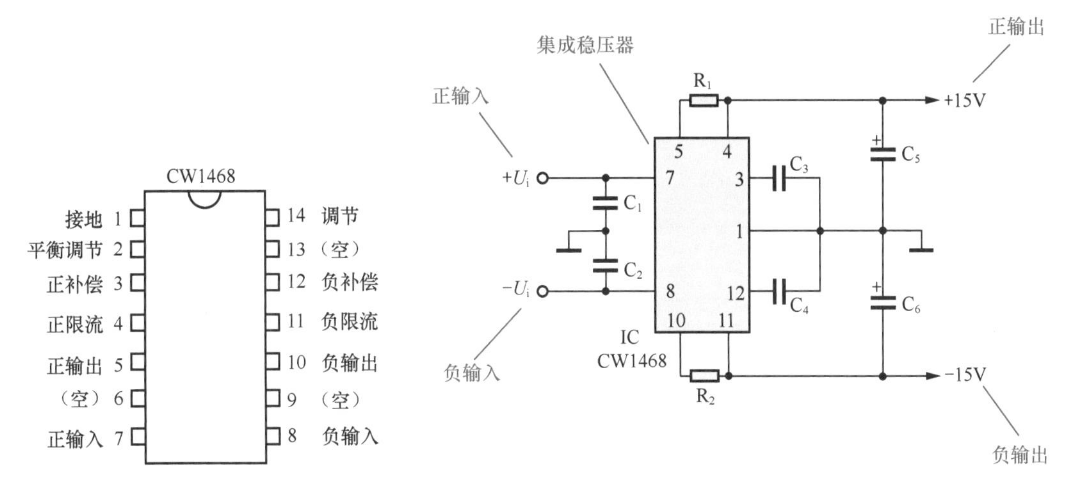

图 2-238　CW1468 稳压器 14 脚双列直插式封装

图 2-239　CW1468 稳压器的应用

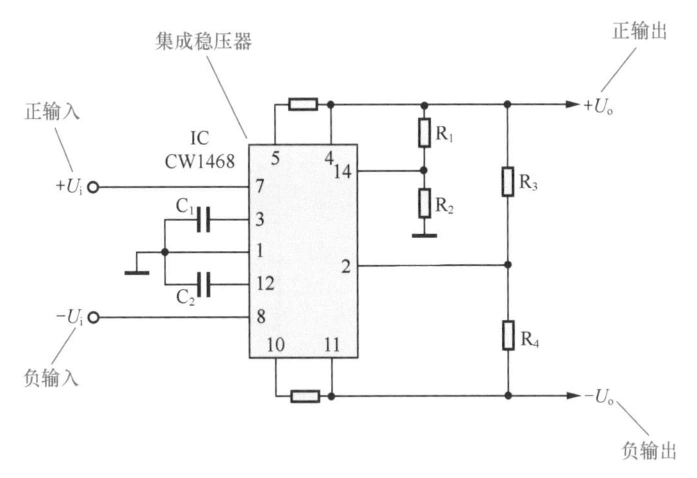

图 2-240　CW1468 稳压器的正负对称可调输出稳压电路

（11）开关稳压器

开关稳压器具有效率高的明显优势，得到越来越多的应用。开关稳压器主要有脉宽调制型集成稳压器、频率调制型集成稳压器、脉宽频率调制型集成稳压器等类型。

1）脉宽调制型集成开关电源

脉宽调制型集成开关电源简称 PWM，它是通过调节输出脉冲电压的宽度（占空比）来稳定输出电压的。

CW3524 开关稳压器是一种脉宽调制型开关电源集成电路，内部电路由基准电压源、振荡器、误差放大器、比较器、脉宽调制器、触发器、输出电路等模拟和数字单元组成，如图 2-241 所示。CW3524 通过调节输出脉冲的宽度来实现稳压，脉宽占空比的可调范围为 0% ~ 45%，并具有过荷保护功能。CW3524 开关电源集成电路的主要参数见表 2-23。

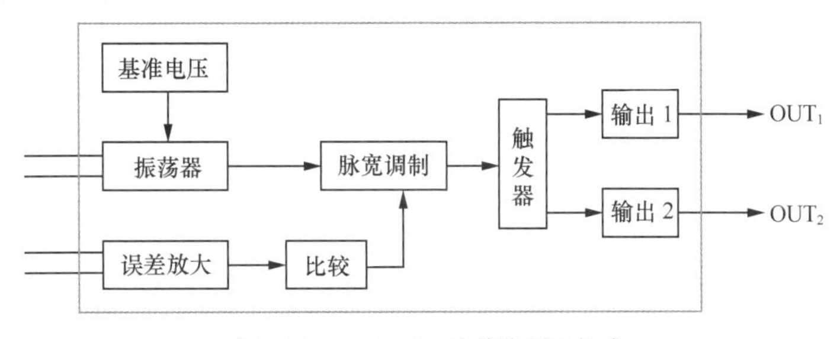

图 2-241　CW3524 开关稳压器组成

表 2-23　CW3524 开关电源集成电路的主要参数

最大输入电压（V）	40
最大输出电压（V）	40
输出电流（A）	0.1（每一输出端）
脉宽调节范围（%）	0～45
最大输出频率（kHz）	300
最小输出频率（kHz）	0.14
最大允许功耗（W）	0.1

CW3524 开关稳压器为 16 脚双列直插式封装，如图 2-242 所示。CW3524 具有两路输出，使用方便。图 2-243 所示为单端输出应用电路，可输出 +5V（1A）电压。图 2-244 所示为双端输出应用电路，可输出对称的 ±15V（20 mA）电压。

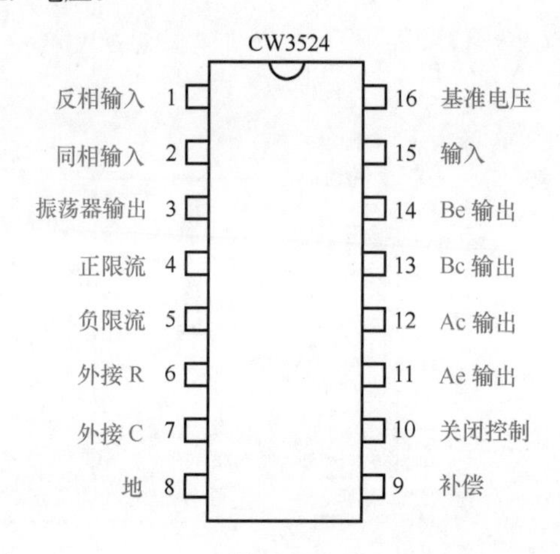

图 2-242　CW3524 开关稳压器 16 脚双列直插式封装

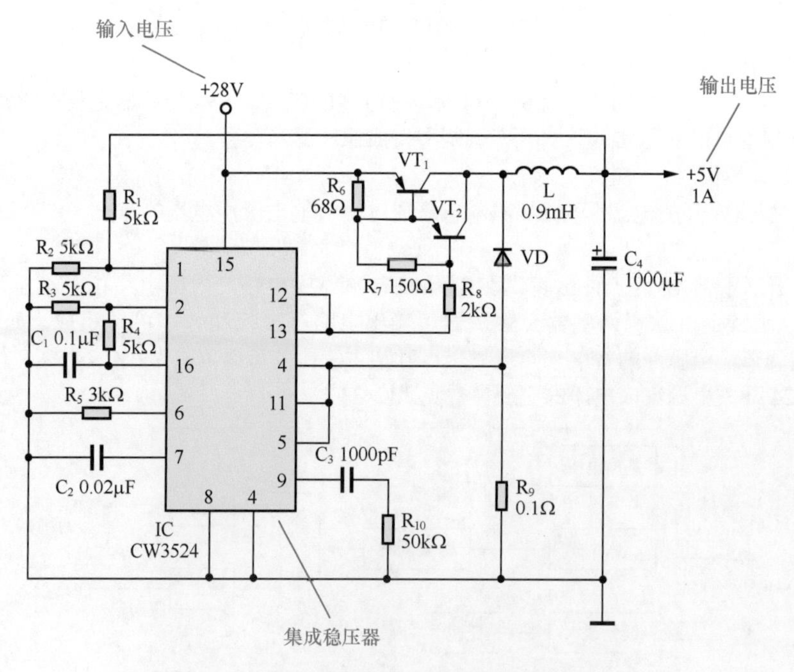

图 2-243　CW3524 开关稳压器的单端输出应用电路

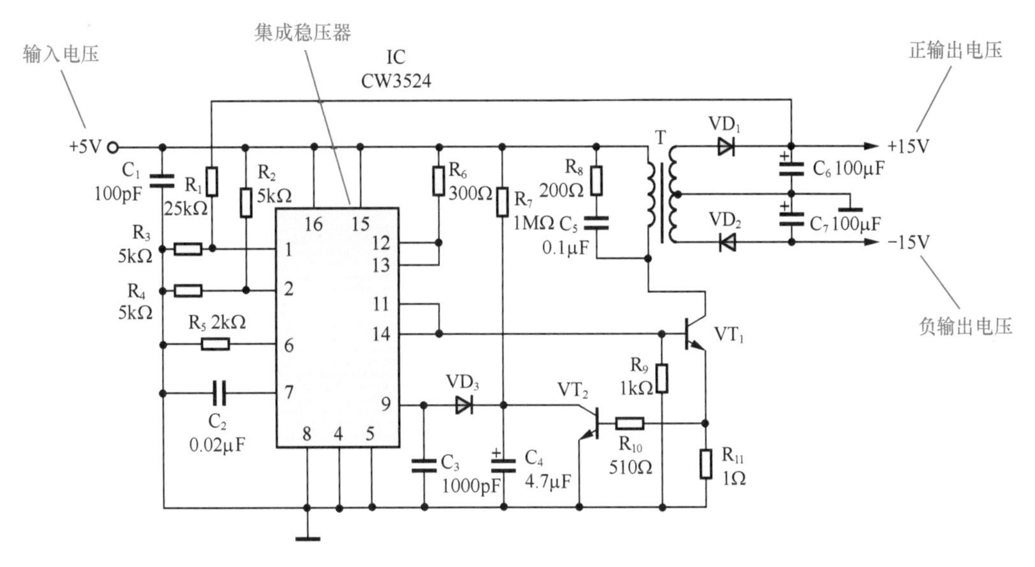

图 2-244　CW3524 开关稳压器的双端输出应用电路

2）频率调制型集成开关电源

频率调制型集成开关电源简称 PFM，它是通过调节输出脉冲电压的频率来稳定输出电压的。

TL497 开关稳压器是一种频率调制型开关电源集成电路，内部电路由基准电压源、电压比较器、振荡器、限流器、开关管和输出电路等组成，如图 2-245 所示。

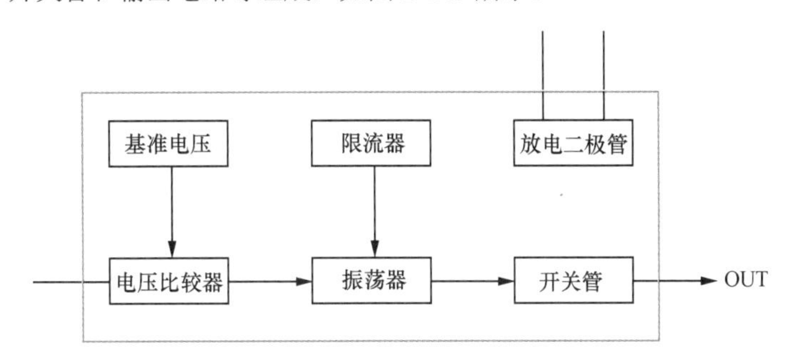

图 2-245　TL497 开关稳压器组成

TL497 开关稳压器输出脉冲导通时间固定，而通过调节输出脉冲的频率来实现稳压，具有限流保护和缓启动功能。TL497 开关电源集成电路的主要参数见表 2-24。TL497 输出脉冲导通时间可通过外接电容 C_T 进行调节，C_T 与导通时间的关系见表 2-25。

表 2-24　TL497 开关电源集成电路的主要参数

最大输入电压（V）	15
最大输出电压（V）	35
输出电流（A）	0.5
最大允许功耗（W）	1

表 2-25　外接电容与导通时间的关系

外接电容 C_T（pF）	100	150	200	250	350	400
导通时间（μs）	11	15	19	22	26	32
外接电容 C_T（pF）	500	750	1000	1500	2000	
导通时间（μs）	44	56	80	100	180	

TL497稳压器为14脚双列直插式封装，如图2-246所示。TL497稳压器可有多种应用方式。图2-247所示为TL497稳压器升压输出应用电路，输出电压高于输入电压。图2-248所示为TL497稳压器降压输出应用电路，输出电压低于输入电压。图2-249所示为TL497稳压器多输出电压应用电路，在6V电源电压下，可输出+12V和+30V两种电压。

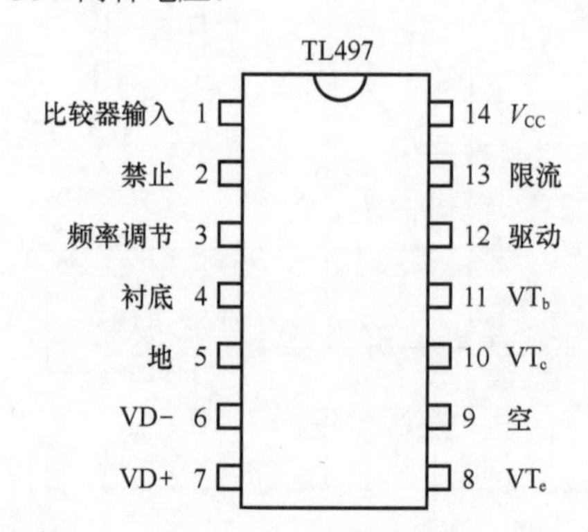

图2-246　TL497开关稳压器14脚双列直插式封装

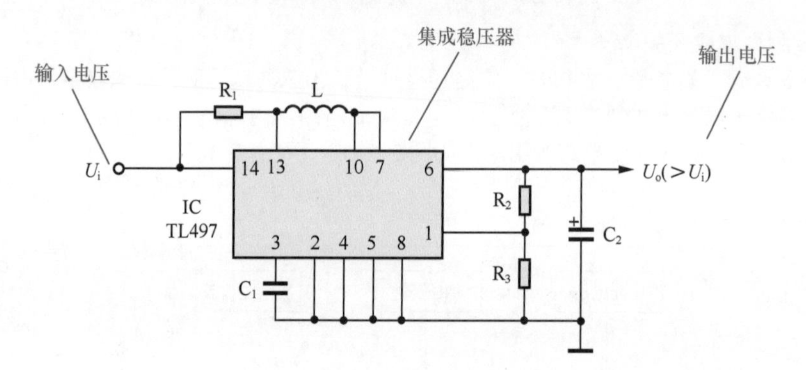

图2-247　TL497稳压器升压输出应用电路

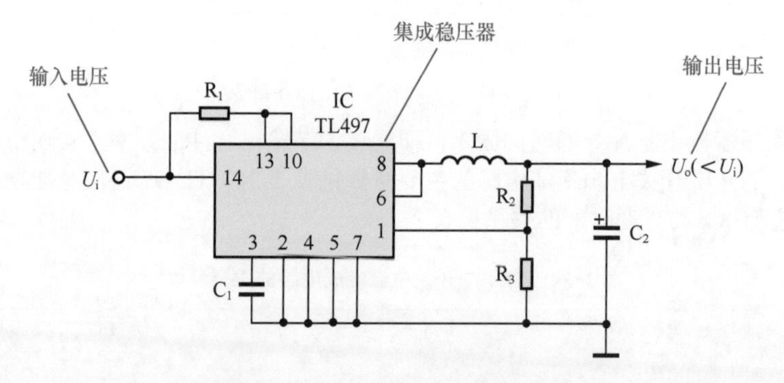

图2-248　TL497稳压器降压输出应用电路

3）脉宽频率调制型集成开关电源

CW78S40稳压器是一种脉宽和频率同时调制的通用型开关电源集成电路，内部电路由基准电压源、比较放大器、运算放大器、占空比和周期可控振荡器、输出电路和保护电路等组成，如图2-250所示。CW78S40稳压器通过同时调节输出脉冲的宽度和频率来实现稳压，输出电压的可调范围为1.3～40V，输出电流为1.5A。CW78S40开关电源集成电路的主要参数见表2-26。

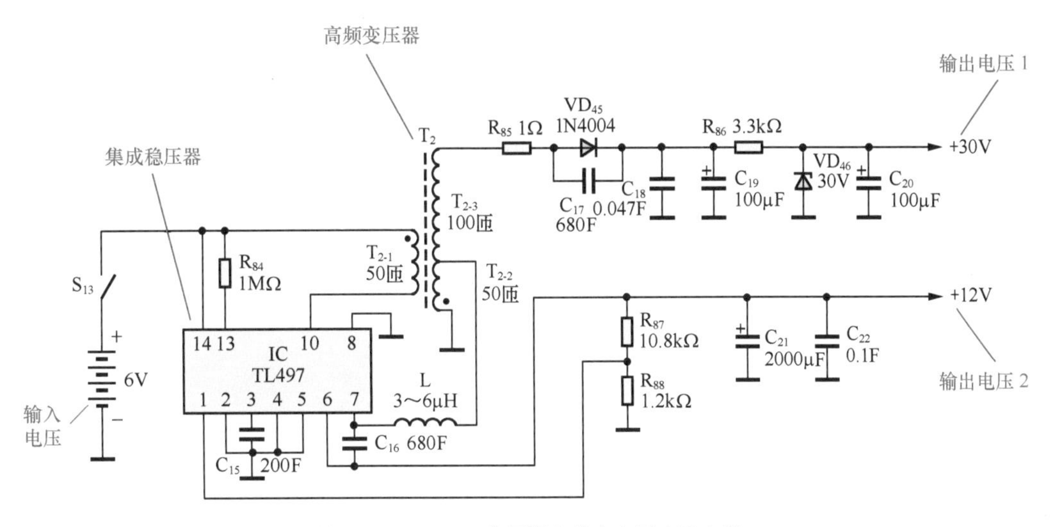

图 2-249　TL497 稳压器多输出电压应用电路

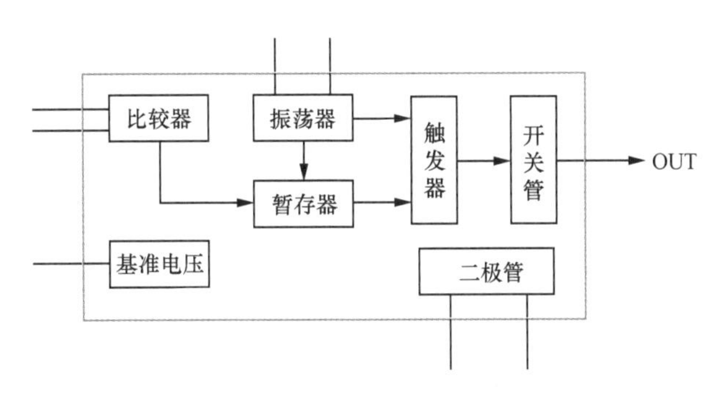

图 2-250　CW78S40 开关稳压器组成

表 2-26　CW78S40 开关电源集成电路的主要参数

输入电压范围（V）	2.5～40
输出电压可调范围（V）	1.3～40
输出电流（A）	1.5
允许功耗（W）	1.5

CW78S40 稳压器为 16 脚双列直插式封装，如图 2-251 所示。CW78S40 稳压器可有多种应用方式。图 2-252 所示为 CW78S40 稳压器升压输出应用电路，输出电压高于输入电压。图 2-253 所示为 CW78S40 稳压器降压输出应用电路，输出电压低于输入电压。图 2-254 所示为 CW78S40 稳压器反相输出应用电路，可输出负电压。

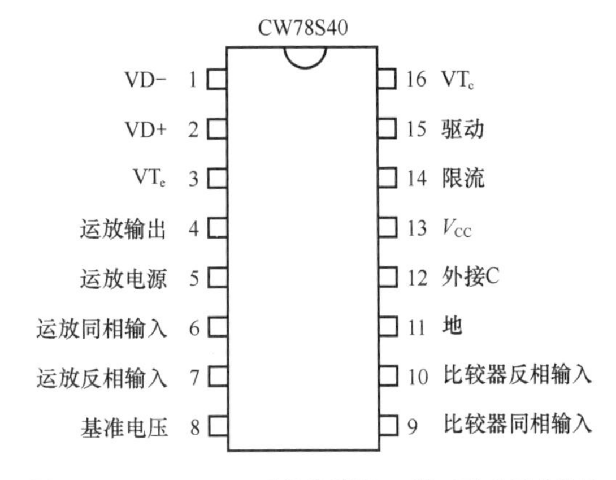

图 2-251　CW78S40 开关稳压器 16 脚双列直插式封装

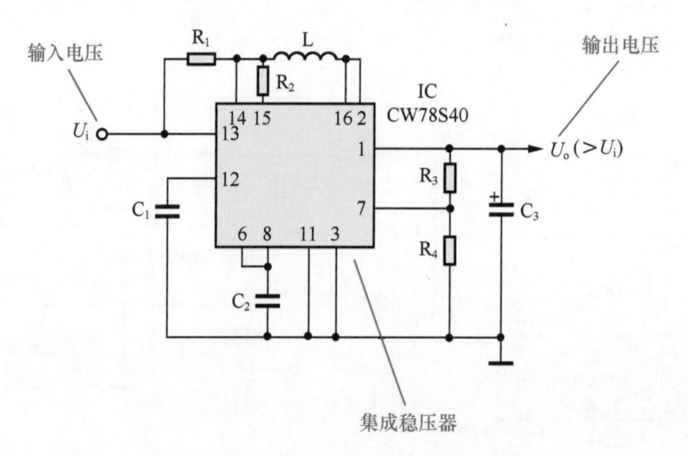

图 2-252　CW78S40 稳压器升压输出应用

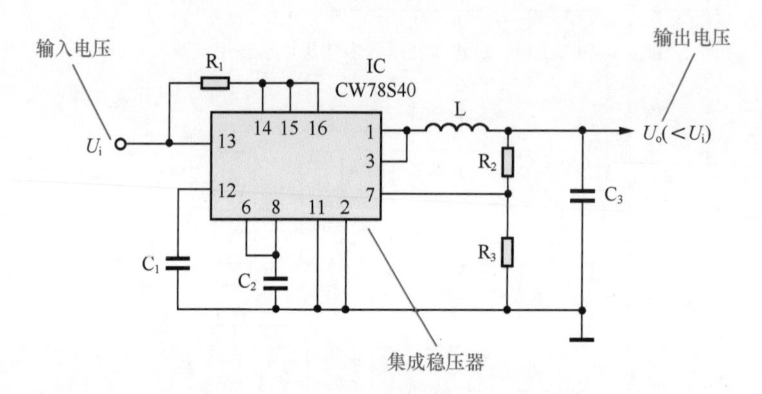

图 2-253　CW78S40 稳压器降压输出应用

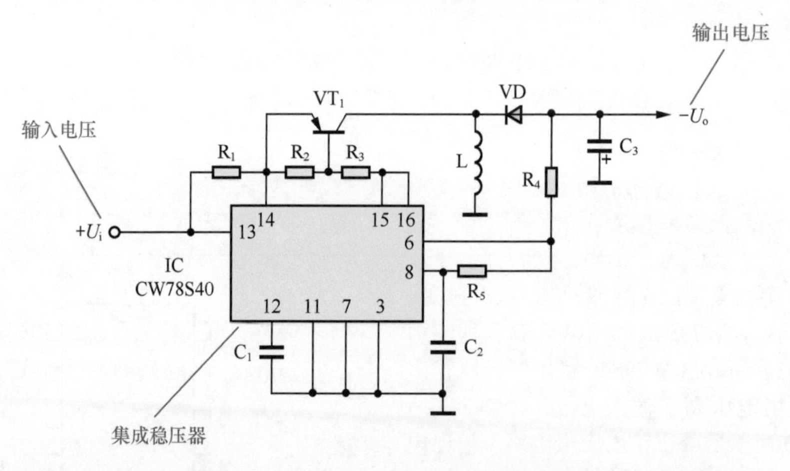

图 2-254　CW78S40 稳压器反相输出应用

（12）直流电压变换器

直流电压变换器的作用是将一种直流电压变换为另一种直流电压。直流电压变换器包括输出电压固定和输出电压可调两类。

1）固定输出直流变换器

CW1575 是一种固定频率、固定输出电压的降压型直流 - 直流（DC-DC）电压变换器，内部电路由基准电压源、振荡器、比较器、控制器、输出电路、过热和过流保护电路等组成，如图 2-255 所示。CW1575 输出电压为 5V，输出电流为 1A。CW1575 开关电源集成电路主要参数见表 2-27。

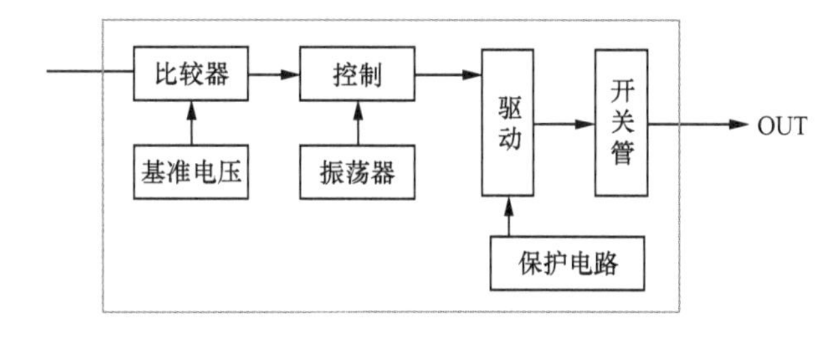

图 2-255　CW1575 电压变换器组成

表 2-27　CW1575 开关电源集成电路的主要参数

最大输入电压（V）	40
输出电压（V）	5
输出电流（A）	1
振荡频率（kHz）	52
最大占空比（%）	98

CW1575 电压变换器为 5 脚单列式封装，如图 2-256 所示。CW1575 电压变换器典型的应用电路如图 2-257 所示。

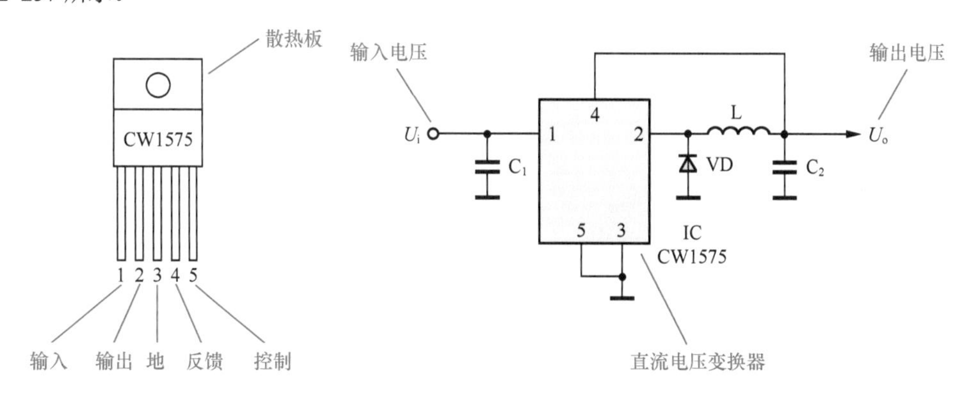

图 2-256　CW1575 电压变换器 5 脚单列式封装　　图 2-257　CW1575 电压变换器典型的应用电路

2）可调输出直流变换器

CW33163 电压变换器是一种可调输出电压的直流 - 直流（DC-DC）电压变换器，内部电路由基准电压源、振荡器、低压比较器、反馈比较器、限流比较器、逻辑控制器、输出电路和保护电路等组成，如图 2-258 所示。CW33163 电压变换器输出电压的范围为 2.5 ~ 40V，输出电流为 3A。CW33163 开关电源集成电路的主要参数见表 2-28。

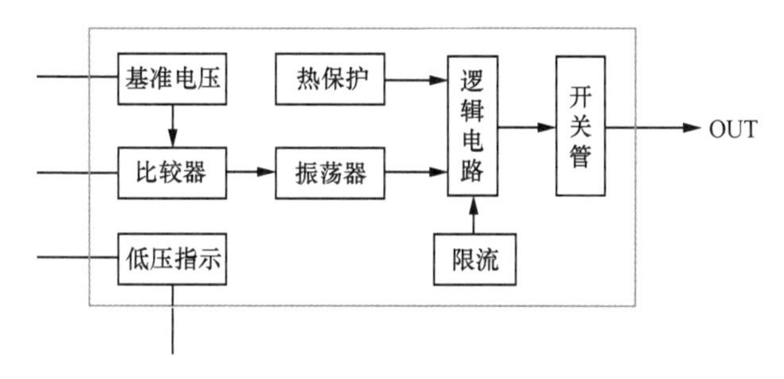

图 2-258　CW33163 电压变换器组成

表 2-28　CW33163 开关电源集成电路的主要参数

最大输入电压（V）	40
输出电压（V）	2.5～40
输出电流（A）	3
振荡频率（kHz）	50

CW33163 电压变换器为 16 脚双列直插式封装，如图 2-259 所示。CW33163 电压变换器可有多种应用方式。图 2-260 所示为CW33163 电压变换器升压变换应用电路，输出电压高于输入电压。图 2-261 所示为降压变换应用电路，输出电压低于输入电压。图 2-262 所示为反相变换应用电路，可输出负电压。

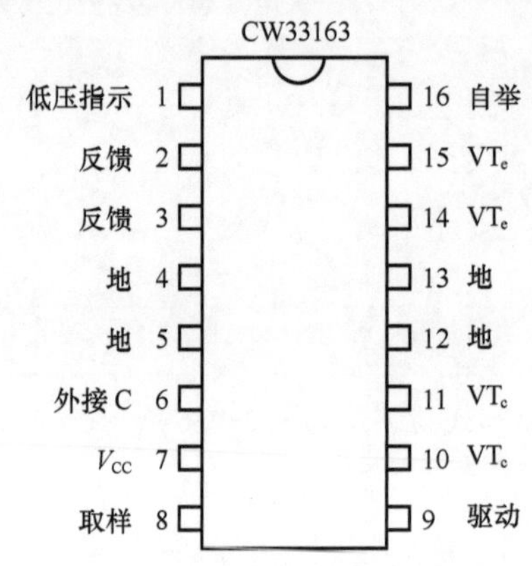

图 2-259　CW33163 电压变换器 16 脚双列直插式封装

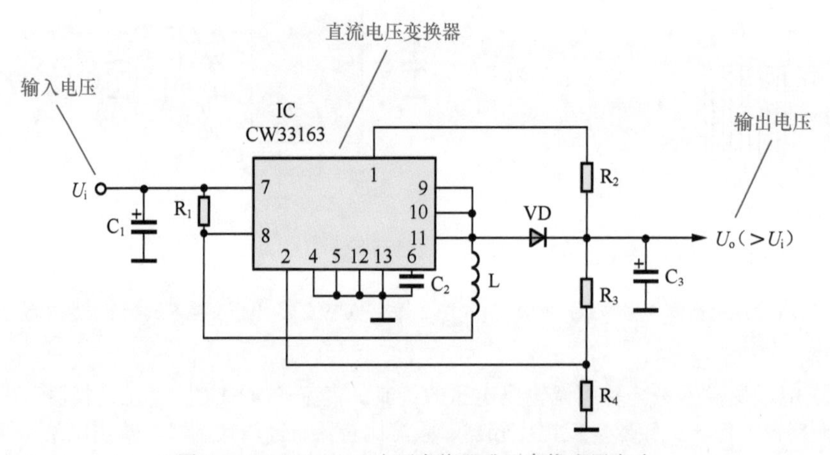

图 2-260　CW33163 电压变换器升压变换应用电路

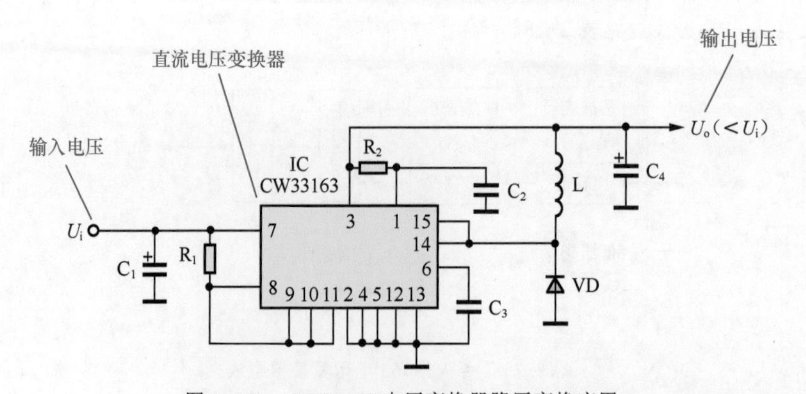

图 2-261　CW33163 电压变换器降压变换应用

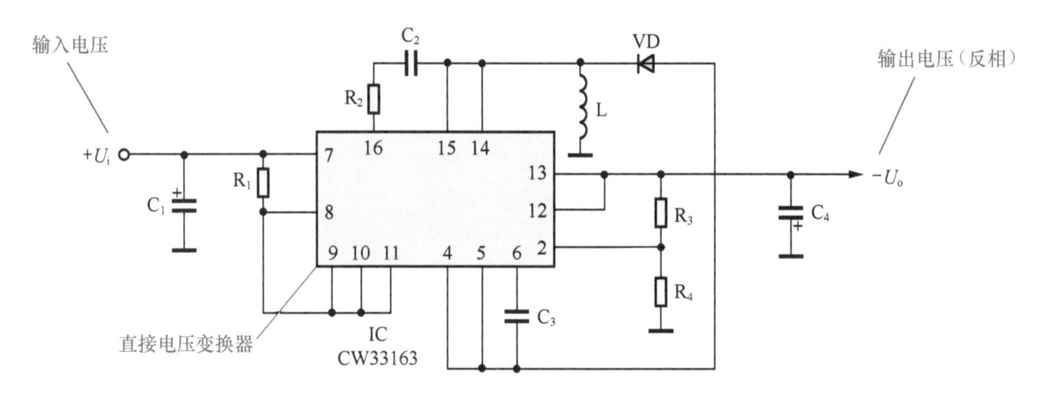

图 2-262　CW33163 电压变换器反相变换应用

2.3 常用低压电器

低压电器通常是指交流 1000V 以下或直流 1200V 以下电路中的电器，包括熔断器、低压开关、自动断路器、继电器、互感器、接插件等，它们是电工领域中最常用的低压电器。

2.3.1 熔断器

熔断器是一种常用的一次性保护器件，主要用来对用电设备和供电电路进行过载或短路保护。

（1）熔断器的识别

熔断器的种类较多，外形各异，图 2-263 所示为部分常见熔断器。熔断器按形式可分为开启式、半封闭式和封闭式三大类，按结构可分为普通熔丝、管状密封熔丝、插式熔断器、螺旋式熔断器等；按熔断特性可分为普通熔断器、快速熔断器、延迟熔断器、温度熔断器、熔断电阻和可恢复熔断器等。

熔断器的文字符号为“FU”，图形符号如图 2-264 所示。

图 2-263　熔断器

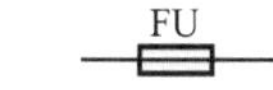

图 2-264　熔断器的图形符号

熔断器的型号命名一般由四部分组成，如图 2-265 所示。第一部分用字母“R”表示熔断器的主称，第二部分用字母表示熔断器的形式和种类，第三部分用 1~2 位数字表示序号，第四部分用 1~2 位数字表示熔断器的额定电流（单位为“A”）。

熔断器型号中代表形式和种类的字母的意义见表 2-29。例如，型号为 RT14-20，表示这个熔断器是有填料密封管式 20A 熔断器。

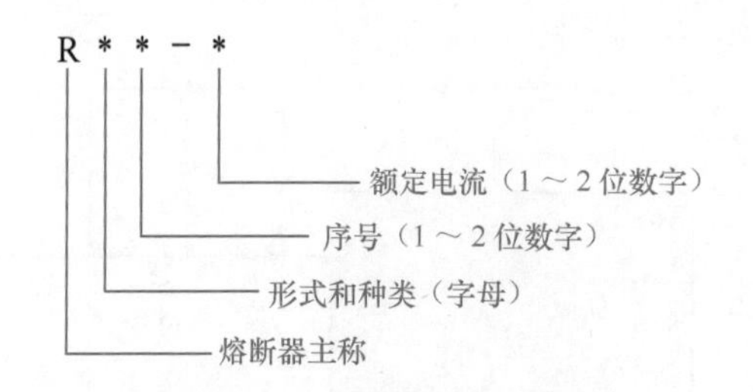

图 2-265　熔断器的型号组成

表 2-29　熔断器型号中代表形式和种类的字母的意义

字母代号	形式和种类	字母代号	形式和种类
M	无填料密封管式	C	瓷插式
T	有填料密封管式	H	汇流排式
L	螺旋式	X	限流式
S	快速式	Y	其他

（2）熔断器的主要参数

熔断器的主要参数是额定电压和额定电流。

① 额定电压。额定电压是指熔断器长期正常工作所能承受的最高电压，例如，250V、500V、1kV 等。

② 额定电流。额定电流是指熔断器长期正常工作所能承受的最大电流，例如，1A、10A、20A 等。额定电压和额定电流一般直接标注在熔断器上，如图 2-266 所示。

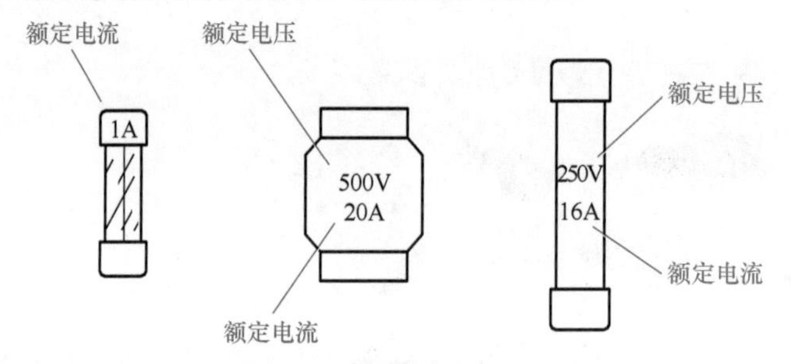

图 2-266　熔断器的标示

（3）熔断器的工作原理

熔断器的特点是当电流过大时能够迅速熔断，从而起到对用电设备或供电电路的短路和过载进行保护的作用。

熔断器应串联接在被保护的电路中，并应接在电源相线输入端，如图 2-267 所示。熔断器中的熔丝是由金属或合金材料制成，在电路或电器设备工作正常时，熔丝相当于一截导线，对电路无影响。

当电路或电器设备发生短路或过载时，流过熔丝的电流剧增，超过熔丝的额定电流，致使熔丝急剧发热而熔断，切断了电源，从而达到保护电路和电器设备、防止故障扩大的目的。

一般熔丝的保护作用是一次性的，一旦熔断即失去作用，应在故障排除后更换新的相同规格的熔丝。

（4）熔断器的检测

熔断器的好坏可用万用表的电阻挡进行检测。

① 检测熔丝管。检测时，将万用表置于“R×1”挡或“R×10”挡，两表笔（不分正、负）分别与被测熔丝管的两端金属帽相接，其阻值应为“0Ω”，如图 2-268 所示。如阻值为无穷大（表针不动），说明该熔丝管已熔断。如有较大阻值或表针指示不稳定，说明该熔丝管性能不良。

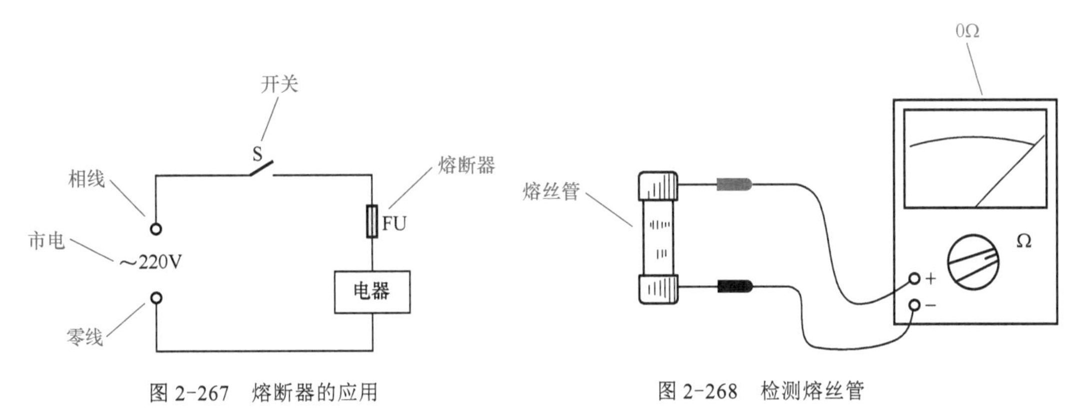

图 2-267　熔断器的应用　　图 2-268　检测熔丝管

② 检测熔断器结构。主要是检测熔断器的各个连接接点是否接触良好、两端接点间是否有短路现象，检查熔断器底座和上盖（安装架、瓷帽）等有无裂缝等缺陷、熔丝管装入熔断器后有无松动现象。

③ 检测熔断指示电路。熔断指示电路由降压电阻和氖泡串联组成，可使用万用表分别检测降压电阻和氖泡。测量降压电阻 R 的阻值应为 100kΩ ~ 200kΩ，如图 2-269 所示。测量氖泡的阻值应为无穷大（表针不动），如图 2-270 所示。

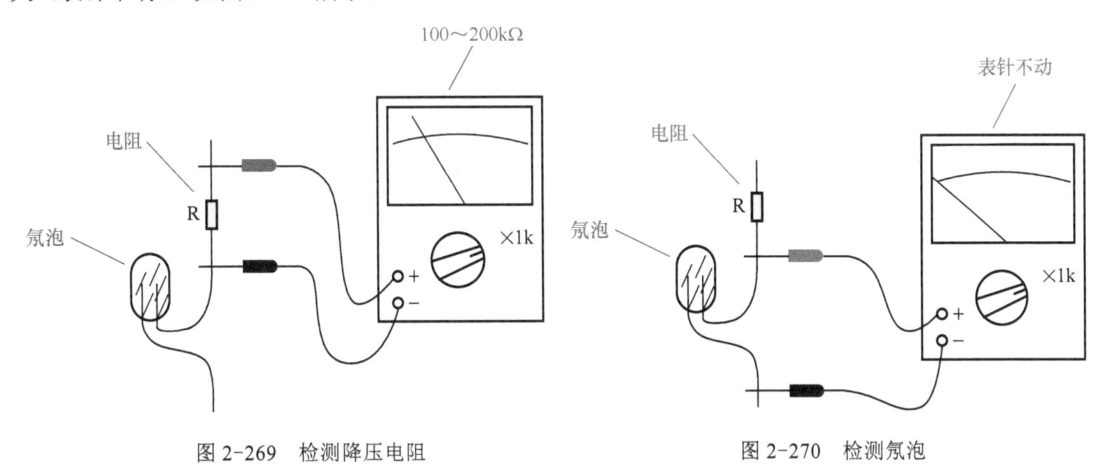

图 2-269　检测降压电阻　　图 2-270　检测氖泡

④ 检测熔断电阻。根据熔断电阻的阻值将万用表置于适当挡位，两表笔（不分正、负）分别与被测熔断电阻的两引脚相接，其阻值应基本符合该熔断电阻的标称阻值，如图 2-271 所示。如阻值为无穷大（表针不动），说明该熔断电阻已熔断。如阻值出入过大或表针指示不稳定，说明该熔断电阻性能不良。

（5）熔断器的种类

常用的熔断器主要有玻璃管熔断器、陶瓷管密封熔断器、瓷插式熔断器、螺旋式熔断器等，还有热熔断器、熔断电阻和可恢复熔断器等特殊熔断器，它们应用在不同的场合。

1）玻璃管熔断器

玻璃管熔断器由玻璃熔丝管和金属固定架组成。玻璃熔丝管的两端固定有金属帽，熔丝置于玻璃管中并与两端的金属帽相连，如图 2-272 所示。玻璃熔丝管的额定电流从 0.1A 到 10A 具有很多规格，尺寸也有 18mm、20mm、22mm 等不同长度。

金属固定架固定在电路板上并接入电路，同时也是玻璃熔丝管两端的电气连接点，如图 2-273 所示，使用与更换时，熔丝管可以很快地卡上或取下，透过玻璃管可以用肉眼直接观察到熔丝熔断与否，因此使用很方便。玻璃管熔断器主要应用在电子设备和小型电器中。

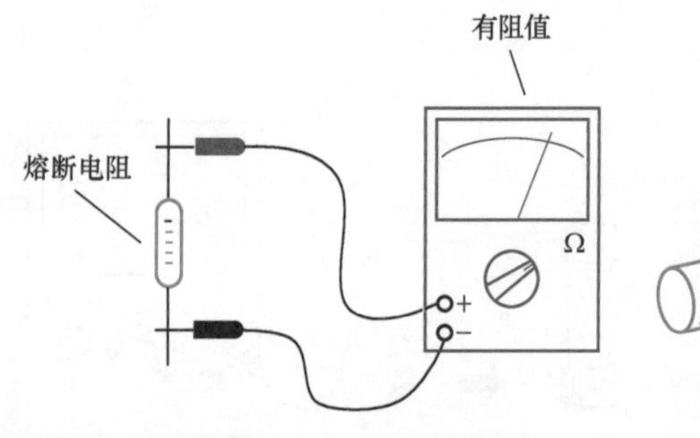

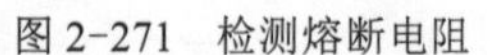

图 2-271　检测熔断电阻

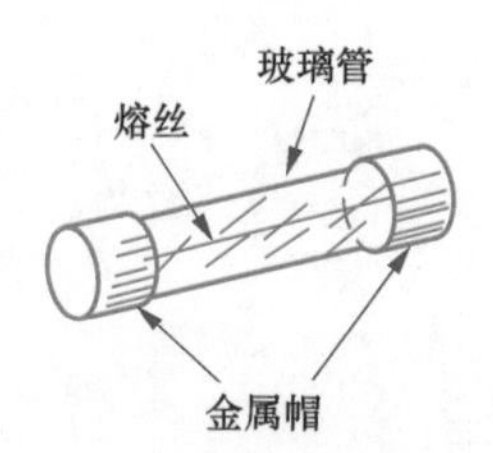

图 2-272　玻璃熔丝管

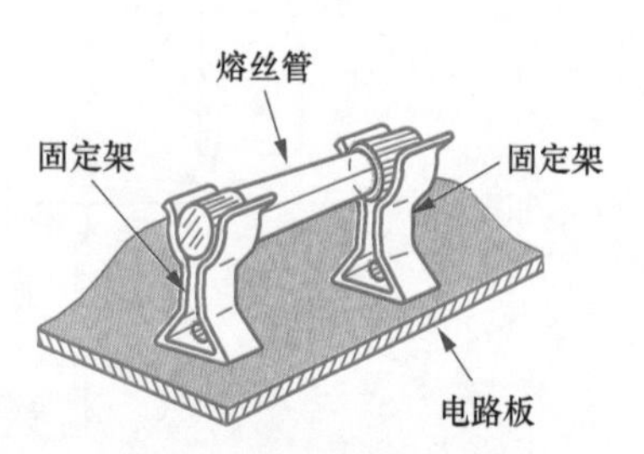

图 2-273　玻璃管熔断器

2）瓷插式熔断器

瓷插式熔断器如图 2-274 所示，由瓷底座、瓷上盖两部分组成。瓷底座中有两个静触点，分别接入电路中的电源线和负载线。瓷上盖有两个动触点，两个动触点之间用裸熔丝连接，当将瓷上盖插入瓷底座后，裸熔丝便接入了电路。可以根据需要选用不同电流规格的裸熔丝。瓷插式熔断器在老式的配电系统中应用较多。

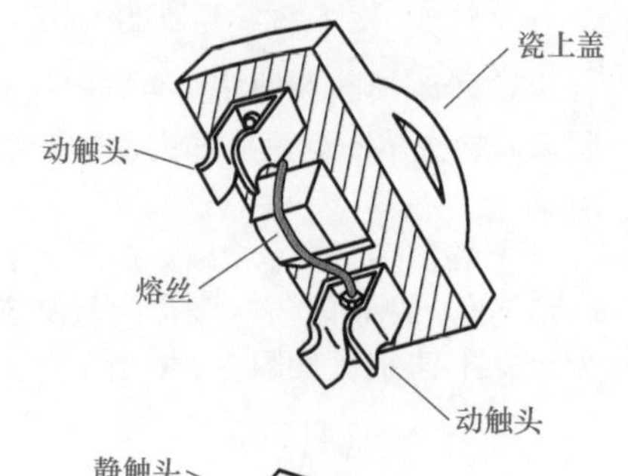

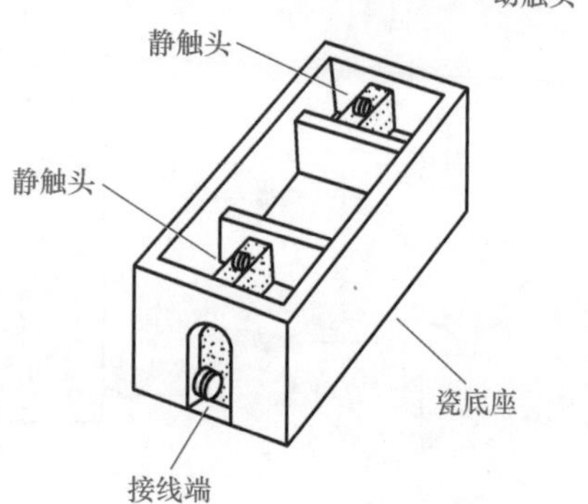

图 2-274　瓷插式熔断器

3）陶瓷管密封熔断器

陶瓷管密封熔断器包括固定底座、陶瓷密封熔丝管及其安装架等部分，如图 2-275 所示。在绝缘材料制成的固定底座中有两个金属弹性连接卡，分别通过导线与电路相连接。安装架也是由绝缘材料制成的，它的作用是方便陶瓷密封熔丝管的安装，使用时将陶瓷密封熔丝管卡在安装架上，再将安装架插入固定底座中。

安装架上一般还有熔丝熔断指示电路，如图 2-276 所示。由氖泡和降压电阻 R 组成的熔断指示电路并联接在熔丝 FU 两端，熔丝正常时氖泡无电压不发光。一旦熔丝熔断后，全部电压便加在氖泡和 R 两端，使氖泡发光，指示该熔丝已熔断。

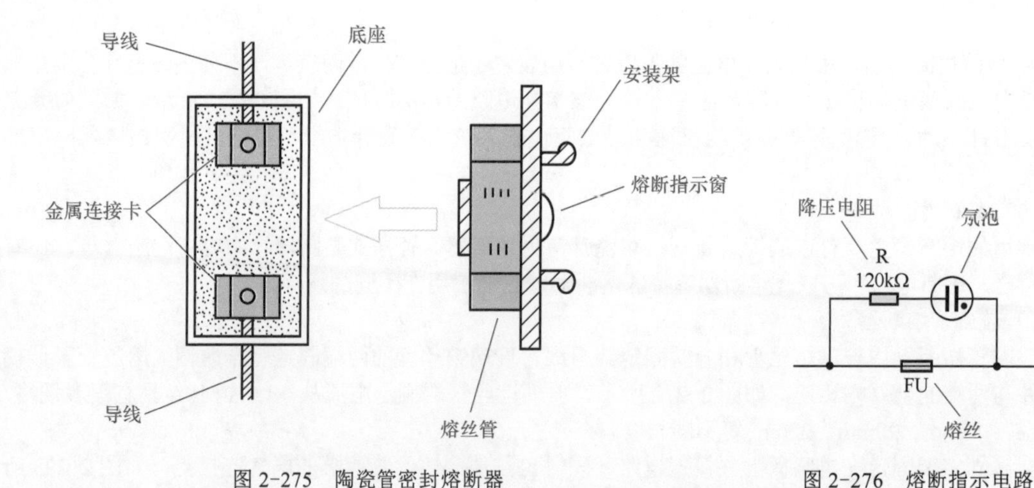

图 2-275　陶瓷管密封熔断器

图 2-276　熔断指示电路

使用中可以很方便地透过安装架上的熔断指示窗观察到氖泡是否发光，这使得在具有多个熔断器的配电板上可以很快找到熔断的熔丝并及时排除故障。如果熔断指示电路损坏，熔断器仍可继续使用，但失去熔断指示功能。

陶瓷密封熔丝管如图 2-277 所示，熔丝密封于陶瓷管中，由两端的金属帽引出。陶瓷密封熔丝管具有多种电压规格，额定电流从数安培到数十安培，具有许多规格，并有多种外部尺寸，可根据需要选用。陶瓷管密封熔断器正逐渐取代老式的瓷插式熔断器，广泛应用在家庭、机关、学校、商店等普通用电的配电系统中。

4）螺旋式熔断器

螺旋式熔断器由瓷底座、熔丝管、瓷帽等部分组成，如图 2-278 所示。瓷底座两侧分别有上、下接线端，用于连接电路。接线时，应将下接线端连接到电源进线，这样更换熔丝管时更安全。

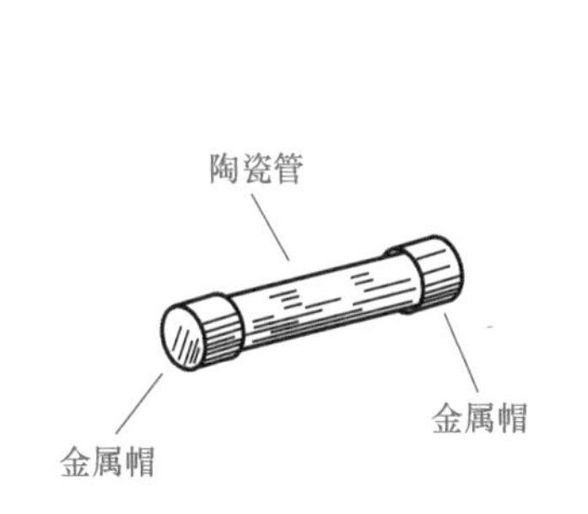

图 2-277　陶瓷密封熔丝管

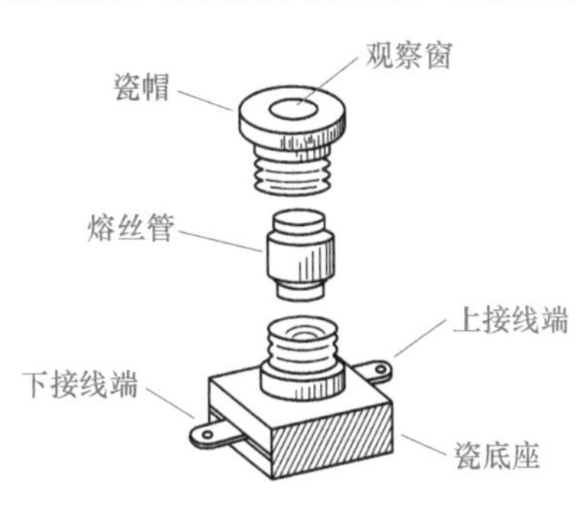

图 2-278　螺旋式熔断器

熔丝管是一个瓷管，两端各有一个金属端盖，熔丝管内的熔丝与两端盖相连，如图 2-279 所示。熔丝管上端盖中央有一熔断指示器，熔丝熔断后即会改变颜色作出指示。瓷帽顶部的中央是一个透明的观察窗，用以观察熔断指示器。

使用时，将熔丝管放入瓷帽中，再将瓷帽旋入瓷底座即可。安装时，应注意将熔丝管上的熔断指示器朝向瓷帽上的观察窗，以便随时查看。螺旋式熔断器主要应用在大中型电器设备中。

5）热熔断器

热熔断器受环境温度控制而动作，是一种一次性的过热保护器件，其典型结构如图 2-280 所示。热熔断器外壳内连接两端引线的感温导电体由具有固定熔点的低熔点合金制成，正常情况下（未熔断时）热熔断器的电阻值为零。

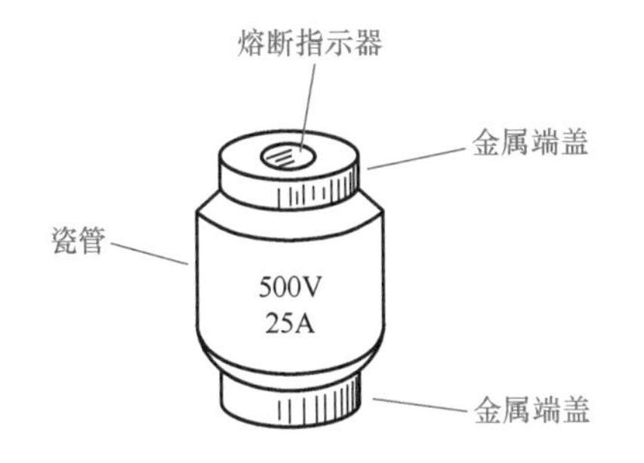

图 2-279　螺旋式熔断器的熔丝管

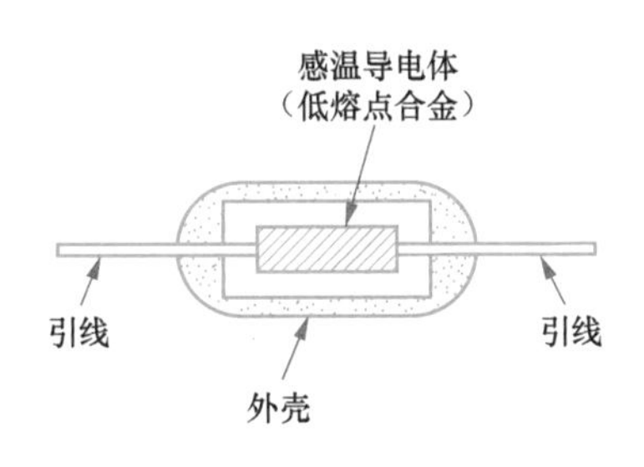

图 2-280　热熔断器

当热熔断器所处环境温度达到其额定动作温度时，感温导电体快速熔断切断电路。热熔断器具有多种不同的额定动作温度，广泛应用在各种家用电器、照明灯具、工业电器设备和电动工具，特别是电热类电器产品中。

6）可恢复保险丝

一般的保险丝熔断后即失去使用价值，必须更换新的。可恢复保险丝可以重复使用，它实际上是一种限流型保护器件，外形如图 2-281 所示。可恢复保险丝由正温度系数的 PTC 高分子材料制成，使用时串联在被保护电路中，如图 2-282 所示。

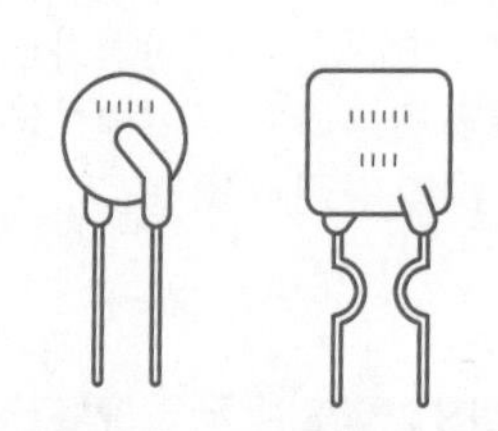

图 2-281　可恢复保险丝的外形

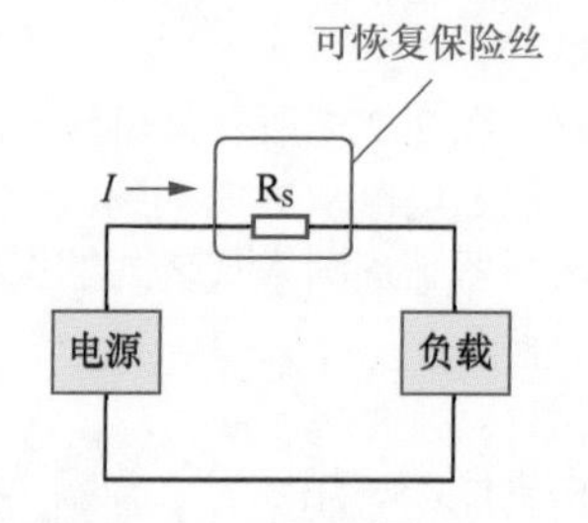

图 2-282　可恢复保险丝的应用

可恢复保险丝在常温下阻值极小，对电路无影响。当负载电路出现过流或短路故障时，由于通过可恢复保险丝 R_S 的电流剧增，导致其迅速进入高阻状态，切断电路中的电流，保护负载不致损坏。直至故障消失，可恢复保险丝 R_S 冷却后又自动恢复为微阻导通状态，电路恢复正常工作。图 2-283 所示为可恢复保险丝的阻值 - 温度曲线。

7）熔断电阻

熔断电阻又称为保险电阻，是一种兼有电阻和保险丝双重功能的特殊元件。熔断电阻的文字符号为“RF”，图形符号如图 2-284 所示。熔断电阻分为一次性熔断电阻和可恢复熔断电阻两大类。

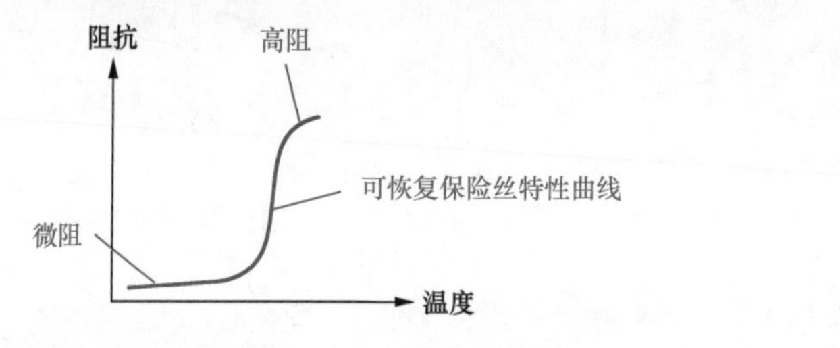

图 2-283　可恢复保险丝的阻值 - 温度曲线　　　图 2-284　熔断电阻的图形符号

熔断电阻的阻值一般较小，其主要功能还是保险。使用熔断电阻可以只用一个元件就能同时起到限流和保险作用。图 2-285 所示为大功率驱动管应用熔断电阻的例子，正常时，熔断电阻 RF 起着限流电阻的作用，一旦负载电路过载或短路，RF 即熔断，起到保护作用。

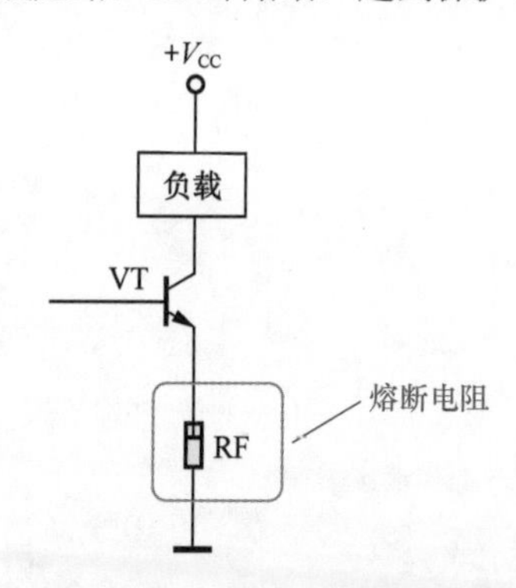

图 2-285　熔断电阻的应用

2.3.2　低压开关

低压开关是一种应用广泛的控制器件，在配电电路和照明、家电、生产设备等电器电路中起着接通、切断、转换等控制作用。

（1）低压开关的识别

低压开关的种类繁多，大小各异，图 2-286 所示为部分常见低压开关的外形。低压开关按结构可分为闸刀开关、封闭式负荷开关、拨动开关、钮子开关、跷板开关、船形开关、推拉开关和组合开关等；按控制极位可分为单极单位、单极多位、多极单位和多极多位等；按接点形式可分为动合开关、动断开关和转换开关等。

图 2-286　低压开关的外形

开关的一般文字符号为“S”，图形符号如图 2-287 所示。

图 2-287　开关的图形符号

低压开关的型号命名一般由五部分组成，如图 2-288 所示。第一部分用字母“H”表示低压开关的主称，第二部分用字母表示低压开关的类型，第三部分用 1 ~ 2 位数字表示设计序号，第四部分用数字表示低压开关的额定电流（单位为“A”），第五部分用数字表示低压开关的极数。

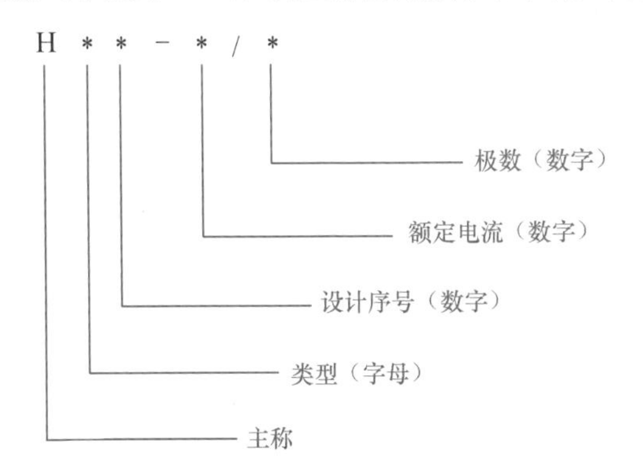

图 2-288　低压开关的型号

低压开关型号的意义见表 2-30。例如，型号为 HK2-60/2，表示这是额定电流 60A 的两极闸刀开关；型号为 HZ10-10/3，表示这是额定电流 10A 的三极组合开关。

表 2-30 低压开关型号的意义

第一部分	第二部分	第三部分	第四部分	第五部分
H	D：刀开关	序号	额定电流（A）	2：两极
	H：封闭式负荷开关			
	K：开启式负荷开关			
	R：熔断器式刀开关			3：三极
	S：刀形转换开关			
	Z：组合开关			
	Y：其他			

（2）低压开关的主要参数

低压开关的主要参数是额定电压和额定电流。

① 额定电压。额定电压是指低压开关长期安全运行所允许的最高工作电压，例如 220V、380V 等。对于交流电源开关，额定电压通常指交流电压。

② 额定电流。额定电流是指低压开关在长期正常工作的前提下所能接通或切断的最大负载电流，例如 10A、20A、50A 等。选用低压开关时应注意，所控制电路的工作电压和最大电流均不能超过其额定电压和额定电流。

（3）低压开关的检测

低压开关可用万用表的电阻挡进行检测。

① 检测通断。将万用表置于“R×1k”挡，测量开关的两个接点之间的通断，如图 2-289 所示。开关关断时，阻值应为无穷大；开关打开时，阻值应为“0”，否则说明该开关已损坏。对于多极或多位开关，应分别检测各对接点之间的通断情况。

② 检测绝缘性能。对于多极开关，使用万用表“R×1k”或“R×10k”挡，测量不同极的任意两个接点间的绝缘电阻，均应为无穷大，如图 2-290 所示。如果是金属外壳的开关，还应测量每个接点与外壳之间的绝缘电阻，也均应为无穷大，否则说明该开关绝缘性能太差，不能使用。

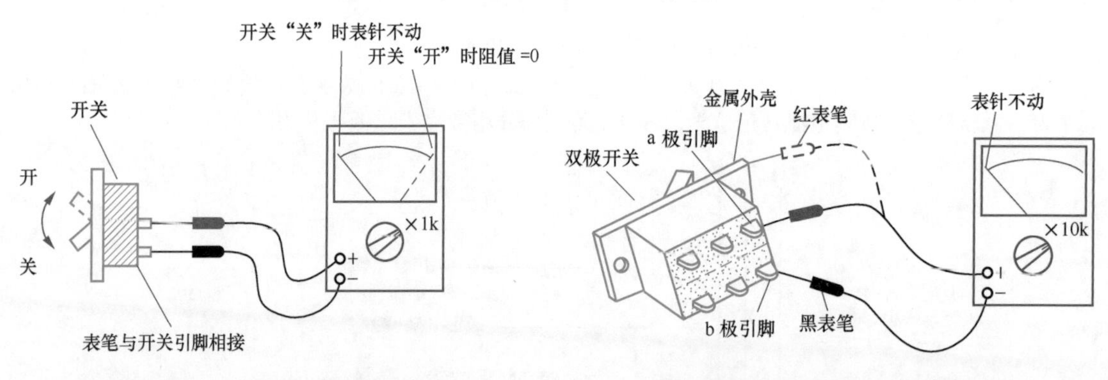

图 2-289 检测低压开关的通断

图 2-290 检测低压开关的绝缘性能

（4）开关的种类

1）闸刀开关

闸刀开关是一种结构简单的开启式低压开关，由瓷底座、胶木盖、静触点、动触点、熔丝和接线座等构成，如图 2-291 所示（图中胶木盖已移开）。安装时，必须如图所示竖直安装，上接线座为进线端接电源进线，下接线座为出线端接负载电路，以保证用电安全。

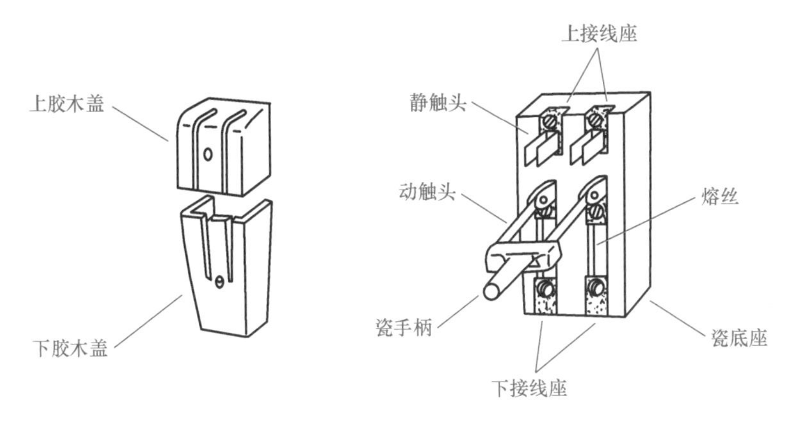

图 2-291 闸刀开关组成

当将瓷手柄推向上方时，动触点与静触点连通接通电源；当将瓷手柄拉向下方时，动触点与静触点分离切断电源，如图 2-292 所示。闸刀开关分为单相（双极单位）、三相（三极单位）等，主要应用在 220V 或 380V、负荷不太大的配电电路中，作为不频繁开、关的总闸使用。

2）封闭式负荷开关

封闭式负荷开关是对简单的闸刀开关的改进产品，它将闸刀开关封闭在一铁制外壳中，因此也称为铁壳开关。封闭式负荷开关的结构如图 2-293 所示，其特点是开关内闸刀的动作由铁壳外面的手柄进行操作，在手柄转轴与底座之间装有速断弹簧，大大加快了开关的切断速度，提高了开关的灭弧性能。

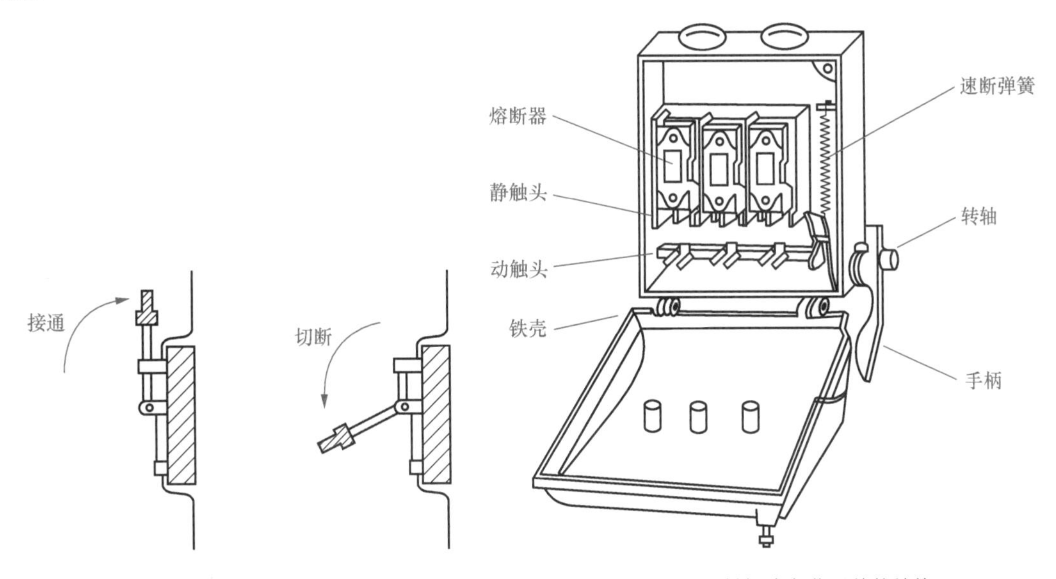

图 2-292 闸刀开关的应用

图 2-293 封闭式负荷开关的结构

封闭式负荷开关还设有机械联锁机构，使得开关铁壳盖子打开时手柄不能合闸，在合闸状态时铁壳盖子不能打开，确保了操作使用的安全。封闭式负荷开关主要应用在电动机、机床等电器设备控制，以及较大容量的配电系统中。

3）拨动开关

拨动开关是指通过拨动操作的开关，包括钮子开关、直拨开关和直推开关等。图 2-294 所示为一种在低压配电和控制电路中普遍应用的拨动开关，在封闭的开关体面板上有一拨柄，当拨柄拨向上方时开关接通，当拨柄拨向下方时开关关断。

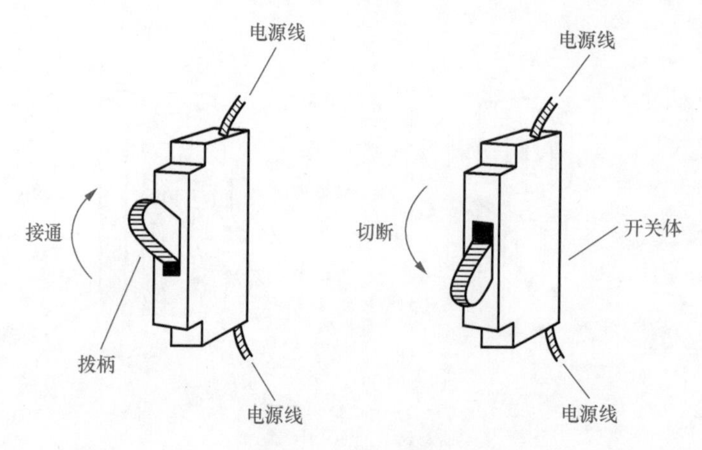

图 2-294 拨动开关

拨动开关有单联、三联等结构形式。单联拨动开关是一个单极单位开关，用于控制单相电源电路。三联拨动开关是一个三极单位开关，实质上是拨柄连在一起而同步动作的三个单联拨动开关，用于控制三相电源。这种拨动开关可根据需要多个并排安装在配电板上，如图 2-295 所示。

图 2-296 所示为电热毯或电热台板的调温控制开关，它也是一种拨动开关，开关上的拨柄可来回拨动，在“O”位时关断电源，拨至“Ⅰ”位时为低温，拨至“Ⅱ”位时为高温。

图 2-297 所示为钮子开关结构示意图，图中位置为 b 端与 a 端接通。当将钮子状拨柄拨向右边时，b 端与 a 端断开而与 c 端接通。钮子开关常用作电源开关，例如图 2-298 所示台灯电路中的电源开关 S。

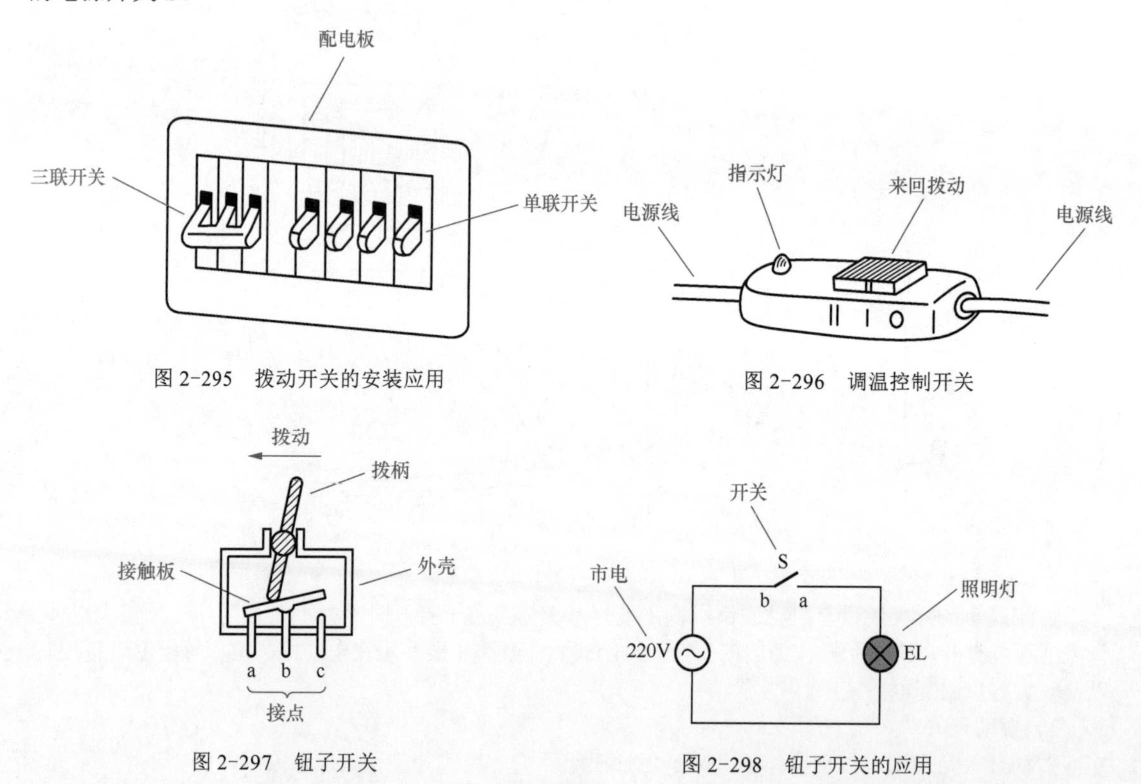

图 2-295 拨动开关的安装应用

图 2-296 调温控制开关

图 2-297 钮子开关

图 2-298 钮子开关的应用

图 2-299 所示为直拨开关结构示意图，图中位置为 b 端与 a 端接通。当将拨柄推向右边时，b 端与 a 端断开而与 c 端接通。直拨开关往往是多极多位开关，常用作波段开关或转换开关等。图 2-300 所示为对讲机电路，S 为收发转换开关。

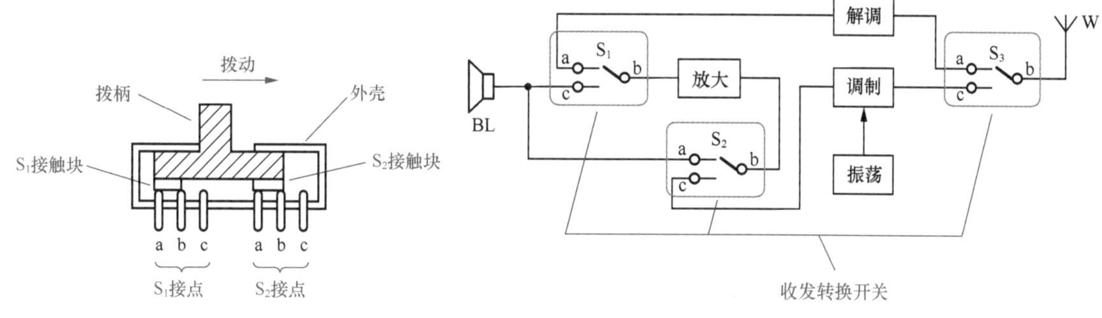

图 2-299　直拨开关结构示意图　　图 2-300　直拨开关的应用

4）跷板开关

跷板开关如图 2-301 所示，在开关面板上有一个跷跷板式的按键，当按键上端按下（下端跷起）时开关接通，当按键下端按下（上端跷起）时开关关断。安装时，跷板开关可嵌入墙内，仅面板在墙面上，有利于美观，因此广泛用作室内照明灯具的电源开关。

跷板开关有单极单位和单极双位两种电气结构。单极双位开关也称为转换开关，如图 2-302 所示，具有两个开关状态：或者 o-a 通 o-b 断，或者 o-a 断 o-b 通，利用它可以方便地实现两个开关控制同一盏灯。

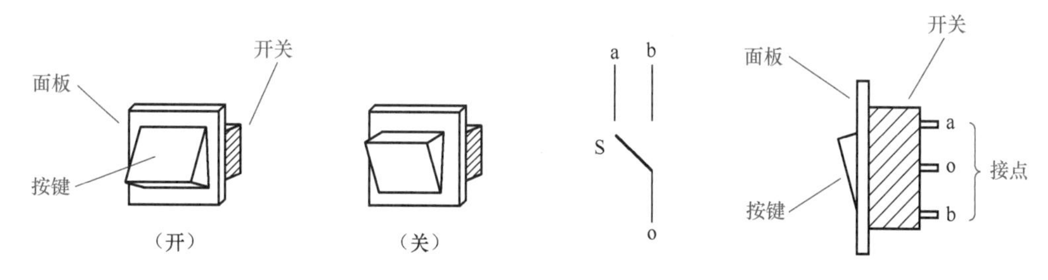

图 2-301　跷板开关　　图 2-302　单极双位开关

为了使用方便，在一块面板上可以安装多个跷板开关，构成双联、三联、四联开关等，如图 2-303 所示。

图 2-303　多联开关

船形开关也是一种跷板开关，外形如图 2-304 所示，具有单极单位、单极双位、双极单位、双极双位等电气形式。船形开关主要应用在台灯、小型电器、电源接线板上作为电源开关。

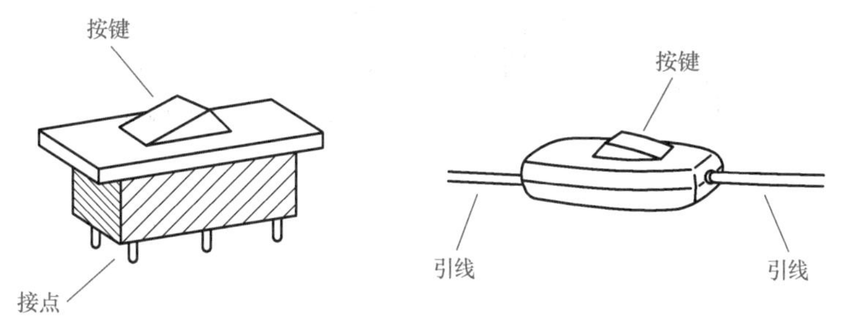

图 2-304　船形开关

5）组合开关

组合开关结构如图 2-305 所示，由旋柄、转轴、开关体和接线端等组成。开关体可以是一层（构成单极单位开关），也可以是两层（构成双极单位开关）或者三层（构成三极单位开关），可以根据需要进行组合。

图 2-306 所示为三层组合开关的工作原理，每层开关体中均有一个可旋转的接触片，它们固定在同一个转轴上。每转动一次旋柄，转轴将带动所有接触片同步旋转 90°，使每层的两接线端之间接通或断开。转换开关主要应用在电动机和机床控制、动力用电配电系统等场合。

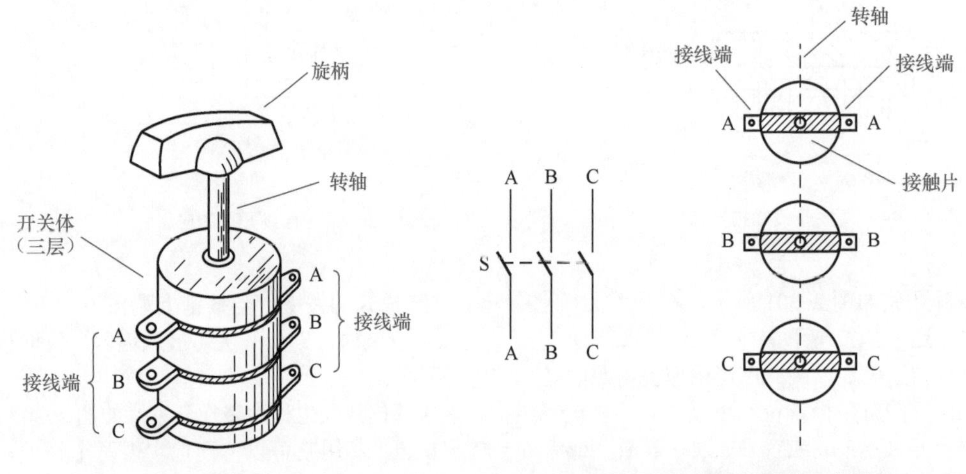

图 2-305　组合开关　　　图 2-306　三层组合开关的工作原理

2.3.3　自动断路器

自动断路器也称为自动空气开关，是一种具有自动保护功能的开关器件。在正常情况下，自动断路器可以作为开关使用。在电路出现短路或过载时，它能够自动切断电路，有效地保护其后续电路和电器设备。

（1）自动断路器的识别

自动断路器的种类较多，按结构可分为塑壳式断路器和框架式断路器，双极断路器和三极断路器等；按保护形式可分为电磁脱扣式断路器、热脱扣式断路器、欠压脱扣式断路器、漏电脱扣式断路器以及复合脱扣式断路器等；按操作方式可分为按键式断路器和拨动式断路器等。室内配电箱上普遍使用的触电保护器也是一种自动断路器。图 2-307 所示为部分应用较广的自动断路器。

图 2-307　应用较广的自动断路器

自动断路器的文字符号为“Q”，图形符号如图 2-308 所示。

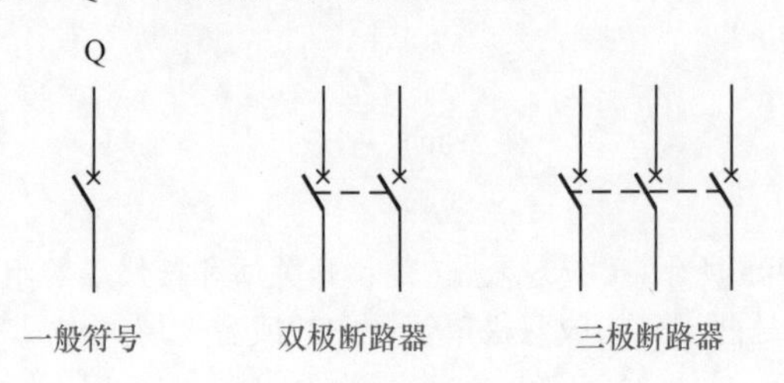

图 2-308　自动断路器的图形符号

自动断路器的型号命名一般由七部分组成，如图 2-309 所示。第一部分用字母“D”表示自动断路器的主称，第二部分用字母表示自动断路器的形式，第三部分用 1~2 位数字表示序号，第四部分用数字表示额定电流（单位为“A”），第五部分用数字表示极数，第六部分用数字表示脱扣器形式，第七部分用数字表示有无辅助触头。

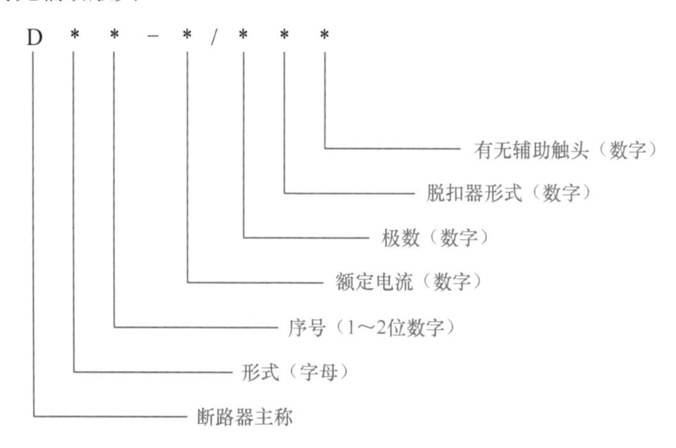

图 2-309 自动断路器的型号命名组成

自动断路器型号的意义见表 2-31。例如，型号为 DZ5-20/330，表示这是塑壳式、额定电流 20A、三极复式脱扣器式、无辅助触头的自动断路器。

表 2-31 自动断路器型号的意义

第一部分	第二部分	第三部分	第四部分	第五部分	第六部分	第七部分
D	Z：塑壳式	序号	额定电流（A）	2：两极	0：无脱扣器	0：无辅助触头
	W：框架式					
	L：照明式				1：热脱扣器式	
	M：灭磁式			3：三极	2：电磁脱扣器式	1：有辅助触头
	S：快速式					
	X：限流式				3：复式脱扣器式	
	Y：其他					

（2）自动断路器的主要参数

自动断路器的主要参数是额定电压、主触头额定电流、热脱扣器额定电流和电磁脱扣器瞬时动作电流等。

① 额定电压。额定电压是指自动断路器长期安全运行所允许的最高工作电压，例如 220V、380V 等。

② 主触头额定电流。主触头额定电流是指自动断路器在长期正常工作条件下允许通过主触头的最大工作电流，例如 20A、100A 等。

③ 热脱扣器额定电流。热脱扣器额定电流是指热脱扣器不动作所允许的最大负载电流。如果电路负载电流超过此值，热脱扣器将动作。

④ 电磁脱扣器瞬时动作电流。电磁脱扣器瞬时动作电流是指导致电磁脱扣器动作的电流值，一旦负载电流瞬间达到此值，电磁脱扣器将迅速动作切断电路。

（3）自动断路器的工作原理与应用

自动断路器操作使用方便、工作稳定可靠、具有多种保护功能，并且保护动作后不需要像熔断器那样更换熔丝即可复位工作。

自动断路器的工作原理可通过其结构来说明。图 2-310 所示为典型的三极断路器结构示意图，该断路器由主触头、接通按钮、切断按钮、电磁脱扣器、热脱扣器等部分组成，具有多重保护功能。三副主触头串联接在被控电路中，当按下接通按钮时，主触头的动触头与静触头闭合并被机械锁扣锁住，断路器保持在接通状态，负载工作。

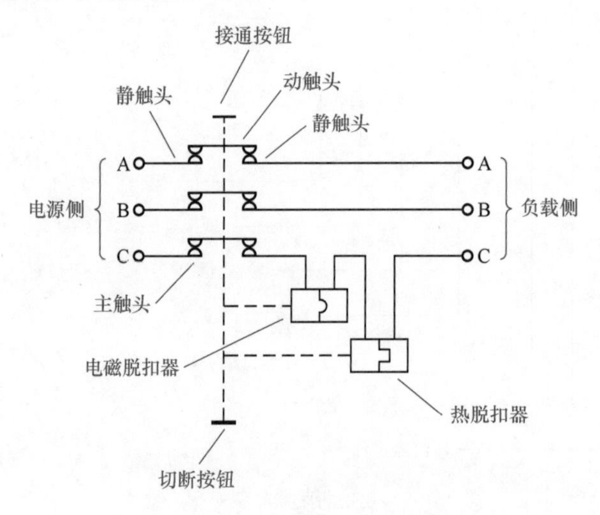

图 2-310　三极断路器结构示意图

当负载发生短路时，极大的短路电流使电磁脱扣器瞬时动作，驱动机械锁扣脱扣，主触头弹起切断电路。当负载发生过载时，过载电流使热脱扣器过热动作，驱动机械锁扣脱扣切断电路。当按下切断按钮时，也会使机械锁扣脱扣，从而手动切断电路。图 2-311 所示为该型三极断路器的电路符号。

自动断路器主要应用在低压配电电路、电动机控制电路和机床等电器设备的供电电路中，起短路保护、过载保护、欠压保护等作用，也可作为不频繁操作的手动开关。

（4）自动断路器的检测

自动断路器可用万用表的电阻挡进行简单检测。

1）检测主触头

将万用表置于“R×100”或“R×1k”挡，两表笔不分正、负极性，分别接自动断路器进出线相对应的两个接线端（例如，图 2-48 中的 A-A、B-B、C-C），测量主触头的通断是否良好。当接通按钮被按下时，A-A、B-B、C-C 之间阻值应为“0”，如图 2-312 所示。

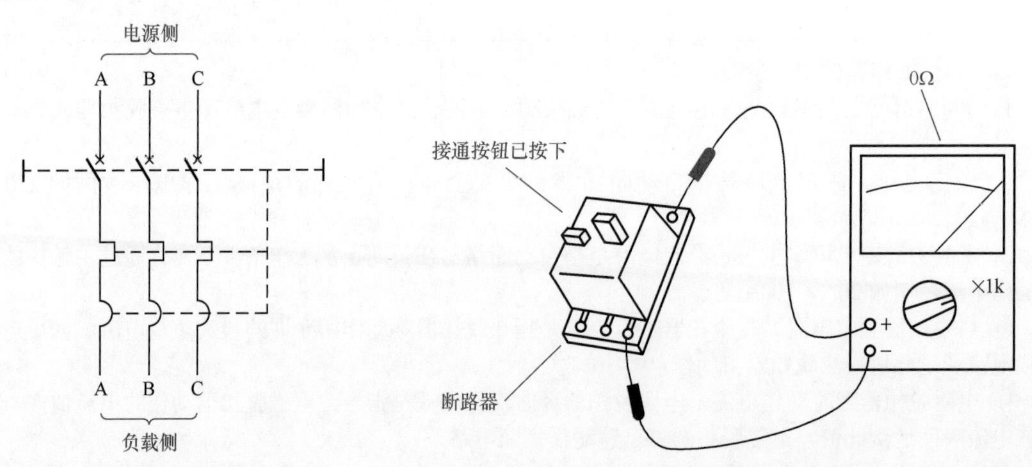

图 2-311　三极断路器的电路符号

图 2-312　检测自动断路器（接通时）

当切断按钮被按下时，A-A、B-B、C-C 之间阻值应为无穷大，如图 2-313 所示。否则说明该自动断路器已损坏。有些自动断路器除主触头外还有辅助触头，可用同样的方法对辅助触头进行检测。

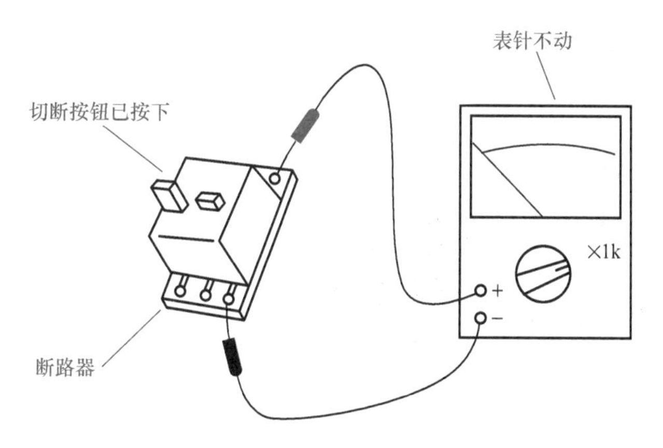

图 2-313　检测自动断路器（切断时）

2）检测绝缘性能

对于多极自动断路器，使用万用表“R×1k”或“R×10k”挡，测量不同极的任意两个接线端间的绝缘电阻（接通状态和切断状态分别测量），均应为无穷大，如图 2-314 所示。如果被测自动断路器是金属外壳或外壳上有金属部分，还应测量每个接线端与外壳之间的绝缘电阻，也均应为无穷大。否则说明该自动断路器绝缘性能太差，不能使用。

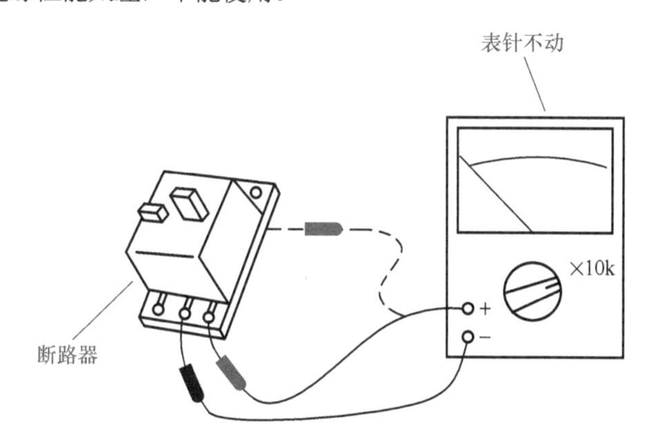

图 2-314　检测断路器的绝缘性能

2.3.4　继电器

继电器是一种常用的控制器件，它可以用较小的电流来控制较大的电流，用低电压来控制高电压，用直流电来控制交流电等，并且可实现控制电路与被控电路之间的完全隔离，在电路控制、保护电路、自动控制和远距离控制等方面得到了广泛的应用。

（1）继电器的识别

继电器的种类很多，图 2-315 所示为部分常用的继电器。按照结构与特征不同，可分为电磁式继电器、干簧式继电器、湿簧式继电器、压电式继电器、固态继电器、磁保持继电器、步进继电器、时间继电器和温度继电器等。按照工作电压类型的不同，可分为直流型继电器、交流型继电器和脉冲型继电器。

按照继电器接点的形式与数量，可分为单组接点继电器和多组接点继电器两类。其中，单组接点继电器又分为常开接点（动合接点，简称 H 接点）、常闭接点（动断接点，简称 D 接点）、转换接点（简称 Z 接点）三种。多组接点继电器既可以包括多组相同形式的接点，又可以包括多种不同形式的接点。

继电器的文字符号为“K”，图形符号如图 2-316 所示。在电路图中，继电器的接点可以画在该继电器线圈的旁边，也可以为了便于图面布局将接点画在远离该继电器线圈的地方，而用编号表示它们是一个继电器。

图 2-315　常用的继电器

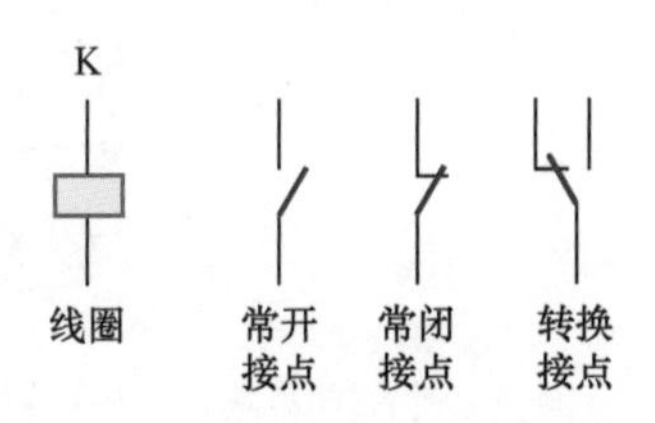

图 2-316　继电器的图形符号

继电器的型号命名一般由五部分组成，如图 2-317 所示。第一部分用字母“J”表示继电器的主称，第二部分用字母表示继电器的功率或形式，第三部分用字母表示继电器的外形特征，第四部分用 1～2 位数字表示序号，第五部分用字母表示继电器的封装形式。

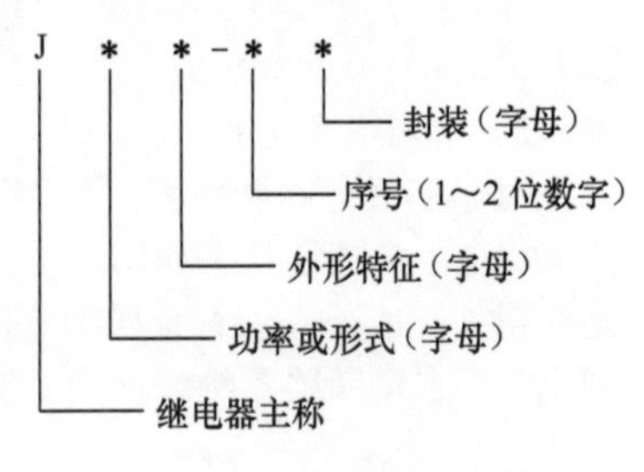

图 2-317　继电器的型号

继电器型号中字母的意义见表 2-32。例如，型号为 JZX-10M 表示这是中功率小型密封式电磁继电器，型号为 JAG-2 表示这是干簧式继电器。

表 2-32　继电器型号中字母的意义

功率或形式	外形	封装
W：微功率	W：微型	F：封闭式
R：弱功率	C：超小型	M：密封式
Z：中功率	X：小型	（无）：敞开式
Q：大功率	G：干式	
A：舌簧	S：湿式	
M：磁保持		
H：极化		
P：高频		
L：交流		
S：时间		
U：温度		

密封继电器通常将型号和引出端示意图标示在继电器上，如图 2-318 所示。

（2）继电器的主要参数

继电器的主要参数有额定工作电压、额定工作电流、线圈电阻、接点负荷等。继电器各参数可通过查看说明书或手册得知。

① 额定工作电压。额定工作电压是指继电器正常工作时线圈需要的电压，对于直流继电器是指直流电压，对于交流继电器则是指交流电压。同一种型号的继电器往往有多种额定工作电压以供选择，并在型号后面加上规格号来区别。

② 额定工作电流。额定工作电流是指继电器正常工作时线圈需要的电流值，对于直流继电器是指直流电流值，对于交流继电器则是指交流电流值。选用继电器时，必须保证其额定工作电压和额定工作电流符合要求。

③ 线圈电阻。线圈电阻是指继电器线圈的直流电阻。对于直流继电器，线圈电阻与额定工作电压

和额定工作电流的关系符合欧姆定律。

④ 接点负荷。接点负荷是指继电器接点的负载能力，也称为接点容量。例如，JZX-10M 型继电器的接点负荷为：直流 28V×2A 或交流 115V×1A。使用中，通过继电器接点的电压、电流均不应超过规定值，否则会烧坏接点，造成继电器损坏。一个继电器的多组接点的负荷一般都是一样的。

（3）继电器的应用

继电器的主要作用是间接控制和隔离控制。

1）间接控制

应用继电器可以用弱电间接控制强电。图 2-319 所示为继电器用于声控电灯开关，当话筒 BM 接收到声音信号时，经放大后使继电器 K 吸合，其接点 K-1 接通照明灯 EL 的市电电源使其点亮。

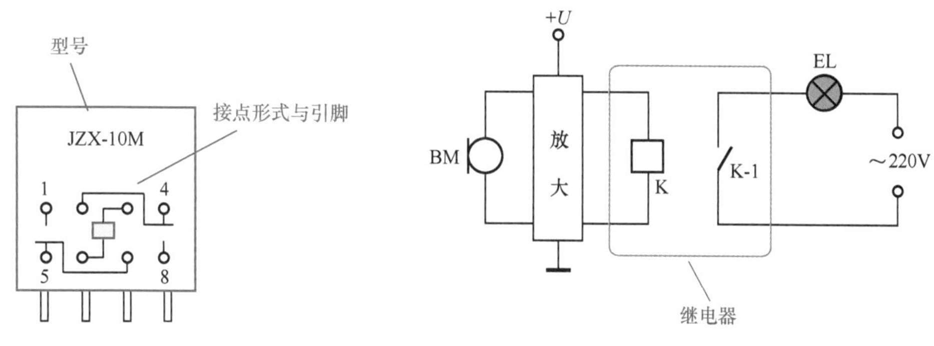

图 2-318　继电器的标示　　图 2-319　继电器的间接控制

2）隔离控制

应用继电器可以实现隔离控制。图 2-320 所示为继电器用于扬声器保护电路，功率放大器 L 声道或 R 声道的输出端如果出现直流电压，被扬声器保护电路检测放大后，使继电器 K 吸合，其接点 K-1 和 K-2（均为常闭接点）断开，切断了功放输出端与扬声器的连接，保护了扬声器免予被烧毁。采用继电器控制扬声器的通断，使保护电路与音频电路完全隔离，确保了高保真的音质。

3）保护二极管的作用

由于继电器线圈实质上是一个大电感，为避免驱动继电器的晶体管被损坏，实际使用中应在继电器线圈两端并联接保护二极管，如图 2-321 所示。当开关管 VT 关断的瞬间，继电器线圈 K 产生的反向高压可以通过保护二极管 VD 泄放，保护了开关管 VT 不会被反向高压所击穿。

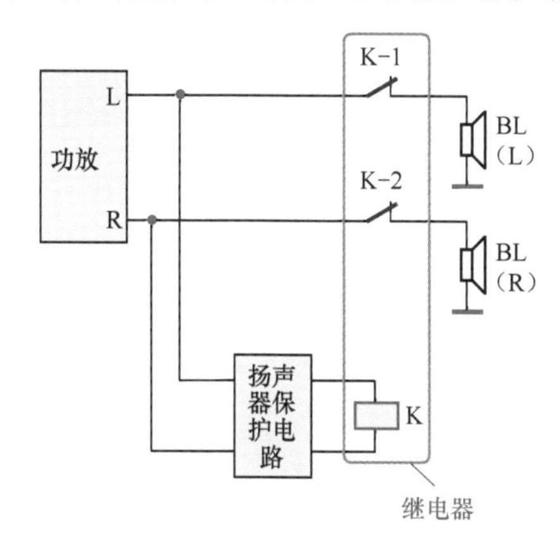

图 2-320　继电器的隔离控制

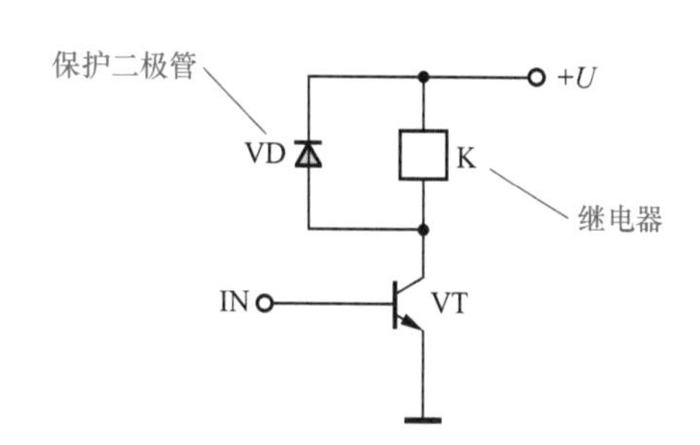

图 2-321　并接保护二极管

（4）继电器的检测

一般继电器可以使用万用表电阻挡进行检测，包括检测继电器的线圈和接点。

1）检测继电器的线圈

将万用表置于“R×100”或“R×1k”挡，两表笔（不分正、负极性）接继电器线圈的两个引脚，万用表指示应与该继电器的线圈电阻基本相符，如图 2-322 所示。

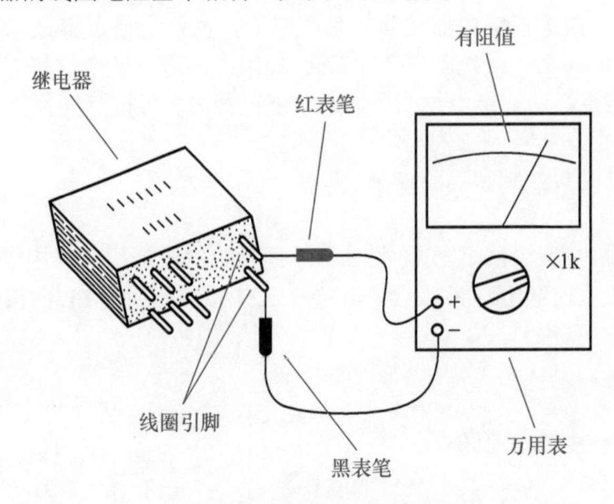

图 2-322　检测继电器的线圈

如阻值明显偏小，说明线圈局部短路；如阻值为“0”，说明两线圈引脚间短路；如阻值为无穷大，说明线圈已断路。以上三种情况均说明该继电器已损坏。

2）检测继电器的接点

给继电器线圈接上规定的工作电压，使用万用表“R×1k”挡检测接点的通断情况，如图 2-323 所示。

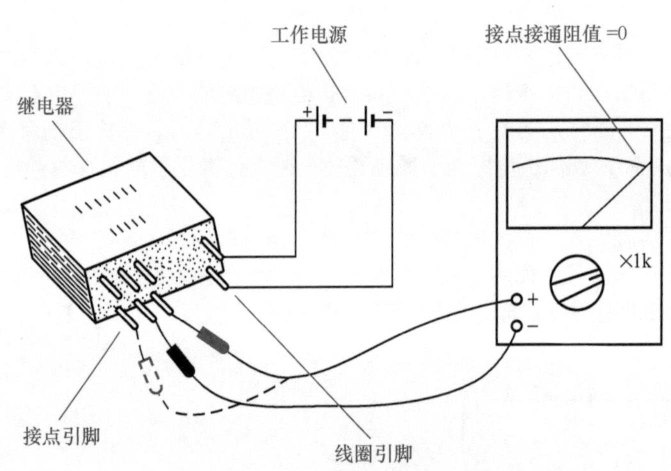

图 2-323　检测继电器的接点

未加上工作电压时，常开接点应不通，常闭接点应导通。当加上工作电压时，应能听到继电器吸合声，这时，常开接点应导通，常闭接点应不通，转换接点应随之转换，否则说明该继电器损坏。对于多组接点继电器，如果部分接点损坏，其余接点动作正常则仍可使用。

（5）继电器的种类

1）电磁式继电器

电磁式继电器是最常用的继电器之一，它是利用电磁吸引力推动接点动作的，由铁芯、线圈、衔铁、动接点、静接点等部分组成，如图 2-324 所示。

平时，衔铁在弹簧的作用下向上翘起。当工作电流通过线圈时，铁芯被磁化，将衔铁吸合。衔铁向下运动时，推动动接点与静接点接通，实现了对被控电路的控制。

根据线圈要求的工作电压的类别不同，电磁式继电器可分为直流继电器、交流继电器、脉冲继电器等类型。

2）干簧式继电器

干簧式继电器也是最常用的继电器之一，它由干簧管和线圈组成。干簧管是将两根互不相通的铁磁性金属条密封在玻璃管内而成的，干簧管置于线圈中。

干簧式继电器的工作原理如图 2-325 所示，当工作电流通过线圈时，线圈产生的磁场使干簧管中的金属条被磁化，两金属条因极性相反而吸合，接通被控电路。在线圈中可以放入若干个干簧管，它们在线圈磁场的作用下同时动作。

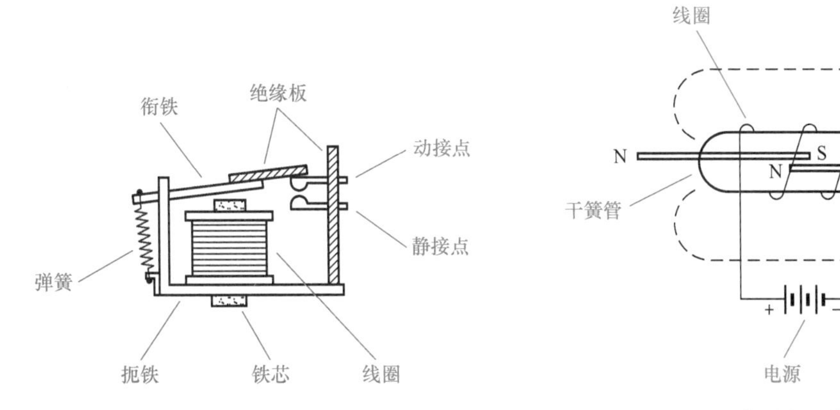

图 2-324 电磁式继电器　　图 2-325 干簧继电器的工作原理

3）热继电器

热继电器是由热量控制动作的继电器，由热驱动器件、传动和定位机构、常闭接点等部分组成。其结构和工作原理如图 2-326 所示。

使用时，热继电器的加热线圈串联接在负载电路中。当负载出现过载时，加热线圈因电流过大而发热量增大，使双金属片受热向右弯曲，推动导板右移进而推动动接点右移，常闭接点断开切断负载电路。止位销的作用是动作后保持常闭接点的断开状态。故障排除后，按下复位按钮使止位销弹起，热继电器复位。

图 2-327 所示为热继电器的图形符号。热继电器主要用作过载保护。

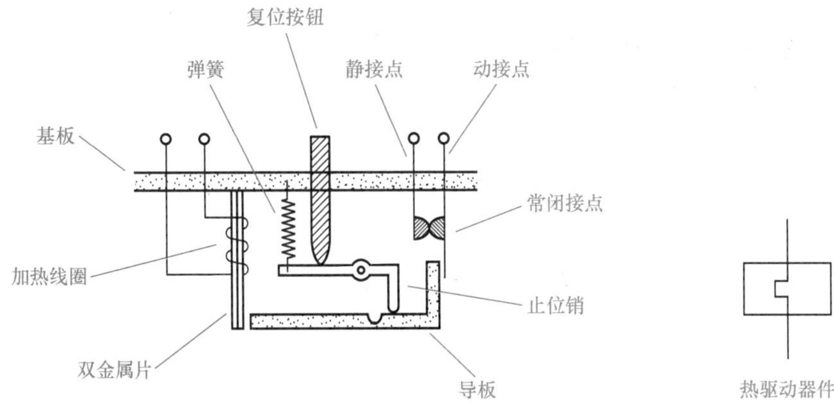

图 2-326 热继电器的结构和工作原理　　图 2-327 热继电器的图形符号

4）时间继电器

时间继电器是延时动作的继电器，根据延时结构不同可分为机械延时式继电器和电子延时式继电器两大类。

① 机械延时式时间继电器。

图 2-328 所示为机械延时式时间继电器结构原理图，由铁芯、线圈、衔铁、空气活塞、接点等部分组成，它是利用空气活塞的阻尼作用达到延时的目的。

线圈通电时使铁芯产生磁力，衔铁被吸合。衔铁向上运动后，固定在空气活塞上的推杆也开始向上运动，但由于空气活塞的阻尼作用，推杆不是瞬时而是缓慢向上运动，经过一定延时后使常开接点a-a接通、常闭接点b-b断开。

② 电子延时式时间继电器。

电子延时式时间继电器工作原理如图2-329所示，实际上是在普通电磁继电器前面增加了一个延时电路，当在其输入端加上工作电源后，经一定延时才使继电器K动作。电子延时式时间继电器具有较宽的延时时间调节范围，可通过改变R进行延时时间调节。

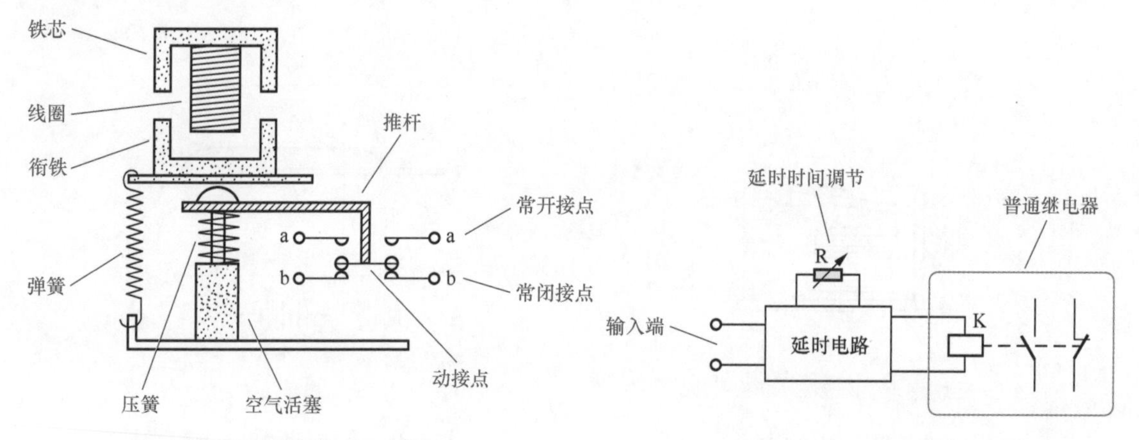

图2-328　机械时间继电器结构原理　　图2-329　电子延时式时间继电器工作原理

③ 延时特征。

根据动作特点不同，时间继电器又分为缓吸式时间继电器和缓放式时间继电器两种。

缓吸式时间继电器的特点是，继电器线圈接通电源后需经一定延时各接点才动作，线圈断电时各接点瞬时复位。

缓放式时间继电器的特点是，线圈通电时各接点瞬时动作；线圈断电后各接点需经一定延时才复位。

图2-330所示为时间继电器的图形符号。时间继电器主要用作延时控制。

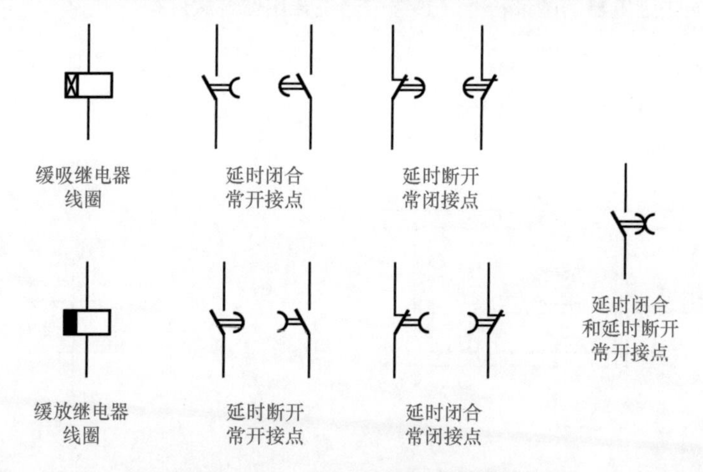

图2-330　时间继电器的图形符号

5）固态继电器

固态继电器简称为SSR，是一种新型的电子继电器。固态继电器采用电子电路实现继电器的功能，依靠光电耦合器实现控制电路与被控电路之间的隔离。固态继电器可分为直流式固态继电器和交流式固态继电器两大类。

直流式固态继电器电路原理如图2-331所示，控制电压由“IN”端输入，通过光电耦合器将控制信号耦合至被控端，经放大后驱动开关管VT导通。固态继电器输出端OUT接入被控电路回路中，输出端OUT有正、负极之分。

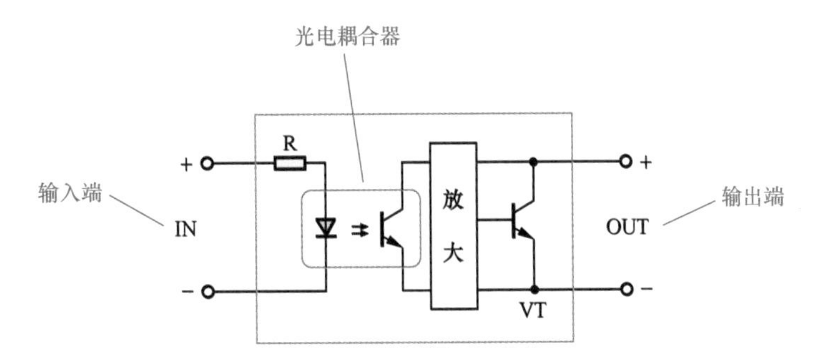

图 2-331　直流式固态继电器

交流式固态继电器电路原理如图 2-332 所示。与直流式固态继电器不同的是，开关元件采用双向可控硅 VS，因此交流式固态继电器输出端 OUT 无正、负极之分，可以控制交流回路的通断。

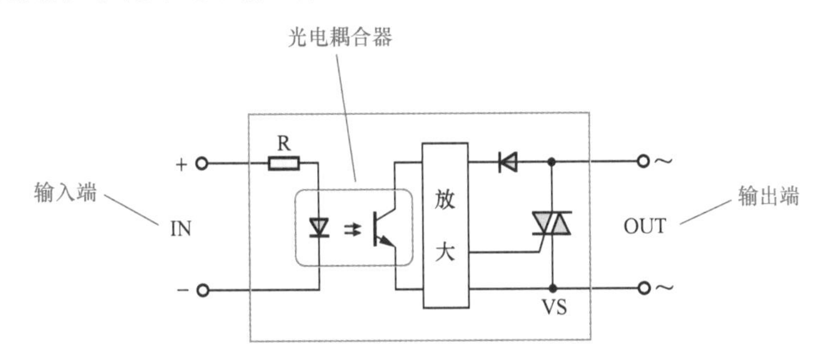

图 2-332　交流式固态继电器

2.3.5　互感器

互感器是一种能够按比例变换交流电压或交流电流的特殊变压器，主要应用在电力电工领域的测量和保护系统中。

（1）互感器的识别

互感器种类较多，形状各异，外形如图 2-333 所示，分为电压互感器和电流互感器两大类。另有一种组合互感器，实际上是将电压互感器和电流互感器有机组合在一起构成的。

互感器按用途可分为测量用互感器和保护用互感器，按相数可分为单相互感器和三相互感器，按绕组可分为双绕组互感器和多绕组互感器。

电压互感器的文字符号为“TV”，电流互感器的文字符号为“TA”，它们的图形符号如图 2-334 所示。

图 2-333　互感器的外形

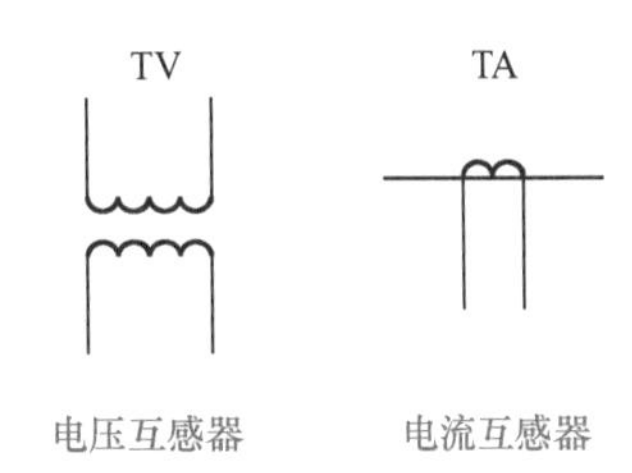

图 2-334　互感器的图形符号

（2）互感器的功能与原理

互感器的基本功能是交流电压或电流变换和电气隔离。互感器能够将交流电路的高电压或大电流按比例转换为较低的电压或较小的电流，以便于仪表测量、继电保护及自动控制。互感器同时还隔离了高电压或大电流电路系统与测量控制系统的电气联系，以保证人身和设备的安全。

互感器的基本结构和工作原理与一般变压器相同，也是利用电磁感应原理工作的，如图 2-335 所示。

高电压或大电流电路系统（一次系统）与测量 / 控制系统（二次系统）之间通过互感器联系，互感器的初级绕组接入一次系统，次级绕组接入二次系统，一次系统的电压或电流通过初级绕组产生交变磁场，在次级绕组生成感应电压或电流。由于互感器的特殊设计，使得一次系统的电压、电流信息能够准确地传递到二次系统。

（3）电压互感器的特点与应用

电压互感器的型号命名一般由五部分组成，如图 2-336 所示。第一部分用字母“J”表示电压互感器的主称，第二部分用字母表示电压互感器的相数，第三部分用字母表示电压互感器的绝缘形式，第四部分用字母表示电压互感器的特征，第五部分用数字表示电压互感器的电压等级。

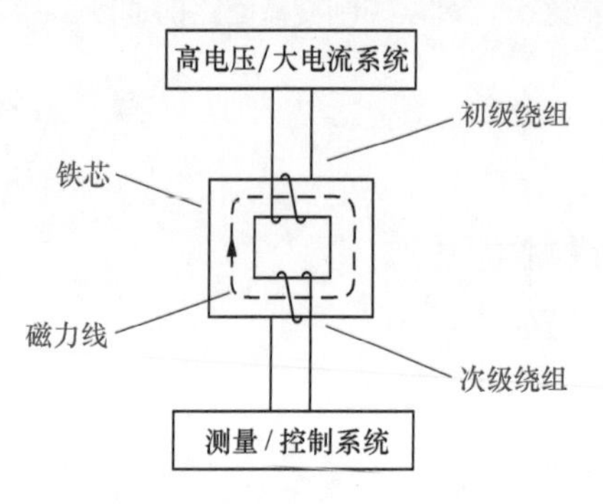

图 2-335　互感器的工作原理

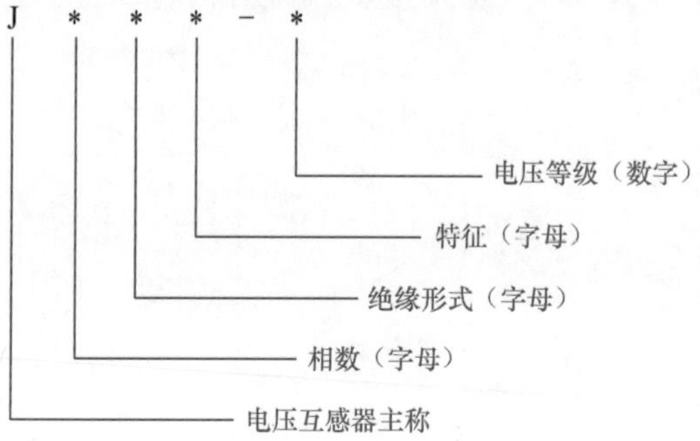

J　*　*　*　－　*

电压等级（数字）

特征（字母）

绝缘形式（字母）

相数（字母）

电压互感器主称

图 2-336　电压互感器的型号命名组成

电压互感器型号中字母的意义见表 2-33。例如，JDG 型为单相干式电压互感器，JSZ 型为三相浇注式电压互感器。

表 2-33　电压互感器型号中字母的意义

第一部分	第二部分	第三部分	第四部分
J	D：单相	J：油浸式	J：接地保护
	S：三相	C：瓷箱式	B：三柱带补偿线圈
	C：串接	G：干式	W：五柱三线圈
		Z：浇注式	
		R：电容分压式	

电压互感器的特点是能够准确地按比例变换交流电压。电压互感器的工作原理与变压器的工作原理相同，基本结构也是由铁芯和初、次级绕组构成，主要区别在于电压互感器的负载是恒定的高阻抗，相当于变压器在空载下运行，次级电压与初级电压之比等于次级绕组与初级绕组的匝数比。因此，用电压互感器来间接测量高电压，既能获得准确的测量精度，又可降低对测量仪表的绝缘要求。

电压互感器的主要用途是传递交流电压信息。测量用电压互感器是传递电压信息给测量指示电路和仪表，保护用电压互感器是传递电压信息给保护控制电路和装置。

图 2-337 所示为在高压交流电路中，利用电压互感器 TV 将高电压按比例转换为较低电压，供测量、指示、保护和控制电路用。电压互感器 TV 的初级绕组与被测电压并联，次级绕组与测量控制电路并联。

由于电压互感器阻抗很小，一旦发生短路情况，电流将急剧增加而烧毁绕组。因此电压互感器在工作状态下，次级绕组不可短路。

（4）电流互感器的特点与应用

电流互感器的型号命名一般由六部分组成，如图 2-338 所示。第一部分用字母“L”表示电流互感器的主称，第二部分用字母表示电流互感器的类型，第三部分用字母表示电流互感器的绝缘形式，第四部分用字母表示电流互感器的特征，第五部分用数字表示电流互感器的设计序号，第六部分用数字表示电流互感器的额定电压。

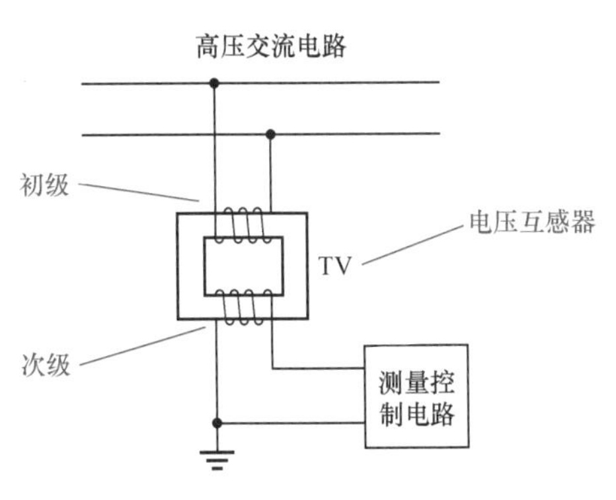

图 2-337　电压互感器的应用

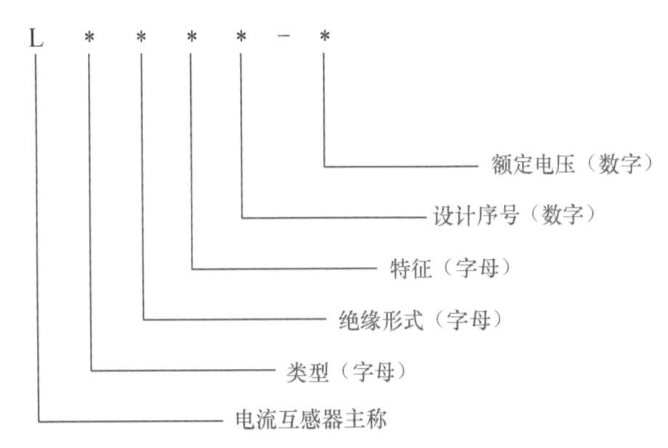

图 2-338　电流互感器的型号

电流互感器型号中字母的意义见表 2-34。例如，LQG 型为线圈式改进型电流互感器，LMZ 型为贯穿式母线式浇注绝缘型电流互感器。

表 2-34　电流互感器型号中字母的意义

第一部分	第二部分	第三部分	第四部分
L	D：贯穿式单匝型	C：瓷绝缘	B：过流保护
	F：贯穿式复匝型	G：改进型	D：差动保护
	M：贯穿式母线型	K：塑料外壳	J：接地保护或加大型
	C：瓷箱式	Z：浇注绝缘型	Q：加强型
	Q：线圈式	W：户外式	
	R：装入式		
	Y：低压型		
	Z：支柱式		

电流互感器的特点是能够准确地按比例变换交流电流。电流互感器也是由铁芯和初、次级绕组构成，工作原理与一般变压器的工作原理相同，只是其初级绕组串联在被测电路中，且匝数很少；次级绕组接电流表、继电器电流线圈等低阻抗负载，近似短路。初级绕组电流（即被测电流）和次级绕组电流取决于被测线路的负载，与电流互感器次级所接负载无关。因此，用电流互感器来间接测量大电流，既能获得准确的测量精度，又可扩大测量仪表的量程。

电流互感器的主要用途是传递交流电流信息。测量用电流互感器是传递电流信息给测量指示电路和仪表，保护用电流互感器是传递电流信息给保护控制电路和装置。

图 2-339 所示为在大电流交流电路中，利用电流互感器 TA 将大电流按比例转换为较小电流，供测量、指示、保护和控制电路用。电流互感器 TA 的初级绕组串联接入被测电路，次级绕组与低输入阻抗的测量控制电路连接。

电流互感器在工作状态下，次级绕组不允许开路，否则次级电压将会极大升高而危及人身及设备安全。因此在使用中，电流互感器次级回路中不允许接熔断器。

（5）互感器的检测

电压互感器和电流互感器可以使用万用表进行基本检测。

1）检测绕组线圈

检测时，使用万用表“R×1”挡测量各绕组线圈，均应有一定的电阻值，如图 2-340 所示。电流互感器初级绕组匝数很少，电阻值几乎为“0”。如果表针不动，说明该绕组内部断路。

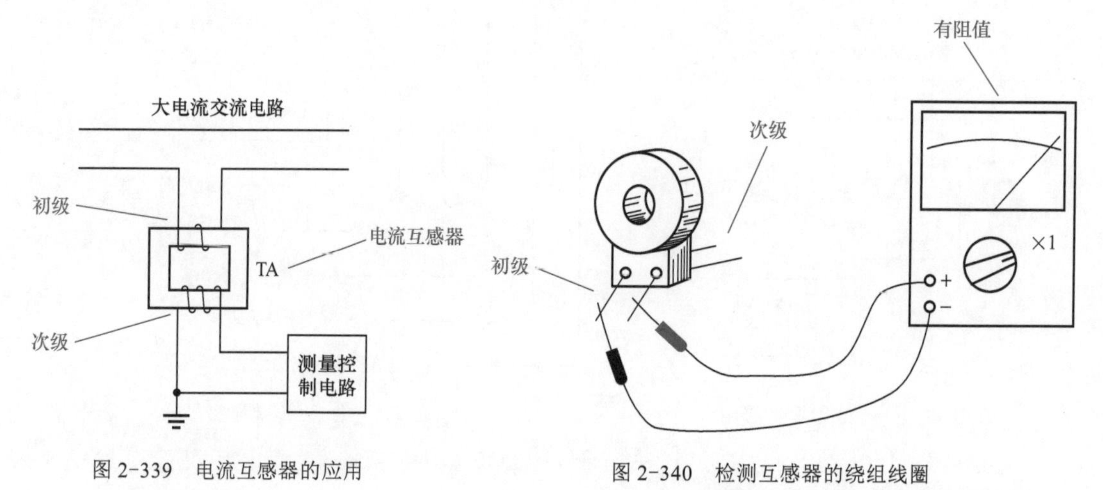

图 2-339　电流互感器的应用　　图 2-340　检测互感器的绕组线圈

2）检测绝缘性能

使用万用表“R×1k”或“R×10k”挡测量每两个绕组线圈之间的绝缘电阻，均应为无穷大，如图 2-341 所示。否则说明该互感器绝缘不良，不能使用。

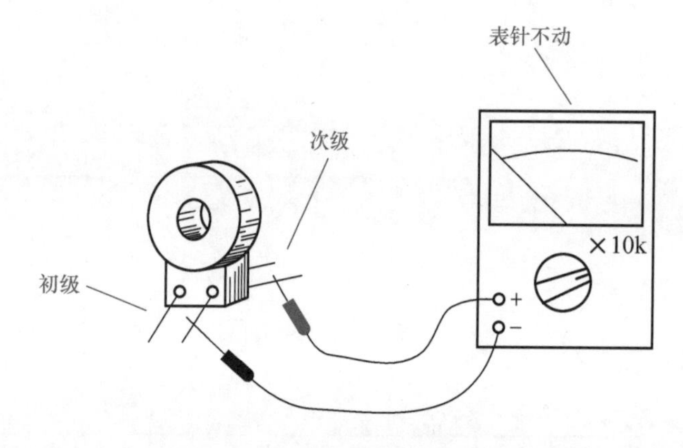

图 2-341　检测互感器的绝缘性能

2.3.6　接触器

接触器是电气系统中常用的一种控制器件，具有频繁地接通和切断大电流电路的能力，并可以实现对配电系统和电力拖动系统的远距离控制。

（1）接触器的识别

按照工作电源的不同，接触器分为直流接触器和交流接触器两大类。每类接触器都有较多的品种，具有多种电压、电流规格，其触点形式和数目也是多种多样，以满足不同电气设备的控制需要。图 2-342 所示为部分常见的接触器。

图 2-342　常见的接触器

接触器的文字符号为“KM”，图形符号如图 2-343 所示。

在电路图中，各触点可以画在该接触器线圈的旁边，也可以为了便于图面布局将各触点分散画在远离该接触器线圈的地方，而用编号表示它们属于同一个接触器。

接触器的型号命名一般由五部分组成，如图 2-344 所示。第一部分用字母“C”表示接触器的主称，第二部分用字母表示接触器的类型，第三部分用数字表示设计序号，第四部分用数字表示主触点的额定电流，第五部分用数字表示主触点数目。

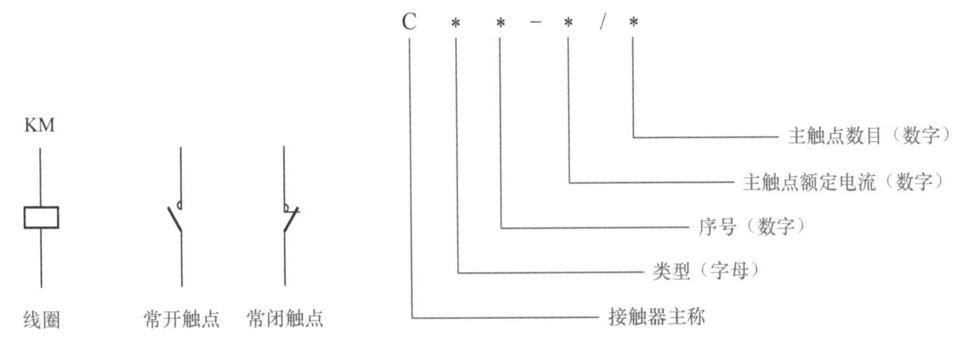

图 2-343　接触器的图形符号

图 2-344　接触器的型号

接触器型号中代表类型的字母的意义见表 2-35。例如，型号为 CJ10-20/3，表示这是具有 3 对主触点、额定电流为 20A 的交流接触器；型号为 CZ0-40/20，表示这是具有 2 对主触点、额定电流为 40A 的直流接触器。

表 2-35　接触器型号中代表类型的字母的意义

类型代号	意义	类型代号	意义
J	交流	P	中频
Z	直流	S	时间
G	高压	Y	其他

（2）接触器的主要参数

接触器的主要参数包括线圈电压与电流、主触点额定电压与电流、辅助触点额定电压与电流等。

1）线圈电压与电流

线圈电压是指接触器正常工作时线圈所需要的工作电压，同一型号的接触器往往有多种线圈工作电压以供选择，常见的有 36V、110V、220V、380V 等。大多数情况下，交流接触器的线圈工作电压为交流电压，直流接触器的线圈工作电压为直流电压。但也有部分交流接触器的线圈工作电压为直流电压，部分直流接触器的线圈工作电压为交流电压。

线圈电流是指接触器动作时通过线圈的额定电流值，有时不直接标注线圈电流而是标注线圈功率，可通过公式 $A = VA / V$（交流）或 $A = W / V$（直流）求得线圈额定电流。选用接触器时必须保证其线圈工作电压和工作电流得到满足。

2）主触点额定电压与电流

主触点额定电压与电流是指在接触器长期正常工作前提下，主触点所能接通和切断的最高负载电压和最大负载电流。对于交流接触器是指交流电压与电流，对于直流接触器是指直流电压与电流。选用接触器时应使该项参数不小于负载电路的最高电压和最大电流。

3）辅助触点额定电压与电流

辅助触点额定电压与电流是指辅助触点所能承受的最高电压和最大电流。使用辅助触点时不应超过该项参数。

（3）接触器的工作原理

接触器是利用电磁铁原理工作的。接触器的结构原理如图 2-345 所示，由线圈、铁芯、衔铁、弹簧和触点等组成。

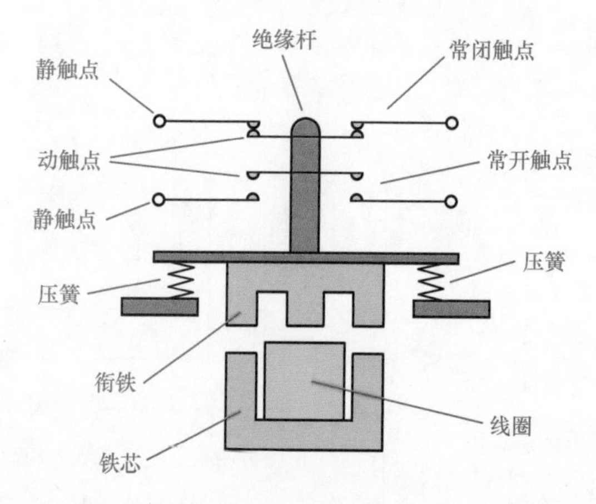

图 2-345 接触器的结构原理

平时，衔铁在弹簧的作用下向上弹起，各触点处于静止状态。当给线圈通以工作电流时，铁芯产生电磁力将衔铁吸下，衔铁向下运动时通过固定在衔铁上的绝缘杆带动各动触点同步向下运动，使常开触点接通、负载电路工作，同时使常闭触点断开。当线圈断电时，铁芯失去电磁力，衔铁在弹簧的作用下弹起并带动各触点回复静止状态，负载停止工作。

（4）接触器的检测

接触器可以用万用表进行检测。

1）检测接触器线圈

将万用表置于“R×100”或“R×1k”挡，两表笔（不分正、负极性）接接触器线圈的两接线端，万用表应有一定阻值指示，如图 2-346 所示。如阻值为“0”，说明线圈短路；如阻值为无穷大，说明线圈已断路。以上两种情况均说明该接触器已损坏。

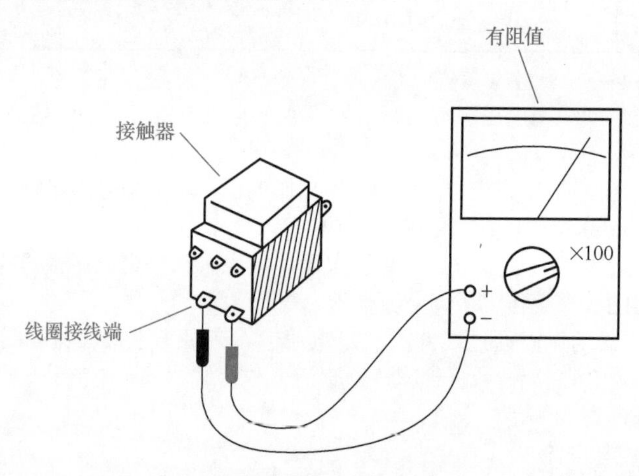

图 2-346 检测接触器的线圈

2）检测触点

给接触器线圈接上规定的工作电压，使用万用表“R×1k”挡分别检测各对触点的通断情况，如图 2-347 所示。未加上工作电压时，常开触点应不通，常闭触点应导通，当加上工作电压时，应能听到接触器吸合声，这时，常开触点应导通，常闭触点应不通，否则说明该接触器已损坏。

对于主触点完好、部分辅助触点损坏的接触器，如果在电路中不使用已损坏的辅助触点，该接触器仍可使用。

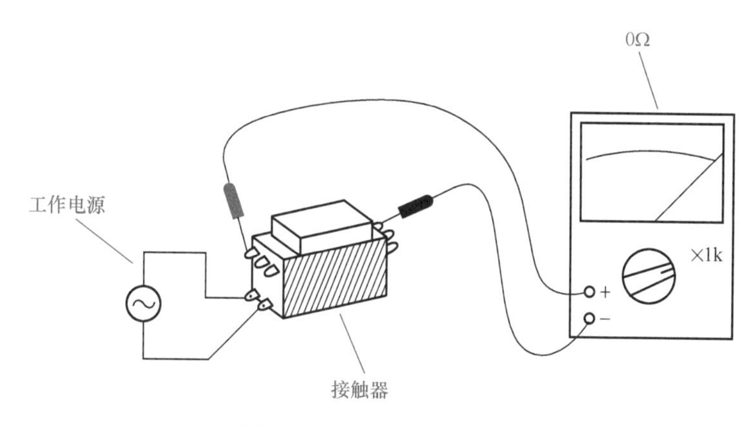

图 2-347 检测接触器的触点

3）检测绝缘性能

使用万用表“R×1k”或“R×10k”挡测量接触器各对触点间的绝缘电阻（接通状态和切断状态分别测量），以及各触点与线圈接线端间的绝缘电阻，均应为无穷大，如图 2-348 所示。如果被测接触器具有金属外壳或外壳上有金属部分，还应测量每个接线端与外壳之间的绝缘电阻，也均应为无穷大，否则说明该接触器绝缘性能太差，不能使用。

（5）交流接触器

交流接触器由电磁驱动系统、触点系统和灭弧装置等部分组成，它们均安装在绝缘外壳中，只有线圈和触点的接线端位于外壳表面。

交流接触器的触点分为主触点和辅助触点两种。主触点可控制较大的电流，用于负载电路主回路的接通和切断，主触点一般为常开触点。辅助触点只可控制较小的电流，常用于负载电路中控制回路的接通和切断，辅助触点既有常开触点也有常闭触点。

交流接触器主要应用在交流电动机等设备的主电路和交流供电系统，作间接或远距离控制用。图 2-349 所示为运用交流接触器远距离控制三相电动机的例子，开关 S 可置于远离电动机的地方。当 S 闭合时，交流接触器 KM 得电吸合，接通电动机的三相电源使其工作。当 S 断开时，交流接触器 KM 失电释放，切断电动机的三相电源使其停止工作。

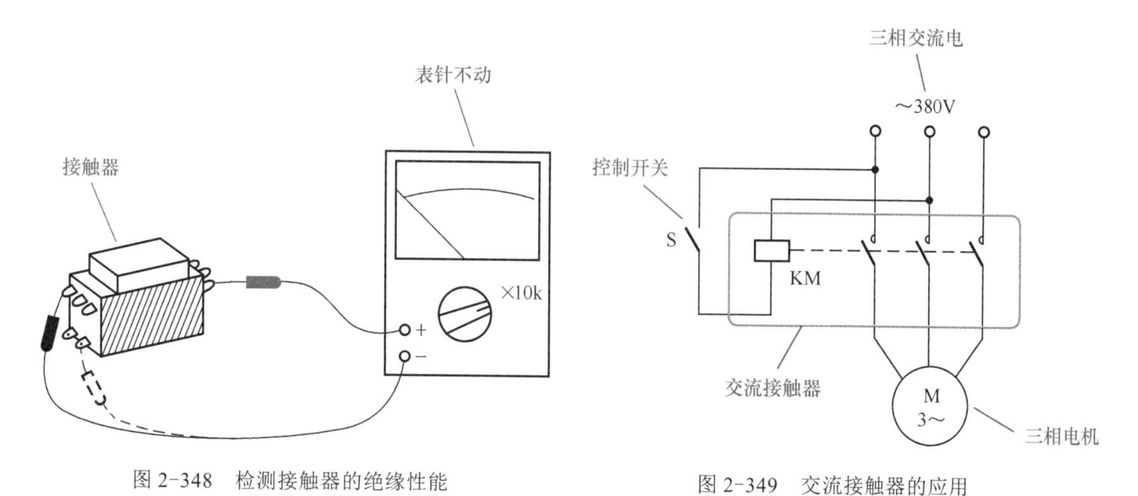

图 2-348 检测接触器的绝缘性能

图 2-349 交流接触器的应用

（6）直流接触器

直流接触器的结构和动作原理与交流接触器相似，但因为直流电路被切断时感性负载存储的磁场能量瞬时释放，更易在断点处产生高能电弧，因此要求直流接触器具有更强的灭弧功能。

大容量直流接触器常采用单断点平面布置整体结构，其特点是触点断开时电弧距离长，灭弧罩内含灭弧栅。小容量直流接触器常采用双断点立体布置结构。

直流接触器具有吸合平稳、冲击小、噪声小和寿命长的特点，主要用于对直流电动机、电镀设备等直流负载的控制，特别是需要经常频繁启动、停止、换向和反接制动的场合。

2.3.7 电磁铁

电磁铁是一种将电能转换为机械能的电控操作器件。电磁铁往往与开关、阀门、制动器、换向器、离合器等机械部件组装在一起，构成机电一体化的执行器件，主要应用在自动控制和远距离控制等领域。

（1）电磁铁的识别

电磁铁种类较多。按工作电源可分为直流电磁铁和交流电磁铁两大类。按衔铁运动形式可分为直动型、回转型等。按衔铁行程可分为短行程和长行程等。按用途可分为牵引电磁铁、阀用电磁铁、制动电磁铁、起重电磁铁等。图 2-350 所示为部分电磁铁外形。

直流电磁铁的特点是体积小、换向冲击小、工作可靠、使用寿命较长，不会因衔铁卡住而烧坏线圈，但启动力比交流电磁铁小。

交流电磁铁的特点是启动力较大、换向时间短，但换向冲击较大，当衔铁卡住时会因电流剧增而烧坏线圈，使用寿命较短。

电磁铁的文字符号为“Y”，图形符号如图 2-351 所示，其中右图虚线连至电磁铁所操作的机械部件。

图 2-350　电磁铁的外形

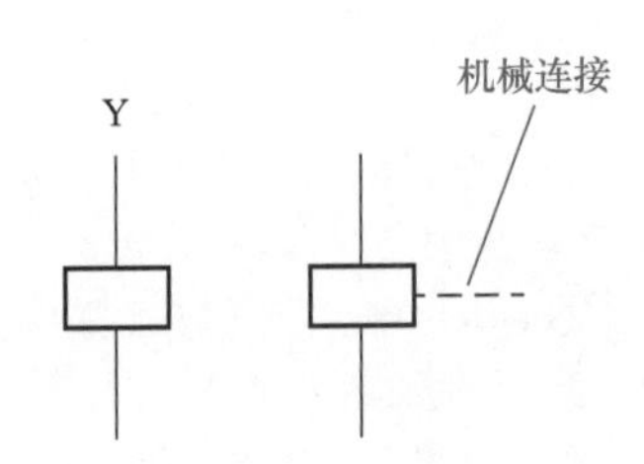

图 2-351　电磁铁的图形符号

（2）电磁铁的主要参数

电磁铁的主要参数有额定电压、工作电流、额定行程和额定吸力等。

① 额定电压。额定电压是指电磁铁正常工作时线圈所需要的工作电压。对于直流电磁铁是直流电压，对于交流电磁铁是交流电压。必须满足额定电压要求才能使电磁铁长期可靠地工作。

② 工作电流。工作电流是指电磁铁正常工作时通过线圈的工作电流。直流电磁铁的工作电流是一恒定值，仅与线圈电压和线圈直流电阻有关。交流电磁铁的工作电流不仅取决于线圈电压和线圈直流电阻，更取决于线圈的电抗，而线圈电抗与铁芯工作气隙有关。因此，交流电磁铁在启动时电流很大，一般是衔铁吸合后的工作电流的几倍至几十倍。使用中应保证提供足够的工作电流。

③ 额定行程。额定行程是指电磁铁吸合前后衔铁的运动距离，如图 2-352 所示。常用电磁铁的额定行程从几毫米到几十毫米有多种规格，可按需选用。

④ 额定吸力。额定吸力是指电磁铁通电后所产生的吸引力。应根据电磁铁所操作的机械部件的要求选用具有足够额定吸力的电磁铁。

（3）电磁铁的工作原理与应用

电磁铁的基本结构如图 2-353 所示，由线圈、铁芯和衔铁等部分组成。

交流电磁铁的铁芯通常采用硅钢片绝缘叠装制成，这样可以减小交流励磁电流在铁芯中产生的磁滞损耗和涡流损耗，防止铁芯过热。对于直流电磁铁，因直流无磁滞损耗，铁芯本身损耗小，故可用易于加工的铸钢或铸铁制作。

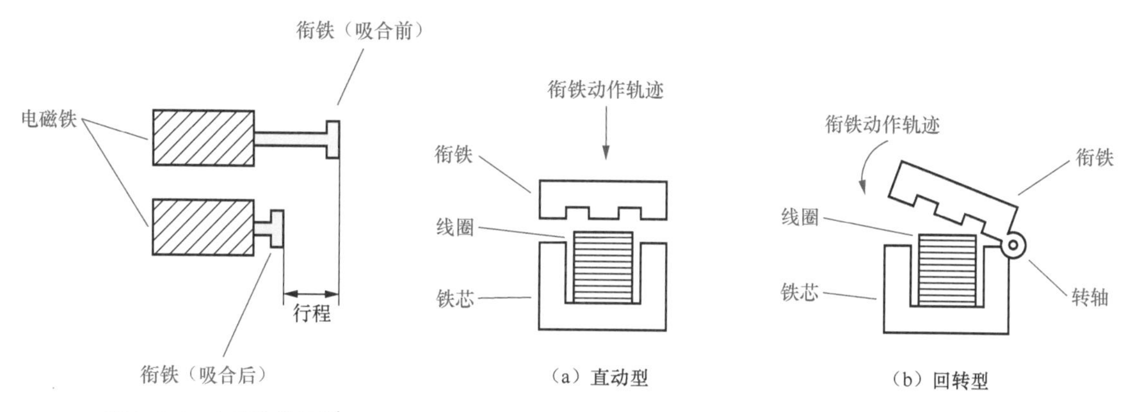

图 2-352 电磁铁的行程

图 2-353 电磁铁的基本结构

电磁铁是利用电磁力原理工作的。如图 2-354 所示，当给电磁铁线圈加上额定工作电压时，工作电流通过线圈使铁芯产生强大磁力吸引衔铁迅速向左运动，直至衔铁与铁芯完全吸合（气隙为零）。衔铁的运动同时牵引机械部件动作。只要维持线圈的工作电流，电磁铁就保持在吸合状态。电磁铁本身一般没有复位装置，而是依靠被牵引机械部件的复位功能，在线圈断电后衔铁向右复位。

交流电磁铁短路环的作用如下。

交流电磁铁线圈工作电压为交流电压，当交流电压过零点时，励磁电流为“0”，此时电磁铁的吸力为“0”，过零点后励磁电流上升至足够大时电磁铁吸力恢复，如图 2-355 所示。50Hz 交流电每秒 100 次过零点，造成电磁铁衔铁振动。

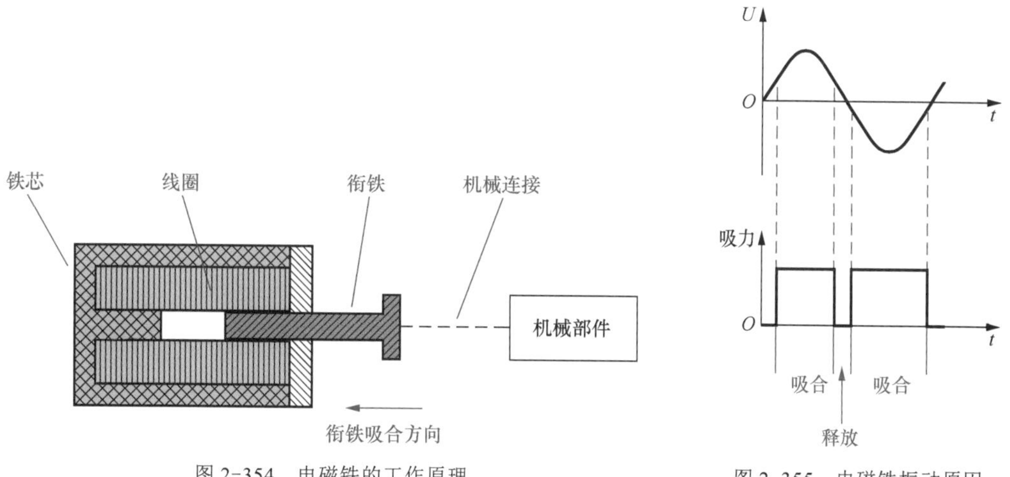

图 2-354 电磁铁的工作原理

图 2-355 电磁铁振动原因

解决的办法是在交流电磁铁的铁芯极面部分地嵌入铜质短路环，将铁芯极面分成两部分，如图 2-356 所示。由于短路环的电磁感应作用，被短路环包围的极面部分的磁通滞后于未被包围的极面部分的磁通，它们的合力使得铁芯极面的总吸力不会在电流过零时等于“0”，消除了衔铁的振动。

（4）电磁铁的检测

电磁铁可用万用表的电阻挡进行检测。

1）检测线圈

将万用表置于“R×100”或“R×1k”挡，两表笔（不分正、负）接电磁铁线圈的两个引脚，表针指示应有一定的阻值，如图 2-357 所示。如阻值为“0”，说明线圈短路；如阻值为无穷大，说明线圈已断路，以上情况均说明该电磁铁已损坏。

2）检测机械动作

如图 2-358 所示，给电磁铁线圈接上规定的工作电压（直流电磁铁为直流电压，交流电磁铁为交流电压），衔铁应被迅速吸合，并可听到吸合声。断开工作电压时，衔铁被释放并在自重作用下复位。

对于与阀门等机械部件组合在一起的电磁铁，接通和断开工作电压时，可观察到阀门的开启和关闭。

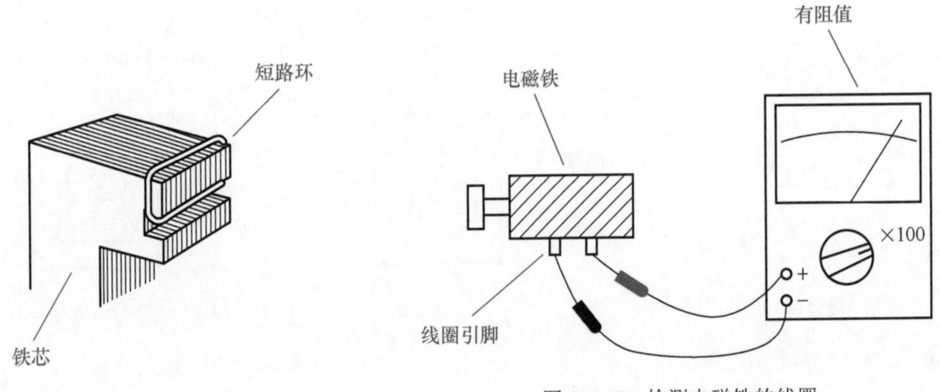

图 2-356 短路环

图 2-357 检测电磁铁的线圈

（5）电磁铁的种类

常用电磁铁主要有牵引电磁铁、阀用电磁铁、制动电磁铁和起重电磁铁等。

1）牵引电磁铁

牵引电磁铁是用于牵引机械装置的一种电磁铁，主要用于各种机械设备中，以实现远距离控制和自动控制。

使用时，牵引电磁铁的铁芯固定在机械设备的静止部件上，衔铁则通过牵引杆与移动部件相连接。当接通电磁铁电源后，铁芯被磁化产生电磁力吸引衔铁，衔铁通过牵引杆使所控制的机械装置动作，如图 2-359 所示。为了适应不同控制对象的需要，牵引电磁铁有拉动式和推动式两种。

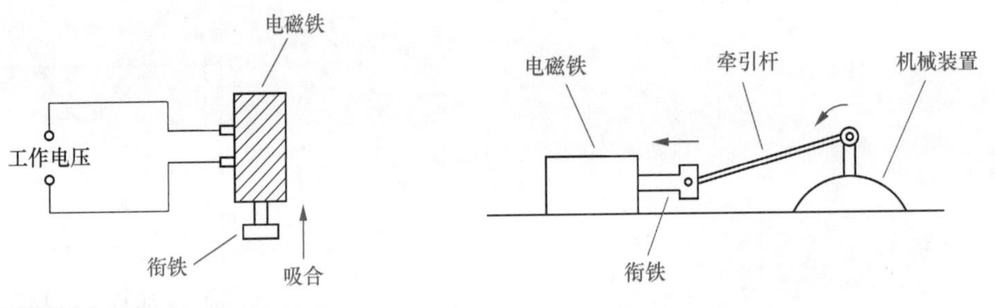

图 2-358 检测电磁铁的机械动作

图 2-359 牵引电磁铁

2）阀用电磁铁

阀用电磁铁是用于远距离操作各种液压阀门或气动阀门的电磁铁。阀用电磁铁一般与所控制的阀门组装在一起，如图 2-360 所示。

当电磁铁线圈接通电源时，电磁吸力即克服弹簧阻力，通过推杆推动阀芯向右移动，将阀门开启。电磁铁线圈断电后，阀芯在复位弹簧的作用下向左复位，使阀门关闭。

3）制动电磁铁

制动电磁铁是用于操纵制动器，以完成制动任务的电磁铁。制动电磁铁通常与制动器组装在一起，主要用于电气传动装置中对电动机进行机械制动，以达到迅速和准确停车的目的。

制动电磁铁的结构原理如图 2-361 所示，电磁铁线圈一般并联在电动机电源上。当电源接通时，在电动机转动的同时，电磁铁的衔铁被吸向铁芯，并通过推杆使左右闸瓦离开闸轮。切断电源后，电磁铁失去吸力，左右闸瓦在弹簧的拉力作用下紧抱闸轮将其刹住，实现电动机的迅速制动。

4）起重电磁铁

起重电磁铁是用于吊运和装卸铁磁性物体的电磁铁，常用于吊运或装卸铁矿石、废钢铁、钢锭、钢轨以及各种钢材和铁质工件。起重电磁铁固定在吊车或行车上，通常做成圆盘形或矩形。当线圈通电后，电磁铁磁极被磁化，吸住铁磁性物件进行起吊装运，这时被吸住的铁磁性物件相当于电磁铁中的衔铁，形成一个闭合的磁路。移至目的地时，切断线圈电源，电磁铁失去吸力，被吊运的物件即可放下。

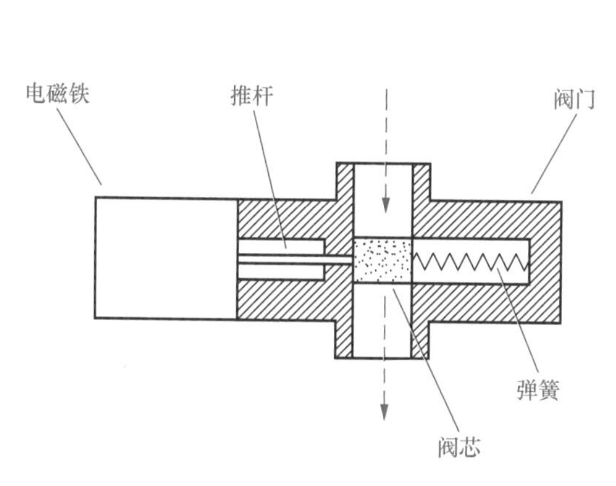

图 2-360 阀用电磁铁

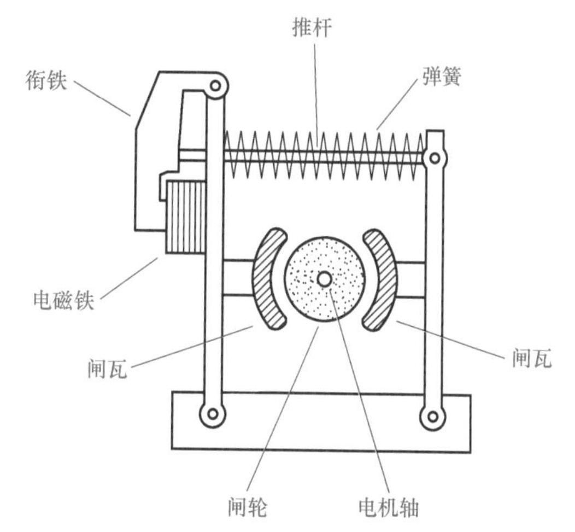

图 2-361 制动电磁铁的结构原理

2.3.8 接插件

接插件是实现供电线路、电器设备、部件或组件之间可拆卸连接的连接器件，包括各种插头、插座与接线端子等，它们是电工领域中应用广泛的连接器件。

（1）接插件的识别

接插件的种类很多，大小各异。按形式可分为单芯插头插座、二芯插头插座、三芯插头插座、同轴插头插座和多极插头插座等。按用途可分为电源插头插座、电缆插头插座、电话插座、电视插座、网络插座、继电器插座、集成电路插座、管座、接线柱、接线端子、连接片和连接器等。图 2-362 所示为部分接插件的外形。

图 2-362 接插件的外形

接插件的一般文字符号为“X”，其中，插头的文字符号为“XP”，插座的文字符号为“XS”，连接片的文字符号为“XB”，它们的图形符号如图 2-363 所示。

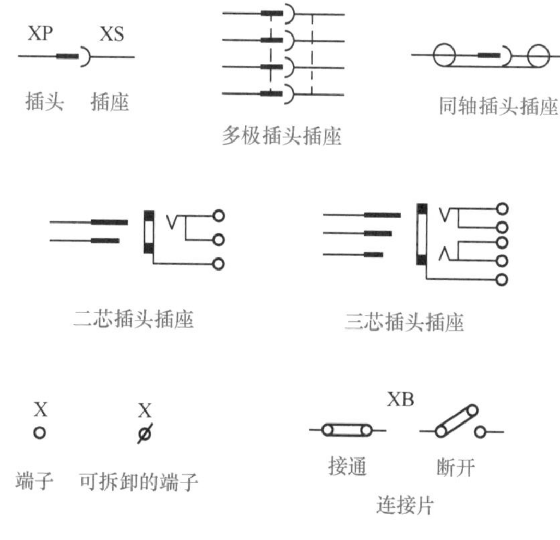

图 2-363 接插件的图形符号

（2）接插件的主要参数

接插件的参数主要有额定电压和额定电流等。

① 额定电压。额定电压是指接插件在长期安全工作的前提下所能承受的最高电压，例如 250V、500V 等。

② 额定电流。额定电流是指接插件在长期正常工作的前提下所能通过的最大负载电流，例如 10A、20A、50A 等。

选用时应注意，接插件所承受的电路电压和负载电流均不能超过其额定电压和额定电流。

（3）接插件的检测

各种接插件均可用万用表电阻挡进行检测，主要是检测插头、插座各引出端之间有无短路。检测时，将万用表置于“R×1k”或“R×10k”挡，如图 2-364 所示，用两表笔（不分正、负极性）测量插头或插座各引出端之间的阻值，均应为无穷大，否则说明该插头或插座已损坏。

（4）电源插头与插座

电源插头与插座是电工领域应用最为广泛的接插件。电源插头与插座常用形式有单相双线式、单相三线式、三相三线式、三相四线式等，如图 2-365 所示。

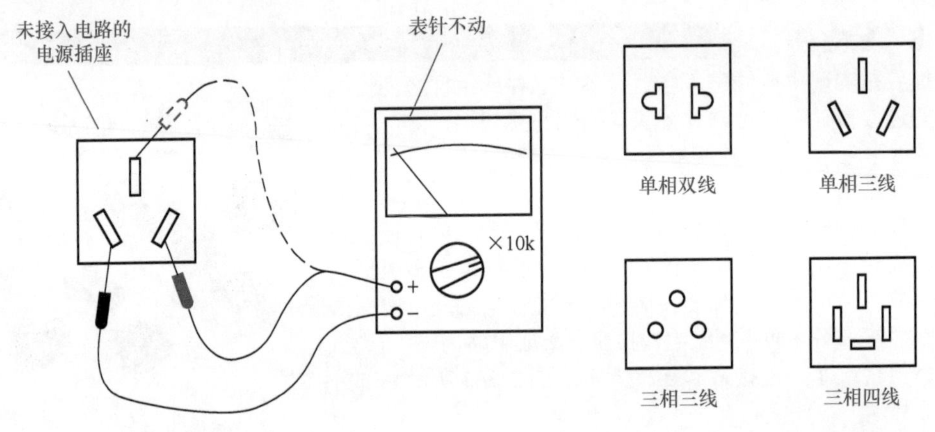

图 2-364　检测接插件　　图 2-365　电源插头与插座

单相双线式插头与插座中，一线为相线（L），另一线为零线（N）。单相三线式插头与插座中，除相线（L）和零线（N）外，还有一线为地线（E），如图 2-366 所示。

三相三线式插头与插座中，三线分别为相线(A)、相线(B)和相线(C)。三相四线式插头与插座中，除相线（A）、相线（B）和相线（C）外，还有一线为地线（E）。

电源插头与插座一般配套使用，主要用作电器设备电源的连接、临时供电线路的连接等。图 2-367 所示为家用空调通过电源插头与插座接通电源，通常使用单相三线式插头与插座。空调长期不用时应拔下电源插头。

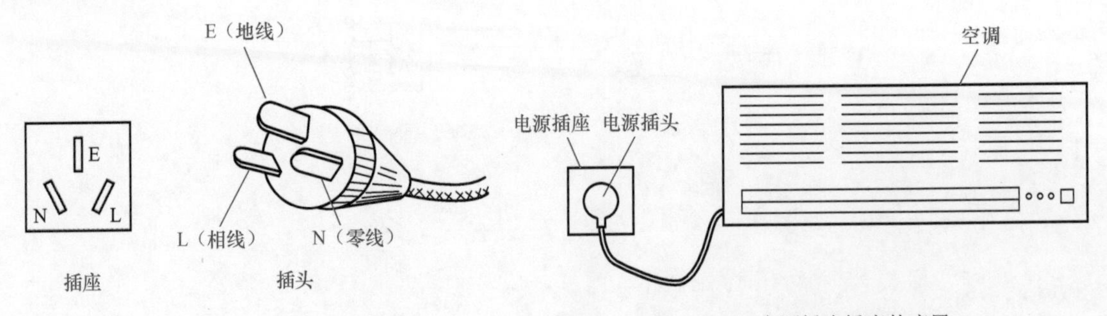

图 2-366　单相三线式插头与插座　　图 2-367　电源插头插座的应用

电源插座可制成墙面插座、地面插座、桌面插座等，如图 2-368 所示，以适应不同使用场合的需要。

（5）电源转换插头座

电源转换插头座是用于不同标准形状的电源插头与插座之间进行连接的桥梁。由于一些国家和地区的电源插头插座与我国现行的国家标准不一致，因此到不同的国家和地区旅行时，必须使用电源转换插头座，才能使我们现有的电器设备与当地的电源插座顺利插接。

图 2-369 所示为各种标准的电源插座形状。其中，国标为我国现行的国家标准，适用于中国、澳大利亚、新西兰、阿根廷等。美标适用于美国、加拿大、日本、巴西、泰国、菲律宾，以及中国台湾地区等。英标适用于英国、印度、巴基斯坦、新加坡、马来西亚，以及中国香港特别行政区等。欧标适用于德国、法国、丹麦、芬兰、挪威、瑞典、希腊、意大利、荷兰、奥地利、比利时、葡萄牙、西班牙、俄罗斯、捷克、波兰、韩国等。南非标适用于南非。

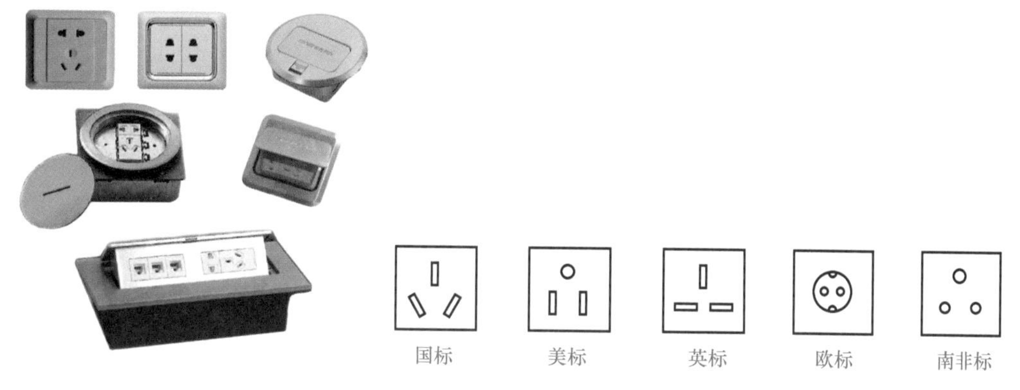

图 2-368　不同形式的电源插座

图 2-369　各种标准的电源插座

电源转换插头座包括插头和插座，如图 2-370 所示。其插头部分具有不同的形状，以适应不同国家和地区标准的电源插座。而其插座部分为万能插孔设计，可以插入国内外多种形式的插头。

（6）电缆插头插座

电缆插头与插座是专供电力电缆进行可拆卸连接的接插件，主要应用在临时供电和移动供电等场合。电力电缆一般有单芯、二芯、三芯、四芯等规格，相应的电缆插头与插座也有多种规格，如图 2-371 所示。

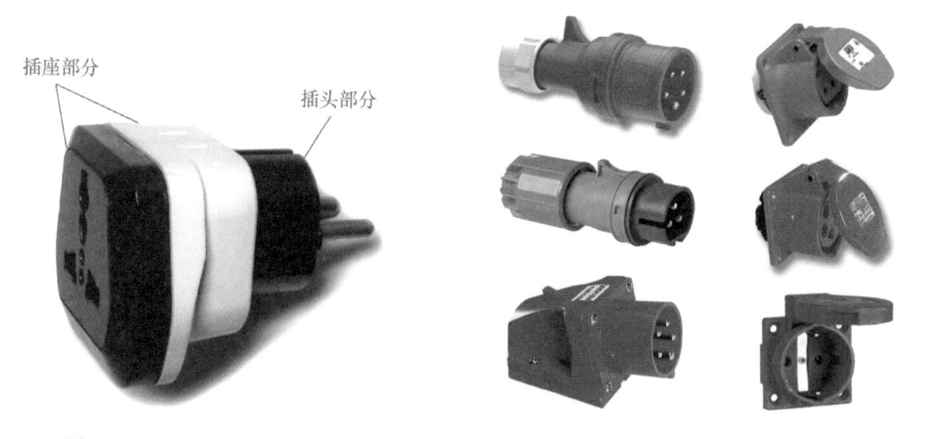

图 2-370　电源转换插头座

图 2-371　电缆插头插座

（7）电话、电视与网络插座

电话插座、电视插座和网络插座都属于专用插座。随着科技进步和人们生活水平的提高，电话、电视和宽带网络走进了千家万户，安装电话插座、电视插座和网络插座已成为现代电工工作的重要内容。图 2-372 所示为墙面安装用电话插座、电视插座和网络插座。

图 2-372　电话、电视与网络插座

第3章 电工识图技巧

电工电路识图的主要内容包括电工电路图的基本概念和构成要素，电工电路图的画法规则，电阻、电容、电感等元器件数值的标注方法，电工识图的方法与技巧等。

3.1 电路图的构成要素

电工电路图是关于电工电路的图纸。电路图由各种抽象的符号和线条按照一定的规则组合而成，反映了电路的结构与工作原理。一张完整的电路图是由若干要素构成的，这些要素主要包括图形符号、文字符号、连线以及注释性字符等。下面通过图 3-1 所示的调光壁灯电路图的例子，做进一步的说明。

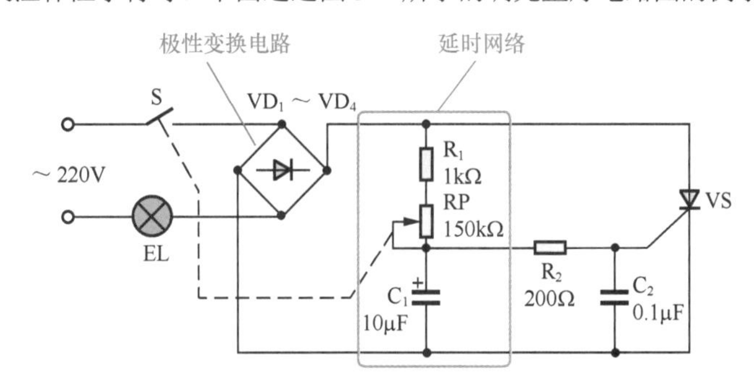

图 3-1 调光壁灯电路图

3.1.1 图形符号

图形符号是指用规定的抽象图形代表各种元器件、组件、电流、电压、波形、导线和连接状态等的绘图符号。

图形符号是构成电路图的主体。图 3-1 所示的调光壁灯电路图中，各种图形符号代表了组成调光壁灯电路的各个元器件。例如，小长方形“—▭—”表示电阻器，两道短杠“—||—”表示电容器等。各个元器件图形符号之间用连线连接起来，就可以反映出调光壁灯的电路结构，即构成了调光壁灯的电路图。

3.1.2 文字符号

文字符号是指用规定的字符（通常为字母）表示各种元器件、组件、设备装置、物理量和工作状态等的绘图符号。

文字符号是构成电路图的重要组成部分。为了进一步强调图形符号的性质，同时也为了方便地分析、理解和阐述电路图，在各个元器件的图形符号旁，标注有该元器件的文字符号。例如，在图 3-1 所示的调光壁灯电路图中，文字符号“R”表示电阻器，“C”表示电容器，“RP”表示电位器，“VS”表示晶闸管等。

在一个电路图中，相同的元器件往往会有多个，这也需要用文字符号将它们加以区别，一般是在该元器件文字符号的后面加上序号。例如，在图 3-1 所示的电路图中，电阻器有两个，则分别以“R_1”“R_2”表示。

3.1.3 注释性字符

注释性字符是指电路图中对图形符号和文字符号做进一步说明的字符。注释性字符也是构成电路图的重要组成部分。

注释性字符用来说明元器件的数值大小或者具体型号，通常标注在图形符号和文字符号旁。例如，在图 3-1 所示的调光壁灯电路图中，通过注释性字符我们即可知道：电阻器 R_1 的数值为 1kΩ，R_2 的数值为 200Ω，电容器 C 的数值为 0.1μF，电位器 RP 的数值为 300kΩ 等。

注释性字符还用于电路图中其他需要说明的场合。由此可见，注释性字符是我们分析电路工作原理，特别是定量地分析研究电路的工作状态所不可缺少的。

3.2 电路图的画法规则

为了准确、清晰地表达电子设备的电路结构，使看图者能够正确、方便地理解电路图的全部内容，电路图中除了必须使用统一规定的图形符号和文字符号外，还应遵循一定的画法规则。

3.2.1 图形符号的位置与状态

国家标准中对电路图的图形符号只给出了一个基本图形，在实际应用中可以根据需要对这些基本图形符号变换方向和位置，在识读电路图时应理解这些情况。

（1）图形符号的方位

元器件图形符号在电路图中的方位可以根据绘图的需要放置，既可以横放，也可以竖放；既可以朝上，也可以朝下；还可以旋转或镜像翻转。例如，NPN 晶体管符号在电路图中就可以有多种方位的画法，如图 3-2 所示。

（2）集中画法与分散画法

有些元器件包括若干组成部分，或者具有多个同时动作的部件，例如多极开关、多组触点的继电器等，在电路图中可以根据需要采用集中画法或分散画法。

以多组联动的多极开关为例，既可以把各组开关集中画在一起，并用虚线相连表示联动，如图 3-3（a）所示。也可以把各组开关分别画在它们控制的电路附近，而用文字符号“S_{1-1}”“S_{1-2}”“S_{1-3}”表示它们是同属 S_1 的多组联动开关，如图 3-3（b）所示。

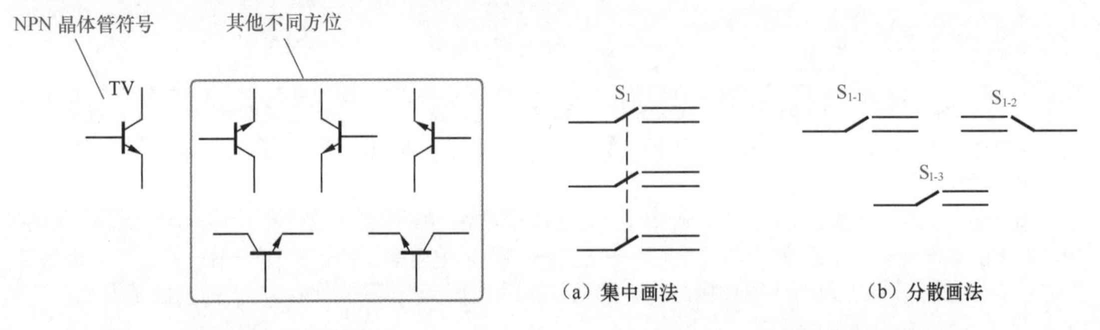

图 3-2 晶体管符号的不同方位

图 3-3 多极开关的两种画法

（3）操作性器件的状态

开关、继电器等具有可动部分的操作性器件，在电路图中的图形符号所表示的均为不工作的状态，即开关处于断开状态，如图 3-4 所示。继电器处于未吸合的静止状态，其常开触点处于断开位置，其常闭触点处于闭合位置，如图 3-5 所示。

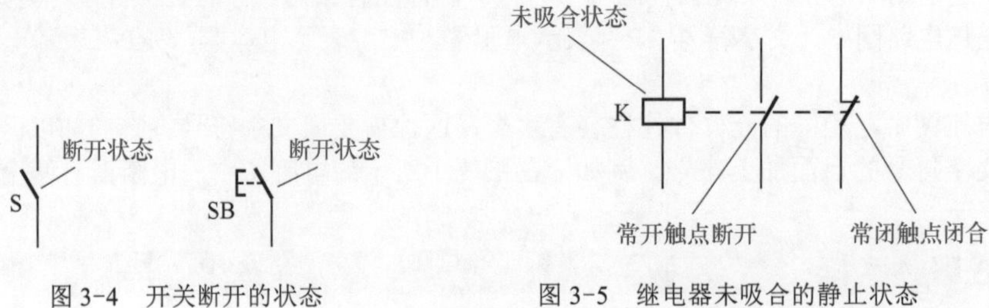

图 3-4 开关断开的状态

图 3-5 继电器未吸合的静止状态

3.2.2 连接导线的表示方法

连接导线是电路图中的重要组成要素，熟悉连接导线的表示方法是看懂电路图所必需的基础知识。

（1）导线的连接与交叉

元器件之间的连接导线在电路图中用实线表示。导线的连接与交叉的画法如图3-6所示，图3-6(a)中横竖两导线交点处画有一圆点，表示两导线连接在一起。图 3-6（b）中两导线交点处无圆点，表示两导线交叉而不连接。

（2）连接导线的简化画法

连接导线也可以用简化的画法。例如，图 3-7 所示的电路图中，IC_1 与 IC_2 之间的连线上画有 3 道小斜杠，表示这里有 3 条导线分别将 IC_1 与 IC_2 的 A 与 A、B 与 B、C 与 C 连接在一起，而这 3 条导线之间并不相互连接。

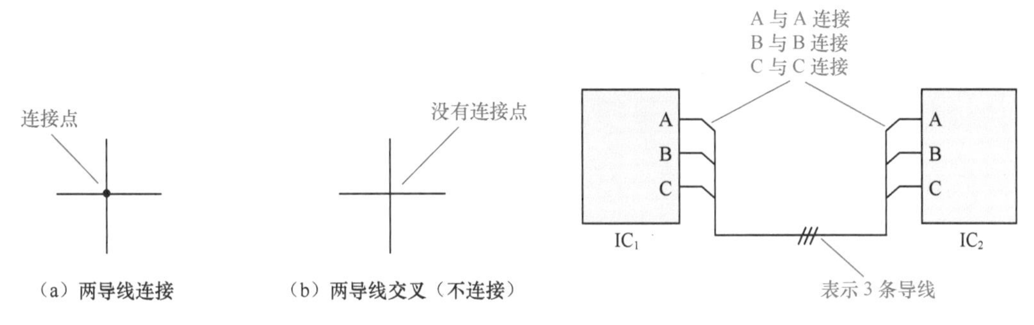

图 3-6 导线的连接与交叉

图 3-7 导线的简化画法

（3）连接导线的中断画法

当连接导线的两端相距较远、中间相隔较多的图形区域时，可以采用中断加标记的画法。例如，图 3-8 所示的电路图中，IC_1 的 B 端与 IC_2 的 G 端之间的连接导线采用了中断画法，并在中断的两端标注有相同的标记“a”，分析电路图时应理解为两个“a”端之间有一条连接导线。

（4）非电连接的表示方法

某些元器件之间具有非电的（例如机械的）联系，则用虚线在电路图上表示出来。例如，图 3-9 所示的收音机电路图中，虚线将电位器 RP 与开关 S 联系起来，表示电源开关 S 受音量电位器 RP 的旋轴控制，它们是一个联动的带开关电位器。

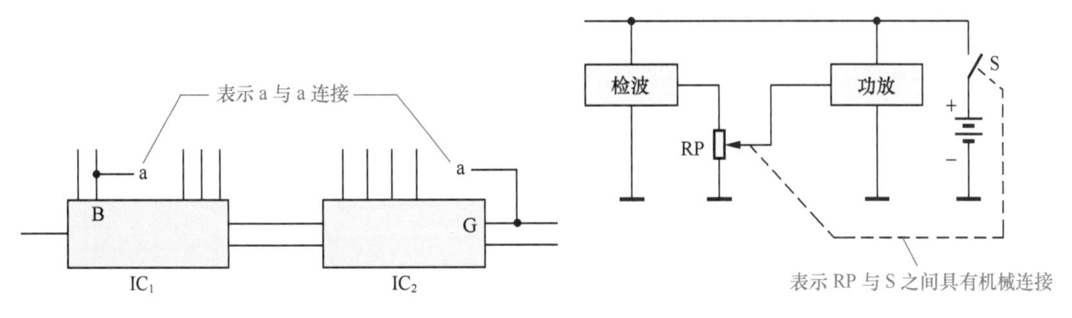

图 3-8 导线的中断画法

图 3-9 非电连接的表示方法

3.2.3 电源线与地线的表示方法

电源线与地线是电路图的重要组成部分，它们有一些约定俗成的表示方法。

（1）电源线与地线的安排

电路图中通常将电源线或双电源中的正电源引线安排在元器件的上方，将地线或双电源中的负电源引线安排在元器件的下方，如图 3-10 所示。

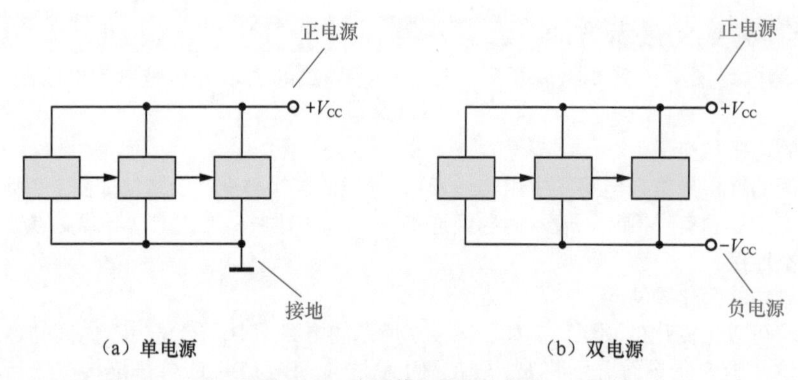

图 3-10 电源线与地线的安排

一般情况下，接地符号是向下引出的，但有时出于绘图布局上的需要，接地符号也可以向上、向左或向右引出，如图 3-11 所示。

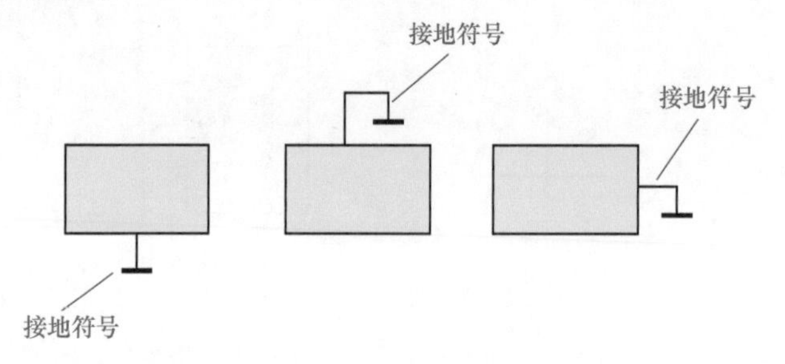

图 3-11 地线符号的方位

（2）电源线与地线的分散表示法

较复杂的电路图中往往不将所有地线连在一起，而以一个个孤立的接地符号代之，如图 3-12（a）所示，应理解为所有这些地线符号是连接在一起的，如图 3-12（b）所示。

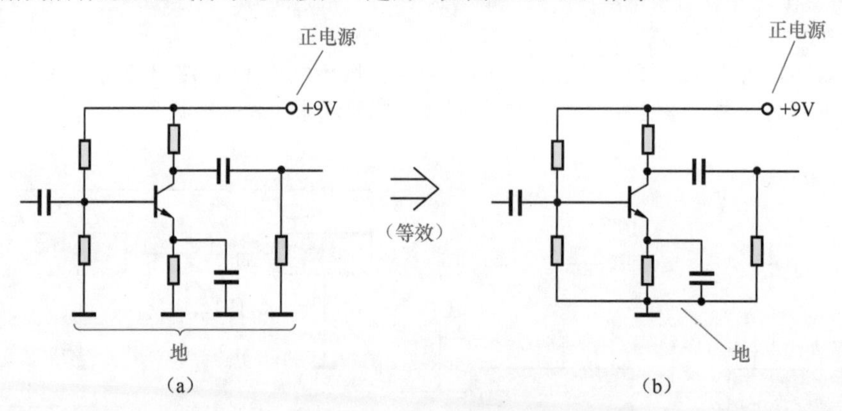

图 3-12 地线的分散画法

有些电路图中的电源线也采用这种分散表示的画法，应理解为所有标示相同（例如都是 +9V）的电源线都是连接在一起的。

3.3 元器件数值的标注

电路图中元器件的数值，一般用简略的形式直接标注在元器件符号旁边。元器件的数值包括数量和计量单位两部分，其中数量部分由阿拉伯数字和表示倍数的词头字母组成，计量单位为字母符号。

3.3.1 电阻值的标注方法

电阻器和电位器阻值的基本计量单位是欧姆，简称欧，用字母“Ω”表示。常用单位还有千欧（kΩ）

和兆欧（MΩ），它们之间的换算关系是：1MΩ=1000kΩ，1kΩ=1000Ω。

（1）电阻器的标注方式

电阻器在电路图中标注时，一般可省略单位符号“Ω”。例如：5.1Ω 的电阻器可标注为“5.1Ω”，也可标注为“5.1”或“5R1”；6.8kΩ 的电阻器标注为“6.8k”或“6k8”；1MΩ 的电阻器标注为“1M”，如图 3-13 所示。

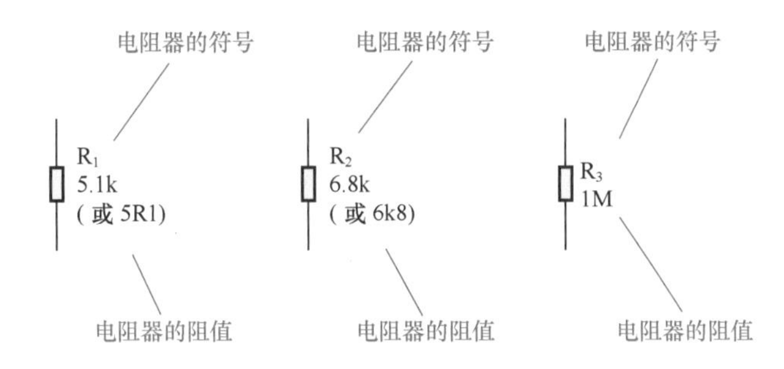

图 3-13　电阻器的标注

（2）可变电阻器的标注方式

对于可变电阻器，电路图中所标注的是其最大阻值。如图 3-14 所示，“10k”表示该可变电阻器的最大阻值为 10kΩ。

（3）电位器的标注方式

对于电位器，电路图中所标注的是其固定两端间的阻值。如图 3-15 所示，“4.7k”表示该电位器上下两固定引出端之间的阻值为 4.7kΩ。

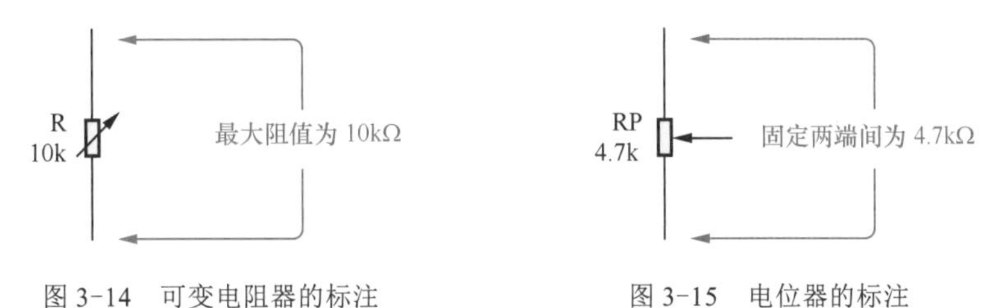

图 3-14　可变电阻器的标注　　图 3-15　电位器的标注

3.3.2　电容量的标注方法

电容器容量的基本计量单位是法拉，简称法，用字母“F”表示。由于法拉作单位在实际运用中往往显得太大，所以常用微法（μF）、纳法（nF，也称作毫微法）和皮法（pF，也称作微微法）作为单位。它们之间的换算关系是：1F =10^6μF，1μF =1000 nF，1nF =1000pF。

（1）电容器的标注方式

电容器在电路图中标注时，一般省略单位符号“F”，对于 pF 级的电容器标注时往往还省略“p”，对于纯小数的 μF 级的电容器标注时也有省略“μ”的情况。例如：100pF 的电容器标注为“100p”或“100”；0.01μF 的电容器标注为“0.01μ”或“0.01”；2.2μF 的电容器标注为“2.2μ”或“2μ2”；47μF 的电容器标注为“47μ”，如图 3-16 所示。

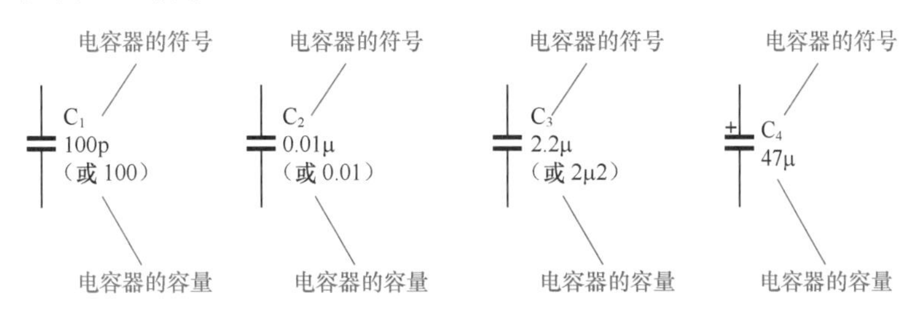

图 3-16　电容器的标注

（2）可变电容器的标注方式

对于可变电容器和微调电容器，通常标注出其最大容量，也有标注出其最小 / 最大容量的。例如，图 3-17（a）表示可变电容器 C_1 的最大容量为 270pF；图 3-17（b）表示可变电容器 C_2 的容量调节范围为 7～270pF。

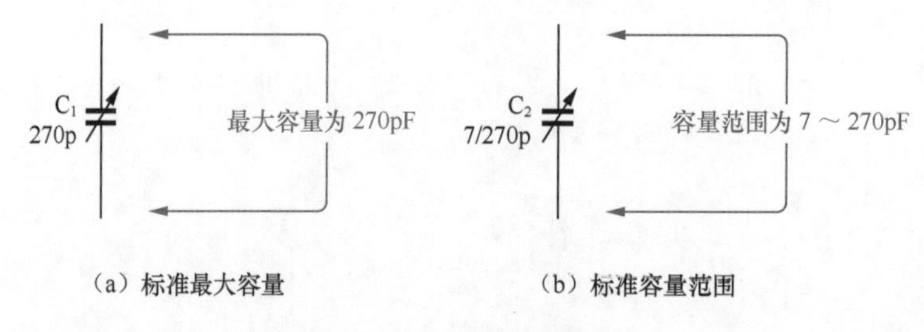

（a）标准最大容量　　（b）标准容量范围

图 3-17　可变电容器的标注

3.3.3　电感量的标注方法

电感器电感量的基本单位是亨利，简称亨，用字母"H"表示。在实际应用中，一般常用毫亨（mH）或微亨（μH）作单位。它们之间的换算关系是：1H =1000mH，1mH =1000μH。

（1）电感器的标注方式

电感器在电路图中标注时，通常直接写明。例如：1.5mH 的电感器标注为"1.5mH"；3μH 的电感器标注为"3μH"，如图 3-18 所示。

（2）可调电感器的标注方式

对于带磁芯连续可调的电感器，电路图中所标注的一般是其中间电感量。如图 3-19 所示，"0.3μH"表示该可调电感器的中间电感量为 0.3μH，并可在一定范围内大小调节。

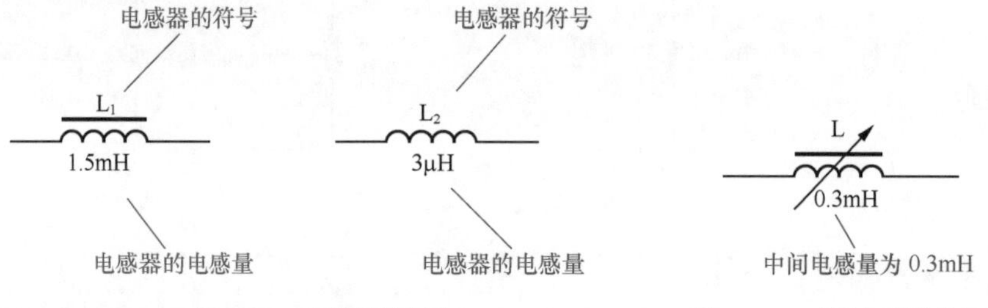

图 3-18　电感器的标注　　图 3-19　可调电感器的标注

3.4　电工识图的方法与技巧

电工电路和设备多种多样，需要实现的功能和达到的目的不同，其电路图的简繁程度也不同。简单的电路图只有一个单元电路、几个元器件，复杂的电路图往往包含许多个单元电路、成千上万个元器件。了解电路图的基本规则，掌握一定的看图技巧，对于看懂和分析电路图是十分重要的。

3.4.1　判断电路图的走向

识读和分析电工电路图总体上应该按照电路工作流程进行，因此，首先需要明确该电路图的走向。

电路图的走向是指电路图中各部分电路，从最初的输入端到最终的输出端的排列方向。电路图一般是以所处理的工作流程为顺序、按照一定的习惯规律绘制的。由于各种电路图的结构功能和复杂程度千差万别，电路图的走向也不尽一致，但是仍存在一些基本的规则。

（1）一般电路的走向

大多数电路图的走向通常为从左到右，即将先后对工作进行处理的各个单元电路，按照从左到右的方向排列，这是最常见的排列形式。也有些电路图采用从上到下的排列方向。例如，图 3-20 所示为超外差收音机电路方框图，其走向就是典型的从左到右排列。无线电信号从左边天线 W 处输入，依次经变频、中放、检波、低放、功放，最后从右边扬声器 BL 处输出声音。

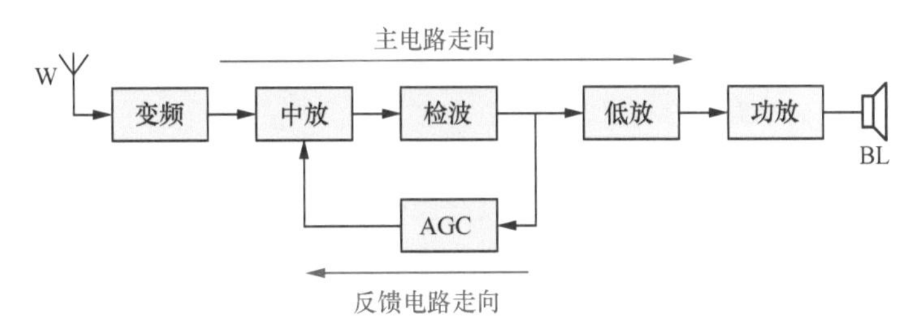

图 3-20　超外差收音机方框图

（2）反馈电路的走向

反馈电路是将输出信号的一部分或全部，反过来送回到输入端。因此，电路图中反馈电路的走向与主电路的走向相反。如果主电路的走向为从左到右，则反馈电路的走向为从右到左。如果主电路的走向为从上到下，则反馈电路的走向为从下到上。例如，在图 3-20 所示的超外差收音机电路方框图中，自动增益控制电路（AGC）是一个反馈电路，其走向为从右到左，与主电路从左到右的走向相反。

（3）复杂电路的走向

某些较复杂的电路图，由于某种原因，在总体符合以上规则的情况下，部分电路做了逆向的安排，这也是常见的，但通常会用箭头符号指示出电路的走向。例如，图 3-21 所示的电子钟电路方框图中，为了符合人们看图时的“时”“分”“秒”的视觉习惯，就采用了从右到左、从下到上的非常规的电路图走向。

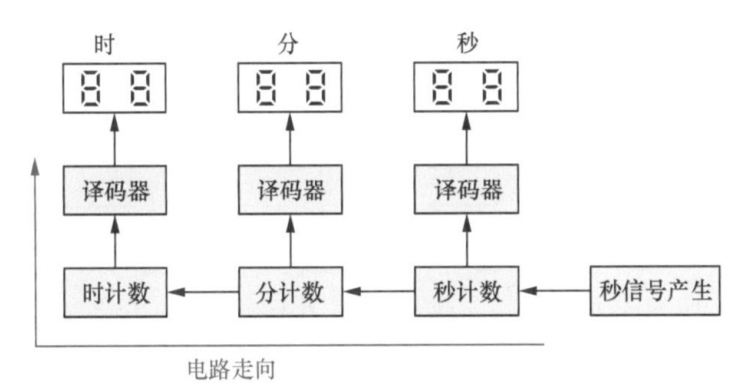

图 3-21　电子钟电路方框图

总的来说，判断电路图的走向时，可根据电路图的整体功能，找出整个电路图的总输入端和总输出端，即可判断出电路图的走向。例如，在图 3-22 所示的直流稳压电源电路中，接入交流 220V 市电处为总输入端，输出直流稳定电压处为总输出端，电路图的走向为从左到右。

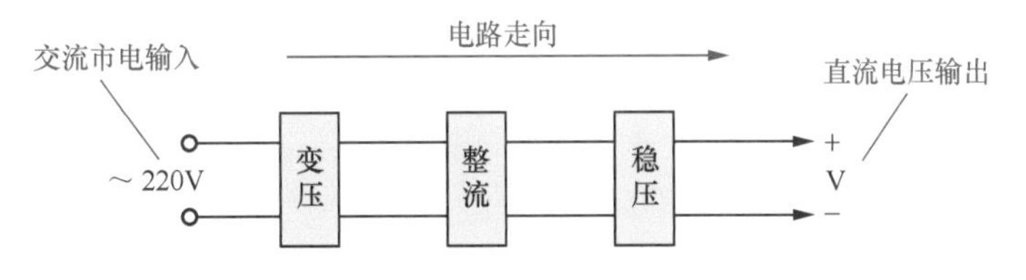

图 3-22　直流稳压电源电路

3.4.2　按功能分解电路图为单元电路

除了一些非常简单的电路外，大多数电路图都是由若干个单元电路组成的。掌握了电路图的整体功能和走向，可以说是对电路有了一个宏观的整体的基本了解，但是要深入地具体分析电路的工作原理，还必须将复杂的电路图分解为具有不同功能的单元电路。

（1）分解电路图

一般来讲，晶体管、集成电路等是各个单元电路的核心元器件。因此，我们可以以晶体管或集成电路等主要元器件为标志，按照工作流程方向将电路图分解为若干个单元电路，并据此画出电路原理方框图。方框图有助于我们掌握和分析电路图。

（2）电路图分解举例

图 3-23 所示为电子门铃电路图，我们现在以此为例讲解怎样分解电路图。我们可以根据集成电路等核心元器件，将整机电路图分解为以下 5 个单元电路：

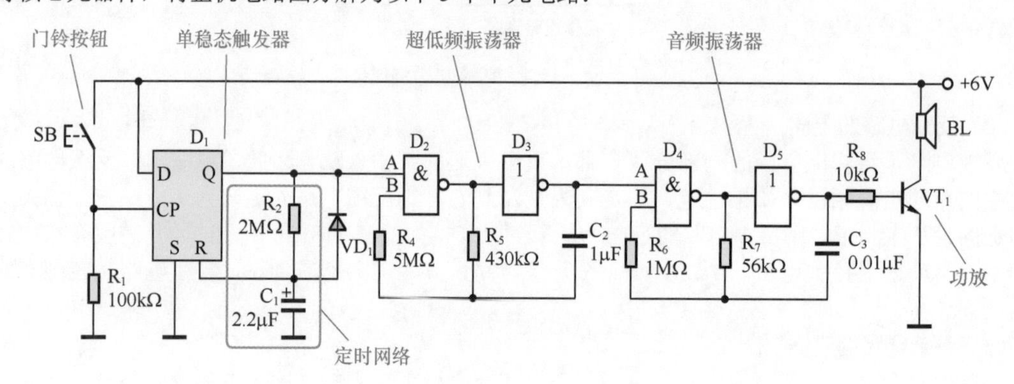

图 3-23　电子门铃电路图

① 按钮开关 SB 等构成的控制单元电路；

② 触发器 D_1 等构成的单稳态触发器单元电路；

③ 与非门 D_2、D_3 等构成的超低频门控多谐振荡器单元电路；

④ 与非门 D_4、D_5 等构成的音频门控多谐振荡器单元电路；

⑤ 晶体管 VT_1 等构成的功率放大单元电路。

图 3-24 所示为电子门铃的整机原理方框图。

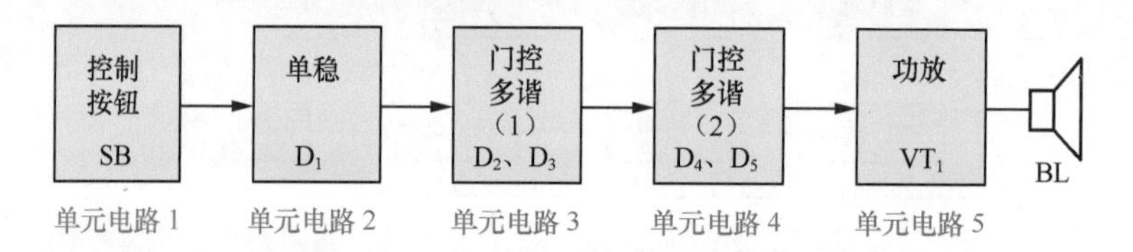

图 3-24　电子门铃的整机原理方框图

3.4.3 常见单元电路的结构特点

如果把元器件比作细胞，那么单元电路就是器官，电路图的整体功能是通过各个单元电路有机组合而实现的。很多常见的单元电路，如放大器、振荡器、有源滤波器等，往往具有特定的电路结构，掌握常见单元电路的结构特点，对于看图识图会有很大的帮助。

（1）放大单元电路的结构特点

放大单元电路的结构特点是具有一个输入端和一个输出端，在输入端与输出端之间是晶体管或集成运放等放大器件，如图 3-25 所示。有些放大器具有负反馈。如果输出信号是由晶体管发射极引出的，则是射极跟随器电路。

（2）振荡单元电路的结构特点

振荡单元电路的结构特点是没有外在的电路输入端，晶体管或集成运放的输出端与输入端之间接有一个具有选频功能的正反馈网络，将输出信号的一部分正反馈到输入端以形成振荡，如图 3-26 所示。

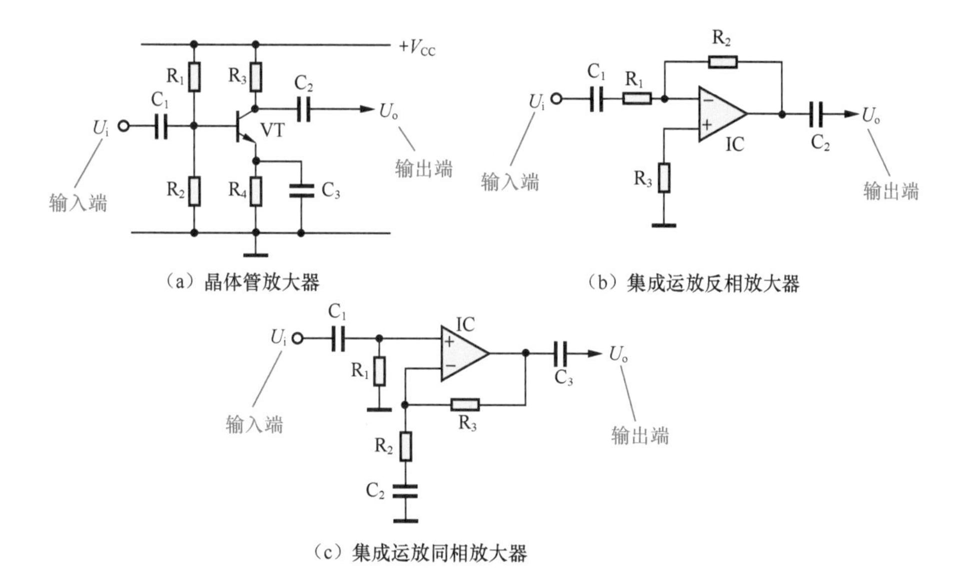

（a）晶体管放大器

（b）集成运放反相放大器

（c）集成运放同相放大器

图 3-25　放大单元电路的结构

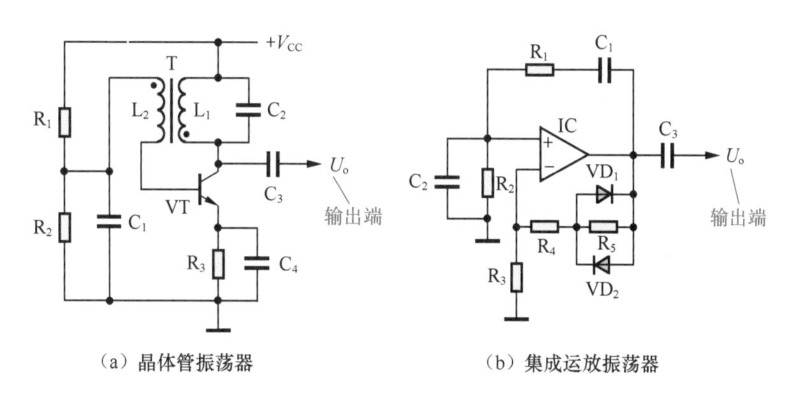

（a）晶体管振荡器

（b）集成运放振荡器

图 3-26　振荡电路的结构

图 3-26（a）所示为晶体管振荡器，晶体管 VT 的集电极输出信号，由变压器 T 倒相后正反馈到其基极，T 的初级线圈 L_1 与 C_2 组成选频回路，决定电路的振荡频率。

图 3-26（b）所示为集成运放振荡器，在集成运放 IC 的输出端与同相输入端之间接有 R_1、C_1、R_2、C_2 组成的桥式选频反馈回路，IC 输出信号的一部分经桥式选频回路反馈到其输入端，振荡频率由组成选频回路的 R_1、C_1、R_2、C_2 的值决定。

（3）滤波单元电路的结构特点

滤波单元电路的结构特点是含有电容器或电感器等具有频率函数的元件，有源滤波器还含有晶体管或集成运放等有源器件，在有源器件的输出端与输入端之间接有反馈元件。由于电感器比较笨重，有源滤波器通常采用电容器作为滤波元件，如图 3-27 所示。

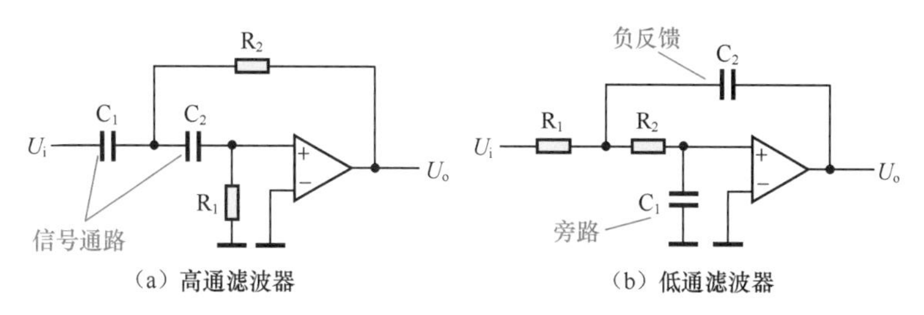

（a）高通滤波器

（b）低通滤波器

图 3-27　滤波电路的结构

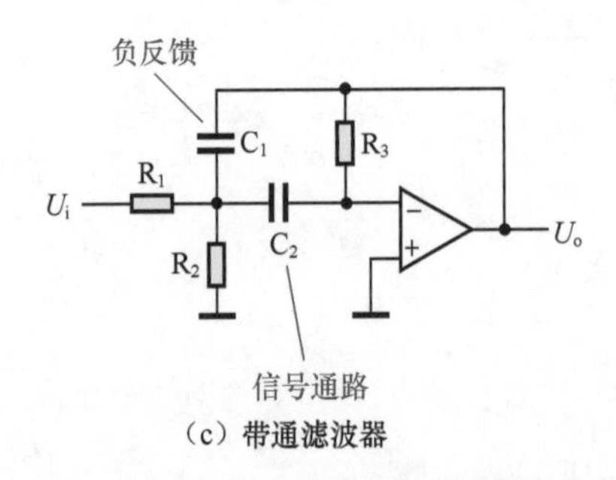

（c）带通滤波器

图 3-27　滤波电路的结构（续）

高通滤波器电路中电容器接在信号通路，低通滤波器电路中电容器接在旁路或负反馈回路，带通滤波器在信号通路和负反馈回路中都有电容器。

3.4.4　顺向看图分析法

顺向看图分析法，即顺着电路图走向从输入端到输出端依次进行分析。现举例做进一步的说明。

图 3-28 所示为声光控楼道灯电路。电路图中，位于左边的驻极体话筒 BM（接收声音信号）和光电二极管 VD（接收光信号）是整个电路的输入端，位于右边的照明灯 EL 是整个电路的最终负载，电路图的走向为从左到右。顺向看图分析法就是按照从左到右的顺序，从输入端到输出端依次分析。

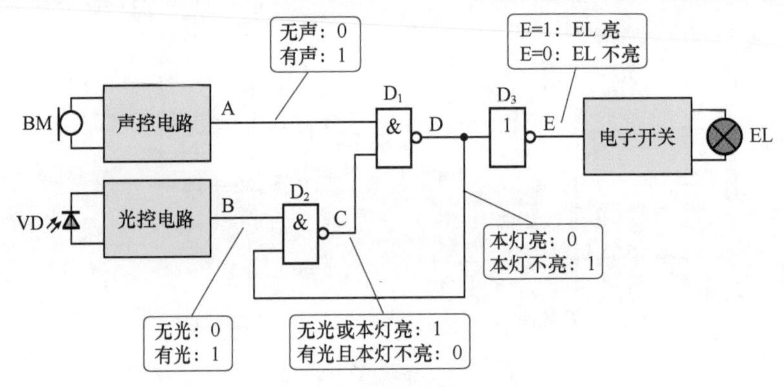

图 3-28　声光控楼道灯电路

① 当驻极体话筒 BM 接收到声音信号时，经声控电路放大、整形和延时后，其输出端 A 点为“1”，送入与非门 D_1 的上输入端。如果这时是在夜晚，无环境光，光控电路输出端 B 点为“0”，同时由于本灯不亮故 D 点为“1”，所以与非门 D_2 输出端 C 点为“1”，送入与非门 D_1 的下输入端。由于与非门 D_1 的两个输入端都为“1”，其输出端 D 点变为“0”，反相器 D_3 输出端 E 点为“1”，使电子开关导通，照明灯 EL 点亮。

② 由于声控电路中含有延时电路，声音信号消失后再延时一段时间，A 点电平才变为“0”，使照明灯 EL 熄灭。

③ 当本灯 EL 点亮时，D 点的“0”同时加至 D_2 的下输入端将其关闭，使得 B 点的光控信号无法通过。这样，即使本灯的灯光照射到光电二极管 VD 上，系统也不会误认为是白天而造成照明灯刚点亮就立即又被关闭。

④ 如果是在白天，环境光被光电二极管 VD 接收，光控电路输出端 B 点为“1”，由于本灯不亮故 D 点也为“1”，所以与非门 D_2 输出端 C 点为“0”，送入与非门 D_1 的下输入端，关闭了与非门 D_1，此时不论声控电路输出如何，D_1 输出端 D 点恒为“1”，E 点则为“0”，使电子开关关断，照明灯 EL 不亮。

通过以上分析我们可以知道，声光控楼道灯的逻辑控制功能为：① 白天整个楼道灯不工作。② 晚上有一定响度的声音时楼道灯打开。③ 声音消失后楼道灯延时一段时间才关闭。④ 本灯点亮后不会被误认为是白天。

3.4.5 逆向看图分析法

逆向看图分析法，即逆着电路图的走向从输出端到输入端倒推进行分析。仍以图 1-33 所示的声光控楼道灯电路为例。

① 照明灯 EL 点亮的条件是，电子开关输入端 E 点必须为“1”，即 D 点必须为“0”。

② D 点为“0”的条件是与非门 D_1 的两个输入端都为“1”。D_1 的上输入端连接的是声控电路的输出端 A，有声时 A 为“1”，无声时 A 为“0”。D_1 的下输入端受与非门 D_2 输出端 C 点控制，而 D_2 的两个输入端分别接光控电路输出端 B 点和本灯信号 D 点，在无环境光或本灯已亮时 C 为“1”，在有较强环境光且本灯不亮时 C 为“0”。

通过以上分析可知，在白天环境光较强时，照明灯 EL 被关闭。在夜晚，照明灯 EL 则受声控电路的控制，有声音时亮，声音消失后延时一定时间然后关闭。这个分析结果与顺向看图分析法一致。

第4章 照明电路图的识读

现代照明基本上都使用电光源，保障电光源正常可靠工作的电路称之为照明电路。照明电路是电工电路中涉及面最广、应用最普遍的电路，包括控制照明灯亮与灭的开关电路、为特种电光源提供配套的电源电路等。

4.1 照明控制电路

照明用电光源主要包括白炽灯、日光灯、石英灯、节能灯、LED等种类，如图4-1所示。照明用电光源的特点是通电即亮、断电即灭。因此，用开关控制照明灯的供电电路，接通电路则照明灯亮（开灯），切断电路则照明灯灭（关灯），这就是最基本的照明控制电路。照明控制电路还可以实现一个开关控制多盏灯、多个开关控制同一盏灯，以及声控、光控、自动控制照明灯等。

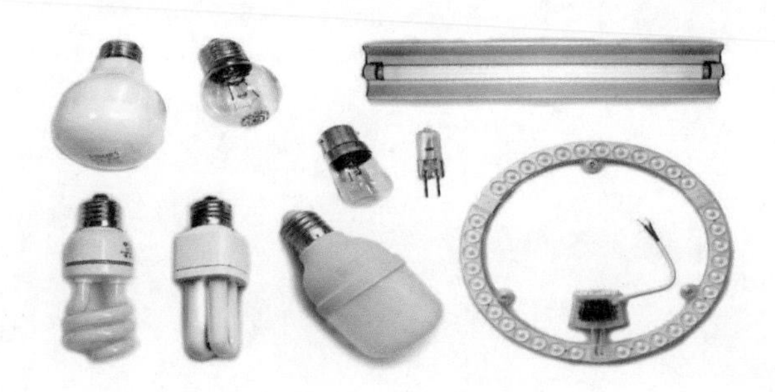

图4-1 电光源的种类

4.1.1 单开关单控电路

单开关单控电路可以实现一个开关控制一盏灯的开与关，或者控制若干盏灯同时开与关。

（1）一个开关控制一盏灯

一个开关控制一盏灯的电路如图4-2所示，这是一种最基本、最常用的照明灯控制电路。开关S应串联接在220V市电电源的相线上，这样在关断开关S后，照明灯上即不带电，确保安全。如果开关S串联接在220V市电电源的零线上，虽然也可实现开灯、关灯，但关灯后照明灯上仍然带电，存在安全隐患。图4-3所示为一个开关控制一盏灯的实物接线图。该电路适用于所有电光源照明控制，包括白炽灯、日光灯、石英灯、节能灯、LED等。

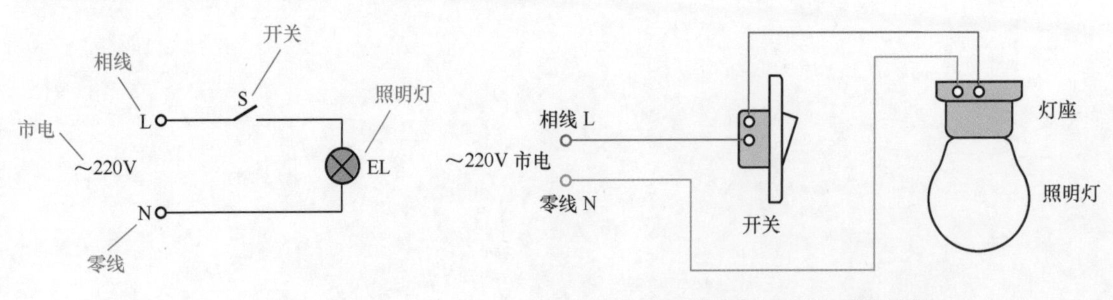

图4-2 一个开关控制一盏灯

图4-3 一个开关控制一盏灯实物接线图

现在使用的绝大多数照明灯都是螺旋接口，俗称螺口灯泡，包括白炽灯、紧凑型节能灯、一体式 LED 等。接线时应注意，相线必须接在灯座的中心接点上，如图 4-4 所示，这样灯座及灯泡的螺旋扣即使外露也可确保安全。S 采用单极单位开关即可，开关和灯座的额定电压和额定电流指标，应大于所用照明灯的相应指标。

（2）一个开关控制多盏灯

一个开关可以控制多盏灯同时开与关，电路如图 4-5 所示，将需要同时控制的多盏灯（图中示出了 3 盏灯）并联后接入电路即可，这些照明灯将同时受开关 S 的控制，一起开灯，一起关灯。

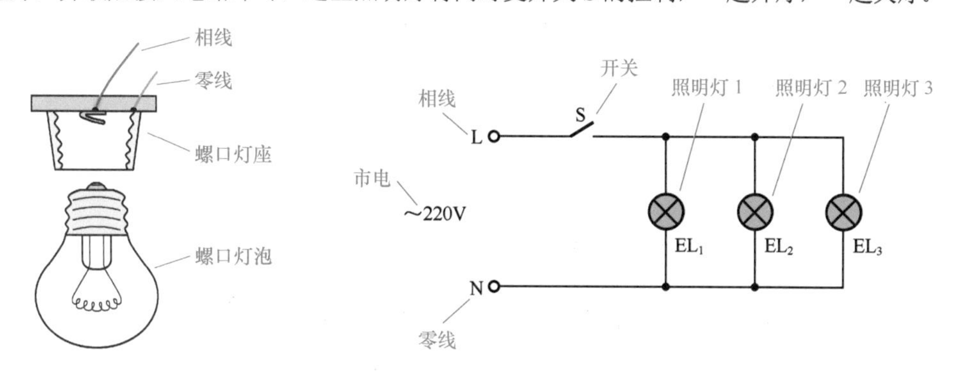

图 4-4　螺口照明灯与灯座　　　　图 4-5　一个开关控制多盏灯

实际操作时，为避免布线中途的导线接头，特别是暗埋式布线中途接头易成为故障点且维修麻烦，可根据具体情况，将接头安排在灯座中，如图 4-6 所示。或将接头安排在开关盒中，如图 4-7 所示。开关的额定电流指标应大于所有被其控制的灯泡电流的总和。

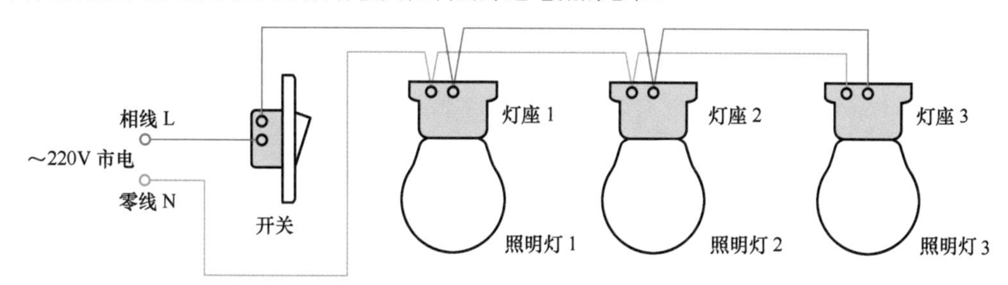

图 4-6　一个开关控制多盏灯接线图之一

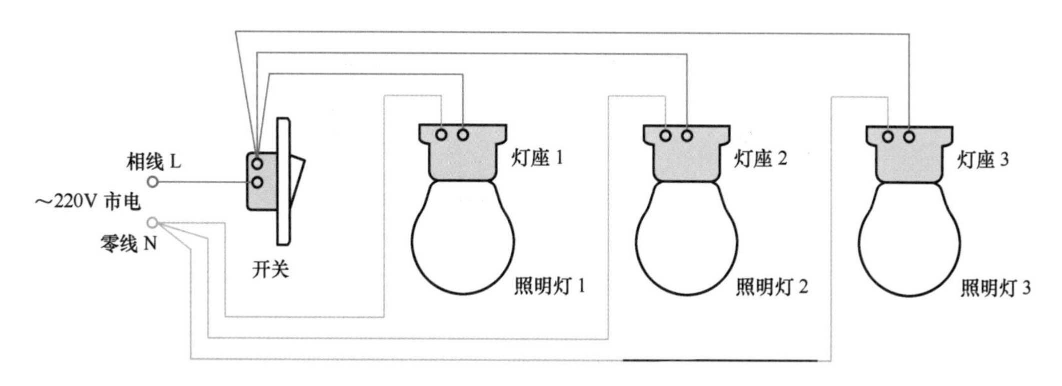

图 4-7　一个开关控制多盏灯接线图之二

4.1.2　单开关双控电路

一个开关可以分别控制两盏灯，电路如图 4-8 所示，控制开关 S 为单极三位开关。当开关 S 拨向最下端时，接通了照明灯 EL_1 的电源而使其点亮。当 S 拨向中间端时，接通了照明灯 EL_2 的电源而使其点亮。当 S 拨向最上端时，两个照明灯的电路均被切断而不亮。图 4-9 所示为一个开关分别控制两盏灯的实物接线图。

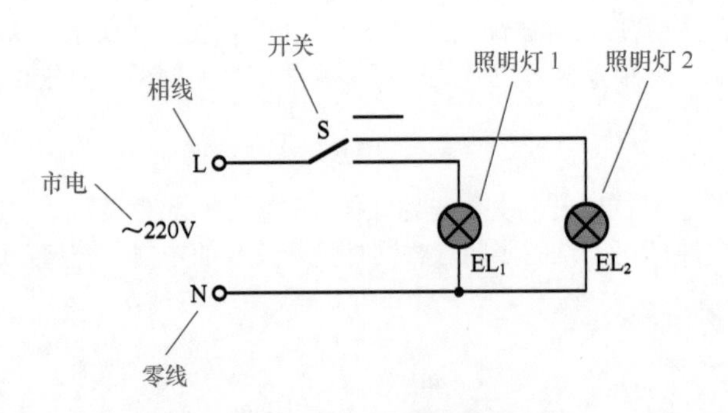

图 4-8　一个开关分别控制两盏灯

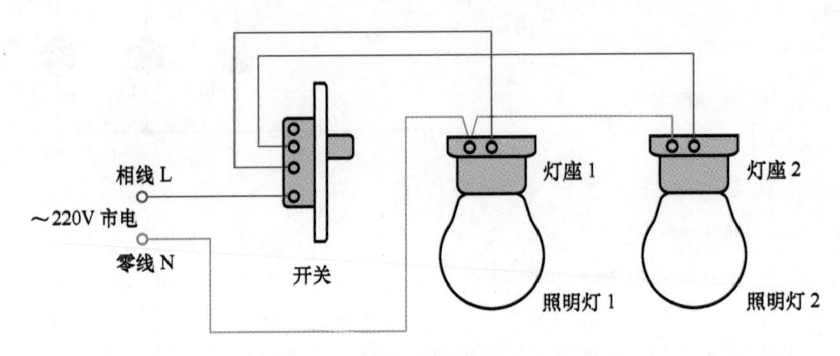

图 4-9　一个开关分别控制两盏灯接线图

4.1.3　双开关控制电路

双开关控制电路可以实现两个开关在两处控制同一盏灯。

（1）两个开关在两处控制同一盏灯

两个开关在两处可以控制同一盏灯，其中任何一个开关都能够打开该灯，任何一个开关也都能够关闭该灯。两个开关在两处控制同一盏灯的电路如图 4-10 所示，开关 S_1、S_2 均为单极双位开关，在两个开关之间需安排两根连接导线。

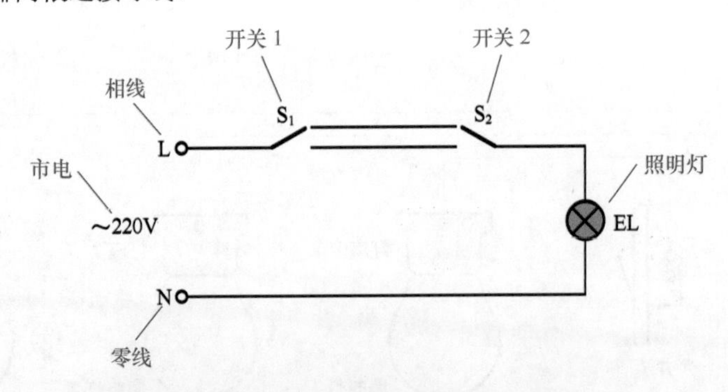

图 4-10　两个开关在两处控制同一盏灯电路

当 S_1 与 S_2 拨向相同（都拨向上端或都拨向下端）时，电路接通，照明灯 EL 点亮。当 S_1 与 S_2 拨向不同（一个拨向上端、另一个拨向下端）时，电路切断，照明灯 EL 熄灭。这种接线方法，可以在两个地方都能够控制同一盏灯的亮与灭。例如，将开关 S_1 设置在门口，S_2 设置在床头，您进门时用 S_1 打开照明灯，就寝时则用 S_2 关灯，十分方便。图 4-11 所示为两个开关在两处控制同一盏灯的实物接线图。

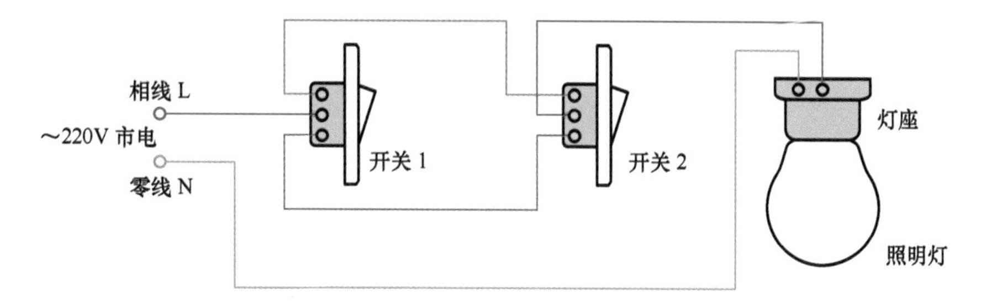

图 4-11 两个开关在两处控制同一盏灯的实物接线图

（2）两个开关单线控制同一盏灯

图 4-12 所示为两个开关在两处控制同一盏灯的另一种接线方法，在两个开关 S_1、S_2 之间只需要一根连接导线，而且两个开关均使用单极单位开关即可，同样可以达到两个开关在两处控制同一盏灯的效果。当 S_1 与 S_2 拨向相同时，两个二极管为顺向串联，提供电流通路，照明灯 EL 点亮。当 S_1 与 S_2 拨向不同时，两个二极管为反向串联，总有一个二极管处于截止状态，切断电流通路，照明灯 EL 熄灭。

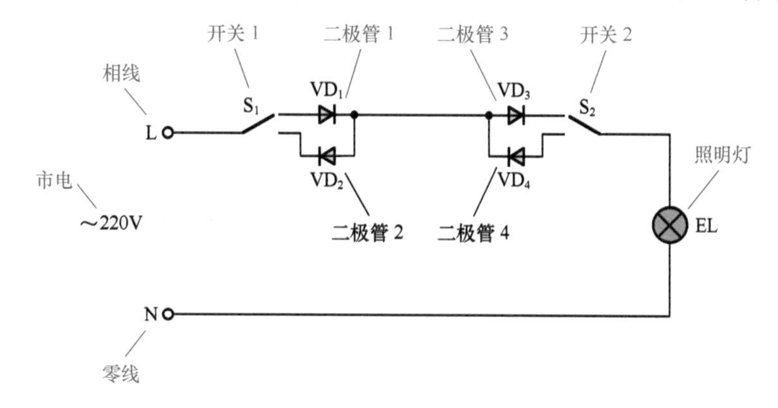

图 4-12 两个开关在两处控制同一盏灯的另一种接线电路

由于二极管的存在，电路变成了半波供电，照明灯的亮度有所降低，并且只适用于白炽灯、石英灯等。这种方法适用于两个开关相距较远、对灯光亮度要求不高的场合，例如应用于楼梯的照明灯控制，S_1 置于楼下，S_2 置于楼上，您可在楼下用 S_1 打开楼梯灯，上楼进家门后则用 S_2 关灯。二极管 $VD_1 \sim VD_4$ 一般可用 1N4007，如果所用灯泡功率超过 200W 则应采用 1N5407 等整流电流更大的二极管。图 4-13 所示为两个开关在两处单线控制同一盏灯的实物接线图。

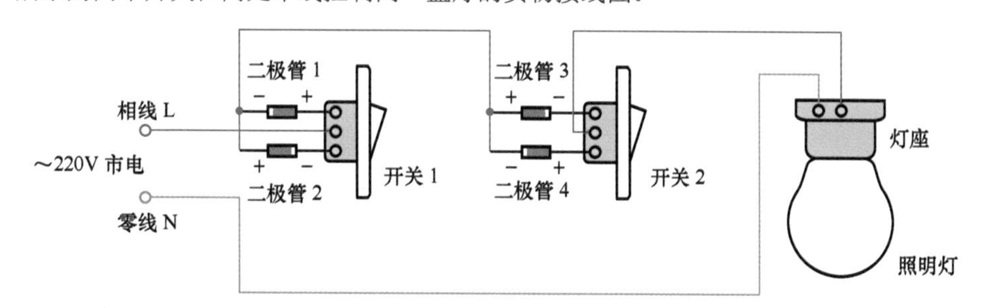

图 4-13 两个开关在两处单线控制同一盏灯的实物接线图

4.1.4 三开关控制电路

三个开关可以在三处控制同一盏灯电路如图 4-14 所示，S_1、S_3 为单极双位开关，S_2 为双极双位开关，各开关之间均用两根导线连接。三个开关 S_1、S_2、S_3 中，任何一个开关都可以独立地控制同一盏照明灯 EL 的亮与灭。即在照明灯 EL 不亮时，任何一个开关都可以开灯；而在照明灯 EL 亮着时，任何一个开关都可以关灯。图 4-15 所示为三个开关在三处控制同一盏灯的实物接线图。

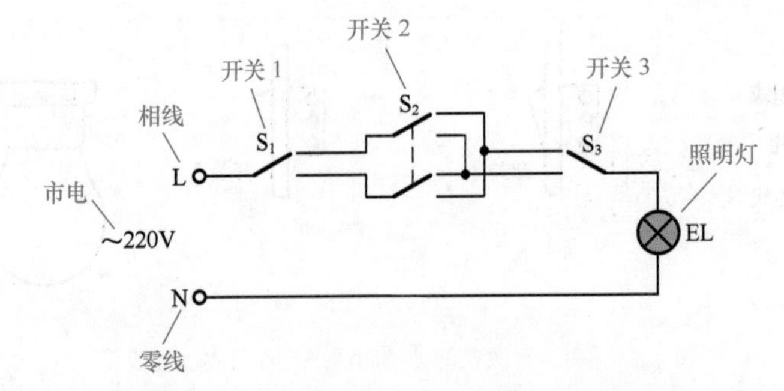

图 4-14　三个开关在三处控制同一盏灯电路

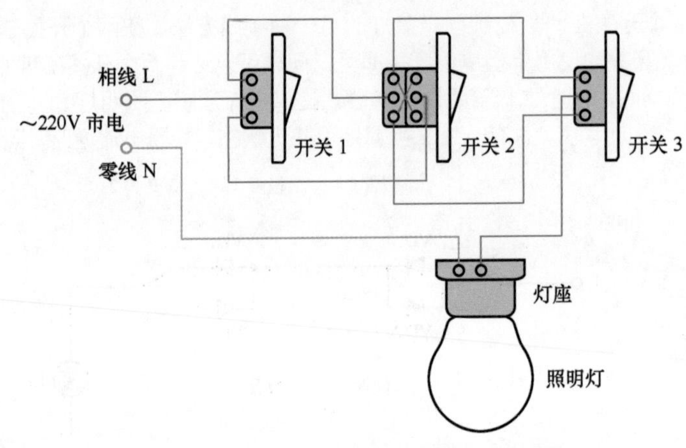

图 4-15　三个开关在三处控制同一盏灯的实物接线图

4.1.5　多路控制楼道灯电路

多路控制楼道灯电路可以实现每一层楼都可以打开楼道灯，每一层楼也都可以关闭楼道灯，方便夜晚人们上下楼。

（1）多开关控制楼梯照明灯

图 4-16 所示为六层楼的楼梯照明灯多开关控制电路，S_1、S_6 为单极双位开关，S_2～S_5 为双极双位开关。六个照明灯和六个开关分别安装在六个楼层，六层楼的照明灯一起开关，可以用任一开关开灯，也可以用任一开关关灯。比如人们可以在楼道口开灯，上楼后再关灯；也可以在任一楼层开灯，下楼后再关灯。该控制电路既提供了方便又有利于节电。图 4-17 所示为多开关控制楼梯照明灯的实物接线图。

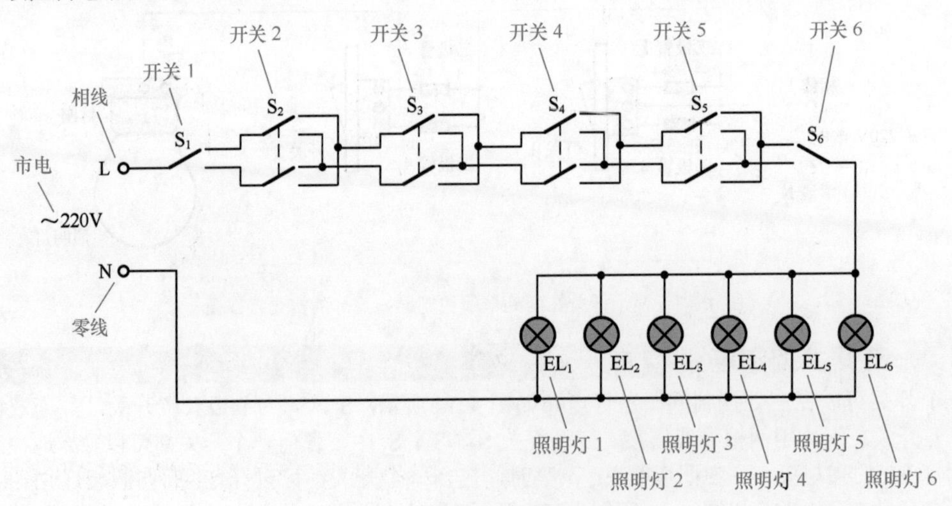

图 4-16　多开关控制楼梯照明灯电路

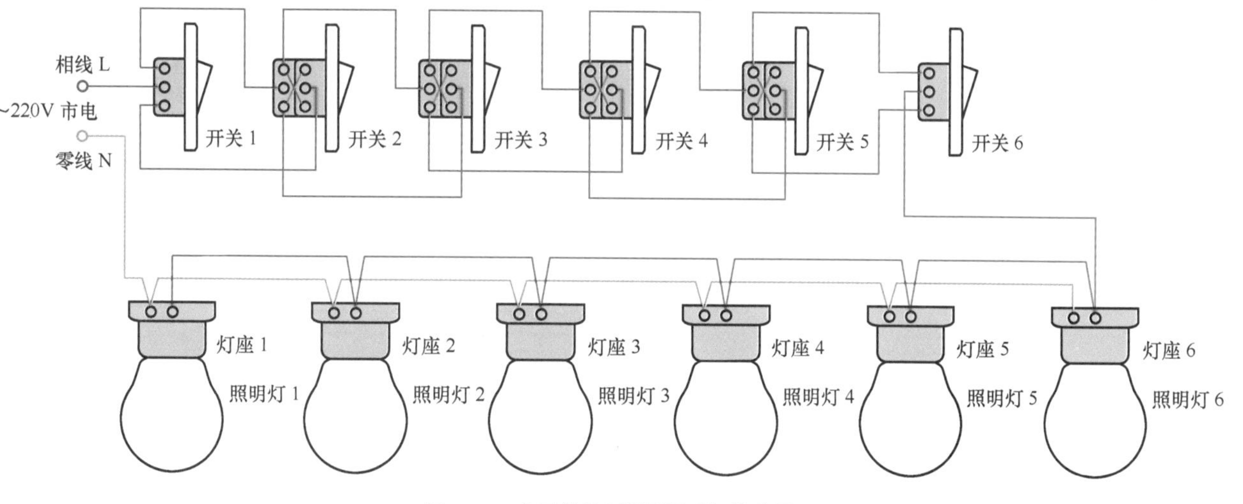

图 4-17 多开关控制楼梯照明灯接线图

（2）晶闸管多路控制楼道灯电路

多路控制楼道灯电路采用双向晶闸管控制，可以在任一楼层打开或关闭楼道灯，极大地方便了晚间楼道内的行人。图 4-18 所示为多路控制楼道灯电路图。

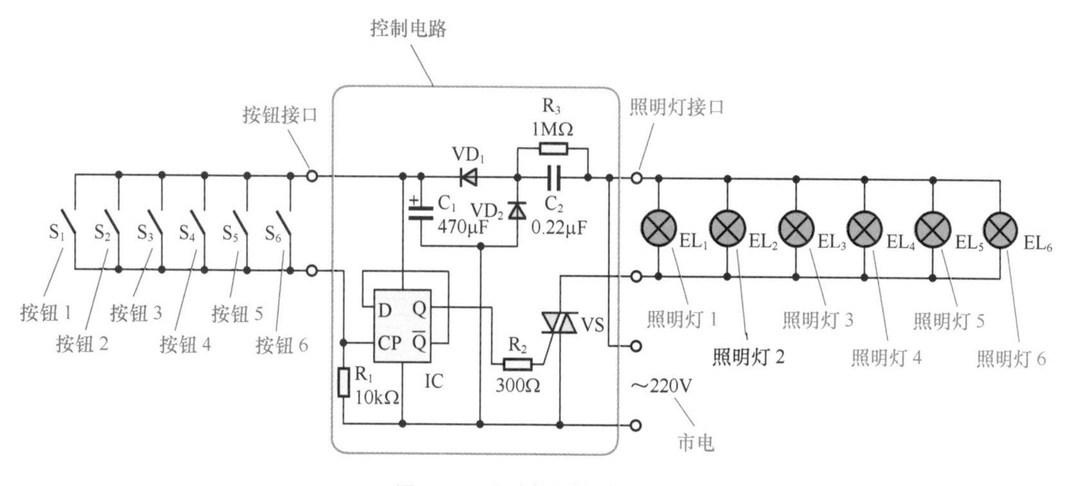

图 4-18 多路控制楼道灯电路

电路控制部分为 D 触发器（IC）构成的双稳态触发器，其 Q 输出端信号经 R_2 加至双向晶闸管 VS 的控制极，作为 VS 的触发信号。双稳态触发器的特点是具有两个稳定的状态，并且在外加触发信号的作用下，可以由一种稳定状态转换为另一种稳定状态。在没有外加触发信号时，现有状态将一直保持下去。

电路图中，S_1 ~ S_6 为控制按钮开关，任意一个按下时，将在电阻 R_1 上产生一个脉冲电压，触发双稳态触发器 IC 翻转。当双稳态触发器的 Q 输出端为“1”时，高电平经 R_2 触发双向晶闸管 VS 导通，楼道灯 EL_1 ~ EL_6 点亮。当双稳态触发器的 Q 输出端为“0”时，双向晶闸管 VS 因无触发信号而在交流电过零时截止，楼道灯 EL_1 ~ EL_6 熄灭。

控制按钮可以无限制地增加数量，互相并联即可。这些控制按钮按需要分布在各个楼层，每个楼层的楼道灯也互相并联在一起。图 4-19 所示为六层楼的多路控制楼道灯实物接线图。

例如，某人住在六楼，晚上回来时在一楼按一下控制按钮 S_1，所有楼层的楼道灯都点亮提供照明。当他到达六楼家门口时，按一下六楼的控制按钮 S_6，所有楼层的楼道灯都熄灭，既方便又节约电能。

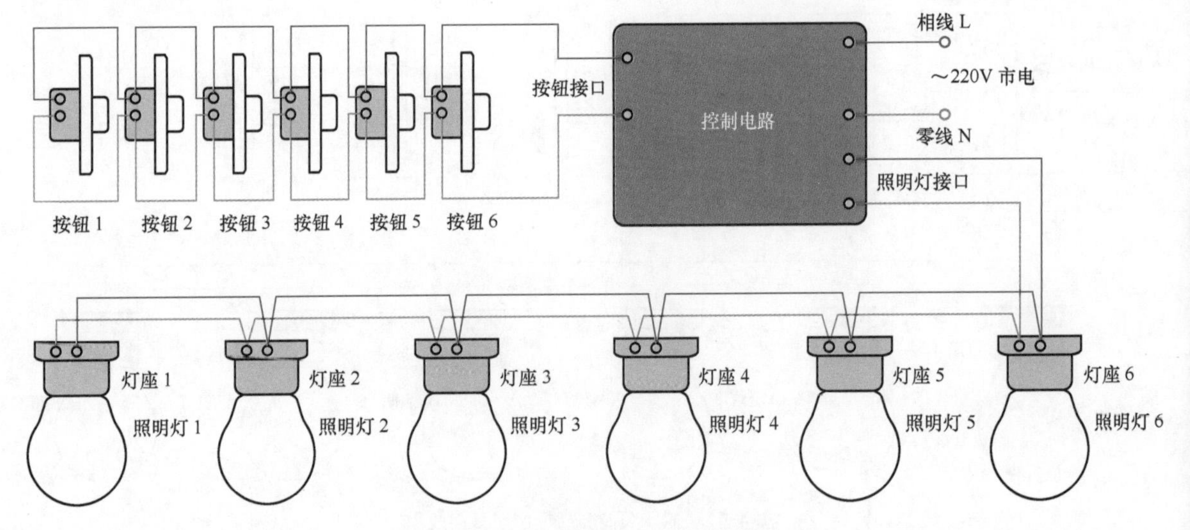

图 4-19 多路控制楼道灯的实物接线图

电路采用电容降压整流电源供电，C_2 为降压电容，R_3 为其泄放电阻，VD_1 为整流二极管，VD_2 为续流二极管，C_1 为滤波电容。电容降压整流电源的最大特点是电路简单、成本低廉，主要应用于小电流供电场合。

4.1.6 轻触台灯开关电路

图 4-20 所示为轻触台灯开关电路，“开”和“关”为两个轻触按钮开关 SB_1 和 SB_2，NE555 时基电路 IC 构成双稳态触发器完成控制功能，单向晶闸管 VS 构成无触点直流开关，控制台灯 EL 的点亮与熄灭。图 4-21 所示为轻触台灯开关电路实物应用接线图。

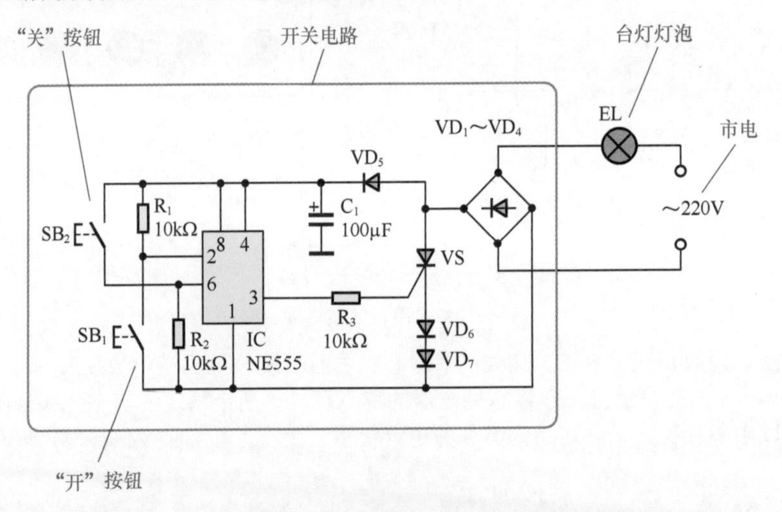

图 4-20 轻触台灯开关电路

当按下“开”轻触按钮开关 SB_1 时，NE555 时基电路的第 2 脚被接地，即在双稳态触发器的置“1”输入端加上一个“0”电平触发脉冲，双稳态触发器被置“1”，其输出端（第 3 脚）输出为高电平，经 R_3 加至单向晶闸管 VS 的控制极，触发 VS 导通，台灯点亮。

当按下“关”轻触按钮开关 SB_2 时，NE555 时基电路的第 6 脚被接正电源，即在双稳态触发器的置“0”输入端加上一个“1”电平触发脉冲，双稳态触发器被置“0”，其输出端（第 3 脚）输出为“0”，单向晶闸管 VS 失去触发信号，在交流电过零时截止，台灯熄灭。

晶体二极管 VD_1 ~ VD_4 构成桥式整流电路，为控制电路提供直流电源，同时使得单向晶闸管可以控制台灯的交流回路。VD_5 起隔离作用，其左侧因为有 C_1 滤波而为 IC 提供平稳的直流电压，其右侧的脉动电压保证晶闸管 VS 可以在过零时截止。VD_6 与 VD_7 的作用是提高 VS 的管压降，确保在 VS 导通时 IC 仍能得到一定的工作电压。

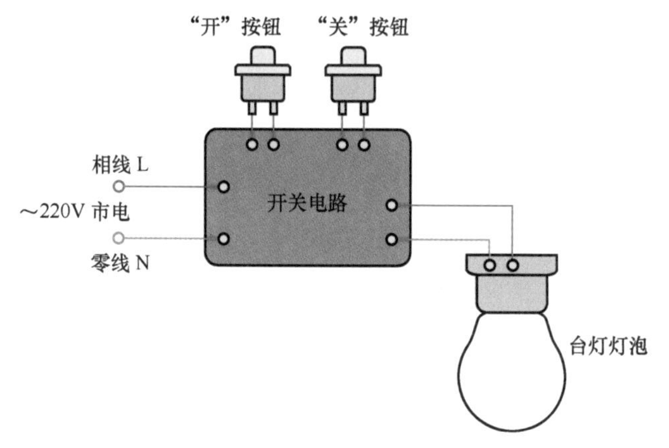

图 4-21　轻触台灯开关电路实物应用接线图

4.1.7　单触摸开关电路

图 4-22 所示为晶闸管构成的单触摸开关电路。该触摸开关具有延时功能，可应用于楼道、走廊等公共部位的照明灯节电控制。行人需要时用手触摸一下开关，照明灯即点亮，并在数十秒后自动熄灭。

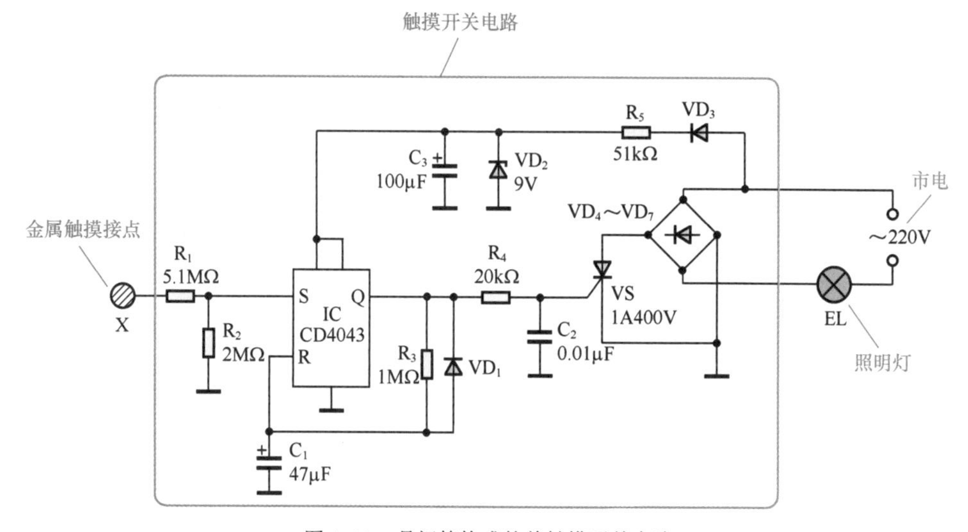

图 4-22　晶闸管构成的单触摸开关电路

触摸开关的控制核心是 RS 触发器 CD4043（IC），R_3 与 C_1 构成阻容延时电路，使 RS 触发器工作于单稳态状态。X 为金属触摸接点。单向晶闸管 VS、整流桥 VD_4 ~ VD_7 等构成执行电路，在 RS 触发器输出信号的作用下控制照明灯 EL 的亮与灭。

当人体接触到金属触摸接点 X 时，人体感应电压经 R_1 加至触发器的 S 端（置"1"输入端），使触发器置"1"，输出端 $Q = 1$（高电平），通过 R_4 使单向晶闸管 VS 导通，照明灯 EL 点亮。R_1 为隔离电阻，以其高阻值确保金属触摸点对人体的安全。

触发器置"1"的同时，输出端 Q 的高电平经 R_3 向 C_1 充电，C_1 上电压逐步上升。当 C_1 上电压达到 R 端（置"0"输入端）的阈值时，触发器被置"0"，输出端 $Q = 0$，单向晶闸管 VS 在交流电过零时关断，照明灯 EL 熄灭。

该触摸开关电路可以直接安装到开关盒内，取代原照明灯的开关。图 4-23 所示为单触摸开关电路实物应用接线图。

照明灯 EL 点亮的时间 T_W 由延时电路 R_3 与 C_1 的取值决定，$T_W = 0.69$（R_3C_1），本电路中延时时间约为32s。二极管VD_1的作用是当延时结束$Q=0$时，将C_1上的电荷迅速放掉，为下一次触发做好准备。

如需要改变照明灯EL点亮的时间，可以通过改变R_3或C_1的大小来实现，增大R_3或C_1则亮灯时间加长，减小R_3或C_1则亮灯时间缩短。

VS采用1A、400V的单向晶闸管，可控制100W以下的照明灯。如欲控制更大功率的照明灯，应采用更大工作电流的晶闸管VS和整流二极管VD_4～VD_7。

二极管VD_4～VD_7构成整流桥，作用是无论交流220V市电的相线与零线怎样接入电路，都能保证控制电路正常工作。整流二极管VD_3、降压电阻R_5、滤波电容C_3和稳压二极管VD_2组成电源电路，将交流220V市电直接整流为+9V电源供控制电路工作。

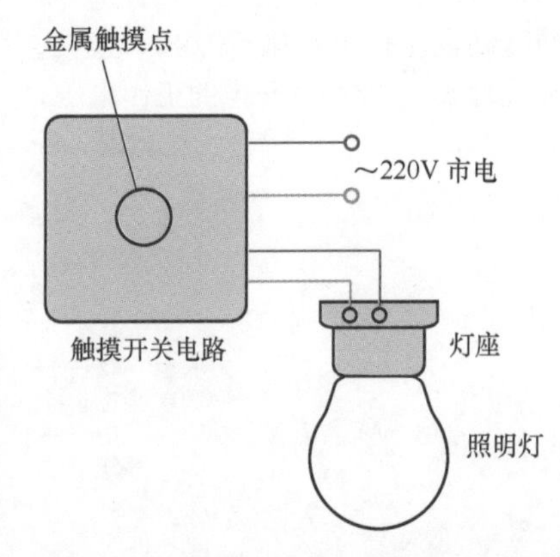

图4-23　单触摸开关电路实物应用接线图

4.1.8　双触摸开关电路

图4-24所示为555时基电路构成的双触摸开关电路，“开”和“关”为两对金属触摸接点。当用手触摸“开”接点时，人体电阻将接点接通，使555时基电路第2脚接地，其第3脚输出高电平，晶体管VT导通，继电器K吸合，照明灯EL点亮。

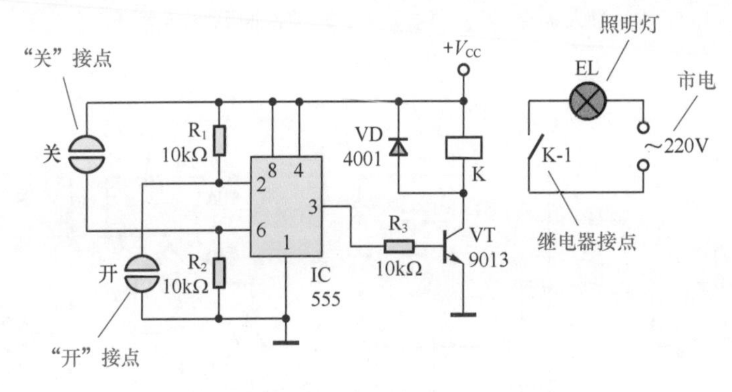

图4-24　555时基电路构成的双触摸开关电路

当用手触摸“关”接点时，电源电压$+V_{CC}$加至555时基电路第6脚，其第3脚输出为“0”，晶体管VT截止，继电器K释放，照明灯EL熄灭。VD为保护二极管，防止晶体管VT截止时被继电器线圈的反压击穿。

该电路由于采用继电器控制，使控制电路与照明灯的220V市电完全隔离，安全性很高。缺点是控制电路必须有6V～12V的直流电源，可以使用电池。

4.1.9　门控电灯开关电路

夜晚回家，打开门后要摸黑找照明灯开关，很不方便。门控照明灯开关可以解决这些不便，在夜晚您回家打开门后，室内照明灯立即自动点亮。

（1）门控电灯开关

图4-25所示为门控照明灯开关电路，采用磁控技术，由永久磁铁、干簧管S_1、双向晶闸管VS等组成门控开关，控制照明灯EL的交流电源。

干簧管是将两根互不相通的铁磁性金属条密封在玻璃管内而成，干簧管的特点是受磁场控制，常开接点干簧管没有磁场作用时接点断开，受到磁场

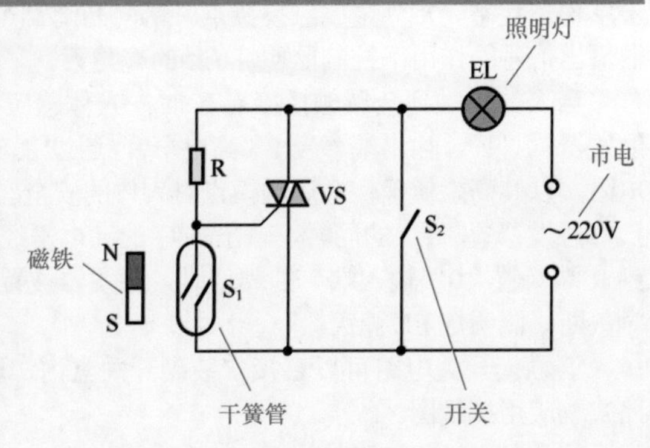

图4-25　门控照明灯开关电路

（永久磁铁或电磁线圈产生的磁场）作用时接点闭合，如图 4-26 所示。

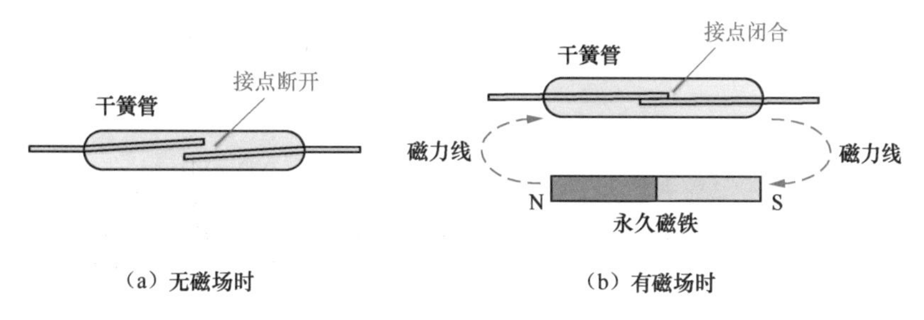

图 4-26　干簧管与磁场

门控开关原理是利用干簧管与永久磁铁之间相对位置变化进行工作的。常开触点干簧管 S_1 安装在门框上，永久磁铁安装在门上靠近干簧管的位置，如图 4-27 所示。

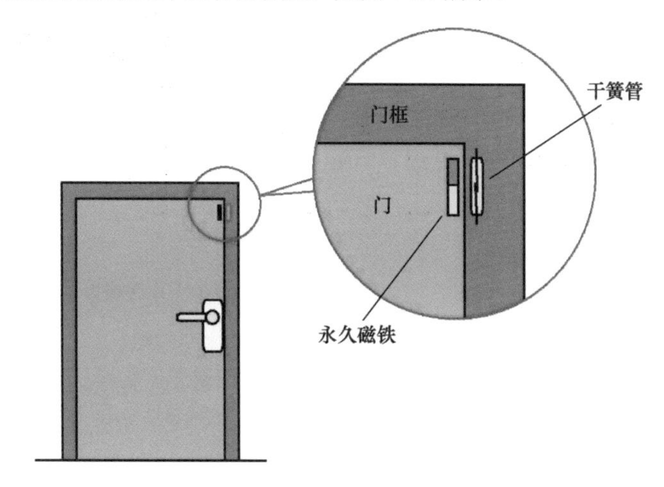

图 4-27　干簧管与磁铁的位置

门关着时，永久磁铁靠近干簧管 S_1 使其接点闭合，使双向晶闸管 VS 的控制极触发电压 $U_G = 0$，所以双向晶闸管 VS 截止，照明灯 EL 不亮。

当门打开时，永久磁铁离开了干簧管 S_1，干簧管接点断开，双向晶闸管 VS 的控制极触发电压 $U_G = 1$，所以双向晶闸管 VS 导通，照明灯 EL 点亮。这时打开室内照明灯开关 S_2 再关上门即可。

（2）时基电路门控智能开关

门控智能开关的功能是，当夜晚您回家打开门后，室内照明灯立即自动点亮。或者当您晚上开门外出时，门外楼道照明灯即自动点亮，并持续 40s 后自动关闭。白天则被控照明灯不亮。

图 4-28 所示为时基电路构成的门控智能开关电路，由门控电路、光控电路、可控施密特触发器、延时电路、开关电路和电源电路等部分组成。

门控电路由常开触点干簧管 S、永久磁铁、电阻 R_1 等构成，干簧管安装在门框上，永久磁铁安装在门上靠近干簧管的位置。门关着时，永久磁铁靠近干簧管 S 使其接点闭合，R_1 上电压为高电平“1”。当门打开时，永久磁铁离开了干簧管 S，其接点断开，R_1 上电压为低电平“0”。

光控电路由光电三极管 VT_1 与负载电阻 R_2 构成，无光照时 VT_1 截止，输出为高电平“1”。有光照时 VT_1 导通，输出为低电平“0”。

555 时基电路 IC 构成可控施密特触发器，综合 R_1 上的门控信号和 VT_1 输出的光控信号，完成对电灯的智能控制。

555 时基电路 IC 的输入端 U_i（第 2、第 6 脚）接门控电路，其复位端 $\overline{MR}$ 受光控电路控制。白天光控信号为“0”，IC 被强制复位，无论门控信号如何，IC 输出端（第 3 脚）$U_o = 0$，开关电路 VT_3 截止，继电器 K 处于释放状态接点断开，照明灯不亮。

夜晚光控信号为“1”，IC进入正常工作状态。当门打开时，门控信号为“0”，IC输出端（第3脚）$U_o=1$，开关电路VT_3导通，继电器K吸合接点接通，照明灯点亮。

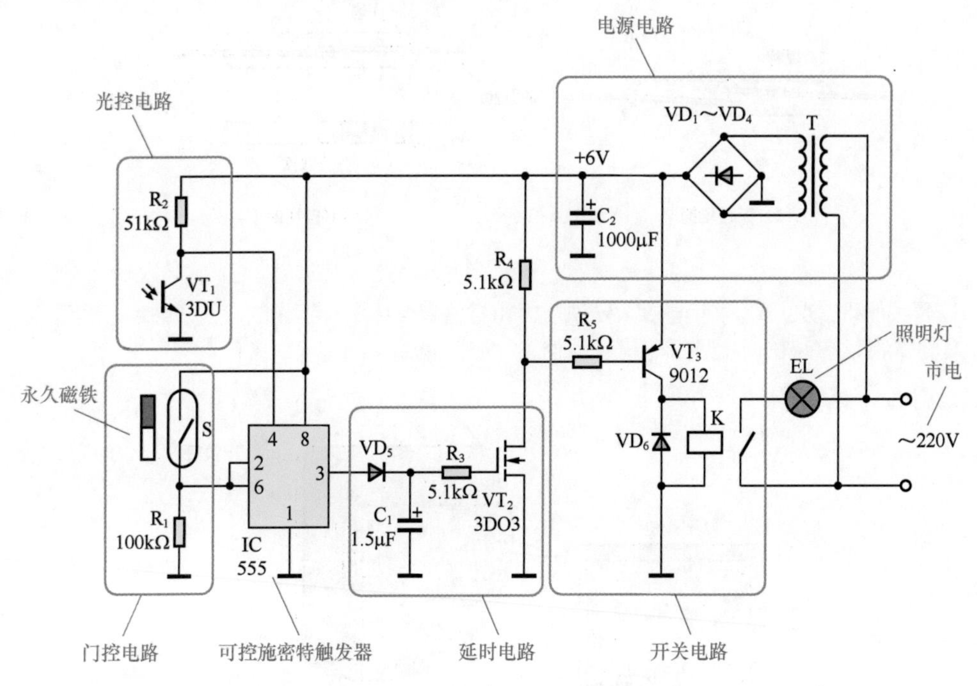

图4-28 时基电路构成的门控智能开关电路

延时电路由二极管VD_5、电容C_1、场效应管VT_2等构成，对IC输出的“1”信号延时约40s。这样当门被打开、人进（出）后又关上时，照明灯并不随之立即关闭，而是延时40s后再关闭，给主人提供进一步操作的方便。

交流220V市电经电源变压器T降压、二极管VD_1~VD_4桥式整流、电容C_2滤波后，提供+6V直流电源供整个电路使用。由于该电路静态功耗极微，全年耗电量小于1度电，因此不设电源开关。

（3）数字电路门控智能开关

采用数字集成电路也可以构成门控智能开关，电路如图4-29所示，数字门电路构成了控制电路的核心。与非门IC-1、IC-2构成典型的RS触发器，门控信号与光控信号分别作为S（置“1”）端和R（置“0”）端输入信号。

固定在门上的永久磁铁、固定在门框上的干簧管S、电阻R_1、施密特非门IC-3等组成门控电路。门关着时，因永久磁铁靠近，干簧管S被磁化而接点导通，施密特非门IC-3输出为“0”。当门打开时，永久磁铁离开了干簧管S使其接点断开，施密特非门IC-3输出为“1”。

光电三极管VT_1与R_2组成光控电路。无光照时，VT_1截止，输出为“0”。有光照时，VT_1导通，输出为“1”。

门控信号与光控信号同时作用于与非门IC-1、IC-2构成的RS触发器。只有当光控电路输出为“0”（无光，即夜晚），并且门控电路输出为“1”（门被打开）时，IC-2输出才为“0”，经非门IC-4反相后使开关管VT_2导通，继电器K吸合，照明灯点亮。

而在光控电路输出为“1”时（有光，即白天），或者在门控电路输出为“0”时（门未打开），IC-2输出均为“1”，经IC-4反相后使开关管VT_2截止，继电器K处于释放状态，照明灯不亮。

VD_5、C_1等组成延时电路，使点亮的照明灯延时约40s后再关闭。延时电路利用了CMOS电路极高的输入阻抗（大于10MΩ），因此较小的电容即可获得长的延时时间。

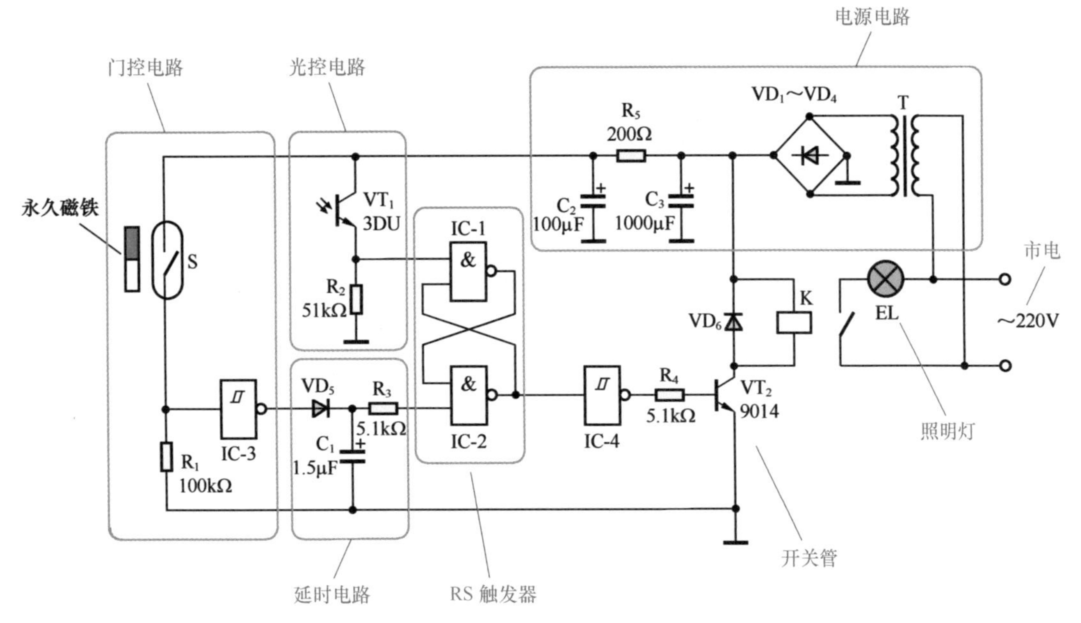

图 4-29　数字集成电路构成门控智能开关电路

4.2　日光灯与节能灯电路

日光灯与节能灯是使用普遍的照明灯具，它们的特点是必须有相应的配套电路才能正常工作。

4.2.1　日光灯连接电路

日光灯是一种气体放电发光的电光源，通常做成管状。与白炽灯相比，日光灯具有光色好、光线柔和、灯管温度较低、发光效率较高、使用寿命长的显著优点。日光灯管不可直接加电使用，需要配合以镇流器和启辉器等附件一道工作。

图 4-30 所示为日光灯连接电路。镇流器 L 实际上是一个铁芯电感线圈，它具有两个作用：一是在日光灯启动时与启辉器配合产生瞬时高压使灯管内汞蒸气电离放电；二是在日光灯点亮后限制和稳定灯管的工作电流。

开关 S 应接在 220V 市电相线与镇流器 L 之间。如果将开关 S 接在零线上，关断开关后日光灯管仍会有微弱发光。

启辉器的结构如图 4-31 所示，由氖泡和电容器组成。氖泡内有一双金属片构成的接点，它的作用是在日光灯启动时自动断续电路，配合镇流器产生瞬时高压点亮灯管。电容器并联接在氖泡两端，用于消除双金属片接点断开时的火花干扰。

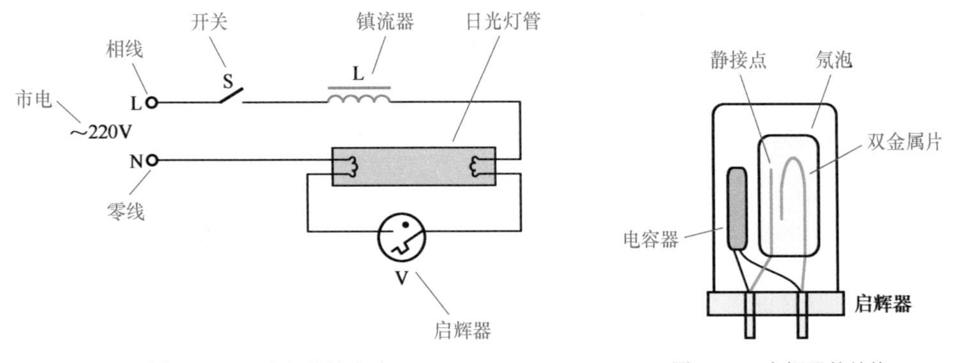

图 4-30　日光灯连接电路

图 4-31　启辉器的结构

采用电感镇流器的日光灯，属于电感性负载，因此功率因数较低。由于直接由 50Hz 交流电供电，灯光存在频闪现象，特别是在观察周期性运动的物体时，频闪尤为明显。图 4-32 所示为日光灯连接电路实物接线图。

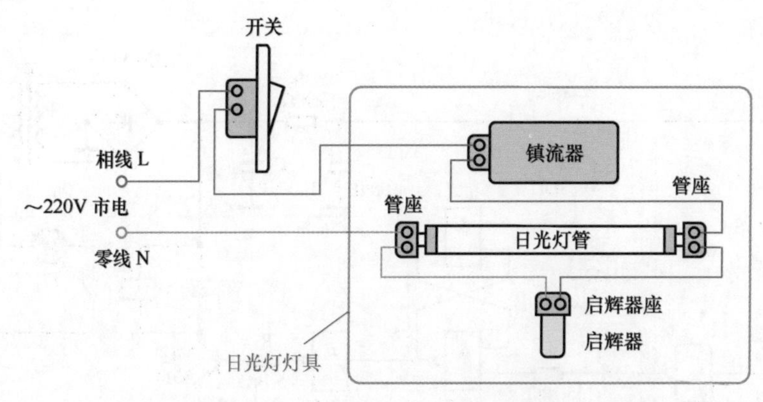

图 4-32 日光灯连接电路实物接线图

4.2.2 日光灯功率因数提高电路

电容器可以提高感性负载的功率因数。普通日光灯由于采用电感镇流器，整个电路呈感性，功率因数很低，一般只有 0.5 ~ 0.6，这对供电系统是很不利的。如图 4-33 所示，在日光灯电路中并联接电容器 C，可以显著提高电路的功率因数。例如，在 40W 日光灯电路中，并联接入的电容器 $C = 4.7\mu F$，则可将功率因数提高到 0.9 以上。图 4-34 所示为日光灯并联接入电容器的实物接线图。

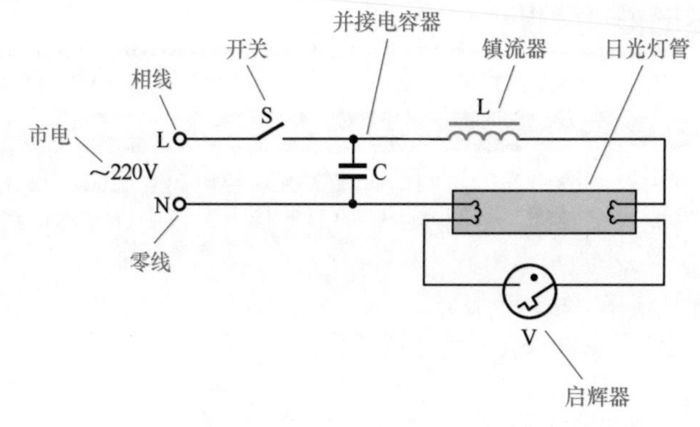

图 4-33 并联接入电容器提高日光灯功率因数的电路

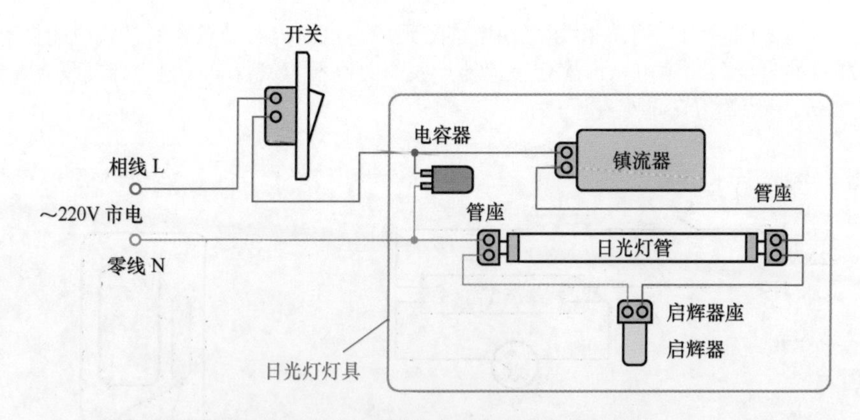

图 4-34 日光灯并联接入电容器的实物接线图

4.2.3 电子日光灯连接电路

电子日光灯使用电子镇流器取代了普通日光灯中的铁芯电感镇流器，不仅彻底消除了普通日光灯的频闪和铁芯振动引起的“嗡嗡”噪声，而且功率因数可达 0.9 以上，比普通日光灯提高 80%，效率大大提高。电子日光灯具有节电、明亮、易启动、无频闪、功率因数高、电源电压范围宽等突出优点。

图 4-35 所示为电子日光灯连接电路。电子镇流器采用先进的开关电源技术和谐振启辉技术，将 50Hz 交流市电变换为 50kHz 高频交流电，再去点亮日光灯管。图 4-36 所示为电子日光灯连接电路实物接线图。

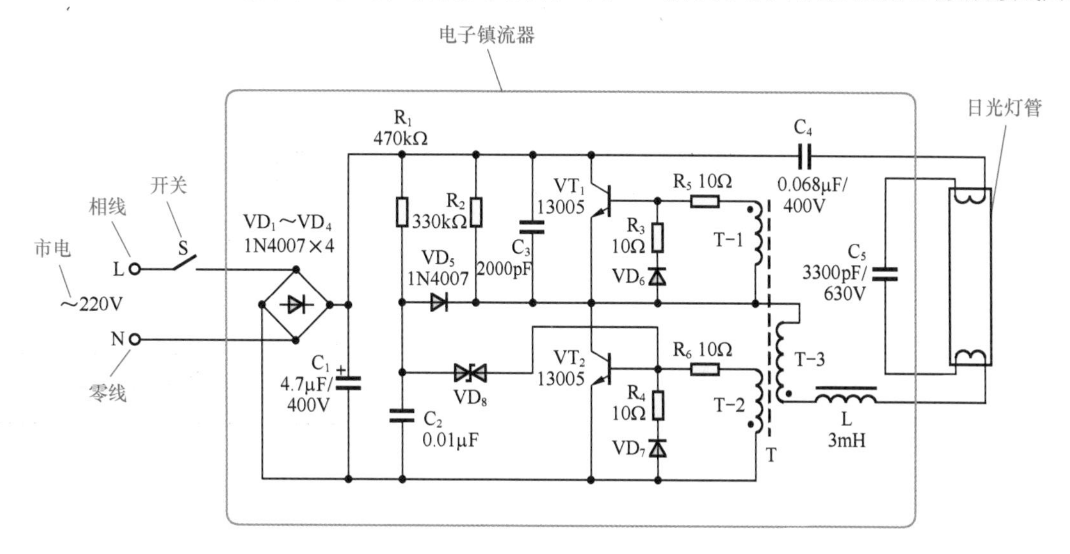

图 4-35　电子日光灯连接电路

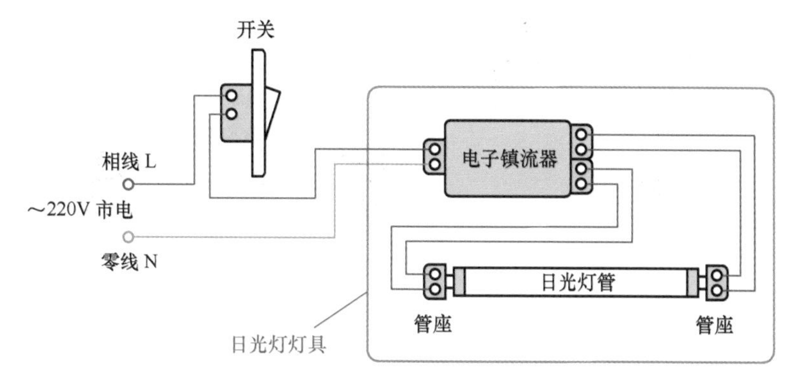

图 4-36　电子日光灯连接电路实物接线图

交流 220V 市电接入电路后，直接经整流二极管 VD_1 ~ VD_4 桥式整流、滤波电容器 C_1 滤波后，输出约 310V 的直流电压，作为高频振荡器的工作电源。功率开关管 VT_1、VT_2 和高频变压器 T 等组成开关式自激振荡器，将 310V 直流电压逆变为 50kHz、约 270V 的高频交流电压，作为日光灯管的工作电压，通过 C_5 和 L 组成的谐振启辉电路送往日光灯管。C_5 和 L 组成串联谐振电路，谐振电容 C_5 上的谐振电压为回路电压的 Q 倍（约 600V），加在日光灯管两端使其启辉点亮。在刚接通电源时，由 R_1、C_2、VD_8 组成的启动电路使自激振荡器起振。图 4-37 所示为电子镇流器工作原理方框图。

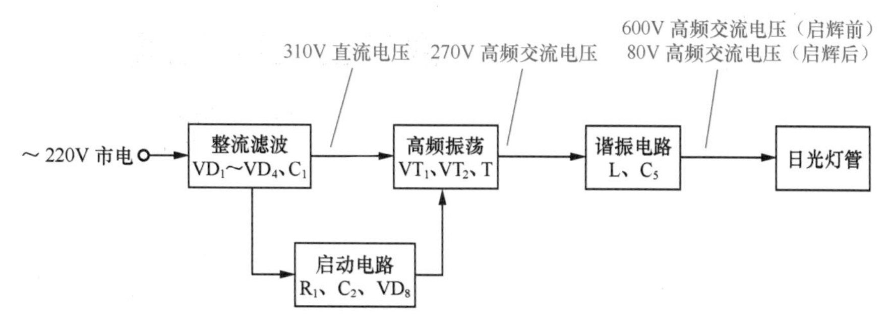

图 4-37　电子镇流器工作原理方框图

4.2.4 LED日光灯连接电路

LED即发光二极管灯，是一种半导体固体电光源，具有绿色环保、节能高效的优点。LED日光灯管是将若干LED电光源与驱动电路一起封装在日光灯管形状的外壳内，如图4-38所示，可以安装到原有的日光灯灯具上，是普通日光灯的升级换代产品。

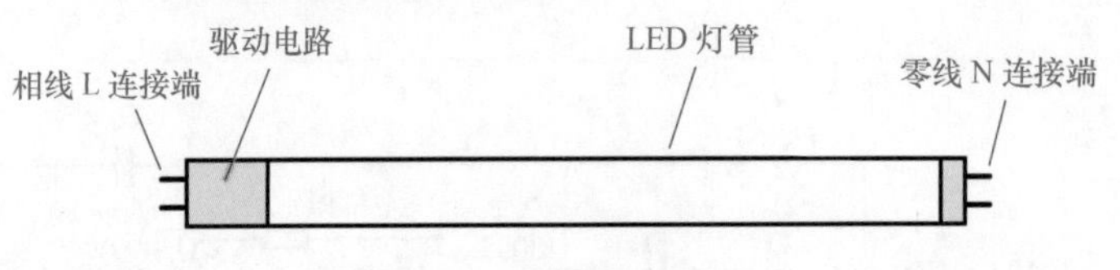

图4-38 LED日光灯管

LED日光灯连接电路如图4-39所示。由于驱动电路已封装在LED灯管内，因此连接电路极为简单，220V市电电源的相线经开关S连接到LED灯管驱动电路一端的引脚，零线连接到LED灯管另一端的引脚。LED灯管每一端的两个引脚已在内部连接在一起，所以每一端接一个引脚即可。图4-40所示为LED日光灯连接电路实物接线图。

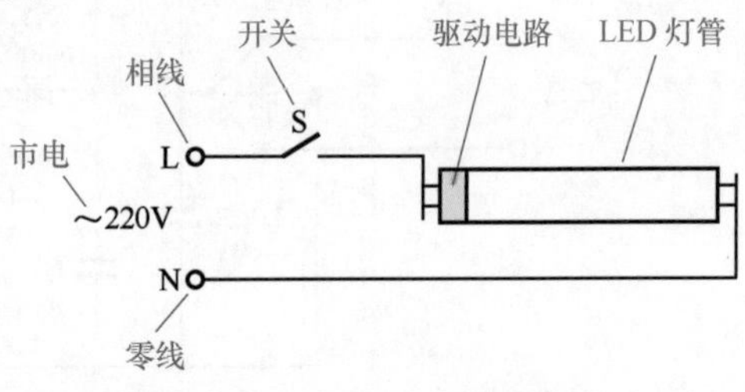

图4-39 LED日光灯连接电路

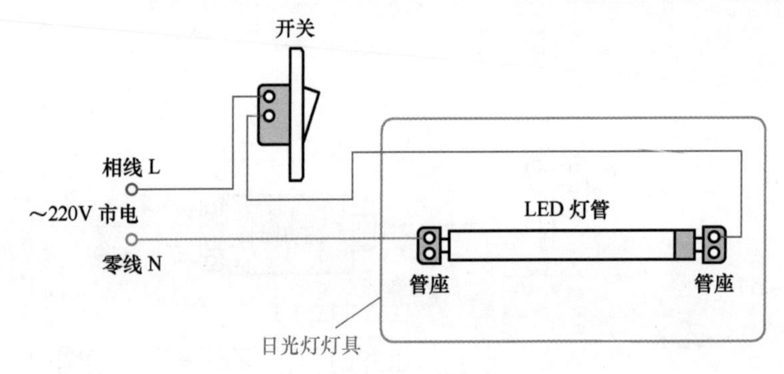

图4-40 LED日光灯连接电路实物接线图

对于采用铁芯电感镇流器的日光灯灯具，换用LED日光灯管时，卸掉日光灯灯具上的启辉器，然后将LED灯管直接装上即可，非常方便，如图4-41所示。采用电子镇流器的日光灯灯具必须拆除电子镇流器后按图4-40连接LED日光灯管。

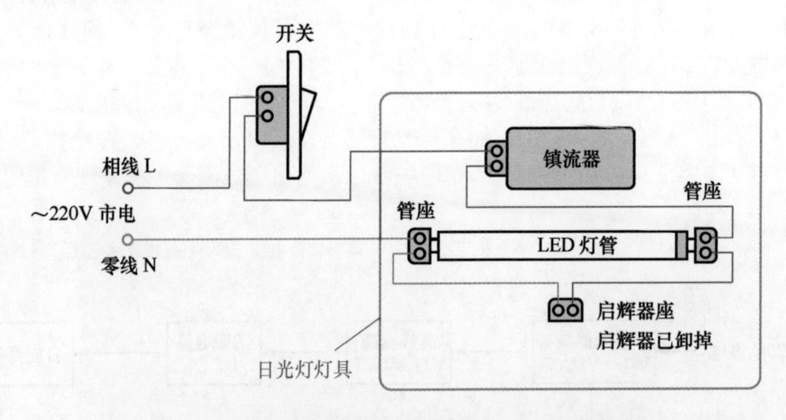

图4-41 电感镇流器日光灯具换用LED灯管接线图

4.2.5 电子节能灯电路

采用电子镇流器的紧凑型荧光灯，将灯管和电子镇流器紧密地结合为一个整体，并配上普通白炽灯头（螺口或卡口），可直接替换白炽灯，人们通俗地称之为节能灯，如图 4-42 所示。节能灯具有节电、明亮、易启动、无频闪、功率因数高、寿命长和使用方便等突出优点，得到了普遍的应用。

图 4-42　电子节能灯的结构

电子节能灯电路如图 4-43 所示，由整流电路、启动电路、逆变电路、谐振启辉电路等部分组成。交流 220V 市电经 $VD_1 \sim VD_4$ 桥式整流和 C_1 滤波后，成为 310V 左右的直流电压，再由功率开关管 VT_1、VT_2 和高频变压器 T 等组成的逆变电路变换为 50 kHz 左右、约 270V 的高频交流电压，作为节能荧光灯管的电源电压。

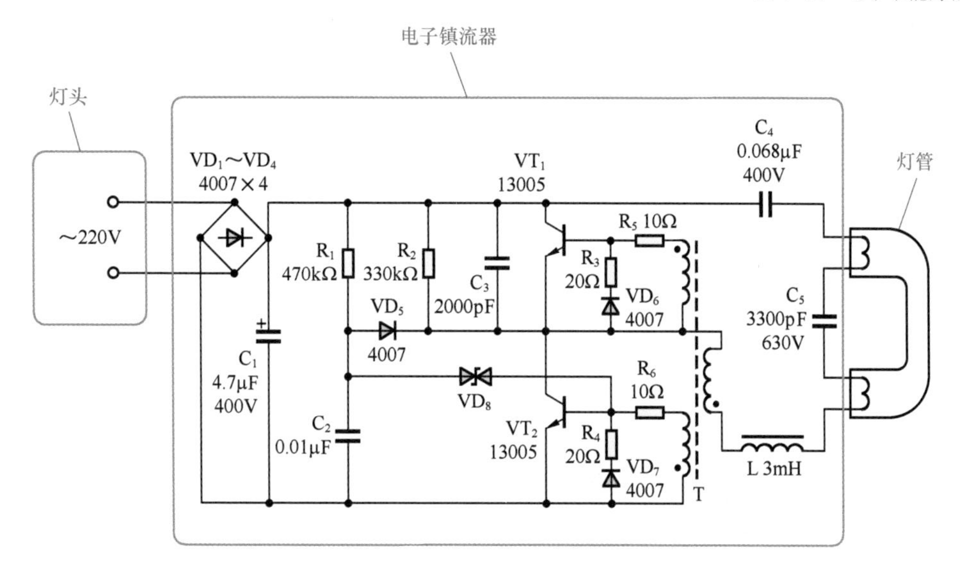

图 4-43　电子节能灯电路

C_5 与 L 组成串联谐振电路，在谐振电容 C_5 两端产生一个 Q 倍于振荡电压的高电压（约 600V），将灯管内气体击穿而启辉。当灯管点亮后，其内阻急剧下降，该内阻并联于 C_5 两端，使谐振电路 Q 值大大降低，故 C_5 两端（即灯管两端）的高启辉电压即下降为正常工作电压（约 80V），维持灯管稳定地正常发光。图 4-44 所示为电子节能灯连接电路实物接线图。

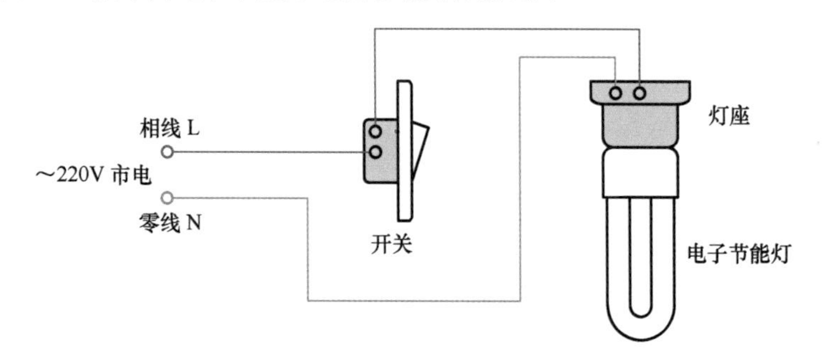

图 4-44　电子节能灯连接电路实物接线图

4.3　小夜灯与石英灯电路

小夜灯是一种特定场合使用的照明灯具，它对亮度的要求不高，但需要通宵点亮。石英灯也是一种白炽灯，具有亮度高、功耗小、发光效率高和寿命长的特点，低压石英灯还具有安全的特点。石英灯泡配以聚光型反光罩即组成石英射灯，具有很好的局部聚光照明效果，常用于商品橱窗展柜照明、客厅装饰定向照明等。

4.3.1 简易小夜灯电路

利用发光二极管作为电光源的小夜灯，具有亮度适当、功耗很低、使用寿命长的特点，而且可以制成红、绿、黄、橙、蓝等多种颜色，还可以变色。

图 4-45 所示为发光二极管构成的简易小夜灯电路图，采用电容降压整流，有利于简化电路、缩小体积、提高可靠性。小夜灯工作电流仅为 10mA，十分节能，若以每晚点亮 8 小时计，连续使用两个月仅耗电 1 度。

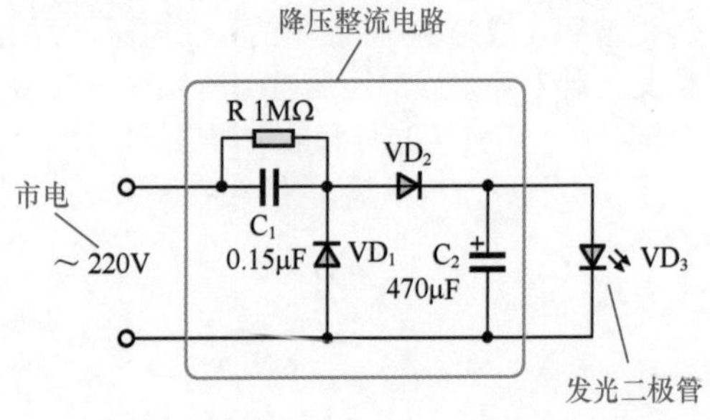

图 4-45 发光二极管构成的简易小夜灯电路

电路中，VD_3 为发光二极管，作为小夜灯的电光源，可以按照各自喜好选用不同颜色的发光二极管。C_1 为降压电容，VD_2 为整流二极管，VD_1 为续流二极管。我们知道，电容器可以通过交流电，并存在一定的容抗，正是这个容抗限制了通过电容器的交流电流的大小。

在交流 220V 市电正半周时，电流经 C_1 降压限流、VD_2 整流后通过发光二极管 VD_3 使其发光。在交流 220V 市电负半周时，电流经续流二极管 VD_1 和 C_1 构成回路。C_2 为滤波电容，使通过发光二极管的电流为稳定的直流电流。R 是降压电容 C_1 的泄放电阻。

4.3.2 变色小夜灯电路

自动变色小夜灯不仅能够提供夜间微光照明，而且会自动改变颜色，别有一番趣味。自动变色小夜灯采用双色发光二极管作为电光源，由 555 时基电路进行驱动，电路如图 4-46 所示。

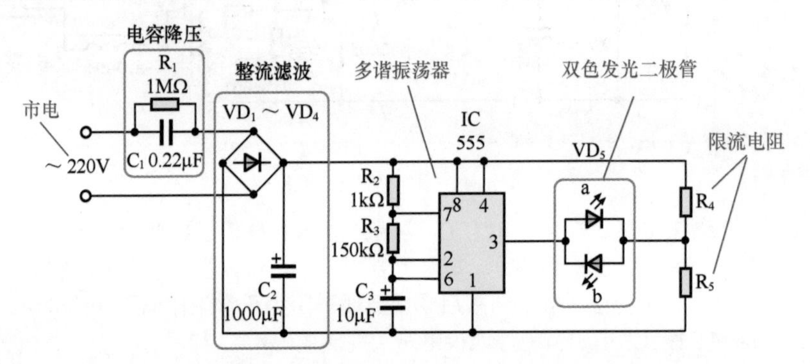

图 4-46 自动变色小夜灯电路

555 时基电路（IC）与定时电阻 R_2 和 R_3、定时电容 C_3 等构成多谐振荡器。555 时基电路的置“1”输入端（第 2 脚）和置“0”输入端（第 6 脚）一起并联接在定时电容 C_3 上，放电端（第 7 脚）接在 R_2 与 R_3 之间。

刚接通电源时，因 C_3 上电压 $U_C=0$，555 时基电路第 3 脚输出电压 $U_o=1$，放电端（第 7 脚）截止，电源 $+V_{CC}$ 经 R_2、R_3 向 C_3 充电，充电时间 $T_1=0.7\ (R_2+R_3)\ C_3$，如图 4-47 所示。

当 C_3 上电压 U_C 被充电到$\frac{2}{3}V_{CC}$时，555 时基电路翻转，使输出电压 $U_o=0$，放电端（第 7 脚）导通到地，C_3 上电压 U_C 经 R_3 和放电端放电，放电时间 $T_2=0.7R_3C_3$，如图 4-48 所示。

当 C_3 上电压 U_C 由于放电下降到$\frac{1}{3}V_{CC}$时，555 时基电路再次翻转，又使输出电压 $U_o=1$，放电端（第 7 脚）截止，C_3 开始新一轮充电。如此周而复始即形成自激振荡，振荡周期 $T=T_1+T_2=0.7\ (R_2+2R_3)\ C_3$，555 时基电路第 3 脚输出信号 U_o 为连续方波，工作波形如图 4-49 所示。

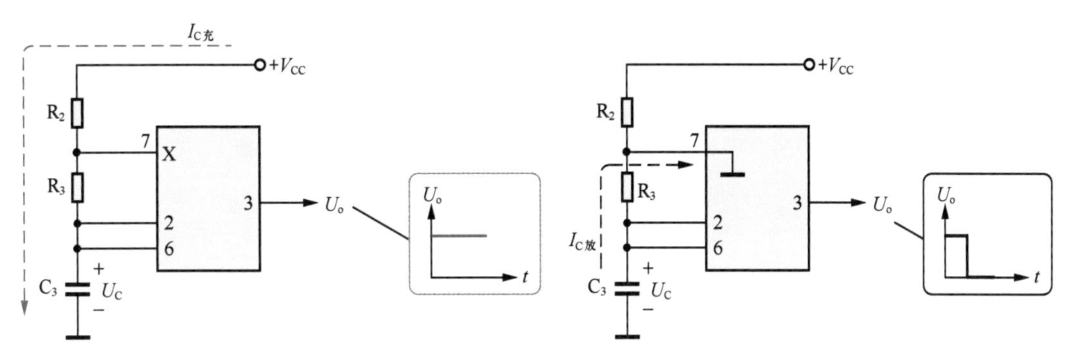

图 4-47 充电时输出为高电平　　图 4-48 放电时输出为“0”

双色发光二极管的特点是可以发出两种颜色的光，它是将两种发光颜色（常见的为红色和绿色）的管芯反向并联后封装在一起，如图 4-50 所示。当工作电压为左正右负时，电流 I_a 通过管芯 VD_a 使其发红光。当工作电压为左负右正时，电流 I_b 通过管芯 VD_b 使其发绿光。

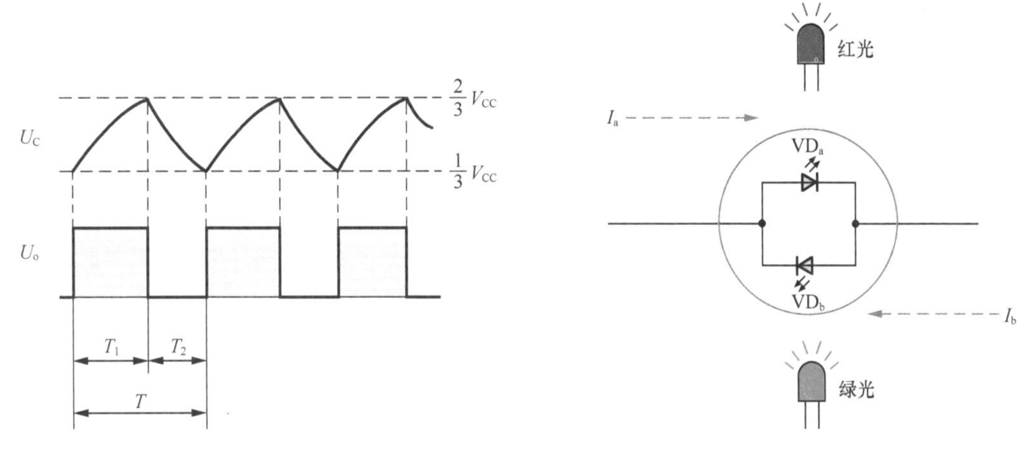

图 4-49 多谐振荡器工作波形　　图 4-50 双色发光二极管

双色发光二极管 VD_5 接在 555 时基电路的输出端（第 3 脚），当输出电压 U_o=1（高电平）时，电流通过管芯 VD_a 使其发红光。当输出电压 U_o=0（低电平）时，电流通过管芯 VD_b 使其发绿光。R_4、R_5 是 VD_5 的限流电阻。由于 555 时基电路多谐振荡器的振荡周期约为“1s + 1s”，因此小夜灯的实际效果是“红 1 秒”“绿 1 秒”地自动变色。

降压电容 C_1、整流二极管 VD_1 ~ VD_4、滤波电容 C_2 等，组成电容降压整流滤波电源电路，提供电路所需的直流电源。R_1 是降压电容 C_1 的泄放电阻。

4.3.3 闪光小夜灯电路

闪光小夜灯发出的是间歇性闪亮的微光，既可以提供小夜灯式的照明，又具有醒目的提示作用，如将它设置在电灯开关旁，需要时可以使人迅速找到开关开启电灯。图 4-51 所示为闪光小夜灯电路图，电路包括振荡器、LED 电光源和整流电路等组成部分。

单结晶体管 V 等构成弛张振荡器，电阻 R_2 和电容 C_3 是定时元件，决定着电路的振荡周期，振荡周期 $T \approx R_2C_3\ln\left(\frac{1}{1-\eta}\right)$，式中：ln 为自然对数，即以 e（2.718）为底的对数；η 为单结晶体管的分压比。改变 R_2 或 C_3 即可改变振荡周期。

电路是利用单结晶体管的负阻特性工作的。刚接通电源后，C_3 上电压为“0”，单结晶体管 V 因无发射极电压而截止，串联接在 V 第一基极的发光二极管 VD_3 不亮。随着电源经 R_2 向 C_3 充电，C_3 上电压不断上升。当 C_3 上电压大于单结晶体管的峰点电压时，单结晶体管 V 迅速导通，发光二极管 VD_3 点亮发光。

由于单结晶体管 V 的负阻特性，导通后其发射极与第一基极间电压急剧减小，接在发射极的 C_3 被快速放电。当 C_3 上电压小于单结晶体管的谷点电压时，单结晶体管 V 退出导通状态而截止，发光二极管 VD_3 熄灭，电源重新开始经 R_2 向 C_3 充电。如此周而复始形成振荡，发光二极管 VD_3 也就周期性地闪光，闪光周期约为 0.8s。R_3 是限流电阻。

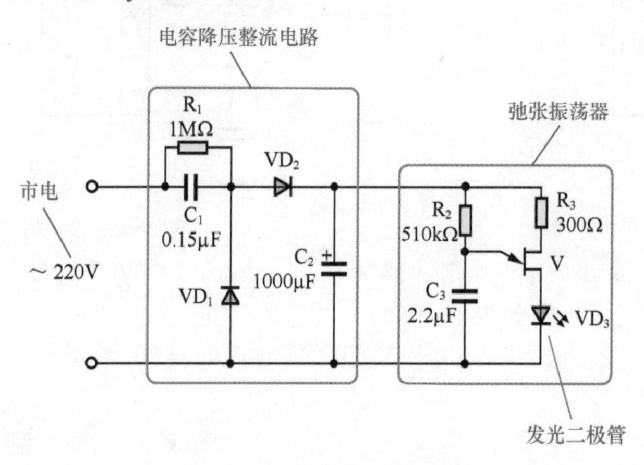

图 4-51　闪光小夜灯电路

降压电容 C_1、泄放电阻 R_1、续流二极管 VD_1、整流二极管 VD_2、滤波电容 C_2 等组成电容降压整流电路，将 220V 市电直接转换为直流电压供振荡闪光电路工作。比起变压器整流电路来说，电容降压整流具有电路简单、成本低廉、体积小、重量轻的优点。

4.3.4　变压器降压石英灯电路

石英灯泡额定工作电压有高压和低压两种。高压石英灯泡的额定工作电压为 220V，直接接入交流 220V 电源即可使用。低压石英灯泡的额定工作电压通常为 12V，需要配以降压电路使用。

变压器降压石英灯电路如图 4-52 所示，电源变压器 T 将交流 220V 市电降压为交流 12V，供石英灯泡使用。图 4-53 所示为变压器降压石英灯电路实物接线图。

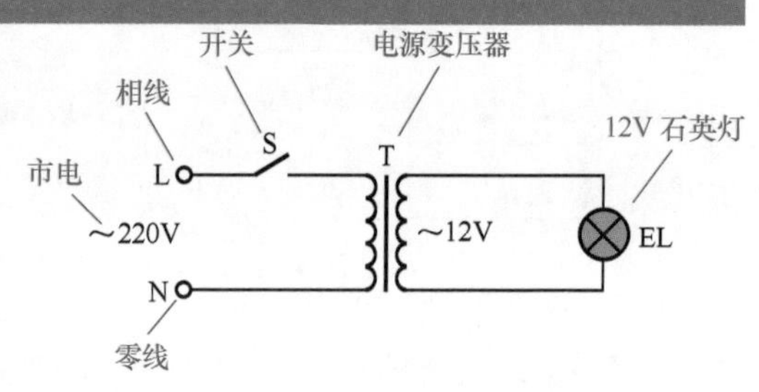

图 4-52　变压器降压石英灯电路

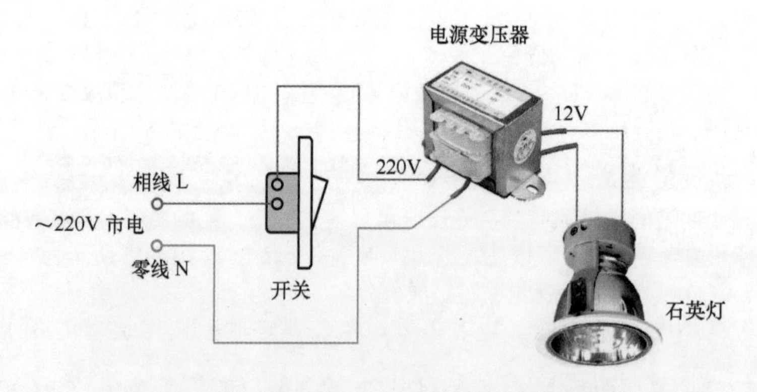

图 4-53　变压器降压石英灯电路实物接线图

4.3.5　石英灯电源变换电路

低压石英灯也可以采用电源变换电路降压供电。电源变换电路由高压整流、高频振荡、降压等部分组成，具有工频交流→高压直流→高频交流→低压交流的电源变换功能，可以将 220V、50Hz 的市电变换为 12V、40kHz 的高频交流电，供石英灯泡使用。采用高频交流电可以极大地缩小降压变压器的体积，提高其效率。

图 4-54 所示为石英灯电源变换电路。接通电源开关 S 后，220V、50Hz 的市电被整流二极管 VD_1～VD_4 直接整流为 310V 左右的直流电压。开关管 VT_1、VT_2 与高频变压器 T 等组成高频振荡电路，振荡频率约为 40kHz。高频变压器 T 的两个反馈绕组 L_1、L_2 分别接在 VT_1、VT_2 的基极，使 VT_1 与 VT_2 轮流导通，将 310V 直流电压逆变为约 250V、40kHz 的高频交流电压，再由高频变压器 T 的 L_4 绕组将其降压为 12V 点亮石英灯泡。图 4-55 所示为采用电源变换电路的石英灯实物接线图。

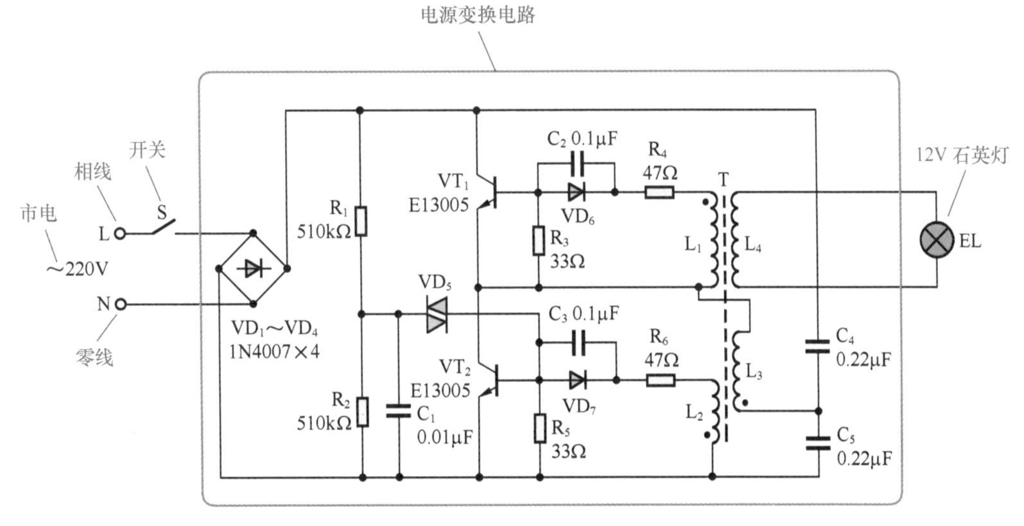

图 4-54 石英灯电源变换电路

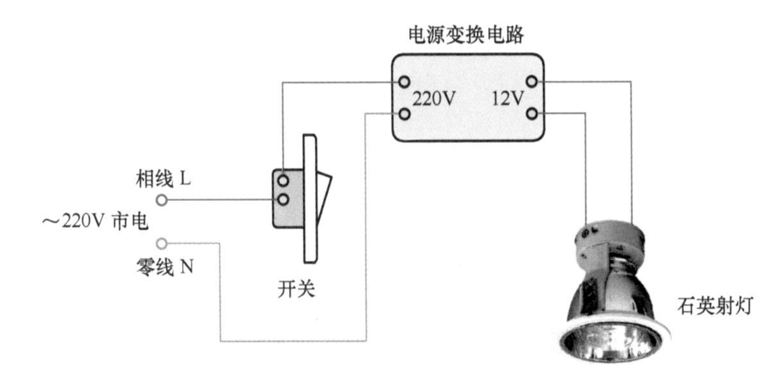

图 4-55 采用电源变换电路的石英灯实物接线图

4.4 LED 照明电路

LED 照明灯即发光二极管灯，如图 4-56 所示。LED 照明灯是一种半导体固体电光源，具有绿色环保、节能高效的明显优点，可以说是最有发展前途的电光源。LED 照明灯需要专用电路配套工作。

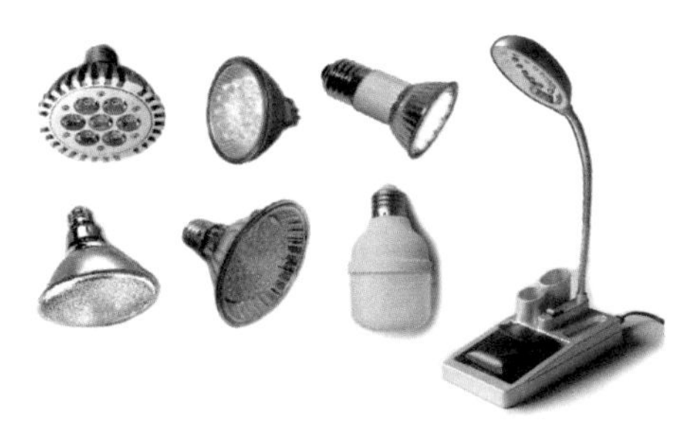

图 4-56 LED 照明灯

4.4.1 LED 台灯电路

利用多个白光 LED 组成 LED 阵列，即可构成 LED 台灯。图 4-57 所示为 LED 台灯电路，电路中采用了 20 个高亮度白光 LED 组成发光阵列，照明效果良好。

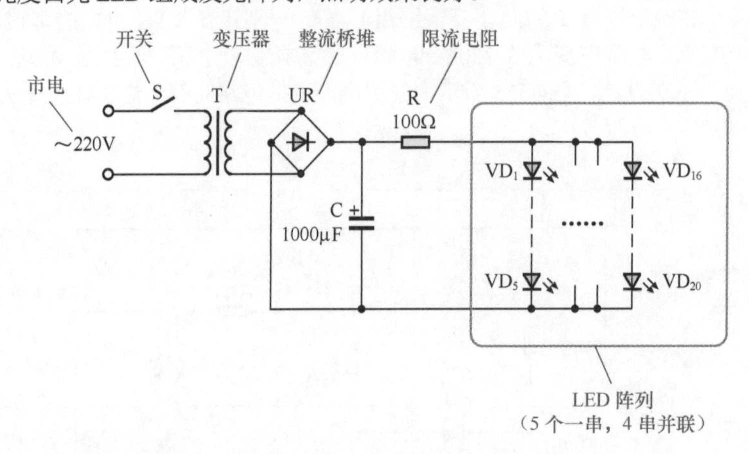

图 4-57 LED 台灯电路

电源变压器 T 和整流桥堆 UR 构成整流电路，将 220V 市电整流为 18V 直流电压，再经 C 滤波后作为照明电源。R 为限流电阻。

20 个 LED，每 5 个串联成一串，共 4 串并联，组成台灯的照明阵列。这样安排的好处，一是 5 个 LED 串联的总电流与一个 LED 的电流相等，有利于降低总电流；二是 4 串 LED 并联，如果有 LED 损坏，不影响其他串的 LED 继续照明。

4.4.2 恒流源 LED 台灯电路

为了进一步提高照明质量和效果，可以对 LED 照明阵列实行恒流供电。图 4-58 所示为具有恒流源的 LED 台灯电路，场效应管 VT 与电阻 R 构成恒流源。

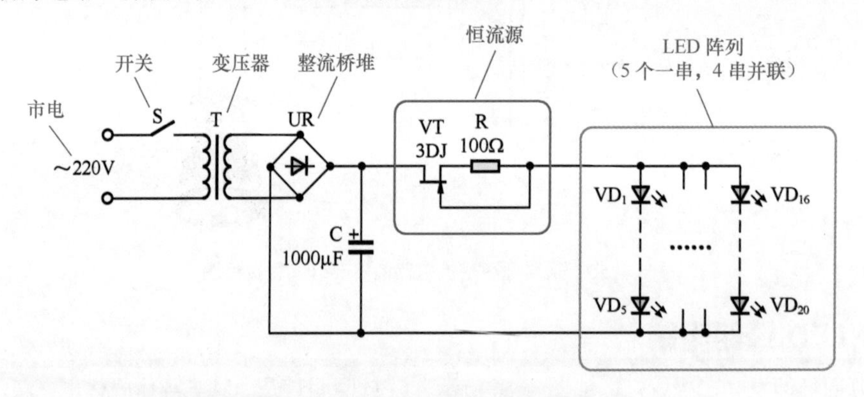

图 4-58 具有恒流源的 LED 台灯电路

结型场效应管恒流原理如图 4-59 所示，如果通过场效应管的漏极电流 I_D 因故增大，源极电阻 R_S 上形成的负栅压也随之增大，迫使 I_D 回落；如果通过场效应管的漏极电流 I_D 因故减小，源极电阻 R_S 上形成的负栅压也随之减小，迫使 I_D 回升，最终使电流 I_D 保持恒定。

我们知道，LED 是电流驱动型器件，电流的变化会影响 LED 的发光强度和光色。采用恒流源供电后，电源电压的波动将不再影响 LED 的驱动电流，LED 的发光强度和光色得到稳定，照明质量和效果大大改善。

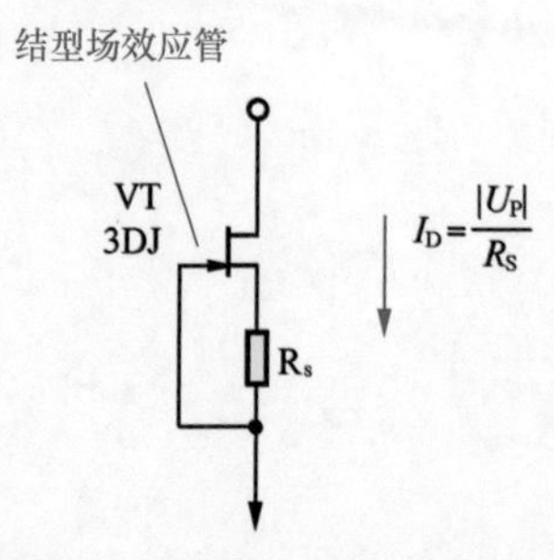

图 4-59 结型场效应管恒流原理

4.4.3 1.5V LED 手电筒电路

LED 手电筒是一种节能环保的便携式照明设备，它的前端安装有 5 ~ 8 个白光 LED 作为电光源，使用电池供电，如图 4-60 所示。

1.5V 手电筒仅用一节电池供电，体积小、重量轻。由于 LED 自身具有近 2V 的管压降，1.5V 并不能正常点亮 LED，因此升压电路是必需的。图 4-61 所示为具有升压功能的 1.5V LED 手电筒电路。

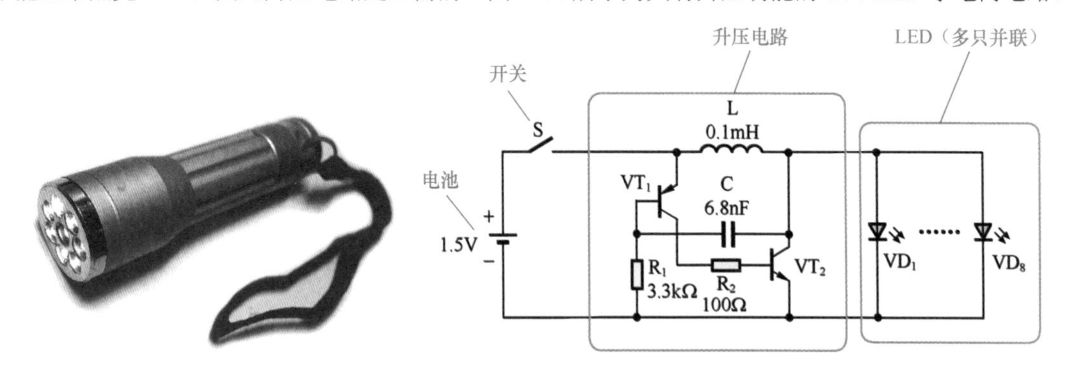

图 4-60 LED 手电筒　　图 4-61 具有升压功能的 1.5V LED 手电筒电路

PNP 晶体管 VT_1、NPN 晶体管 VT_2、储能电感 L、反馈电容 C、电阻 R_1 和 R_2 等构成升压电路，将电池提供的 1.5V 电压升压为 3V 电压，驱动 LED 发光。VD_1~VD_8 为 8 个高亮度白光 LED。

电路是利用储能电感 L 的自感电动势实现升压的，现在我们来分析升压电路的工作原理。

接通电源后，PNP 晶体管 VT_1 因 R_1 提供基极偏流而导通，进而通过 R_2 使 VT_2 也导通，将电感 L 和电容 C 的右端接电源负端。由于电容 C 两端电压不能突变，致使 VT_1（PNP 管）因基极电位更低而进入深度饱和状态，并向 VT_2 提供更大的基极偏流使其也进入深度饱和状态。这时 1.5V 电源经 VT_1 发射极 - 基极向 C 充电。

随着 C 充电的完成，VT_1（PNP 管）因基极电位升高而退出饱和状态，并使 VT_2 也退出饱和状态，VT_2 集电极电位升高又通过 C 反馈到 VT_1 基极，导致两管迅速截止，C 开始放电。随着 C 放电的完成，两管退出截止，电路又回到初始状态。

如此周而复始形成振荡，晶体管 VT_2 不断地导通、截止。在 VT_2 导通时，电流流经电感 L 使其储能。在 VT_2 截止时，电感 L 产生自感电动势，与 1.5V 电源电压叠加使 LED 发光。

4.4.4 太阳能 LED 手电筒电路

太阳能 LED 手电筒利用光伏电池产生电能，储存于镍氢电池中，供白光 LED 照明用，是一种几乎不消耗能源的绿色清洁照明设备。图 4-62 所示为太阳能 LED 手电筒电路，采用 6 个高亮度白光 LED 作为电光源，2 节镍氢电池组成蓄电池组。

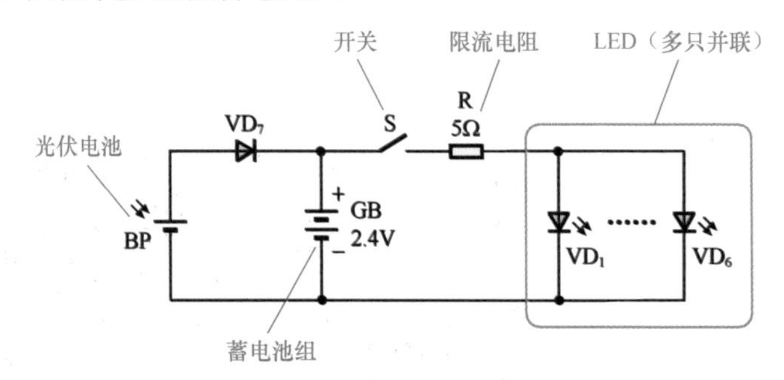

图 4-62 太阳能 LED 手电筒电路

在阳光照射下，光伏电池 BP 产生电能，经二极管 VD_7 向蓄电池组 GB 充电。由于光伏电池产生的电流很小，属于涓流充电，因此省去了充电限流控制电路。VD_7 的作用是防止无光照时蓄电池组的电能向光伏电池倒流。

打开电源开关S后，蓄电池组GB便向白光LED（VD_1～VD_6）供电使其发光照明。R是VD_1～VD_6的限流电阻。太阳能LED手电筒在阳光、灯光下均能充电，甚至在阴雨天的光照下也能充电，使用十分方便。

4.4.5 LED路灯电路

图4-63所示为节能环保的LED路灯电路，采用电容降压全波整流电源电路，200个白光LED组成照明LED阵列。

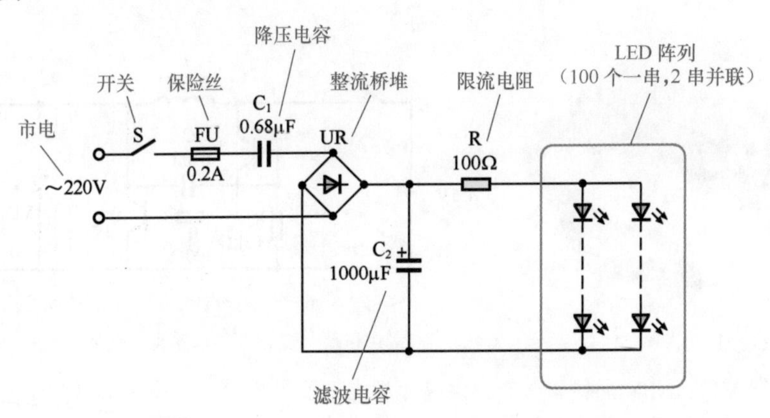

图4-63　节能环保的LED路灯电路

电路中，C_1是降压限流电容，UR是整流桥堆，C_2是滤波电容，R是LED的限流电阻，FU是保险丝，S是电源开关。该电路简洁、可靠、效率高。其工作原理如下：交流220V市电经C_1降压限流、UR全波整流、C_2滤波后，成为直流电压驱动LED阵列发光。

路灯面板上LED阵列的安排：在空间排列上为20个×10列；在电气连接上每100个LED相串联，共2串再并联，如图4-64所示。

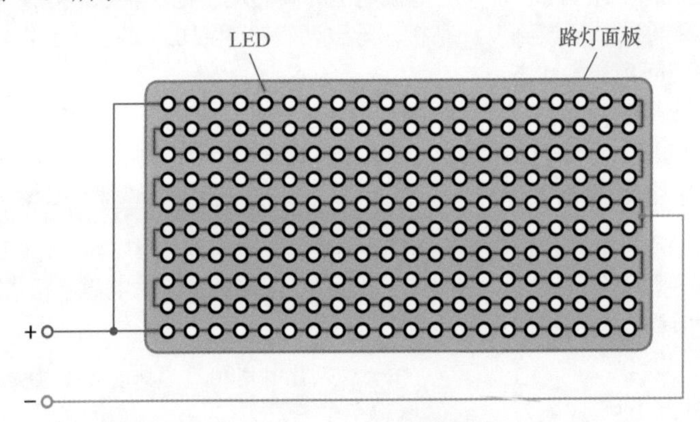

图4-64　LED阵列安排

这样连接的优点是充分利用电容降压整流电源的空载电压高、输出电流较小的特性，100个LED串联后管压降是单个LED的100倍，而工作电流与单个LED相同，提高了电源利用率，降低了总电流。

4.4.6 LED应急灯电路

应急灯的功能是在市电电源发生故障而失去照明时，自动提供临时的应急照明。LED应急灯具有启动快、效率高的特点，广泛应用于机关、学校、商场、展览馆、影剧院、车站码头和机场等公共场所的应急照明。

图4-65所示为LED应急灯电路，包括整流电源、充电电路、市电检测、光控、电子开关和LED照明灯等组成部分。

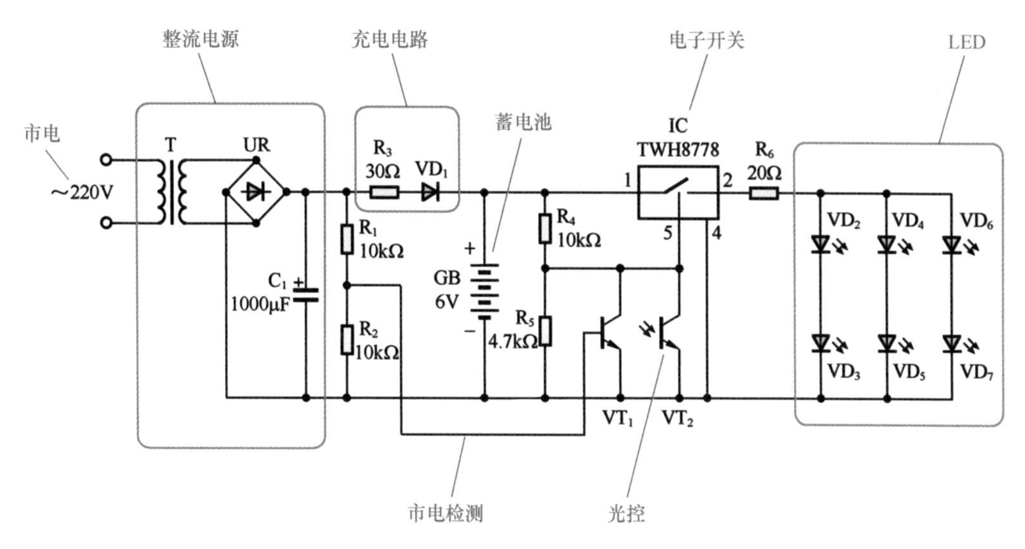

图 4-65　LED 应急灯电路

电源变压器 T、整流桥堆 UR 和滤波电容 C_1 组成整流电源电路，将交流 220V 市电转换为 9V 直流电压，经 R_3、VD_1 向 6V 蓄电池 GB 充电。R_3 是充电限流电阻，VD_1 的作用是在市电停电时阻止蓄电池向整流电路倒灌电流。

控制电路的核心是高速开关集成电路 TWH8778（IC），其内部设有过压、过流、过热等保护电路，具有开启电压低、开关速度快、通用性强、外围电路简单的特点，并可方便地连接电压控制和光控等，特别适合电路的自动控制。

TWH8778 的第 1 脚为输入端，第 2 脚为输出端，第 5 脚为控制端。当控制端有 1.6V 以上的开启电压时，TWH8778 导通，电源电压从第 2 脚输出至后续电路。电阻 R_4、R_5 将输入端电压分压后，作为控制端的开启电压。

电阻 R_1、R_2 和晶体管 VT_1 组成市电检测电路。市电正常时，滤波电容 C_1 上的 9V 直流电压经 R_1、R_2 分压后，使晶体管 VT_1 导通，将 R_5 上的开启电压短路到地，TWH8778 因无开启电压而截止。市电因故停电时，晶体管 VT_1 因无基极偏压而截止，R_5 上的开启电压使 TWH8778 导通。

光电三极管 VT_2 构成光控电路。白天光电三极管 VT_2 有光照而导通，将 R_5 上的开启电压短路到地，TWH8778 因无开启电压而截止。夜晚光电三极管 VT_2 无光照而截止，R_5 上的开启电压使 TWH8778 导通。

6 个高亮度白光 LED（VD_2～VD_7）组成照明灯，受电子开关 TWH8778 控制。在市电检测电路和光控电路的共同作用下，市电正常时，应急灯不亮，蓄电池充电；白天市电断电时，应急灯仍不亮。只有在夜晚市电断电时，电子开关 TWH8778 导通，应急灯才点亮。

第5章 智能照明电路图的识读

智能照明电路包括照明调光电路、遥控照明电路、自动控制照明电路等，采用了调光控制、声控、光控、智能控制、红外遥控、无线电遥控等技术。自动控制与遥控技术在电工领域广泛应用，特别是在家用电器等消费领域的应用，使我们的生活变得更方便、更美好。

5.1 调光电路

调光电路是指可以根据需要调节电光源亮度的照明控制电路。调光电路的本质是改变照明灯的电压电流，达到改变照明灯亮度的目的。调光电路的特征是具有电位器或开关等操作性元器件，识读调光电路图时应抓住这个关键点。

5.1.1 简易调光电路

利用整流二极管可以实现简单调光，电路如图 5-1 所示，调光操作器件为开关 S。S 为单极三位开关，当 S 拨向最下端时，直接接通电源，照明灯 EL 全亮。当 S 拨向中间端时，整流二极管 VD 串联接入电路，由于二极管的单向导电性，使得照明灯变为半波供电，照明灯 EL 约为半亮。当 S 拨向最上端时，切断照明灯电源(关灯)。图 5-2 所示为简易调光电路实物接线图。本方法只适用于白炽灯泡。

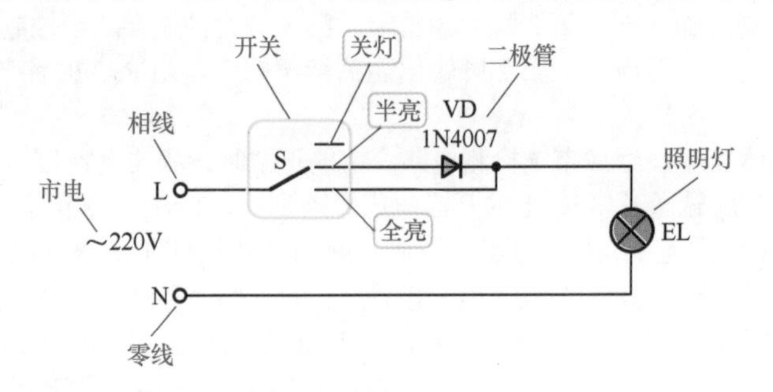

图 5-1 简易调光电路

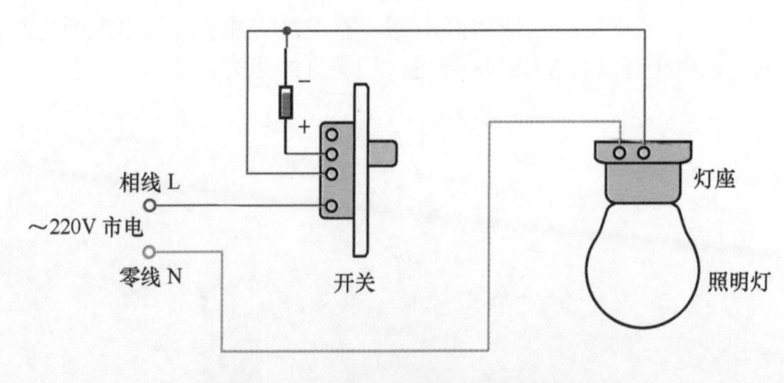

图 5-2 简易调光电路实物接线图

5.1.2 单开关双灯调光电路

图 5-3 所示为单开关控制双（两盏）灯的简易调光电路，由开关 S 实现调光。S 为双极三位开关，S_a 与 S_b 联动。电路巧妙地利用白炽灯泡的串并联，不需要其他任何元器件即可实现照明灯的调光。当

S 拨向最下端时，照明灯 EL_1 与照明灯 EL_2 并联接入 220V 市电电源，两照明灯全亮。当 S 拨向中间端时，照明灯 EL_1 与照明灯 EL_2 串联接入 220V 市电电源，每个照明灯只获得一半电压，两照明灯均约为半亮。当 S 拨向最上端时，切断电源关灯。图 5-4 所示为单开关双灯调光电路实物接线图。

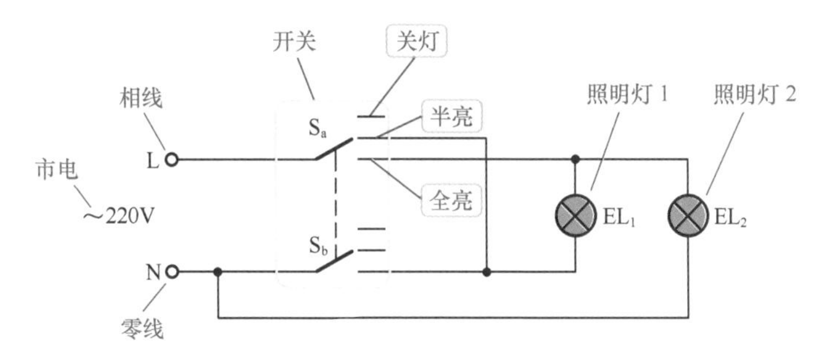

图 5-3 单开关双灯调光电路

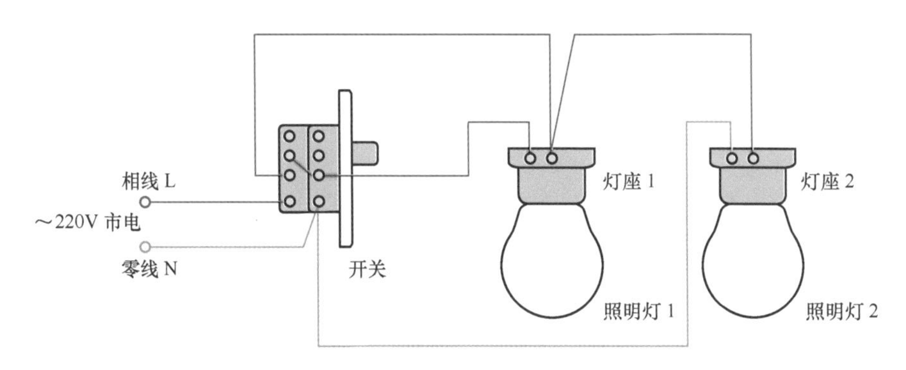

图 5-4 单开关双灯调光电路实物接线图

5.1.3 单向晶闸管调光电路

应用晶闸管可以实现白炽灯的无级调光。晶闸管是一种具有三个 PN 结的功率型半导体器件，包括单向晶闸管和双向晶闸管等，常见的晶闸管如图 5-5 所示。晶闸管可以像闸门一样控制电流大小。在交流电的每个半周，触发脉冲来的早或迟，决定了晶闸管导通角的大或小，相对应的是输出电压电流的大或小，如图 5-6 所示。

图 5-5 常见的晶闸管

图 5-7 所示为采用单向晶闸管的调光电路，整流二极管 VD_1 ~ VD_4 构成桥式整流，使得采用单向晶闸管即可实现交流调光。单向晶闸管 VS 控制白炽灯的电压与电流，VS 的导通角大小决定白炽灯的亮度。电阻 R_1、电位器 RP、电容 C_1 等构成调光网络，控制单向晶闸管 VS 的导通角。电位器 RP 为调光操作器件。

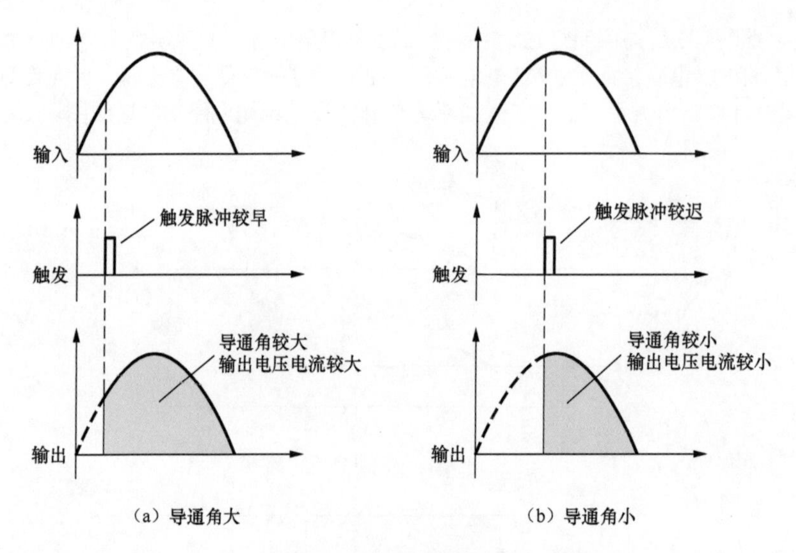

图 5-6　晶闸管控制原理

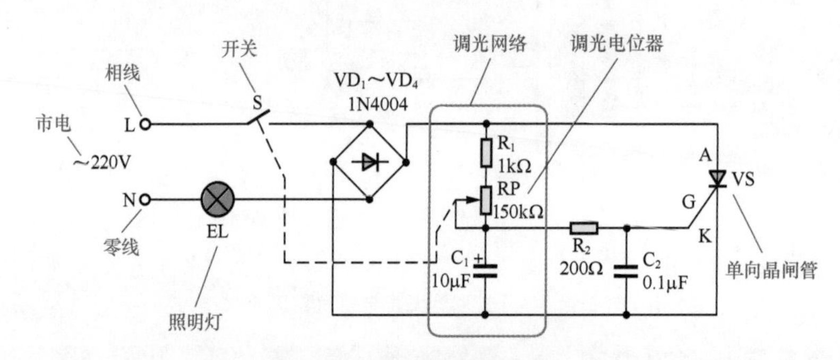

图 5-7　单向晶闸管调光电路

接通电源后，220V 交流电压经 $VD_1 \sim VD_4$ 整流后变成脉动直流电压，每个半周开始时经过 R_1、RP 向 C_1 充电。当 C_1 上所充电压达到晶闸管 VS 的控制极触发阈值时，VS 导通。当交流电压过零时 VS 截止。这个充电时间越长对应的晶闸管导通角越小。

调节电位器 RP 可改变 C_1 的充电时间，也就改变了晶闸管 VS 的导通角。减小 RP 阻值，对 C_1 的充电快，VS 导通角增大，灯光亮度增强。增大 RP 阻值，对 C_1 的充电慢，VS 导通角减小，灯光亮度减弱。实际应用时，RP 可选用带开关电位器，并使开关 S 刚打开时 RP 处于最大阻值。这样，在使用中打开开关时灯光微亮，然后再逐步调亮，效果较好。图 5-8 所示为单向晶闸管调光电路实物接线图。

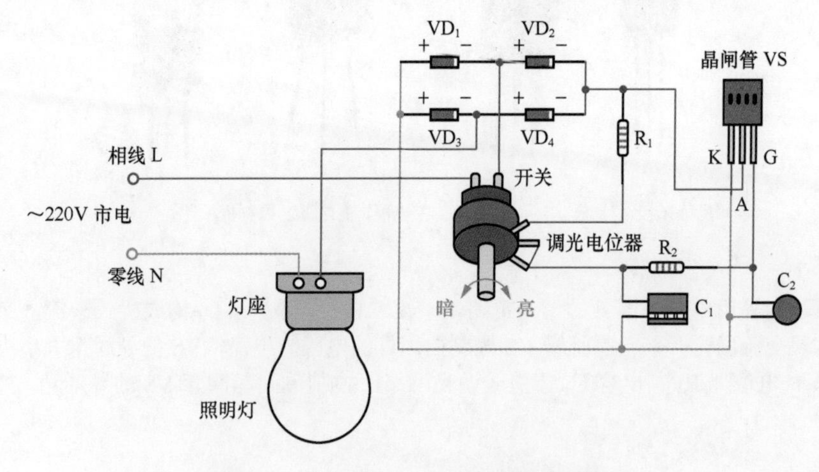

图 5-8　单向晶闸管调光电路实物接线图

5.1.4 双向晶闸管调光电路

调光电路采用双向晶闸管可以使电路简化。图 5-9 所示为采用双向晶闸管的调光电路，双向晶闸管 VS 直接接在交流回路中，VD 为双向触发二极管。调节电位器 RP 可改变双向晶闸管 VS 的导通角，从而达到调光的目的。调光原理与采用单向晶闸管的调光电路类似。RP 选用带开关电位器，兼具开关与调光功能，使用更方便。

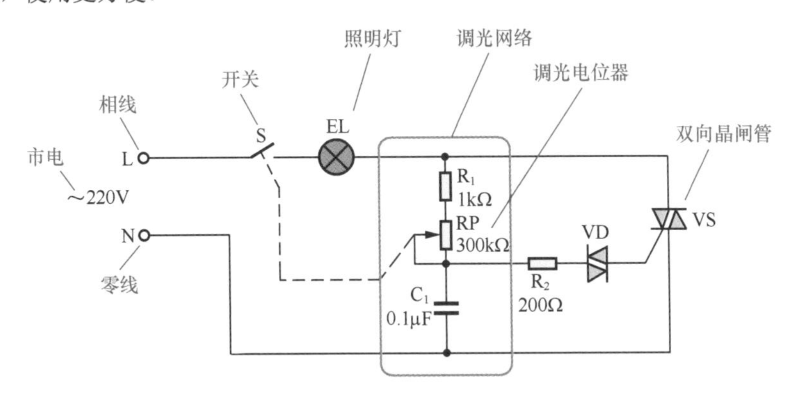

图 5-9 双向晶闸管的调光电路

5.1.5 单结晶体管调光电路

单结晶体管触发电路是一种常用的晶闸管触发电路。单结晶体管又称为双基极二极管，是一种具有一个 PN 结和两个欧姆电极的负阻半导体器件，如图 5-10 所示。图 5-11 所示的晶闸管调光台灯电路中，就采用了单结晶体管触发电路。

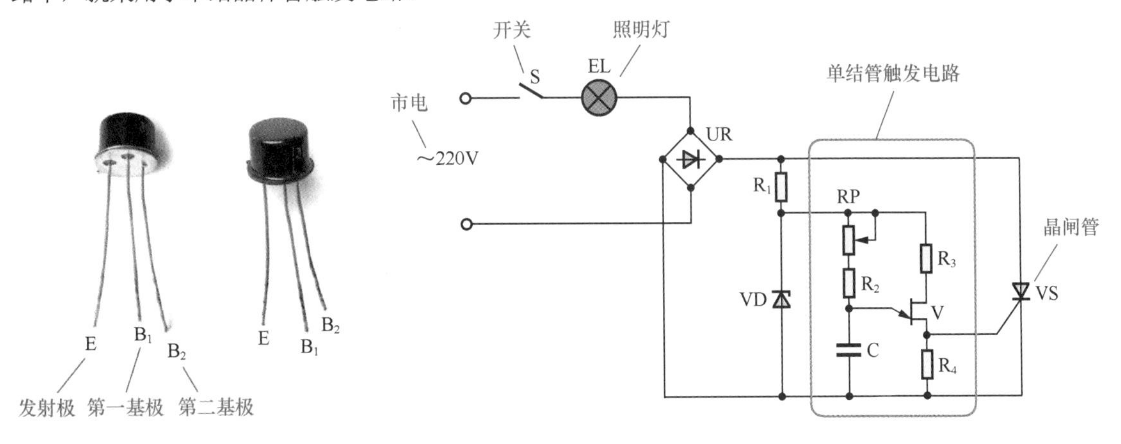

图 5-10 单结晶体管

图 5-11 单结晶体管触发的调光台灯电路

在交流电的每半周内，晶闸管 VS 由单结晶体管 V 输出的窄脉冲触发导通。电源开关 S 接通后，单结晶体管 V 仍处于截止状态，电阻 R_4 上无电压，即晶闸管 VS 控制极无触发电压。这时电源经 R_1、RP 和 R_2 向 C 充电，直到 C 上所充电压达到单结晶体管的峰点电压 U_P 时，单结晶体管 V 导通，C 通过单结晶体管 V 迅速放电，这个放电电流在电阻 R_4 上产生一个窄脉冲电压，触发晶闸管 VS 导通。

调节电位器 RP 可改变电容 C 的充电速率，从而改变单结晶体管 V 输出窄脉冲触发电压的时间，也就改变了晶闸管 VS 的导通角，从而改变了流过照明灯泡 EL 的电流，实现了调光的目的。

5.1.6 石英灯调光电路

石英灯是一种时尚灯具，具有亮度高、功耗小、寿命长和安全的特点。石英灯也是一种白炽灯，包括 220V 市电石英灯和低压石英灯两类，低压石英灯大多采用 12V 石英灯泡。

（1）低压石英灯调光电路

图 5-12 所示为低压石英灯调光电路，可以控制石英灯的亮度在微亮到全亮之间连续可调，由电

位器 RP 进行调光控制。

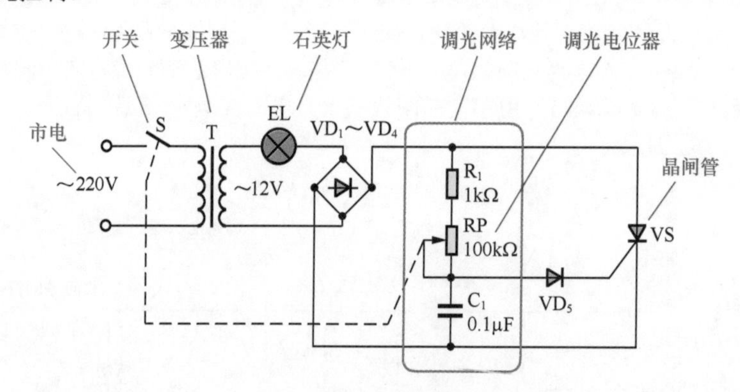

图 5-12　低压石英灯调光电路

电路中，VS 为单向晶闸管，VD_5 为触发二极管，EL 为 12V 石英灯，T 为电源变压器。电阻 R_1、电位器 RP 和电容 C_1 构成调光网络，与 VD_5 一起产生触发电压。

接通电源后，变压器 T 次级的 12V、50Hz 交流电经二极管 VD_1~VD_4 桥式整流为 100Hz 的脉动直流电，每个半周开始时通过 R_1、RP 向 C_1 充电，由于充电电流很小，不足以使石英灯 EL 发光。

随着时间的推移，当 C_1 上所充电压达到 VD_5 的导通电压时，VD_5 导通输出一个触发电压，使单向晶闸管 VS 导通，石英灯 EL 发光。当交流电压过零时晶闸管关断，下一个半周开始时重复以上过程。

当（R_1+RP）的阻值较小时，充电时间较短，晶闸管 VS 的导通角较大，石英灯 EL 上获得的电压较大，发光较亮。当（R_1+RP）的阻值较大时，充电时间较长，晶闸管 VS 的导通角较小，石英灯 EL 上获得的电压较小，发光较暗。调节电位器 RP 即可改变晶闸管的导通角，从而达到调光的目的。

（2）晶体管石英灯调光电路

晶体管构成的石英灯调光电路如图 5-13 所示，晶体管 VT_1、VT_2 构成模拟单向晶闸管，承担调光主元器件的功能。

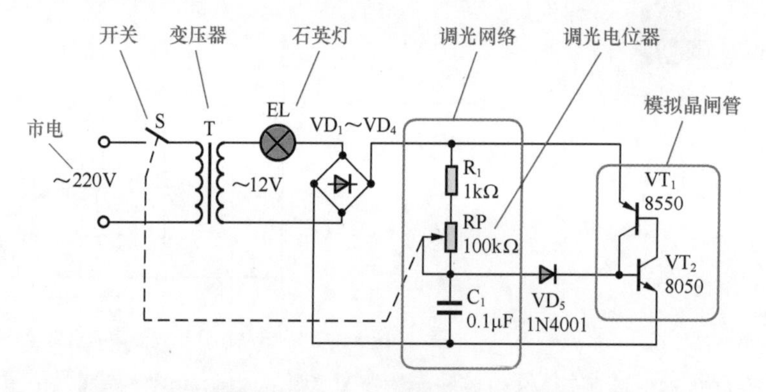

图 5-13　晶体管构成的石英灯调光电路

单向晶闸管含有 PNPN 四层结构，形成三个 PN 结，具有三个外电极：阳极 A、阴极 K、控制极 G，可等效为 PNP、NPN 两晶体管组成的复合管，如图 5-14 所示。因此，用一个 PNP 型晶体管 VT_1 和一个 NPN 型晶体管 VT_2 组合起来，即可作为一个模拟单向晶闸管使用。晶体管 VT_1 的发射极等效为晶闸管 VS 的阳极 A，VT_2 的发射极等效为 VS 的阴极 K，VT_2 的基极等效为 VS 的控制极 G。

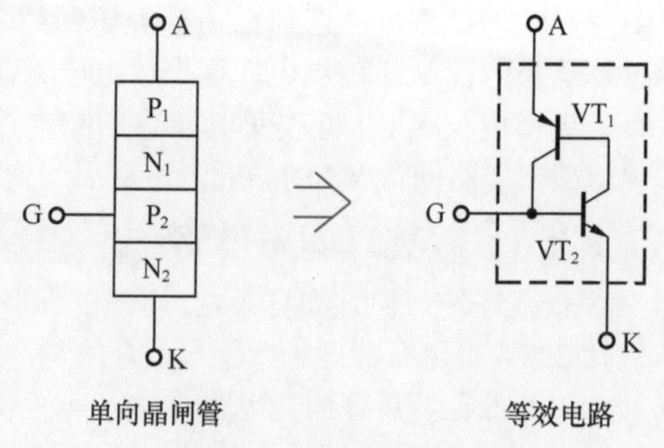

图 5-14　晶闸管等效电路

在模拟晶闸管 A、K 极间加上正向电压（A 极正、K 极负），VT_1、VT_2 并不自动导通。当在控制极 G 加上正向触发电压时，VT_2 因有基极电流而导通并为 VT_1 提供基极电流，使 VT_1 随即导通；VT_1 的导通又为 VT_2 提供更大的基极电流，如此形成强烈正反馈，VT_1、VT_2 迅速进入饱和状态，负载电流即可从 A 极到 K 极通过。这时即使去掉触发电压，VT_1、VT_2 仍维持饱和状态，直至通过其的电流小于维持电流时，VT_1、VT_2 才截止。可见，完全符合晶闸管的工作特性。

调节电位器 RP 即可改变模拟晶闸管的导通角，从而达到调光的目的。

5.1.7　自动调光电路

自动调光电路能够根据环境光的强弱，自动调节照明灯的亮度，属于一种灯光自动控制电路，晶体闸流管构成了控制的主体。

图 5-15 所示为自动调光电路，单向晶闸管 VS 构成主控电路，光电二极管 VD_6、晶体管 VT_1 和 VT_2 等构成光控电路，单结晶体管 V 等构成触发电路，二极管 VD_1 ~ VD_4 构成桥式整流电路。

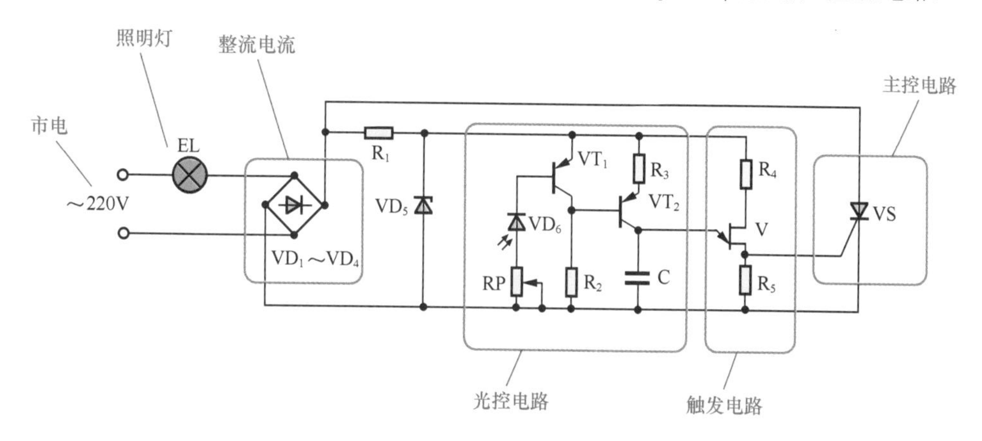

图 5-15　自动调光电路

照明灯 EL 电源回路的交流 220V 电压，经 VD_1 ~ VD_4 桥式整流后成为直流脉动电压，正向加在单向晶闸管 VS 两端。晶闸管 VS 导通时，照明灯 EL 有电流流过而点亮。晶闸管 VS 的导通角不同，照明灯 EL 流过的电流大小也不同，灯光亮度也就不同。这就是一般的调光原理。

自动调光电路的特点在于，晶闸管 VS 控制极的触发脉冲，来自光控触发电路。光电二极管 VD_6 接在晶体管 VT_1 基极，用于感知环境光的变化，并通过单结晶体管 V 调整触发脉冲的时延，改变晶闸管 VS 的导通角，实现自动调光的目的。

环境光越强，VD_6 的光电流越大，VT_1 的集电极电流也越大，使 VT_2 的基极电位升高，其集电极电流变小（VT_1 和 VT_2 是 PNP 管），使得电容 C 的充电电流变小、充电时间延长，导致单结晶体管 V 产生的触发脉冲在时间上后移，晶闸管 VS 导通角变小，照明灯 EL 两端的平均电压降低，亮度减弱。

环境光越弱，VD_6 的光电流越小，VT_1 的集电极电流也越小，VT_2 的集电极电流变大，使得电容 C 的充电电流变大、充电时间缩短，导致单结晶体管 V 产生的触发脉冲在时间上前移，晶闸管 VS 导通角变大，照明灯 EL 两端的平均电压提高，亮度增强。

稳压二极管 VD_5 的作用是稳定光控触发电路的工作电压，使整个电路工作更加稳定可靠。

5.2　照明灯遥控电路

遥控电路可以实现远距离控制照明灯，包括红外遥控、无线电遥控等，使得照明灯的开关与调光等控制更加便捷。

5.2.1　照明灯多路红外遥控电路

图 5-16 所示为照明灯多路红外遥控电路，这实际上仅是接收端的电路图。该电路可以用任何品牌的彩色电视的遥控器进行遥控，按遥控器上的任意按键，就能够控制 3 路照明灯。按一下打开第 1 路照明灯，按两下打开第 2 路照明灯，按三下打开第 3 路照明灯，按四下则关闭所有 3 路照明灯。

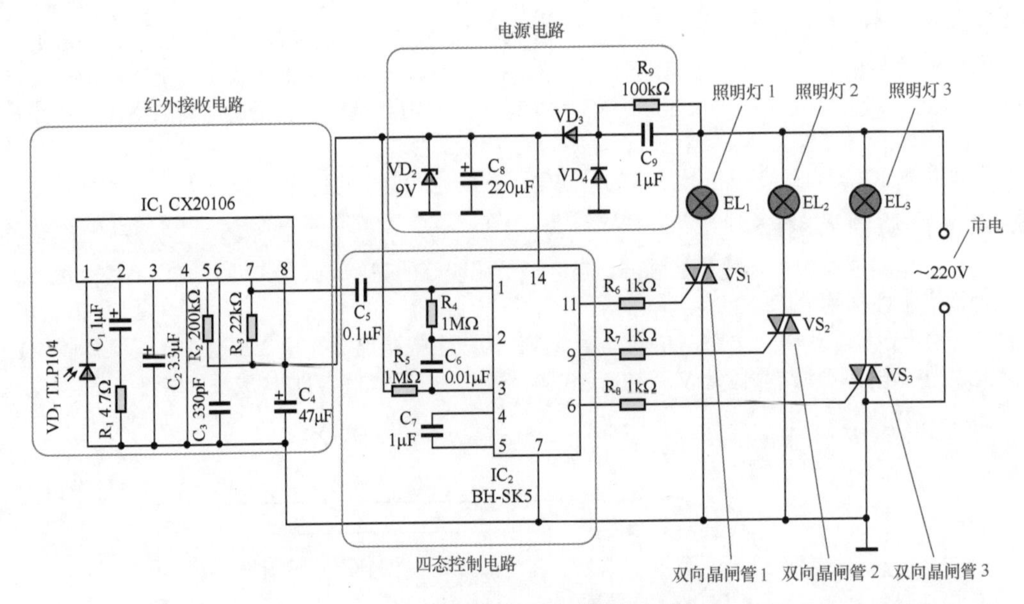

图 5-16　照明灯多路红外遥控电路

IC_1 为红外接收专用集成电路 CX20106，其内部包含有前置放大器、限幅放大器、带通滤波器、检波器、积分器和整形电路。VD_1 是红外光电二极管。当 VD_1 接收到遥控器发出的红外光信号时，经集成电路 CX20106（IC_1）处理后，其输出端（第 7 脚）输出一个负脉冲，经耦合电容 C_5 进入 IC_2 的触发端（第 1 脚）。

IC_2 为四态输出遥控集成电路 BH-SK5，其内部包含电压放大器、延时电路、整形电路、选频电路、解调器、计数器和驱动电路。BH-SK5（IC_2）的第 11 脚、第 9 脚、第 6 脚为 3 个输出端，在同一时间它们当中最多只有一个输出端为高电平，其余输出端均为“0”，或者 3 个输出端全部为“0”。每触发一次，输出端的状态便改变一次。

3 个双向晶闸管 VS_1、VS_2、VS_3 分别控制着 3 路照明灯 EL_1、EL_2、EL_3。3 个双向晶闸管的控制极分别由 IC_2 的 3 个输出端触发，R_6、R_7、R_8 分别是 VS_1、VS_2、VS_3 的触发电阻。

电路工作过程如下：设一开始所有照明灯均不亮，按一下遥控器按键，IC_1 接收后输出一触发信号至 IC_2，IC_2 的第 11 脚输出高电平（此时第 9 脚、第 6 脚均为“0”），触发双向晶闸管 VS_1 导通，第 1 路照明灯 EL_1 点亮（第 2 路、第 3 路照明灯不亮）。

按第 2 下遥控器按键，IC_1 接收后再次触发 IC_2，IC_2 的第 9 脚输出高电平（此时第 11 脚、第 6 脚均为“0”），触发双向晶闸管 VS_2 导通，第 2 路照明灯 EL_2 点亮（第 1 路、第 3 路照明灯不亮）。

按第 3 下遥控器按键，IC_1 接收后又一次触发 IC_2，IC_2 的第 6 脚输出高电平（此时第 11 脚、第 9 脚均为“0”），触发双向晶闸管 VS_3 导通，第 3 路照明灯 EL_3 点亮（第 1 路、第 2 路照明灯不亮）。

按第 4 下遥控器按键，IC_1 接收后再一次触发 IC_2，IC_2 的 3 个输出端均为“0”，所有照明灯全部不亮。

按第 5 下遥控器按键，又回到按第 1 下的状态，如此循环控制 3 路照明灯。

5.2.2　红外遥控调光开关

红外遥控调光开关通过遥控器即可控制照明灯的开、关和灯光的明、暗变化，并具有记忆功能。红外遥控调光开关包括红外遥控器和开关主体电路两部分。

（1）红外遥控器

红外遥控器电路如图 5-17 所示，发射电路采用专用集成电路 TC9148（IC_4），其内部包含编码、振荡、分频、调制、放大等单元电路。SB_1 ~ SB_4 为 4 个遥控按键，可以分别控制 4 盏灯。当按下某一按键时，IC_4 便进行相应的编码并调制到 38kHz 的载频上，经 VT_2 放大后驱动红外发光二极管 VD_6 发出红外遥控信号。

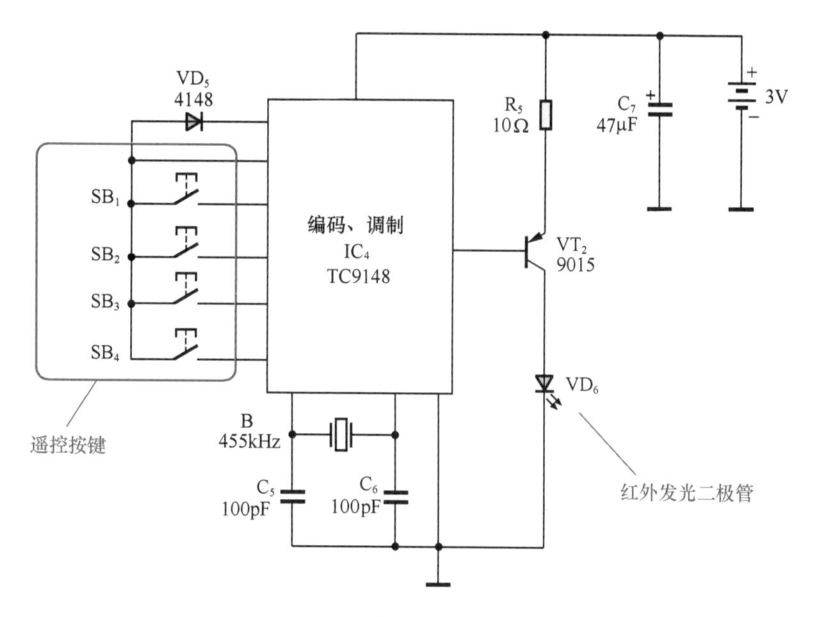

图 5-17　红外遥控器电路

（2）开关主体电路

开关主体电路如图 5-18 所示，包括红外接收电路、解码电路、调光控制电路等组成部分。

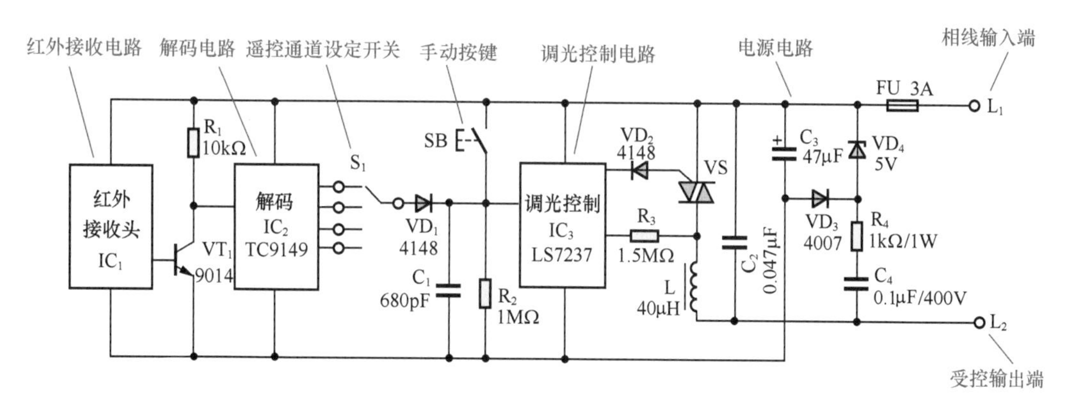

图 5-18　开关主体电路

接收与解码电路采用集成红外接收头（IC_1）和与遥控器上编码电路（IC_4）相配套的解码集成电路 TC9149（IC_2）。遥控器发出的红外信号由 IC_1 接收、VT_1 放大后，进入 IC_2 解码得到控制信号。IC_3 为调光控制集成电路 LS7237，内部集成有逻辑控制器、锁相环路、亮度存储器、数字比较器等，具有开、关和灯光亮度调节功能。

当 IC_2 输出的控制信号经 S_1、VD_1 加至 IC_3 时，IC_3 便产生相应的触发信号经 VD_2 使双向晶闸管 VS 导通、截止或改变导通角，以达到控制电灯开关或调光的目的。SB 为手动控制按键。S_1 为遥控通道设定开关，如用一个遥控器控制 4 盏灯，则应将 4 个开关主体电路中的 S_1 分别拨向不同的位置。

（3）安装使用

安装红外遥控开关时，用调光开关主体直接取代原有的照明灯开关即可，如图 5-19 所示。图 5-20 所示为实物安装接线图。

使用时，按一下遥控器上的按键（小于 0.4s），照明灯即亮；再按一下，照明灯即灭。按住按键不放（大于 0.4s），照明灯将会由亮渐暗再由暗渐亮地循环变化，在达到所需亮度时松开按键即可。此亮度会被电路记忆，下次打开照明灯时即为此亮度。

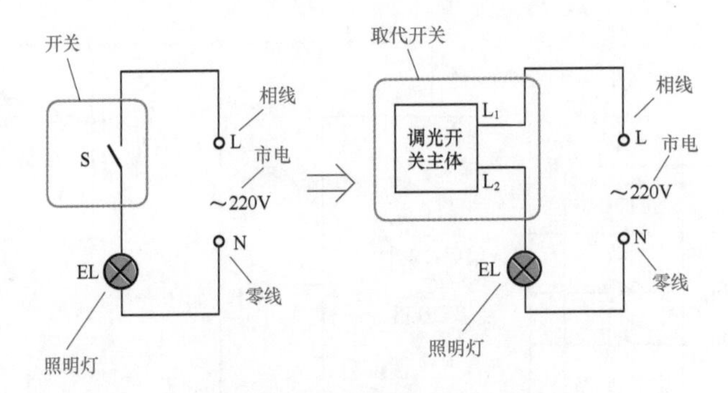

图 5-19 红外遥控开关的安装

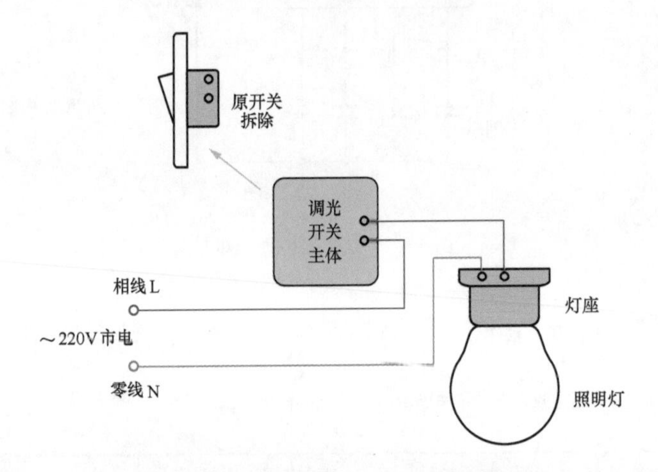

图 5-20 红外遥控开关实物安装接线图

5.2.3 无线电遥控电灯分组开关

无线电遥控电灯分组开关电路如图 5-21 所示，具有可控距离远、可穿透墙体等障碍物的特点，可将吊灯等大型灯具的若干照明灯分为四组，通过遥控器分别控制各组照明灯的开与关。

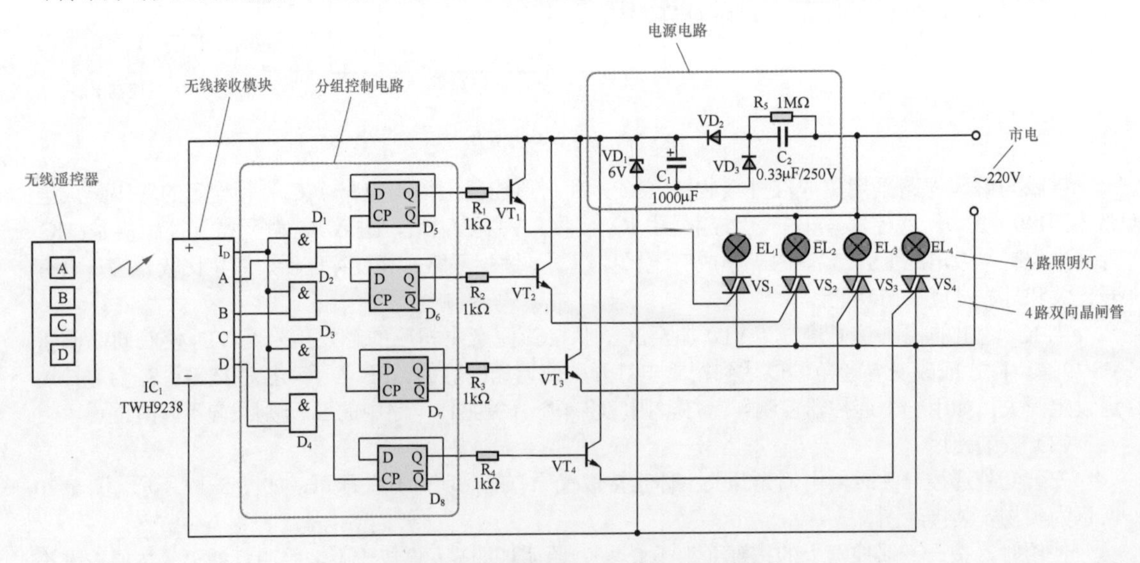

图 5-21 无线电遥控电灯分组开关电路

遥控器和接收模块 IC_1，采用微型无线电遥控组件，如图 5-22 所示。遥控器电路原理如图 5-23 所示，具有“A”“B”“C”“D”四个按键，每个按键控制一组照明灯的开与关。

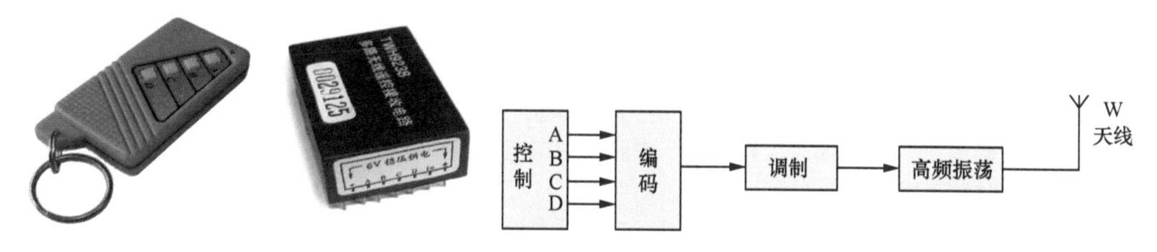

图 5-22　遥控器和接收模块

图 5-23　遥控器电路原理

接收控制电路中，IC_1 为与遥控器相配套的无线电接收模块 TWH9238，其电路原理如图 5-24 所示，具有“A”“B”“C”“D”四个输出端，对应遥控器上的“A”“B”“C”“D”四个按键。

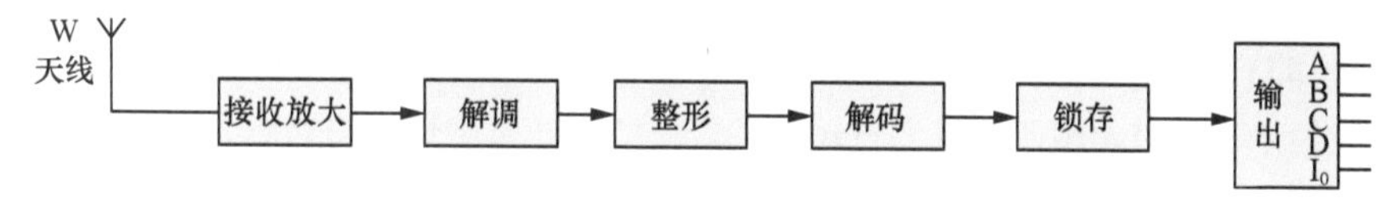

图 5-24　接收模块电路原理

电路工作原理如下，以第 1 组为例，按一下遥控器上的“A”按键，IC_1 的“A”端即为高电平，经与门 D_1 形成一正脉冲，触发双稳态触发器 D_5 翻转输出高电平，晶体管 VT_1 导通使双向晶闸管 VS_1 导通，第 1 组照明灯 EL_1 点亮。再按一下遥控器上的“A”按键，双稳态触发器 D_5 再次翻转输出变为低电平，VT_1 与 VS_1 截止，第 1 组照明灯 EL_1 熄灭。

同理，遥控器上的“B”“C”“D”按键，相应地分别控制第 2 组、第 3 组、第 4 组照明灯的开与关。通过遥控器上的四个按键，即可随意遥控大吊灯的四组照明灯的开或关；也可将天花板上的灯具分为四组，用该电路进行分组遥控。

5.3 智能自动照明电路

智能自动照明电路包括声控、光控、感应控制等电路形式，能够根据环境物理量的变化自动控制照明灯的开与关，既方便照明又节电环保。

5.3.1 声控自动照明灯

利用声控技术，可以实现照明灯的非接触开关。声控照明灯电路如图 5-25 所示，IC 采用了声控专用集成电路 SK-6，其内部集成有放大器、比较器、双稳态触发器等功能电路。电容 C_2、C_3，整流二极管 VD_2、VD_3，稳压管 VD_1 等组成电容降压电源电路，为声控电路提供 6V 工作电源。

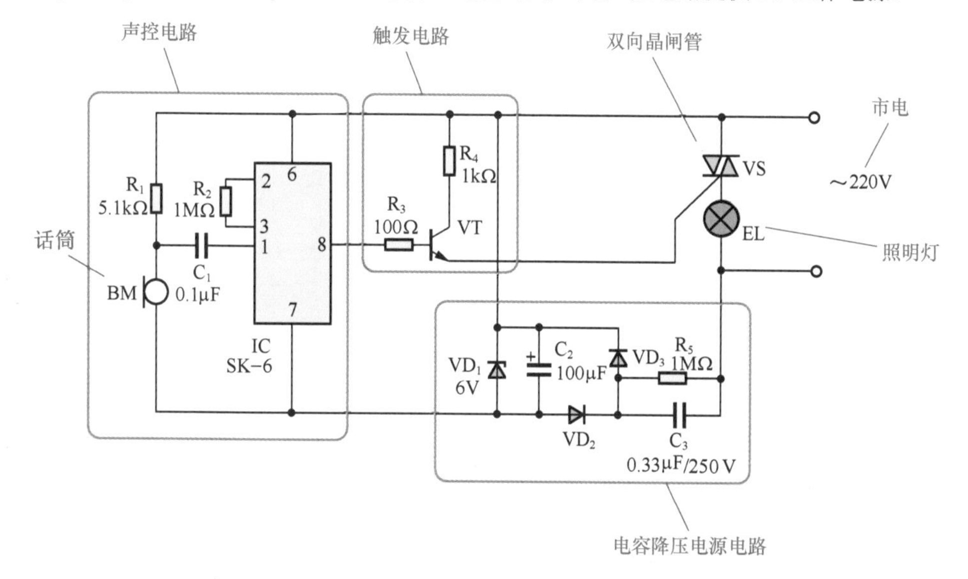

图 5-25　声控照明灯电路

电路的工作过程：当人们发出口哨声或击掌声时，声音信号被驻极体话筒 BM 接受并转换为电信号，通过 C_1 输入集成电路 SK-6，经放大处理后触发内部双稳态触发器翻转，SK-6 的第 8 脚输出高电平，使晶体管 VT 导通，进而使双向晶闸管 VS 导通，照明灯 EL 点亮。

当人们再次发出口哨声或击掌声时，SK-6 内部双稳态触发器再次翻转，其第 8 脚输出变为低电平，VT 与 VS 相继截止，照明灯 EL 熄灭。将该电路组装到灯具中，就可以利用口哨声或击掌声控制电灯的开与关，不必再安装开关，如图 5-26 所示。

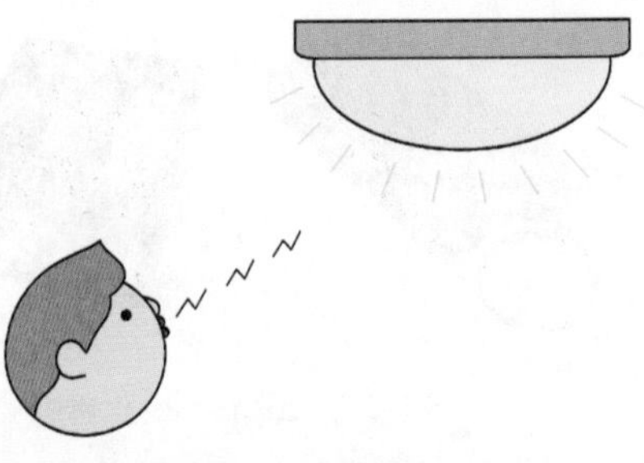

图 5-26　用声音开关灯

5.3.2　光控自动照明灯

利用光控技术，可以实现照明灯的自动开关。光控自动照明灯电路如图 5-27 所示，时基集成电路 NE555 构成施密特触发器，R_1 为光敏电阻，它们共同组成光控电路。晶体管 VT 是继电器 K 的驱动开关管，继电器接点 K-1 控制照明灯 EL 的开或关。VD_6 是保护二极管，作用是防止晶体管 VT 截止瞬间被继电器线圈的反压击穿。电源变压器 T、整流二极管 VD_1 ~ VD_4、滤波电容 C_2、稳压管 VD_5 等组成电源电路，为光控电路提供 6V 工作电源。

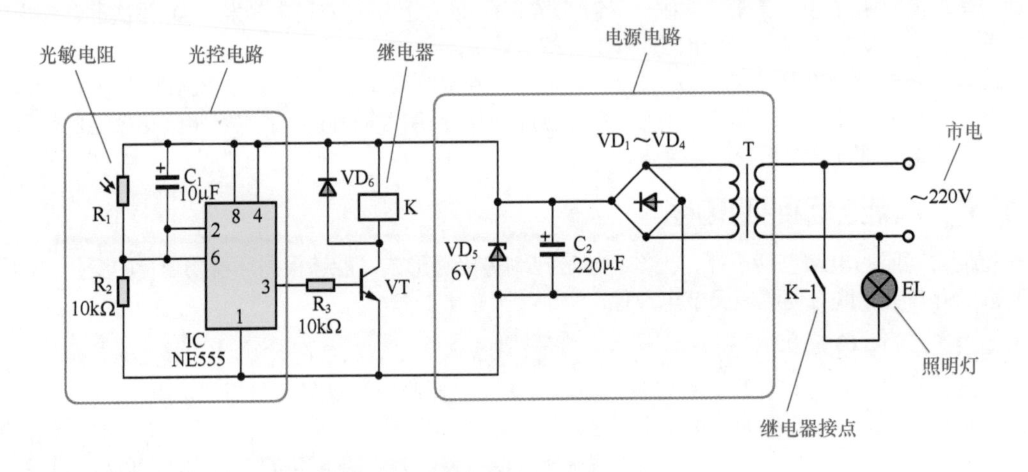

图 5-27　光控自动照明灯电路

光控自动照明灯的工作原理：当环境光线明亮时，光敏电阻 R_1 阻值很小，NE555 输出端（第 3 脚）为低电平，晶体管 VT 截止，继电器 K 无电不工作，照明灯 EL 不亮。

当环境光线昏暗时，光敏电阻 R_1 阻值变大，NE555 输出端（第 3 脚）变为高电平，使晶体管 VT 导通，继电器 K 吸合，继电器接点 K-1 闭合接通照明灯电路，照明灯 EL 点亮。

安装应用时应注意，不要让自身照明灯 EL 的灯光照射到光敏电阻 R_1 上，以免出现误动作。

该电路安装于照明灯具内，即可根据自然环境光的强弱自动控制照明灯的开与关，实现照明灯的自动化。由于采用继电器控制，照明灯 EL 可以是任何种类，比如白炽灯、石英灯、日光灯、节能灯、LED、碘钨灯、高压汞灯、高压钠灯等。图 5-28 所示为光控自动照明灯具。

图 5-28　光控自动照明灯具

5.3.3　声光控电灯开关

声光控电灯开关是由声音控制为主、光线控制为辅的电源开关，将它组装到灯具中，就可以利用口哨声或击掌声控制电灯的开与关，不必再安装开关。

声光控电灯开关电路如图 5-29 所示，包括声控电路、延时电路、光控电路、逻辑控制电路、电子开关和电源电路等组成部分，图 5-30 所示为声光控电灯开关电路原理方框图。

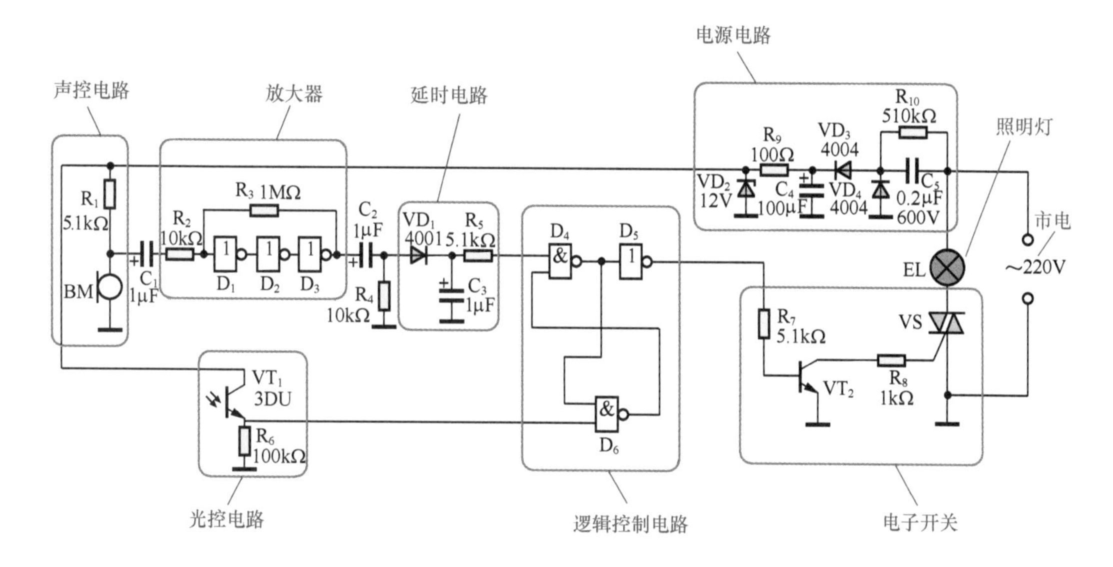

图 5-29　声光控电灯开关电路

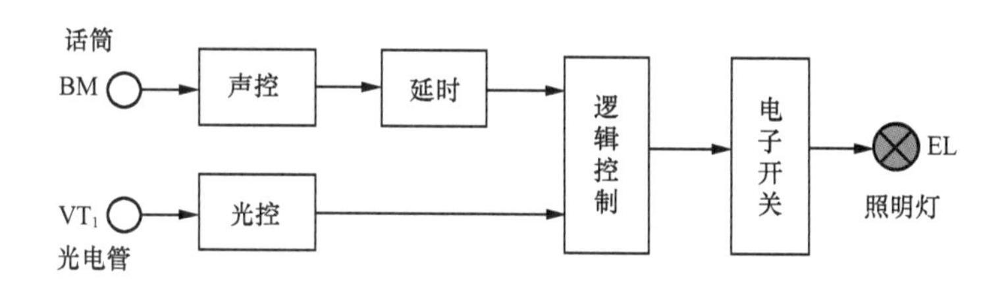

图 5-30　声光控电灯开关电路原理方框图

（1）声控电路

声控电路包括驻极体话筒 BM 和电压放大器（D_1、D_2、D_3）等。声音信号（脚步声、讲话声等）由驻极体话筒 BM 接收并转换为电信号，经电压放大器放大后输出。电压放大器由三个 CMOS 非门 D_1、D_2、D_3 串联而成，R_3 为反馈电阻，R_2 为输入电阻，电压放大倍数 $A = R_3 / R_2 = 100$ 倍（40dB）。改变 R_3 或 R_2 即可改变电压放大倍数。

（2）延时电路

因为照明灯不能随着声音的有无而一亮一灭，应持续照明一段时间，所以必须有延时电路。VD_1、C_3、R_5 以及 D_4 的输入阻抗组成延时电路。当有声音信号时，电压放大器输出电压通过 VD_1 使 C_3 迅速充满电，使后续电路工作。当声音消失后，由于 VD_1 的隔离作用，C_3 只能通过 R_5 和 D_4 的输入端放电，由于 CMOS 非门电路的输入阻抗高达数十兆欧姆，因此放电过程极其缓慢，实现了延时，延时时间约为 30s。可通过改变 C_3 来调整延时时间。

（3）光控电路

为使声控照明灯在白天不亮灯，由光电三极管 VT_1 和负载电阻 R_6 等组成光控电路。夜晚环境光较暗时，光电三极管 VT_1 截止，光控电路输出为“0”。白天较强的环境光使光电三极管 VT_1 导通，光控电路输出为“1”。

（4）逻辑控制电路

逻辑控制电路由与非门 D_4、D_6 等组成。声控照明灯必须满足以下逻辑要求：①白天照明灯不亮，

②晚上有一定响度的声音时照明灯点亮，③声音消失后照明灯延时一段时间才熄灭，④本灯点亮后不会被误认为是白天。

逻辑控制电路原理如图 5-31 所示。白天，光控电路输出端为“1”，本灯未亮故 D_4 输出端也为“1”，与非门 D_6 输出端则为“0”，关闭了与非门 D_4。此时不论声控电路输出如何，D_4 输出端恒为“1”，照明灯不亮。

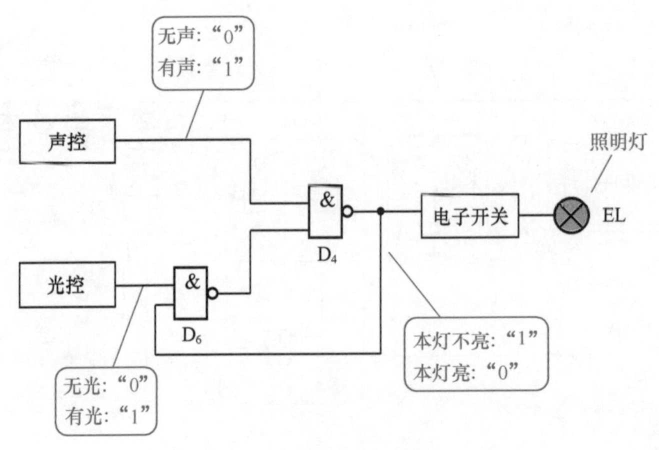

图 5-31 逻辑控制电路原理

夜晚，光控电路输出端为“0”，D_6 输出端变为“1”，打开了与非门 D_4，此时 D_4 的输出状态取决于声控电路。无声音时，声控电路输出端为“0”，D_4 输出端为“1”，照明灯不亮。当有声音时，声控电路输出端变为“1”，D_4 输出端变为“0”，使电子开关导通，照明灯 EL 点亮。由于延时电路的作用，声音信号消失后经过一定延时，声控电路输出端才变为“0”，照明灯 EL 熄灭。

当本灯 EL 点亮时，D_4 输出端的“0”同时加至与非门 D_6 的另一输入端将其关闭，使得光控信号无法通过。这样，即使本灯的灯光照射到光电三极管 VT_1 上，系统也不会误认为是白天而使照明灯刚点亮就立即关闭。

（5）电子开关

电子开关由驱动晶体管 VT_2、双向晶闸管 VS 等组成，在逻辑控制电路的控制下，控制照明灯 EL 的开与关。

（6）电源电路

电源电路由降压电容 C_5、整流二极管 VD_3 和 VD_4、稳压二极管 VD_2 等组成电容降压整流电路，为控制电路提供 +12V 工作电压。

5.3.4 智能节电楼道灯

智能节电楼道灯是一种智能灯具，既能满足夜晚楼道照明的需要，又能最大限度地节约电能。天黑以后，当有人进入楼梯通道，发出走动声或其他声音时，楼道灯即自动点亮提供照明。当人们进入家门或走出公寓，楼道里没有声音时，楼道灯会自动关闭。在白天，无论是否有声音楼道灯都不点亮。

智能节电楼道灯不仅适用于公寓楼，而且也适用于办公楼、教学楼等公共场所，还可以作为行人较少的小街小巷的路灯。如能广泛应用，必将收到很明显的节电效益。

智能节电楼道灯电路如图 5-32 所示，采用继电器作为开关器件，具有电路简单、工作可靠、调试容易的特点，并且由于继电器可以具有多个互相独立的接点，因此可以同时控制多路互相独立的负载。

（1）分解单元电路

整个电路包括若干个单元。① 驻极体话筒 BM 等组成的拾音电路；② CMOS 非门 D_1、D_2、D_3 等组成的模拟电压放大器；③ 施密特触发器 D_4 构成的整形电路；④ 电容器 C_4 等组成的延时电路，①到④电路组成声控电路部分；⑤ 光电二极管 VD_6 等组成感光电路；⑥ 施密特触发器 D_7 构成光控门，⑤到⑥电路组成光控电路部分；⑦ 施密特触发器 D_6 构成主控门；⑧ 晶体管 VT_1 和继电器 K 等组成继电开关，⑦到⑧电路组成执行电路部分；⑨ 变压器 T、整流二极管 VD_1 ~ VD_4 等组成的电源电路，为整机电路提供工作电源。图 5-33 所示为智能节电楼道灯电路原理方框图。

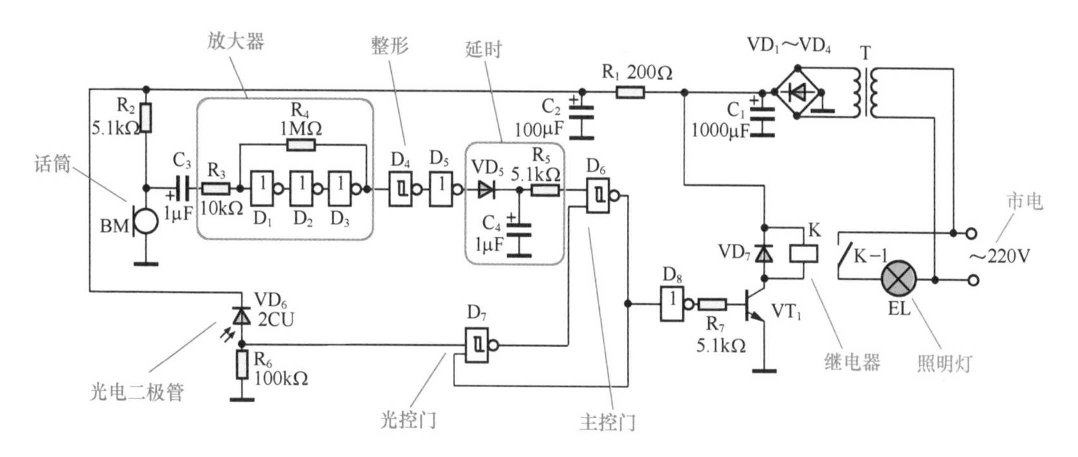

图 5-32　智能节电楼道灯电路

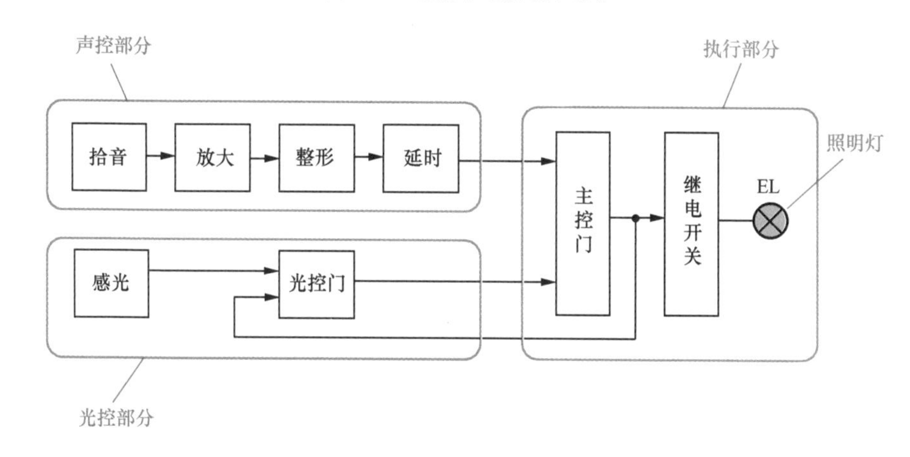

图 5-33　智能节电楼道灯电路原理方框图

（2）电路工作原理

电路基本工作原理如下。声音信号（脚步声、讲话声等）由驻极体话筒 BM 接收并转换为电信号，经 C_3 耦合至 D_1、D_2、D_3 等组成的模拟放大器进行电压放大，再经施密特触发器 D_4 整形为陡峭的脉冲信号，通过 D_5 倒相，VD_5、C_4、R_5、D_6 等延时控制，使电子开关 VT_1 导通，继电器 K 吸合，其接点 K-1 接通照明灯 EL 的电源使其点亮。当声音信号消失后，由于延时电路的作用，照明灯 EL 将继续点亮数十秒后才关闭。

以上所说是夜晚的情况。如果在白天，环境光很亮，光电二极管 VD_6 导通，通过光控门 D_7 使主控门 D_6 关闭，声控信号不起作用，因而照明灯 EL 不亮。

（3）CMOS 电压放大器

放大声音信号的电压放大器由三个 CMOS 非门 D_1、D_2、D_3 串联而成，R_4 为反馈电阻，R_3 为输入电阻，电压放大倍数 $A=R_4/R_3=100$ 倍（40dB）。改变 R_4 或 R_3 即可改变电压放大倍数。

CMOS 电压放大器原理如图 5-34（a）所示，当用一反馈电阻 R 将非门 D 的输出端与输入端连接起来，其输出端和输入端既不是“1”也不是“0”，而是被偏置在大约$\frac{1}{2}V_{DD}$的地方，即图 5-34（b）所示曲线图中的“G”点。

由于非门从“1”到“0”的曲线有一定的斜率，而“G”点基本上位于这斜线的中间，因此“G”点就是 CMOS 非门模拟运用时的工作点。用 CMOS 非门组成电压放大器，具有电路简单、增益较高、功耗极低的优点，适用于小信号电压放大。

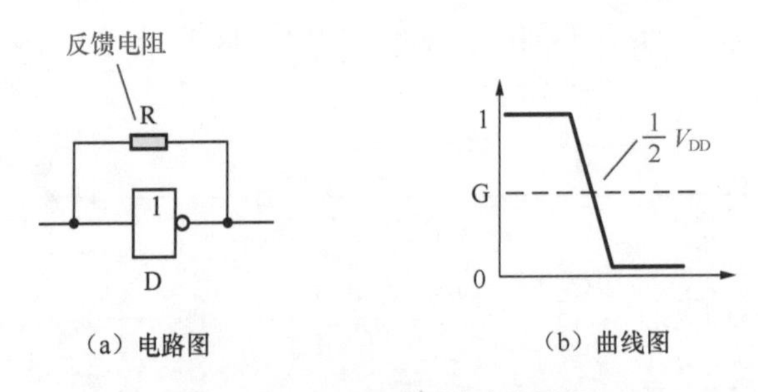

图 5-34 CMOS 电压放大器原理

（4）延时电路

延时电路工作原理是，当有声音时，整形电路反相器 D_5 输出为“1”，经 VD_5 使 C_4 迅速充满电，D_6 输入端为“1”，这时后续电路工作（设 D_6 另一输入端也为“1”）。当声音消失后，D_5 输出为“0”，由于 VD_5 的隔离作用，C_4 只能通过 R_5 和 D_6 的输入端放电。由于 CMOS 电路的输入阻抗高达数十兆欧姆，这个放电过程极其缓慢，这时 D_6 输入端继续保持为“1”，实现了延时。延时时间与 C_4 的容量大小有关，可通过改变 C_4 来调整延时时间。

5.3.5 感应式自动照明灯

感应式自动照明灯无须安装电灯开关，而是依靠人体感应来触发开灯，特别适合作为门灯使用。夜晚当您回到家门口时，感应式自动照明灯即会自动点亮，为您掏钥匙开门提供照明。如果是邻居路过您家门口，感应式自动照明灯则为邻居提供楼道照明，几十秒后自动关灯。

图 5-35 所示为感应式自动照明灯的电路图。电路主要由 4 部分组成：① 热释电式红外探测头 BH9402（IC）构成的红外检测电路；② 门电路 D_1、D_2 等构成的延时电路；③ 单向晶闸管 VS 等构成的电子开关电路；④ 整流二极管 VD_1 ~ VD_5 和滤波电容 C_3 等构成的电源电路。图 5-36 所示为感应式自动照明灯原理方框图。

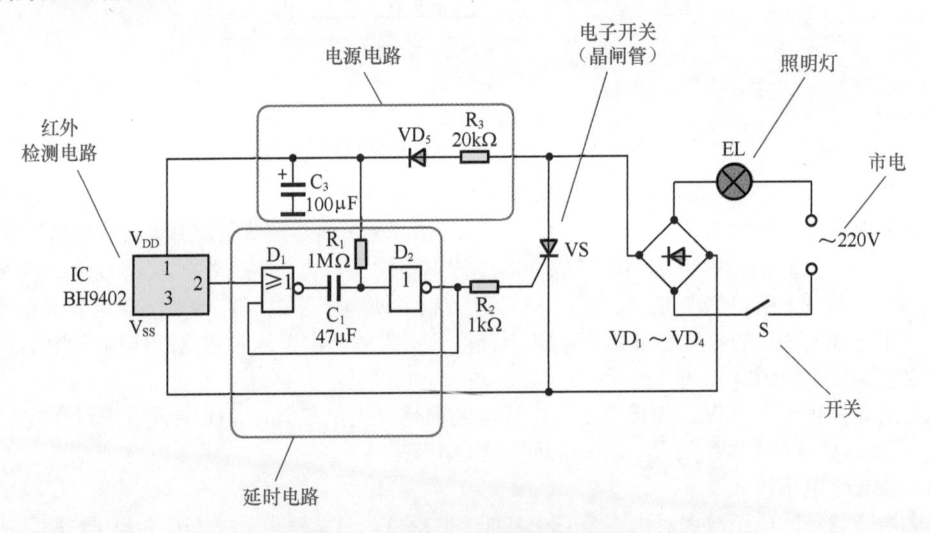

图 5-35 感应式自动照明灯的电路图

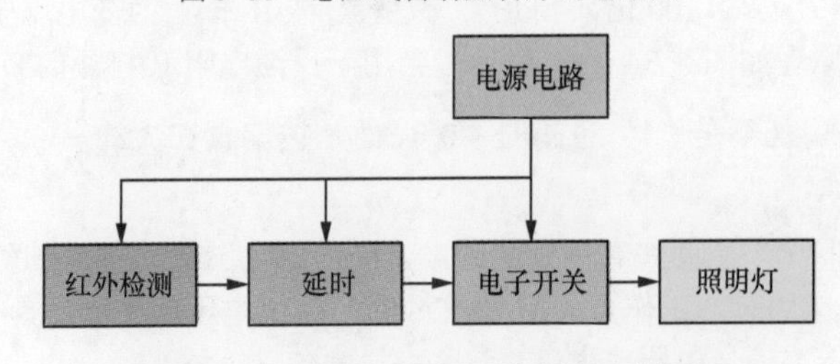

图 5-36 感应式自动照明灯原理方框图

（1）红外检测电路

红外检测电路采用热释电式红外探测头 BH9402。热释电式红外探测头是一种被动式红外检测器件，能以非接触方式检测出人体发出的红外辐射，并将其转化为电信号输出。同时，热释电式红外探测头还能有效地抑制人体辐射波长以外的红外光和可见光的干扰。热释电式红外探测头具有可靠性高、使用简单方便、体积小、重量轻的特点。

热释电式红外探测头 BH9402 的内部结构如图 5-37 所示。它包括热释电红外传感器、高输入阻抗运算放大器、双向鉴幅器、状态控制器、延迟时间定时器、封锁时间定时器和参考电源电路等。除热释电红外传感器 BH 外，其余主要电路均包含在一块 BISS0001 数模混合集成电路内，缩小了体积，提高了工作的可靠性。

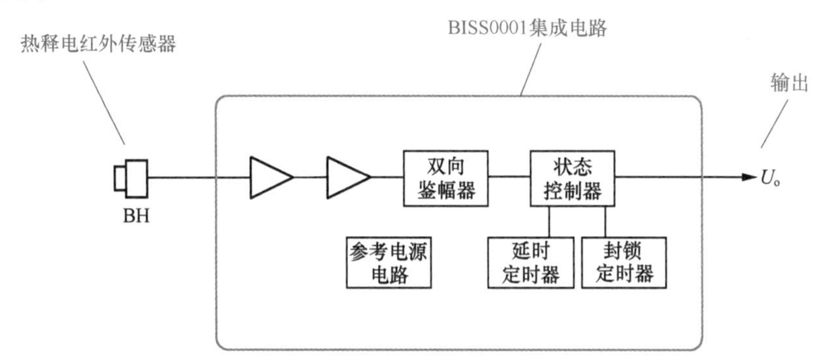

图 5-37　BH9402 的内部结构

（2）延时电路

延时电路是一个或非门构成的单稳态触发器，由或非门 D_1、非门 D_2、定时电阻 R_1 和定时电容 C_1 组成，如图 5-38 所示。或非门单稳态触发器由正脉冲触发，输出一个脉宽为 T_W 的正矩形脉冲。

电路平时处于稳态，由于 D_2 输入端经 R_1 接 $+V_{DD}$，其输出端为“0”，耦合至 D_1 输入端使 D_1 输出端为“1”，电容 C_1 两端电位相等，无压降。

当在触发端加入触发脉冲 U_i 时，或非门 D_1 输出端变为“0”。由于电容 C 两端的电压不能突变，因此 D_2 输入端也变为“0”，D_2 输出端 U_o 变为“1”。由于 U_o 又正反馈到 D_1 输入端形成闭环回路，所以电路一经触发后，即使取消触发脉冲 U_i 仍能保持暂稳状态。此时，电源 $+V_{DD}$ 开始经 R_1 对 C_1 充电。

随着 C_1 的充电，D_2 输入端电位逐步上升。当达到 D_2 的转换阈值时，D_2 输出端 U_o 又变为“0”。由于闭环回路的正反馈作用，D_1 输出端随即变为“1”，电路回复稳态，直至再次被触发。单稳态触发器工作波形如图 5-39 所示。

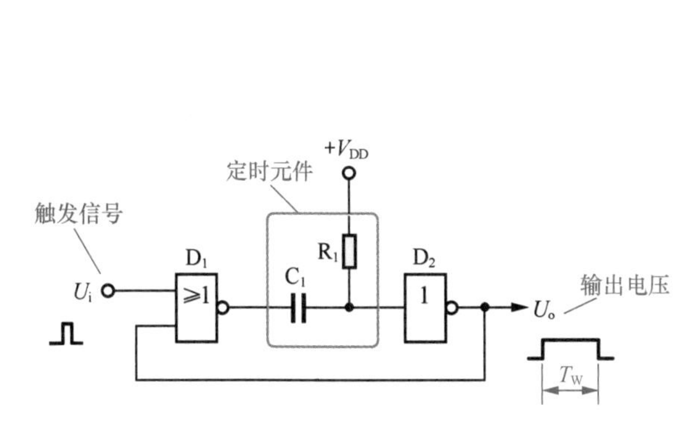

图 5-38　或非门构成的单稳态触发器

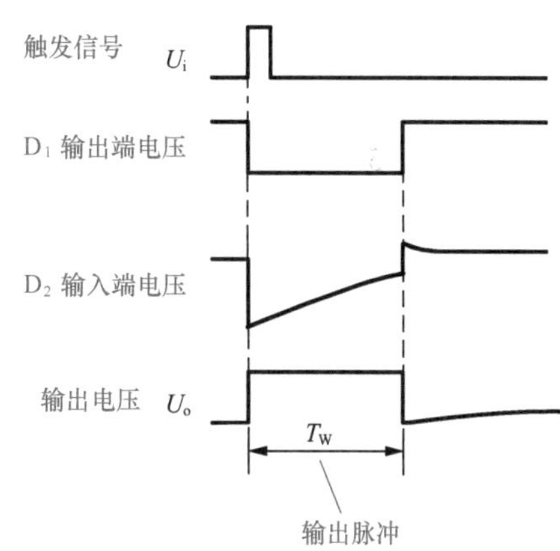

图 5-39　单稳态触发器工作波形

（3）电子开关电路

单向晶闸管 VS 作为无触点电子功率开关，控制着照明灯的电源。

当有人来到门前时，热释电传感器将检测到的人体辐射红外线转变为电信号，送入BISS0001进行两级放大、双向鉴幅等处理后，由IC的第2脚输出高电平触发脉冲，触发D_1、D_2等构成的单稳态触发器翻转进入延时状态。D_2输出端的高电平作为触发电压，经电阻R_2触发单向晶闸管VS导通，照明灯EL点亮。

单稳态触发器延时结束后，D_2输出端变为“0”电平，单向晶闸管VS因无触发电压而在交流电过零时截止，照明灯EL熄灭。

5.4 装饰灯电路

彩灯与装饰灯美化着人们的生活。彩灯电路、装饰灯电路和警示灯电路等，也是电工电路的一个重要方面。

5.4.1 晶闸管彩灯控制器

彩灯控制器能够使彩灯按照一定的形式和规律闪亮，起到烘托节日氛围、吸引公众注意力的作用。图5-40所示为彩灯控制器电路图。该彩灯控制器可以控制8路彩灯或彩灯串，既可以向左(逆时针)移动，也可以向右（顺时针）移动，还可以左右交替移动，起始状态可以预置，移动速度和左右交替速度均可调节。

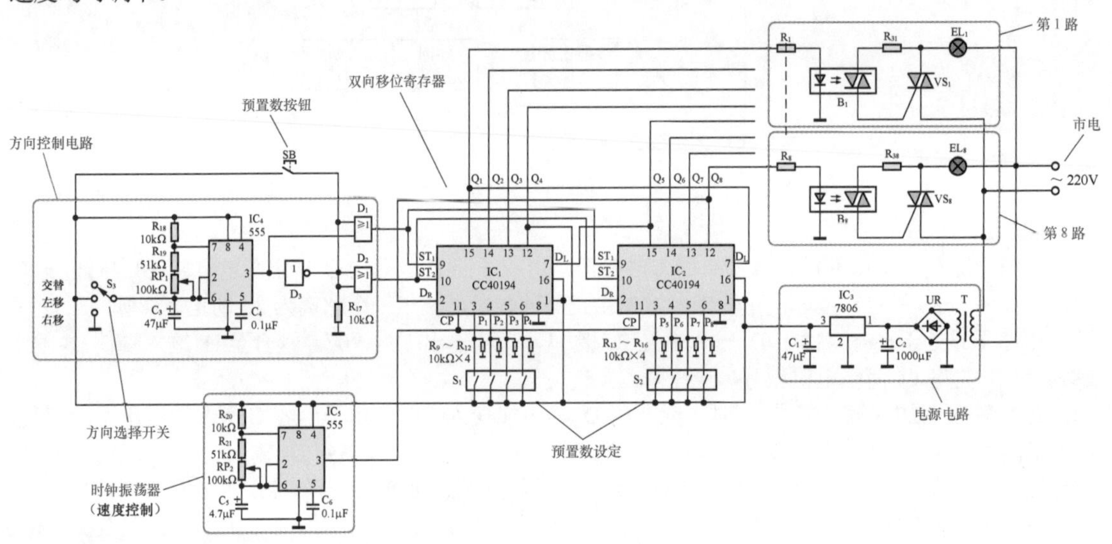

图5-40 彩灯控制器电路图

彩灯控制器包括以下单元电路：①IC_1和IC_2级联组成的8位双向移位寄存器，控制8路彩灯依一定规律闪亮；②开关S_1、S_2、SB等组成的预置数控制电路，控制8位移存器的初始状态，即8路彩灯的起始状态；③555时基电路IC_5等组成的时钟振荡器，为移位寄存器提供工作时钟脉冲，同时也就控制了移动速度；④555时基电路IC_4、开关S_3等组成的移动方向控制电路，控制移位寄存器作左移、右移或左右交替移动；⑤光电耦合器B_1~B_8、双向晶闸管VS_1~VS_8等组成的8路驱动执行电路，在移位寄存器输出状态的控制下驱动8路彩灯EL_1~EL_8分别点亮或熄灭；⑥变压器T、整流全桥UR、集成稳压器IC_3等组成的电源电路，为控制电路提供+6V工作电源。可见，彩灯控制器电路图的主体走向为从左到右，直流电源供电方向为从右到左，与电路图的一般画法一致。图5-41所示为彩灯控制器原理方框图。

(1) 整机简要工作原理

控制器的主控电路是IC_1和IC_2级联组成8位双向移位寄存器，在IC_5产生的时钟脉冲CP的作用下做循环移位运动。双向移存器的8个输出端Q_1~Q_8分别经光电耦合器B_1~B_8控制8个双向晶闸管VS_1~VS_8。

当某Q端为“1”时，与该Q端对应的晶闸管接通相应的彩灯EL的220V市电电源，使其点亮。当某Q端为“0”时，对应的晶闸管切断相应彩灯EL的电源而使其熄灭。由于Q_1~Q_8的状态在CP作用下不停地移位，所以点亮的彩灯便在EL_1~EL_8中循环流动起来。

彩灯的初始状态由S_1和S_2预置，预置好后按一下SB将预置数输入，其输出端Q_1~Q_8的状态(也就是彩灯EL_1~EL_8点亮的情况)即等于预置数，而后在CP的作用下移动。彩灯移动的方向由S_3控制，可以选择“左移”“右移”或“左右交替”。

（2）双向移位寄存器

IC_1、IC_2 均采用 4 位双向通用移位寄存器 CC40194，其功能较强，既可以左移，也可以右移；既可以串行输入，也可以并行输入；既可以串行输出，也可以并行输出。CC40194 具有四个输出端 Q_1～Q_4，具有四个并行数据输入端 P_1～P_4、一个左移串行数据输入端 D_L 和一个右移串行数据输入端 D_R，还具有两个状态控制端 ST_1 和 ST_2。

将两片 CC40194 级联即可组成 8 位双向移位寄存器，其状态控制端 ST_1、ST_2 分别并联，控制 8 位双向移位寄存器的工作状态，如图 5-42 所示。

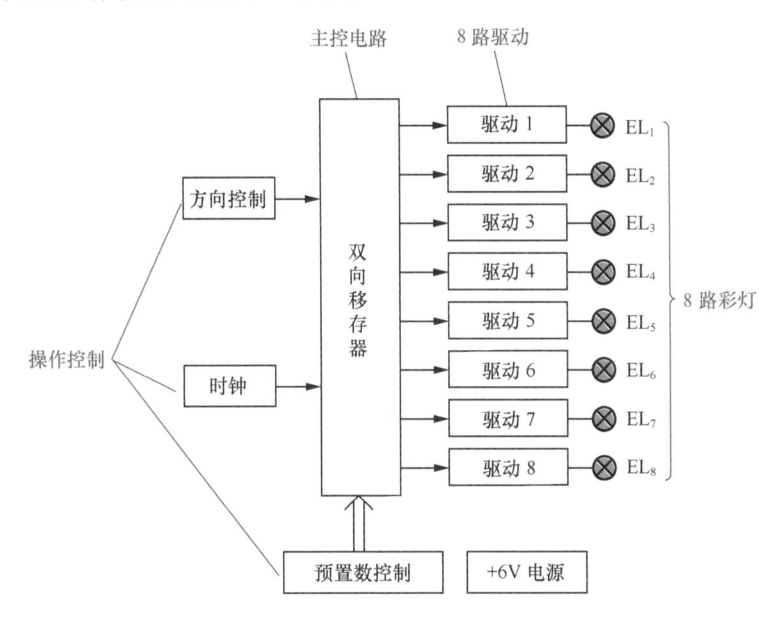

图 5-41 彩灯控制器原理方框图

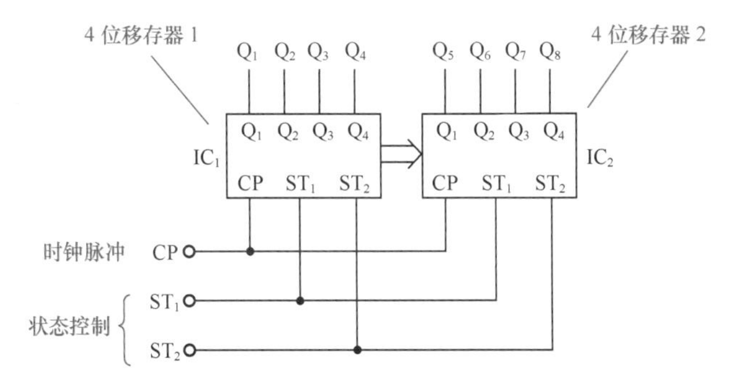

图 5-42 8 位双向移位寄存器

当状态控制端 ST_1、ST_2 为“11”时，预置数并行输入移存器，如图 5-43 所示。

当 ST_1、ST_2 为“10”时，移存器右移。数据按 $Q_1 \to Q_2 \to Q_3 \to Q_4 \to Q_5 \to Q_6 \to Q_7 \to Q_8$ 的方向移动，Q_8 的信号又经右移串行数据输入端 D_R 输入到 Q_1，形成循环，如图 5-44 所示。

当 ST_1、ST_2 为“01”时，移存器左移。数据按 $Q_8 \to Q_7 \to Q_6 \to Q_5 \to Q_4 \to Q_3 \to Q_2 \to Q_1$ 的方向移动，Q_1 的信号又经左移串行数据输入端 D_L 输入到 Q_8，形成循环，如图 5-45 所示。

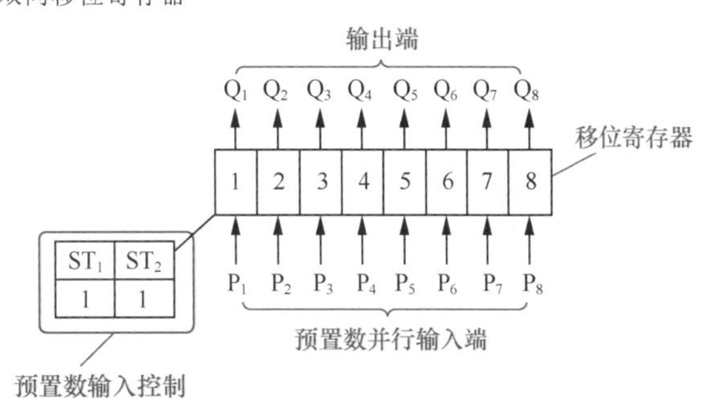

图 5-43 预置数输入示意图

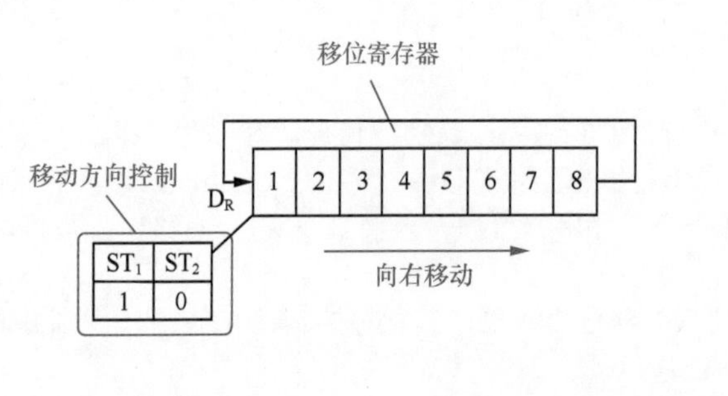

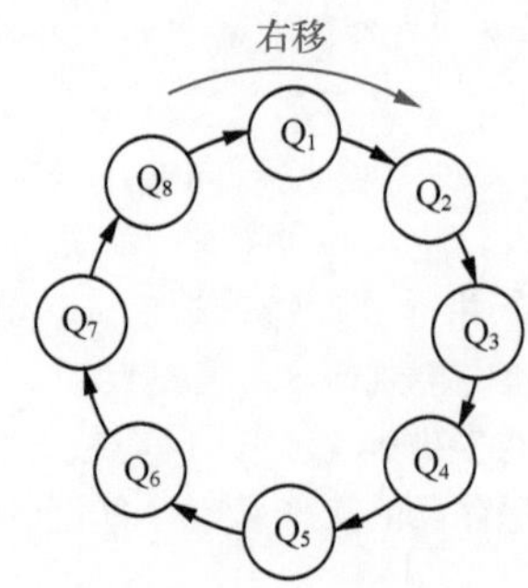

图 5-44　右移示意图

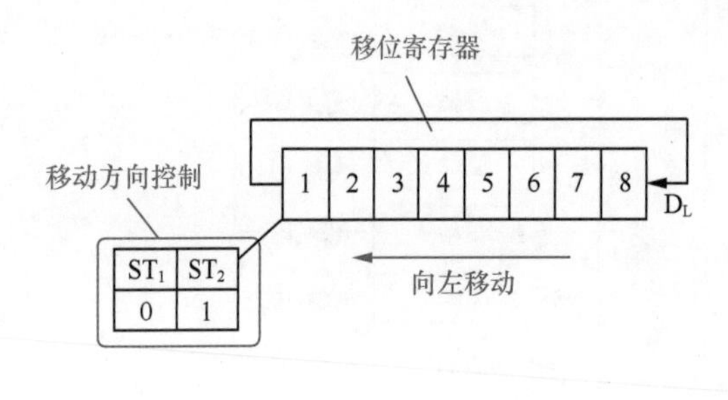

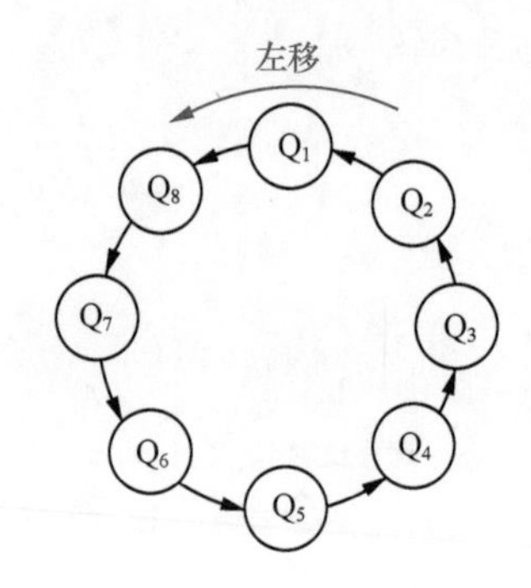

图 5-45　左移示意图

（3）预置数控制电路

预置数控制电路由两个 4 位拨码开关 S_1、S_2 和按钮开关 SB 等组成，用于设置移存器的初始状态，即彩灯的起始状态。S_1 和 S_2 级联组成 8 位拨码开关，开关闭合时为“1”，开关断开时为“0”，其状态即为预置数输入状态，例如图 5-46 所示预置数为“00110101”。

移存器的两个状态控制端 ST_1、ST_2 分别由或门 D_1、D_2 控制。当按下预置数按钮开关 SB 时，“1”电平（+6V）加至 D_1、D_2 输入端，D_1、D_2 输出均为“1”，使 ST_1、ST_2 为“11”，设置好的预置数并行进入移存器。

图 5-46 示例中，设置 $P_1 \sim P_8$ 为“00110101”，按下 SB 时，$Q_1 \sim Q_8$ 便成为“00110101”，EL_3、EL_4、EL_6、EL_8 亮，EL_1、EL_2、EL_5、EL_7 灭。当松开 SB 时，ST_1、$ST_2 \neq$“11”，移存器便在 CP 作用下使预置状态移动。

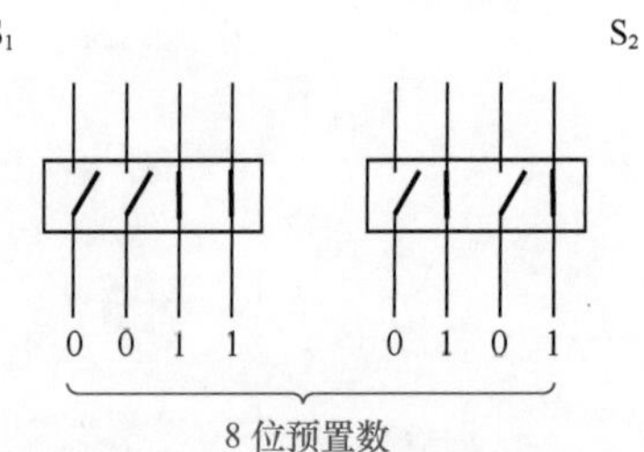

图 5-46　设置预置数示例

（4）移动方向控制电路

移存器移动方向由 ST_1、ST_2 的状态决定。为了实现左右交替移动，电路中设计了一个由 555 时基电路 IC_4 等组成的超低频多谐振荡器，并由选择开关 S_3 控制。

当 S_3 将 IC_4 输入端（第 2、第 6 脚）接地时，多谐振荡器停振，使 ST_1、ST_2 为“10”，移存器右移。

当 S_3 将 IC_4 输入端（第 2、第 6 脚）接 +6V 时，多谐振荡器仍停振，但不同的是 ST_1、ST_2 为“01”，移存器左移。

当 S_3 悬空时，多谐振荡器 IC_4 起振，使 ST_1、ST_2 在“01”和“10”之间来回变化，移存器便左移与右移交替进行。电位器 RP_1 用于调节振荡周期、改变左右移动的交替时间，交替时间可在 3.5～10s 范围内选择。

（5）移动速度控制电路

双向移存器在时钟脉冲 CP 作用下工作，时钟频率的高低决定了移存器的移动速度。时钟脉冲由 555 时基电路 IC_5 等组成的多谐振荡器产生，调节 RP_2 可使振荡周期在 350～1000 ms 范围内变化。RP_2

阻值越大，振荡周期越长，移存器移动速度越慢。

（6）驱动电路

驱动电路由光电耦合器和双向晶闸管组成。8 位双向移位寄存器输出端 $Q_1 \sim Q_8$，分别经 8 路光电耦合器 $B_1 \sim B_8$ 控制 8 路双向晶闸管 $VS_1 \sim VS_8$，驱动 8 路彩灯或彩灯串。

以第一路驱动电路为例，当 $Q_1 = 1$ 时，经 R_1 使光电耦合器 B_1 输入部分的发光二极管发光，B_1 输出部分的双向二极管受光导通，触发双向晶闸管 VS_1 导通，接通了彩灯 EL_1 的交流电源，彩灯 EL_1 亮。当 $Q_1 = 0$ 时，光电耦合器 B_1 输入部分的发光二极管不发光，B_1 输出部分的双向二极管截止，双向晶闸管 VS_1 因无触发电压也截止，切断了彩灯 EL_1 的交流电源，彩灯 EL_1 灭。

光电耦合器是以光为媒介传输电信号的器件，图 5-47 所示为部分常见的光电耦合器。光电耦合器的特点是输入端与输出端之间既能传输电信号，又具有电的隔离性，并且传输效率高、隔离度好、抗干扰能力强、使用寿命长。

光电耦合器包括光电二极管型、双向二极管型、光电三极管型、达林顿型、晶闸管型、集成电路型等。光电耦合器的文字符号为“B”，图形符号如图 5-48 所示。

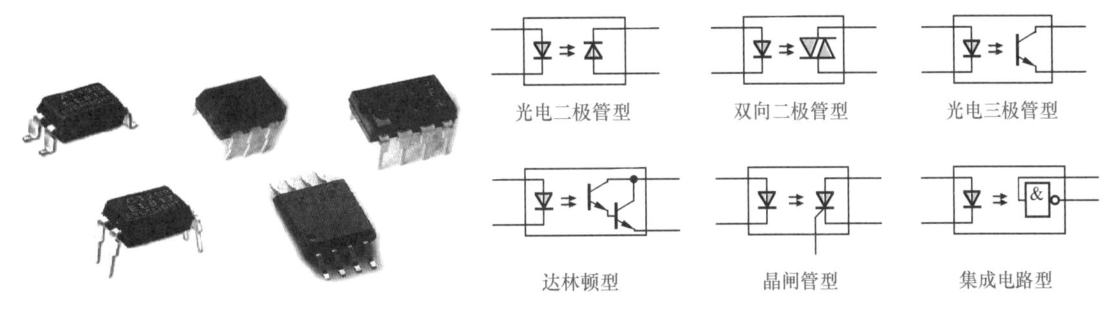

图 5-47 常见的光电耦合器

图 5-48 光电耦合器的图形符号

光电耦合器内部包括一个发光二极管和一个光电器件，其基本工作原理如图 5-49 所示（以双向二极管型为例）。

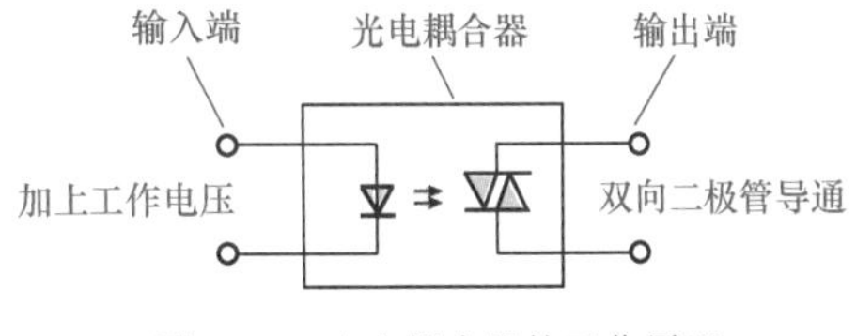

图 5-49 光电耦合器的工作原理

当输入端加上工作电压时，光电耦合器内发光二极管发光，输出端的光电双向二极管接受光照后导通，从而通过“电→光→电”的转换实现了电信号的传输。

采用光电耦合器控制双向晶闸管，实现了控制电路（直流低压）与彩灯（交流市电）之间的完全隔离，既安全又方便。

5.4.2 继电器彩灯控制器

继电器彩灯控制器电路如图 5-50 所示，主要元器件均采用数字电路，驱动部分采用交流固态继电器，因此具有电路简洁、工作可靠、控制形式多样、使用安全方便的特点。继电器彩灯控制器可以控制 8 路彩灯或彩灯串，既可以左移，也可以右移，还可以左右交替移动，起始状态可以预置，移动速度和左右交替速度均可调节，控制电路与负载（使用交流 220V 市电的彩灯）完全隔离。S_1、S_2 为预置数设置开关，SB 为预置数输入按钮，S_3 为移动方向选择开关，RP_1 为交替时间调节电位器，RP_2 为移动速度调节电位器。

整机电路的核心是 IC_1 和 IC_2 级联组成的 8 位双向移位寄存器，控制 8 路彩灯按照一定规律闪亮。采用固态继电器 $SSR_1 \sim SSR_8$ 等组成驱动执行电路，在移位寄存器输出状态的控制下驱动 8 路彩灯 $EL_1 \sim EL_8$ 分别点亮或熄灭。

（1）时钟振荡器

非门 D_5、D_6 等构成多谐振荡器，为双向移位寄存器提供时钟脉冲。时钟频率的高低决定了双向移位寄存器的移动速度，调节 RP_2 可使振荡周期在 150 ~ 670 ms（即振荡频率为 6.5 ~ 1.5Hz）范围内变化。RP_2 阻值越大，振荡周期越长，双向移位寄存器的移动速度越慢。

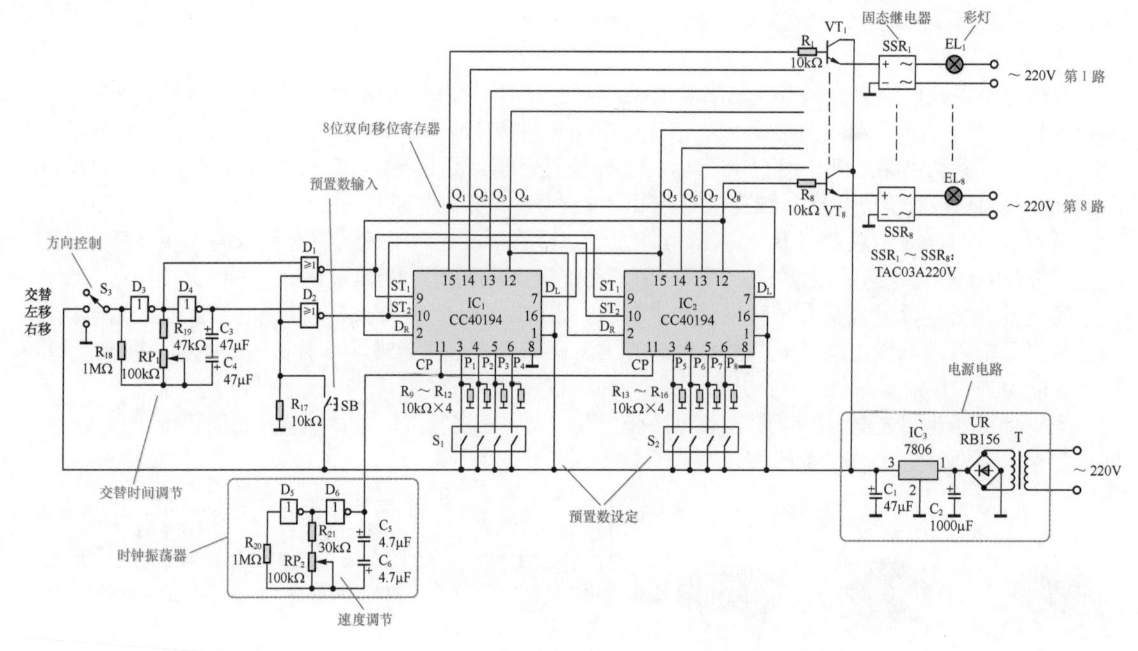

图 5-50　继电器彩灯控制器电路

（2）方向控制振荡器

非门 D_3、D_4 等构成另一个多谐振荡器，其输入端受开关 S_3 控制，它们共同组成移动方向控制电路，控制双向移位寄存器做左移、右移或左右交替移动。当 S_3 将 D_3 输入端接地时，多谐振荡器停振，使 ST_1、ST_2 为“10”，双向移位寄存器右移。当 S_3 将 D_3 输入端接 +6V 时，多谐振荡器仍停振，但不同的是 ST_1、ST_2 为“01”，双向移位寄存器左移。当 S_3 悬空时，多谐振荡器起振，使 ST_1、ST_2 在“01”和“10”之间来回变化，双向移位寄存器便左移与右移交替进行。电位器 RP_1 用于调节振荡周期、改变左右移动的交替时间，交替时间可在 2.5 ~ 7.5s 范围内选择。C_3、C_4 为两个电解电容器反向串联，等效为一个无极性电容器。

（3）固态继电器

驱动电路采用 8 路交流固态继电器 SSR，分别控制 8 路彩灯或彩灯串。交流固态继电器内部采用光电耦合器传递控制信号、双向晶闸管作为控制元件，如图 5-51 所示。

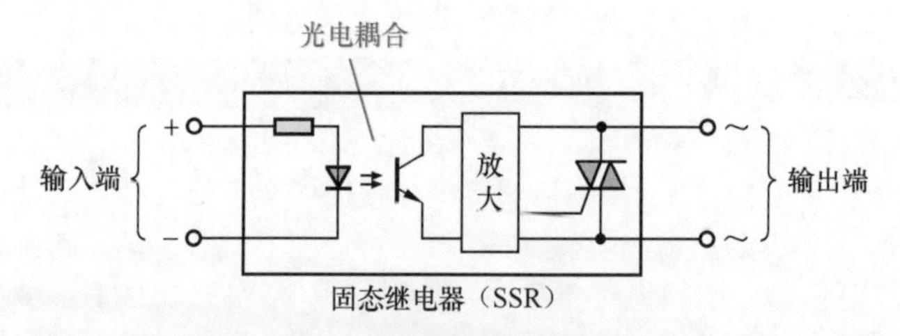

图 5-51　交流固态继电器的工作原理

晶体管 VT_1 ~ VT_8 为固态继电器 SSR_1 ~ SSR_8 的驱动开关管。当双向移位寄存器的某输出端 $Q=1$ 时，该路驱动开关管 VT 导通，+6V 控制电压加至固态继电器 SSR 输入端，SSR 两输出端间便导通，接通该彩灯或彩灯串的 220V 电源使其点亮。当 $Q=0$ 时，驱动开关管 VT 截止，SSR 因无控制电压其两输出端间亦截止，切断该彩灯或彩灯串的 220V 电源使其熄灭。

采用交流固态继电器驱动彩灯，使得控制电路与交流 220V 市电完全隔离，十分安全。彩灯控制器接交流 220V 市电的两接线端不必区分相线与零线，使用方便。

5.4.3　LED 彩灯控制电路

LED 彩灯控制器能够驱动多路 LED 彩灯串，按照设定的形式和规律闪亮，在喜庆节日、亮化美化、广告宣传等场合大放光彩。其最大亮点是采用 LED 彩灯串，既绚丽多彩又节能环保。

图 5-52 所示为LED彩灯控制器电路图，它可以控制多达 8 路的LED彩灯串，闪亮方式变化多样，既可以向左移动，也可以向右移动，还可以左右交替移动。彩灯起始状态可以预置，移动速度和左右交替速度均可调节。

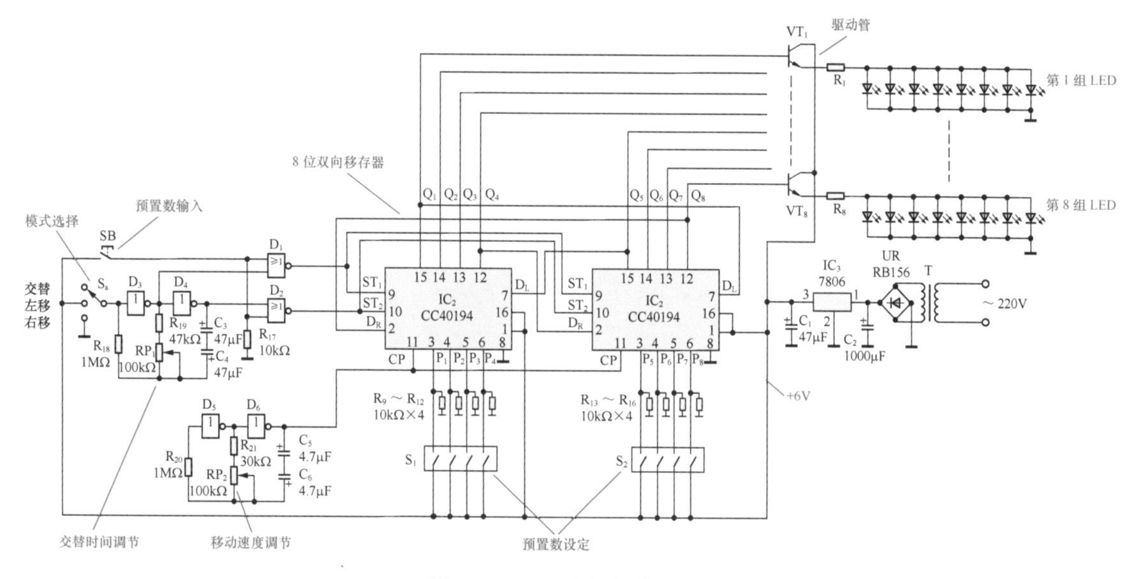

图 5-52　LED 彩灯控制器电路

电路工作原理是，IC_1 和 IC_2 级联组成 8 位双向移位寄存器，在 D_5、D_6 产生的时钟脉冲 CP 的作用下做循环移位运动。双向移存器的 8 个输出端 $Q_1 \sim Q_8$ 分别控制驱动晶体管 $VT_1 \sim VT_8$。

当移位寄存器的某 Q 端为“1”时，与该 Q 端对应的驱动晶体管导通，该组 LED 彩灯串点亮。当某 Q 端为“0”时，对应的驱动晶体管截止，该组 LED 彩灯串熄灭。由于 $Q_1 \sim Q_8$ 的状态在 CP 作用下不停地移位，所以点亮的 LED 彩灯串便循环流动起来。

彩灯的初始状态由 S_1 和 S_2 预置，预置好后按一下 SB 将预置数输入，其输出端 $Q_1 \sim Q_8$ 的状态（也就是 8 组 LED 彩灯串点亮的情况）即等于预置数，而后在 CP 的作用下移动。彩灯移动的方向由 S_3 控制，可以选择“左移”“右移”或“左右交替”。

彩灯的移动方向由 ST_1、ST_2 的状态决定，并由选择开关 S_3 控制。当 S_3 接地时，ST_1、ST_2 为“10”，移存器右移。当 S_3 接 +6V 时，ST_1、ST_2 为“01”，移存器左移。当 S_3 悬空时，ST_1、ST_2 在“01”和“10”之间来回变化，移存器便左移与右移交替进行。调节电位器 RP_1 可改变左、右移动的交替时间，可在 2.5～7.5s 范围内选择。调节电位器 RP_2 可改变移动速度。

8 个驱动晶体管 $VT_1 \sim VT_8$ 均为射极跟随器模式，以提高驱动能力。每一组彩灯串由若干 LED 组成，颜色可以按需选用和搭配。每组内的若干LED 并联连接，其好处是如果某只 LED 损坏（多为开路），其余 LED 照常工作，不影响整体效果。$R_1 \sim R_8$ 分别是各组 LED 的限流电阻。

电源电路为典型的整流稳压电源。交流 220V 市电经变压器 T 降压、全桥 UR 桥式整流、集成稳压器 IC_3 稳压后，为整机电路提供 +6V 工作电源。

5.4.4　太阳能警示灯

现代都市中电视塔、观光塔、摩天大楼等超高层建筑越来越多，为了防止夜间发生航空意外，超高层建筑都要安装警示灯。太阳能警示灯在夜间能够自动发出闪光警示，而且无须连接电源线，既节能环保，又便于安装。

图 5-53 所示为太阳能警示灯电路图，包括太阳能电池、蓄电池、闪光信号源、光控电路、电子开关等组成部分，图 5-54 所示为太阳能警示灯工作原理方框图。

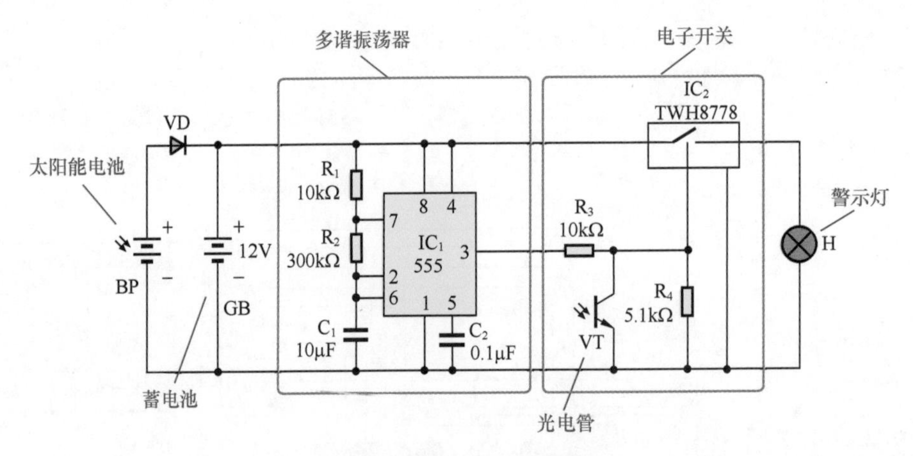

图 5-53 太阳能警示灯电路图

（1）太阳能电池与蓄电池

白天，太阳能电池 BP 在太阳光照下产生电能，经二极管 VD 向蓄电池 GB 充电。夜间，蓄电池储存的电能供整个电路工作。由于蓄电池的存在，即使若干天阴雨，电路也能维持正常工作。

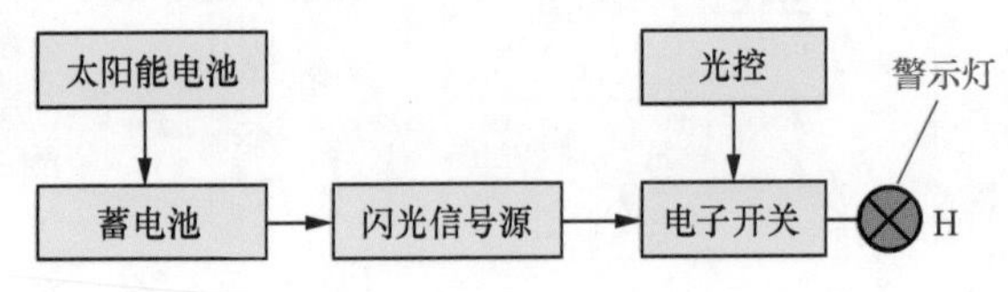

图 5-54 太阳能警示灯工作原理方框图

（2）闪光信号源

555 时基电路 IC_1 构成多谐振荡器，提供 2s + 2s 的闪光信号，去控制电子开关 IC_2 的通断，使警示灯按照“亮 2 秒、灭 2 秒、亮 2 秒、灭 2 秒……”的模式闪烁发光。

（3）电子开关

电子开关 IC_2 采用了高速开关集成电路 TWH8778，具有触发灵敏度高、开关速度快、驱动能力强的特点，而且内部设有过压、过流和过热保护电路，工作稳定可靠。TWH8778 第 1 脚为输入端，第 2 脚与第 3 脚（已在内部并联）为输出端，第 4 脚为接地端，第 5 脚为控制端。

（4）工作原理

我们来看太阳能警示灯的工作原理。白天，光电三极管 VT 受光照导通，将电子开关 IC_2 的控制极（第 5 脚）短路到地，IC_2 因无触发信号而关断，警示灯 H 不亮。

夜间，光电三极管 VT 截止，555 时基电路 IC_1 产生的闪光信号加至电子开关 IC_2 的控制极，触发 IC_2 周期性地开通与关断，警示灯闪烁发光。

该警示灯电路还可用作航标灯，使航标灯实现无须电源、无人管理的完全自动化。

如需警示灯一天 24 小时都闪光，例如道路上的警示黄灯，将图 5-53 电路图中的光电三极管 VT 取消即可。

5.4.5 单 LED 闪光电路

单 LED 闪光电路如图 5-55 所示，时基电路 IC 构成多谐振荡器，其第 3 脚输出信号 U_o 为连续方波，作为发光二极管 VD 的工作电压。当 $U_o = 1$ 时，发光二极管 VD 获得工作电压而发光。当 $U_o = 0$ 时，发光二极管 VD 因无工作电压而不发光。在多谐振荡器的控制下，发光二极管 VD 有规律地闪烁发光。

R_3 是发光二极管 VD 的限流电阻，$R_3 = \dfrac{V_{CC} - U_{VD}}{I_{VD}}$，式中：$U_{VD}$ 是 VD 的管压降；I_{VD} 是 VD 的工作电流。改变定时元件 R_1、R_2、C_1 的值可改变闪光频率。该闪光电路可用在装饰、提示、警示、小夜灯等方面。

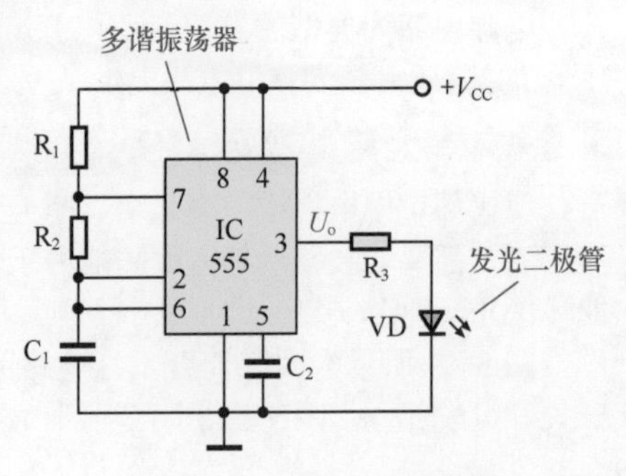

图 5-55 单 LED 闪光电路

5.4.6 双 LED 轮流闪光电路

轮流闪光电路能够驱动两个发光二极管轮流闪光，电路如图 5-56 所示，时基电路 IC 构成多谐振荡器，其输出端（第 3 脚）连接有两个发光二极管 VD_1 和 VD_2，它们的另一端分别接电源或接地。

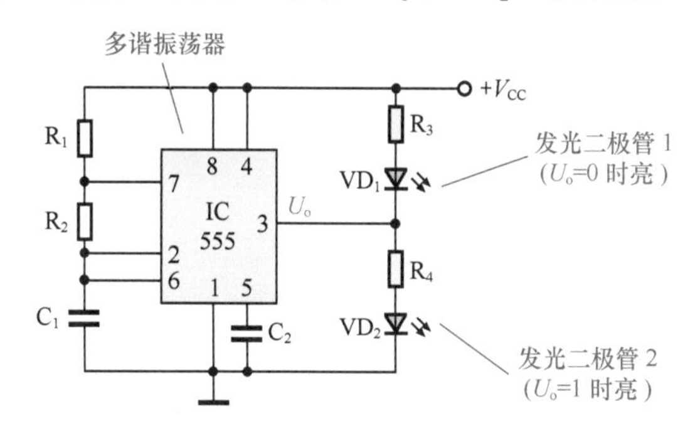

图 5-56 轮流闪光电路

当输出信号 $U_o = 1$ 时，输出端高电平使发光二极管 VD_2 发光，VD_1 因无工作电压而不发光。当输出信号 $U_o = 0$ 时，输出端将发光二极管 VD_1 接地使其发光，VD_2 因无工作电压而不发光。R_3、R_4 分别是 VD_1、VD_2 的限流电阻。闪光频率由 R_1、R_2、C_1 决定。电路振荡周期 $T = 0.7\ (R_1+2R_2)\ C_1$，振荡频率 $f=\frac{1}{T}$。

第6章 门铃与报警器电路图的识读

门铃与报警器电路是与日常生活息息相关的电工电路，使用面广、量大。随着科技不断进步和人们要求的不断提高，新的门铃电路与报警器电路也层出不穷，丰富和方便了我们的生活。

6.1 门铃电路

门铃是我们日常生活中接触较多的常用电器。门铃电路多种多样，构成多种不同的效果，带给我们多样性的选择，例如电子门铃、音乐门铃、感应门铃、声光门铃、对讲门铃等。门铃电路的基本特征是具有一个可控的音源电路，按下门铃按钮电路即发出一定的声音。

6.1.1 电子门铃

现代门铃基本上都采用了电子电路，发出的门铃声悦耳动听。简单的电子门铃电路由音频振荡器构成。

（1）RC 移相振荡电子门铃

电子门铃电路如图 6-1 所示，这是一个晶体管 RC 移相音频振荡器。电路包括 RC 移相网络和晶体管放大器两部分，按钮开关 S 既是电源开关，也是门铃按钮，当来客按下按钮开关 S 时，电子门铃便发出“嘟……”的声音。

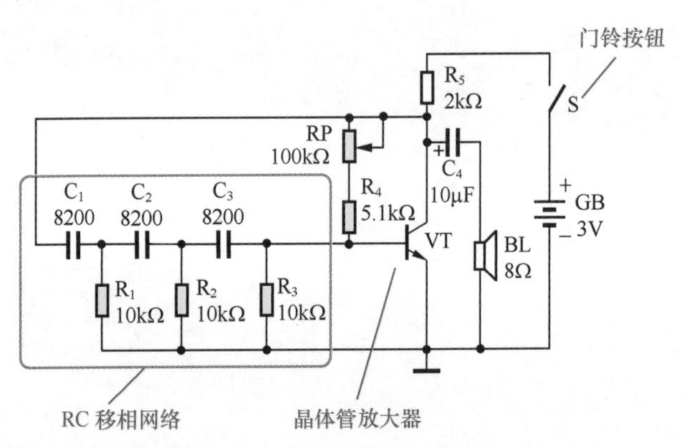

图 6-1 电子门铃电路

晶体管 VT 等构成共发射极电压放大器，并采用了并联电压负反馈，RP 和 R_4 是偏置电阻，偏置电压不是取自电源，而是取自 VT 的集电极，这种并联电压负反馈偏置电路能够较好地稳定晶体管工作点。RP 和 R_4 同时也起到交流负反馈作用，可以改善放大器的性能。

C_1 和 R_1、C_2 和 R_2、C_3 和 R_3 分别构成三节 RC 移相网络，每节移相 60°，三节共移相 180°，如图 6-2 所示。这个三节 RC 移相网络，接在晶体管 VT 的集电极与基极之间，将 VT 集电极输出电压移相 180° 后反馈至基极（正反馈），形成振荡。R_3 同时还是晶体管 VT 的基极下偏置电阻。

RC 移相网络同时具有选频功能，频率 $f \approx \frac{1}{2\pi\sqrt{6}RC}$，由 R 与 C 的值决定，式中，$R = R_1 = R_2 = R_3$，$C = C_1 = C_2 = C_3$。本例电子门铃电路中，振荡频率约为 800Hz，可通过改变 R 或 C 的大小来改变振荡频率。

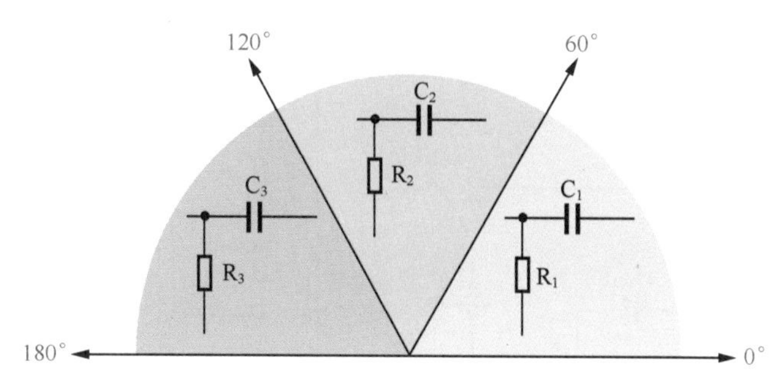

图 6-2　RC 移相网络

（2）变压器振荡电子门铃

图 6-3 所示为变压器振荡电子门铃电路，晶体管 VT 与变压器 T 等构成变压器反馈音频振荡器，由于变压器 T 初、次级之间的倒相作用，VT 集电极的音频信号经 T 耦合后正反馈至其基极，形成振荡。SB 是门铃按钮，当按下 SB 时，电路电源接通产生振荡，扬声器 BL 发出音频门铃声。

变压器反馈振荡器工作原理可用图 6-4 说明：L_2 与 C_2 组成的 LC 并联谐振回路作为晶体管 VT 的集电极负载，VT 的集电极输出电压通过变压器 T 的振荡线圈 L_2 耦合至反馈线圈 L_1，从而又反馈至 VT 基极作为输入电压。

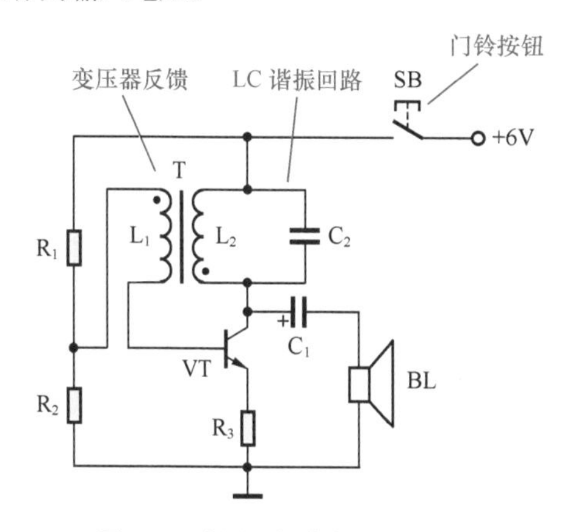

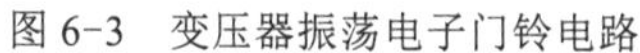
图 6-3　变压器振荡电子门铃电路

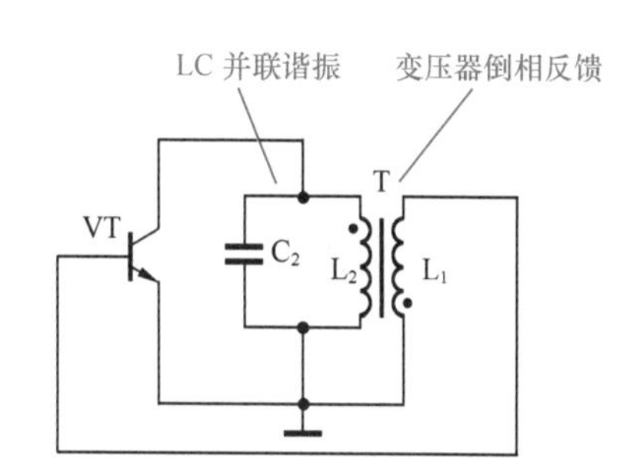

图 6-4　变压器反馈振荡器工作原理

由于晶体管 VT 的集电极电压与基极电压相位相反，所以变压器 T 的两个线圈 L_1 与 L_2 的同名端接法应相反，使变压器 T 同时起到倒相作用，将集电极输出电压倒相后反馈给基极，实现了形成振荡所必需的正反馈。因为并联谐振回路在谐振时阻抗最大，并且为纯电阻，所以只有谐振频率 f_0 能够满足相位条件而形成振荡，这就是 LC 并联谐振回路的选频作用。电路振荡频率 $f_0=\dfrac{1}{2\pi\sqrt{L_2C_2}}$，适当改变 C_2 可在一定范围内改变振荡频率。

（3）多谐振荡电子门铃

多谐振荡器也可以作为电子门铃的音源，图 6-5 所示为时基电路构成的电子门铃电路。时基电路 IC 构成音频多谐振荡器，振荡频率取决于定时元件 R_1、R_2 和 C_1，即振荡频率 $f=\dfrac{1}{0.7(R_1+2R_2)C_1}$，改变 R_1、R_2 或 C_1 可以改变振荡频率。SB 是门铃按钮。

电路工作原理是：按下门铃按钮 SB 时，电源接通，$+V_{CC}$ 经 R_1、R_2 向 C_1 充电，这时时基电路 IC 第 3 脚的输出电压 $U_o=1$，如图 6-6 所示。

当 C_1 上电压被充电到 $\dfrac{2}{3}V_{CC}$ 时，555 时基电路 IC 翻转，使输出电压 $U_o=0$，同时 IC 放电端（第 7 脚）导通到地，C_1 上电压放电，如图 6-7 所示。

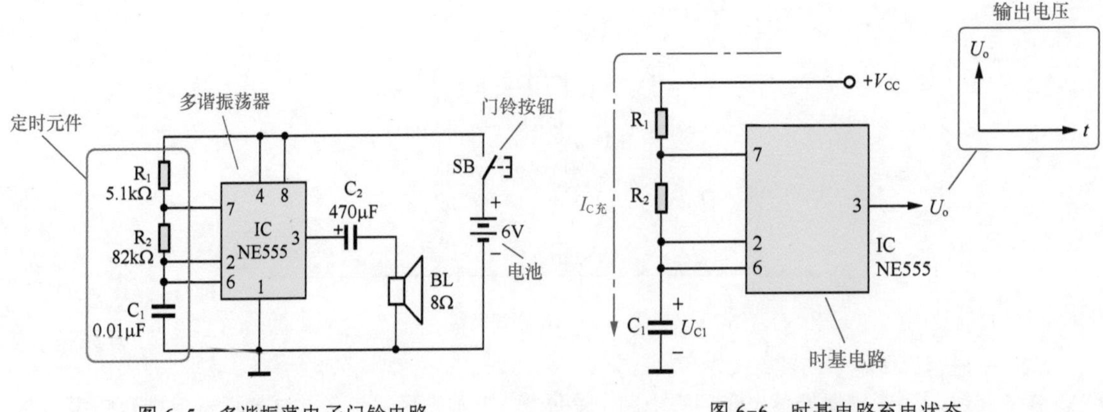

图 6-5　多谐振荡电子门铃电路　　　　图 6-6　时基电路充电状态

当 C_1 上电压由于放电下降到$\frac{1}{3}V_{CC}$时，555 时基电路 IC 再次翻转，又使输出电压 $U_o=1$，放电端（第 7 脚）截止，C_1 开始新一轮充电。如此周而复始形成自激振荡，产生约 800Hz 的音频信号，经 C_2 耦合至扬声器 BL 发出声音。图 6-8 所示为多谐振荡器工作波形。

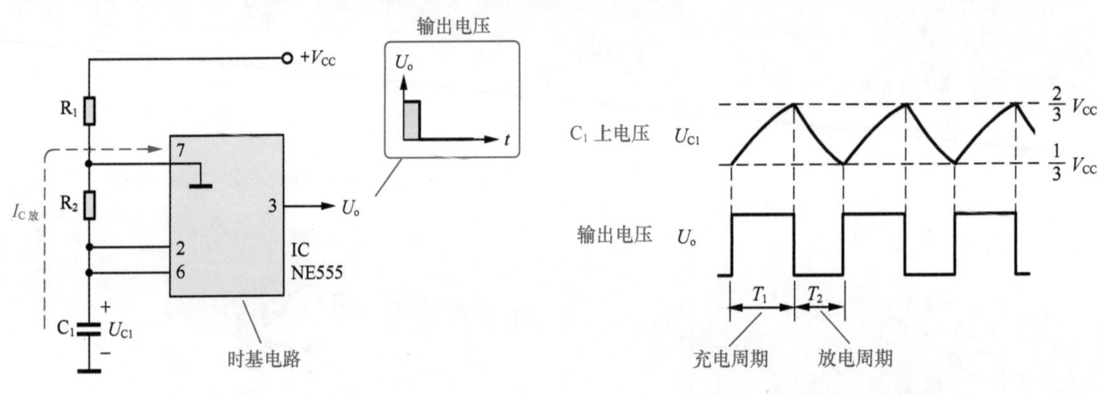

图 6-7　时基电路放电状态　　　　图 6-8　多谐振荡器工作波形

6.1.2　间歇音门铃

间歇音门铃电路如图 6-9 所示，电路中使用了两个 555 时基电路。IC_1 构成超低频振荡器，输出周期为 2s 的方波信号。IC_2 构成音频振荡器，输出频率为 800Hz 的音频信号。SB 是门铃按钮。

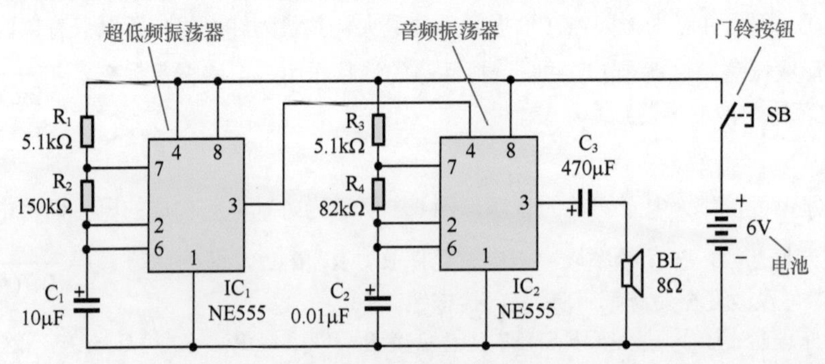

图 6-9　间歇音门铃电路

音频振荡器 IC_2 是门控多谐振荡器，555 时基电路 IC_2 的复位端（第 4 脚）受超低频振荡器 IC_1 输出信号（第 3 脚）的控制。当 IC_1 输出信号为高电平“1”时，IC_2 振荡并输出 800Hz 音频信号，经耦合电容 C_3 驱动扬声器 BL 发声。当 IC_1 输出信号为低电平“0”时，IC_2 停振，扬声器 BL 无声。

两个 555 时基电路振荡器的综合工作效果是，当按下按钮 SB 时，门铃发出响 1s、间隔 1s 的间歇性的声音。R_1、R_2、C_1 是 IC_1 的定时元件，改变它们可以调节超低频振荡器的振荡周期。R_3、R_4、C_2 是 IC_2 的定时元件，改变它们可以调节音频振荡器的振荡频率。

6.1.3　音乐门铃

电子音乐门铃电路如图 6-10 所示，由音乐集成电路 IC、功放晶体管 VT、扬声器 BL 和门铃按钮 SB 等组成。电子音乐门铃发出的是悦耳的音乐声，令人愉悦。

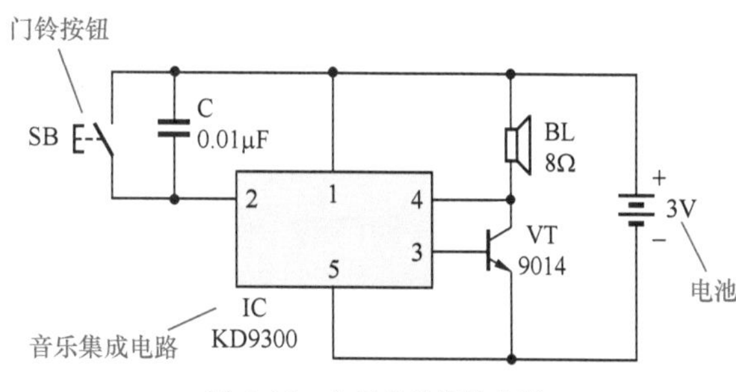

图 6-10　电子音乐门铃电路

当按下门铃按钮 SB 时，音乐集成电路 IC 被触发，其产生的音乐信号经晶体管 VT 放大后，驱动扬声器 BL 发出悦耳的音乐声。选用不同的音乐集成电路，门铃即具有不同的音乐声。电容 C 的作用是防止误触发。

音乐集成电路是指能够产生音乐信号的集成电路，其特点是内部储存有乐曲信号，可以是一首乐曲，也可以是多首乐曲。所存乐曲的内容也是多种多样。音乐集成电路型号众多，封装形式各不相同，如图 6-11 所示。

图 6-11　音乐集成电路

典型的音乐集成电路结构原理如图 6-12 所示，由时钟振荡器、只读存储器（ROM）、节拍发生器、音阶发生器、音色发生器、选择器、调制器和电压放大器等电路组成。只读存储器（ROM）中固化有代表音乐乐曲的音调、节拍等信息。节拍发生器、音阶发生器和音色发生器分别产生乐曲的节拍、基音信号和包络信号。它们在控制电路控制下工作，并由调制器合成乐曲信号，经电压放大器放大后输出。

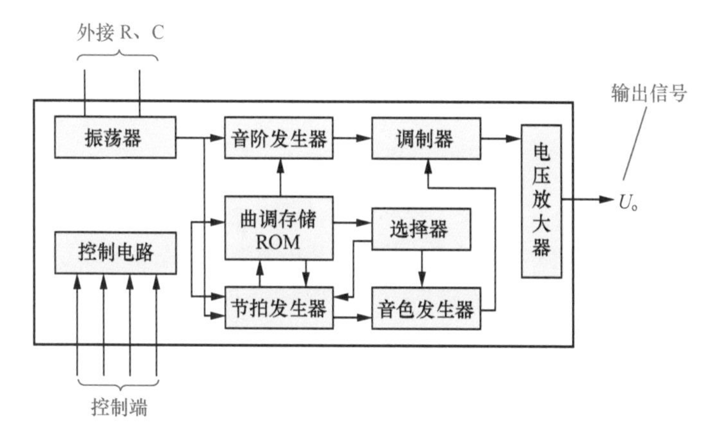

图 6-12　音乐集成电路结构原理

IC 选用 KD9300 系列音乐集成电路，内储一首乐曲，触发一次播放一遍。9300 系列音乐集成电路具有多个品种，分别储存不同的世界名曲或中国名曲，可根据自己的喜好选用。KD9300 音乐集成电路无须外接振荡电阻，使用更加方便。KD9300 为小印板软封装结构，共有 6 个引脚：电源正极端 1 脚，触发极 2 脚，音频输出端 3 脚和 5 脚，电源负极端 6 脚，4 脚为空脚，如图 6-13 所示。

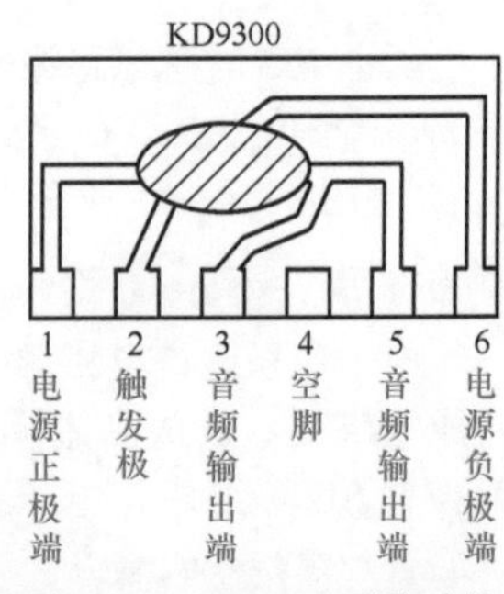

图 6-13　KD9300 引脚功能

当来客在门外按动门铃按钮 SB 时，电源被接通，室内的音乐门铃便发出音乐声通知主人开门迎客。由于门铃的工作特点是需要长期待机，因此本电路不设电源开关。长期不用时，取出电池即可。

6.1.4　感应式自动门铃

感应式自动门铃无须在门外安装门铃按钮，而是依靠人体感应来触发。当门外有客人到来时，感应式自动门铃会自动发出声音，通知主人开门迎客，如图 6-14 所示。

图 6-15 所示为感应式自动门铃电路图，包括以下组成部分：① 热释电红外探测头 BH9402（IC_1）构成的红外传感器；② 晶体管 VT 构成的倒相电路；③ 555 时基电路（IC_2）等构成的单稳态触发器；④ 555 时基电路（IC_3）等构成的超低频振荡器；⑤ 555 时基电路（IC_4）等构成的音频振荡器。图 6-16 所示为感应式自动门铃原理方框图。

图 6-14　感应式自动门铃

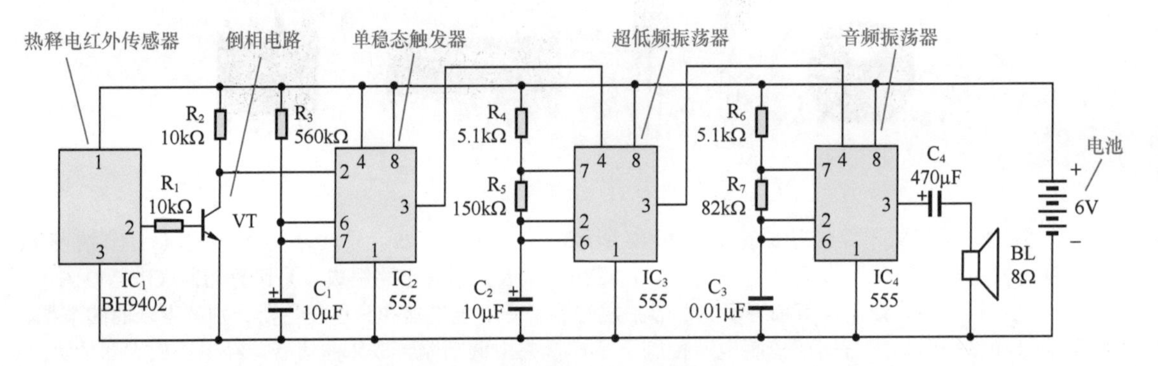

图 6-15　感应式自动门铃电路图

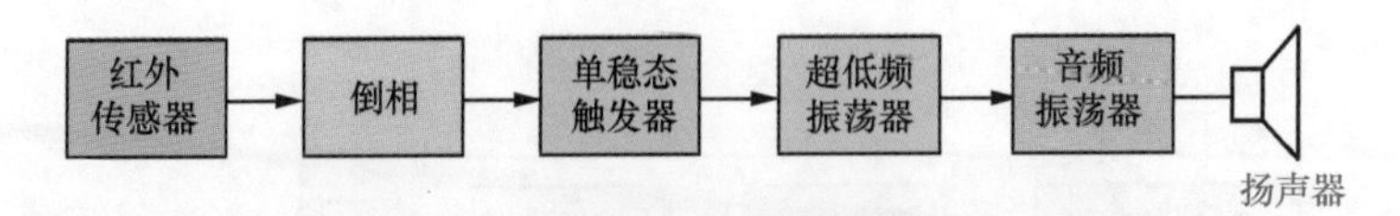

图 6-16　感应式自动门铃方框图

感应式自动门铃工作原理是，当有客人来到门前时，热释电红外传感器将检测到的人体辐射红外线转变为电信号，经 IC_1 内部放大、鉴幅等处理后，其第 2 脚输出高电平信号，由晶体管 VT 倒相后触发单稳态触发器 IC_2 翻转，超低频振荡器 IC_3 和音频振荡器 IC_4 工作，扬声器 BL 发出三声“嘟——”的声音，工作过程如图 6-17 所示。

（1）热释电式红外探测头

热释电式红外探测头是一种被动式红外检测器件，能以非接触方式检测出人体发出的红外辐射，并将其转化为电信号输出。同时，热释电式红外探测头还能够有效地抑制人体辐射波长以外的红外光和可见光的干扰。它具有可靠性高、使用简单方便、体积小、重量轻的特点。

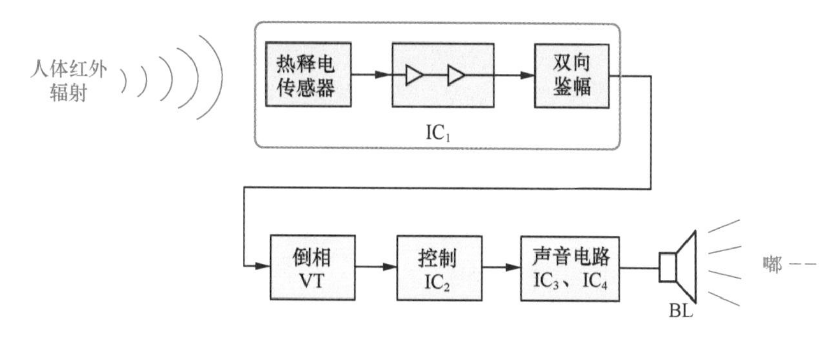

图 6-17　感应式自动门铃工作过程

（2）控制电路

控制电路是由 555 时基电路 IC_2 构成的单稳态触发器。当热释电传感器检测到人体红外线辐射时，触发单稳态触发器翻转为暂态，IC_2 输出脉宽约 6s 的高电平，使后续声音电路 IC_3、IC_4 工作。6s 过后，IC_2 回复稳态输出为“0”，声音电路停止工作。

（3）声音电路

声音电路由两个 555 时基电路 IC_3 和 IC_4 构成间歇音频信号源。其中，IC_3 构成超低频振荡器，输出周期为 2s 的方波信号。IC_4 构成音频振荡器，输出频率为 800Hz 的音频信号。

这两个振荡器都是门控多谐振荡器，它们振荡与否都受前一级电路输出状态的控制。从电路图中可以看到，555 时基电路 IC_4 的复位端（第 4 脚）受 IC_3 输出端（第 3 脚）的控制，而 IC_3 的复位端（第 4 脚）又受 IC_2 输出端（第 3 脚）的控制。所以，当电路被触发一次，便会在 6s 时间内发出三声“嘟——”的门铃声。

6.1.5　感应式叮咚门铃

感应式叮咚门铃电路如图 6-18 所示，当有客人到来时，它能够检测到人体发出的红外辐射，然后自动发出“叮咚”的门铃声音。电路主要由三部分组成：① 由热释电式红外探测头 BH9402（IC_1）构成的检测电路；② 由“叮咚”门铃声集成电路 KD-253B（IC_2）等构成的音频信号源电路；③ 由晶体管 VT_1 和 VT_2 等构成的功放电路。

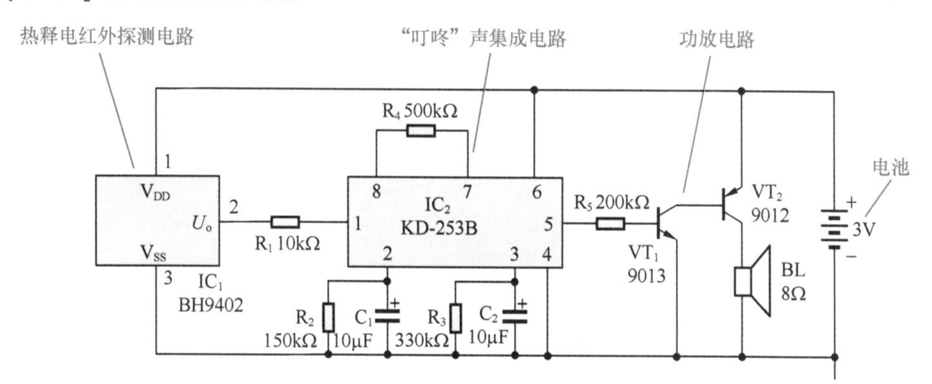

图 6-18　感应式叮咚门铃电路

热释电式红外探测头 BH9402 内部包括：热释电红外传感器、高输入阻抗运算放大器、双向鉴幅器、状态控制器、延迟时间定时器、封锁时间定时器和参考电源电路等。除热释电红外传感器外，其余主要电路均包含在一块 BISS0001 数模混合集成电路内，缩小了体积，提高了工作的可靠性。

“叮咚”门铃声集成电路 KD-253B（IC_2）是专为门铃设计的 CMOS 集成电路，内储“叮”与“咚”的模拟声音。每触发一次，KD-253B 可发出两声带余音的“叮咚”声，有类似于金属碰击声之听感。它还能有效地防止因日光灯、电钻等干扰造成的误触发。

“叮咚”声音的节奏快慢和余音长短均可调节。调节 R_4 可改变“叮咚”声音的节奏快慢。调节 R_2 和 R_3，可分别改变“叮”和“咚”声音的余音长短。

功放电路是晶体管 VT_1、VT_2 等构成的互补式放大器，将门铃集成电路 KD-253B 发出的“叮咚”声音信号放大后，驱动扬声器 BL 发声。其中，VT_1 是 NPN 型晶体管，VT_2 是 PNP 型晶体管。

6.1.6 声光门铃

声光门铃不仅会发声，而且会发光，可以使听力有障碍的人士看到门铃“响”了。图 6-19 所示为 555 时基电路构成的声光门铃电路，SB 是门铃按钮，S_1 是静音开关，S_2 是电源开关。

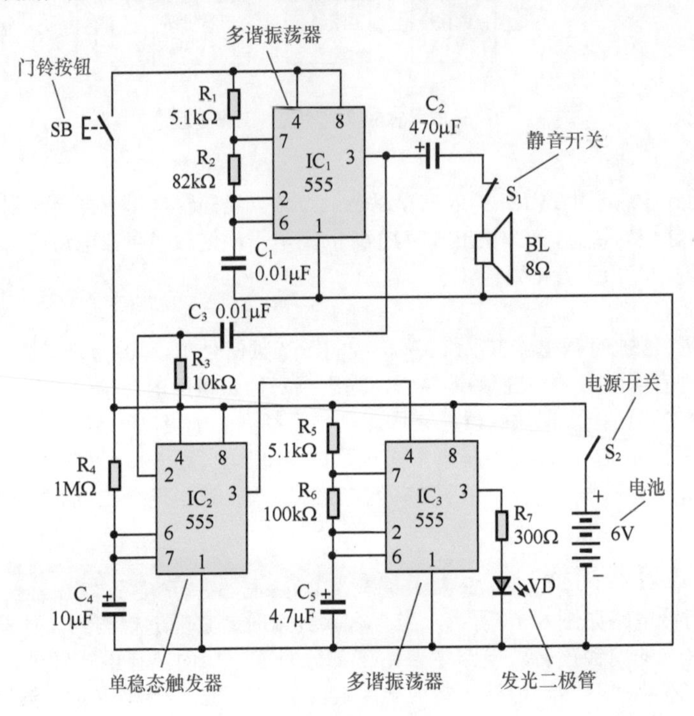

图 6-19 声光门铃电路

（1）声音电路

555 时基电路 IC_1 工作于多谐振荡器状态，构成音频振荡器，振荡频率为 800Hz。当门铃按钮 SB 按下时，振荡器得到工作电压而起振，振荡信号经耦合电容 C_2 驱动扬声器 BL 发出门铃声。

（2）闪光电路

555 时基电路 IC_3 工作于多谐振荡器状态，构成闪光信号源，驱动发光二极管 VD 闪光。IC_3 的复位端（第 4 脚）受 IC_2 输出端的控制，只有在 IC_2 输出端为高电平时，IC_3 才起振。在 IC_2 输出端为“0”时，IC_3 停振，发光二极管 VD 不亮。

（3）延时控制电路

555 时基电路 IC_2 工作于单稳态触发器状态，构成延时控制电路，控制闪光电路的工作状态。IC_2 单稳态触发器由 IC_1 输出信号触发，延时时间约为 10s。

电路工作过程是，当按下门铃按钮 SB 时，音频振荡器 IC_1 工作，扬声器 BL 发出门铃声音。同时 IC_1 的输出信号经 C_3、R_3 微分后，负脉冲触发单稳态触发器 IC_2 翻转为暂态，输出高电平使闪光电路 IC_3 工作，发光二极管 VD 闪光。

当松开门铃按钮 SB 时，音频振荡器停止工作，扬声器即无声。但由于单稳态触发器 IC_2 的延时作用，闪光电路继续闪光 10s，这样有助于听力有障碍人士注意到门铃“响”了。

如果需要静音，断开静音开关 S_1 即可，这时按门铃按钮 SB，门铃就只有闪光而无声音。静音模式适用于家有部分成员正在休息或学习需要安静环境的情况。

6.1.7 对讲门铃

对讲门铃不仅具有一般门铃的呼叫功能，而且还具有通话功能。主人听到门铃响后，可以与来访者通话，了解来访者的身份和目的，以决定是否开门接待。

图 6-20 所示为对讲门铃电路，具有呼叫和通话两大功能，在结构上包括主机和分机，它们之间通过外线连接。

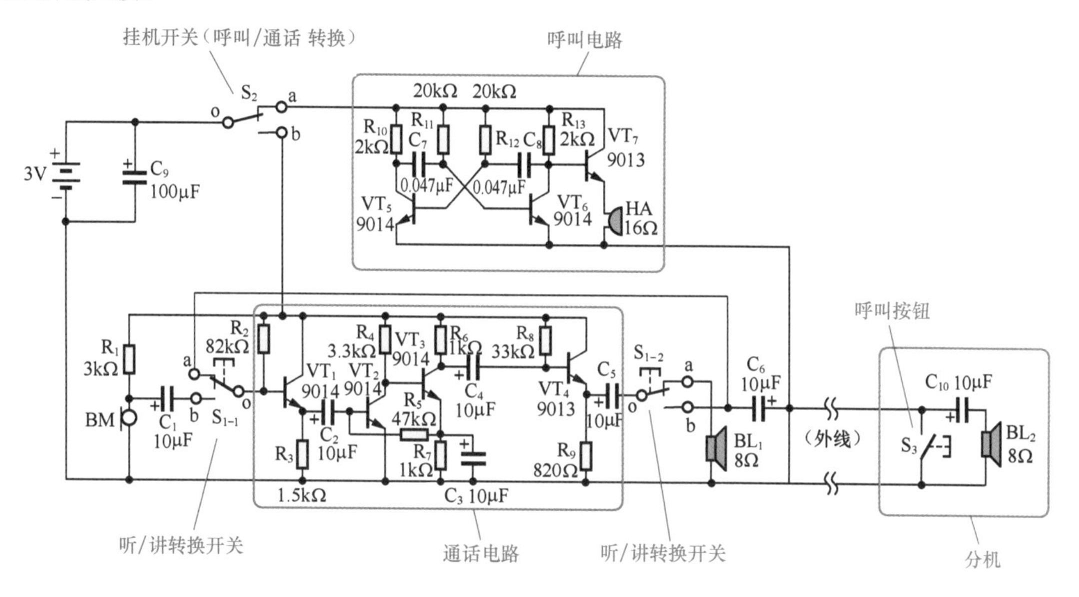

图 6-20　对讲门铃电路图

主机电路包括：晶体管 $VT_5 \sim VT_7$、蜂鸣器 HA 等组成的呼叫电路，晶体管 $VT_1 \sim VT_4$、话筒 BM、扬声器 BL_1 等组成的通话电路，由挂机开关 S_2 构成的呼叫 / 通话功能转换电路等。分机电路包括：呼叫按钮 S_3、兼作受话器和送话器的扬声器 BL_2 等。图 6-21 所示为对讲门铃电路原理方框图。

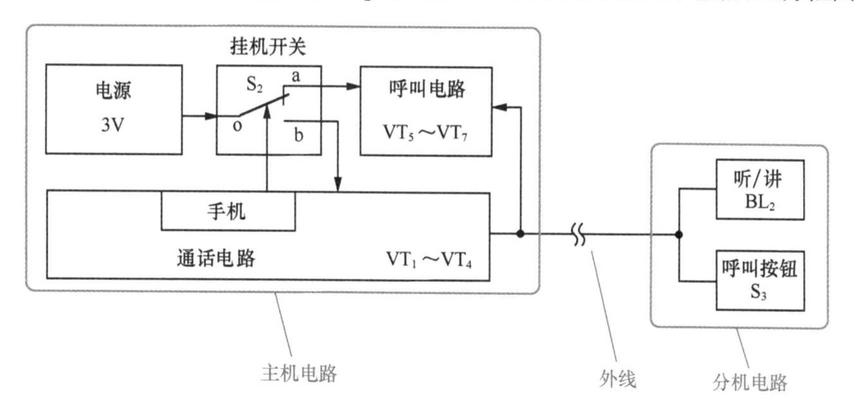

图 6-21　对讲门铃电路原理方框图

（1）电路工作原理

待机时手持机挂在主机上压下了挂机开关 S_2，S_2 的 o、a 接点接通使 3V 电源正极接入呼叫电路，但此时 3V 电源负极与呼叫电路并不连接，呼叫电路不发声而处于待机状态。S_2 的 o、b 接点断开而切断了 3V 电源与通话电路的连接，通话电路不工作。

当来访者按下分机（位于户外）上的呼叫按钮 S_3 时，接通了主机（位于户内）上 3V 电源负极与呼叫电路的连接，呼叫电路工作，发出门铃声。

当主人听到门铃声拿起主机上的手持机后，挂机开关 S_2 弹起，其 o、a 接点断开使呼叫电路断电而停止发声。同时 S_2 的 o、b 接点接通使通话电路得电工作，主人即可与来访者通话。

通话结束后挂上手持机，挂机开关 S_2 被压下使通话电路停止工作，同时呼叫电路恢复待机状态。

（2）呼叫电路

呼叫电路包括主机上的由晶体管 VT_5 和 VT_6 构成的多谐振荡器、VT_7 构成的射极跟随器、蜂鸣器 HA，以及分机上的呼叫按钮 S_3，S_3 通过外线与主机相连接。

当分机上的呼叫按钮 S_3 被按下时，接通了呼叫电路的电源，多谐振荡器起振，从 VT_6 集电极输出的 760 Hz 方波信号，经 VT_7 电流放大后，驱动蜂鸣器 HA 发出“嘟——”的声音，提醒主人有客来访。

（3）通话电路

通话电路包括驻极体话筒 BM、扬声器 BL_2 等构成的拾音电路，晶体管 $VT_1 \sim VT_4$ 构成的放大电路，转换开关 S_1 构成的听 / 讲转换电路等。

在主机中，由驻极体话筒 BM 担任送话器，在分机中由扬声器 BL_2 兼任送话器，BL_2 的工作状态受转换开关 S_1 控制。

对讲门铃只有一个放大电路，兼顾完成“来访者→主人”和“主人→来访者”的通话放大任务，因此必须有一个听 / 讲转换电路来控制。转换开关 S_1 的作用，就是实现听 / 讲功能的转换。S_1 是一个按钮开关，按下时，主人讲，来访者听；松开时，来访者讲，主人听。

6.1.8 数字门铃

数字门铃电路如图 6-22 所示，主要由数字电路组成，包括五个单元电路：① 按钮开关 SB 构成的门铃控制电路；② D 型触发器 D_1 等构成的单稳态触发器，决定响铃时间；③ 与非门 D_2、D_3 等构成的超低频门控多谐振荡器；④ 与非门 D_4、D_5 等构成的音频门控多谐振荡器，这两个多谐振荡器产生间歇音门铃信号；⑤ 晶体管 VT 等构成的功率放大电路，将门铃信号放大后驱动扬声器发声。图 6-23 所示为数字门铃电路原理方框图。

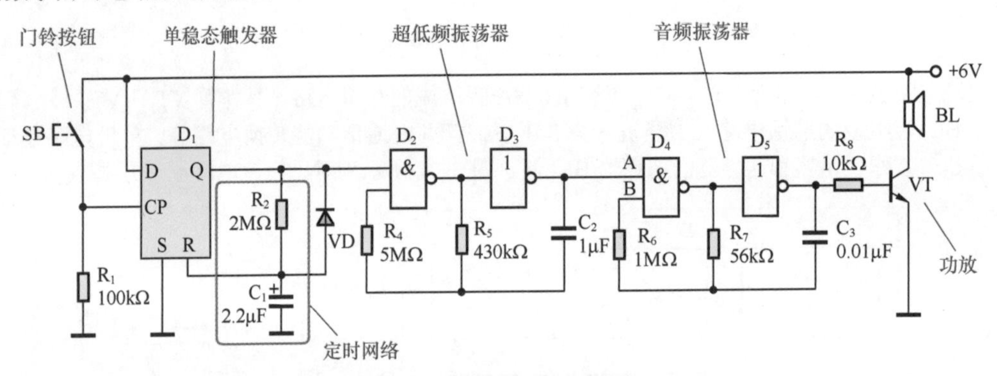

图 6-22　数字门铃电路图

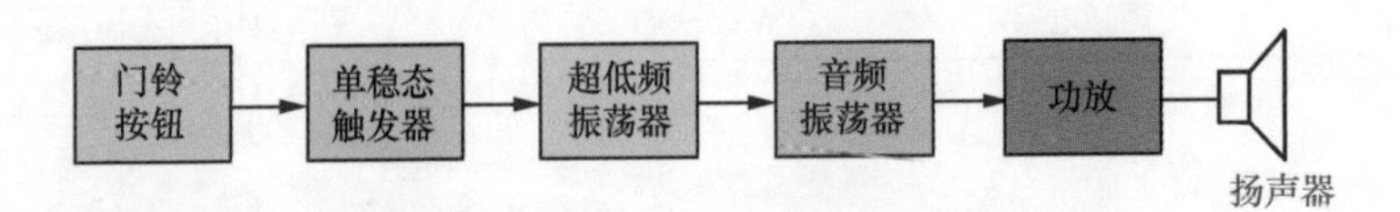

图 6-23　数字门铃电路原理方框图

（1）单稳态触发器

门铃响铃时间由单稳态触发器决定。D 型触发器构成的单稳态触发器如图 6-24 所示，由正脉冲触发，输出一个脉宽为 T_W 的正方波信号。R_2 为定时电阻，C_1 为定时电容，它们决定输出方波信号的脉宽。D 型触发器 D_1 的数据端（D 端）接“1”电平（$+V_{DD}$），置“1”端 S 接地，输出端 Q 经 R_2C_1 定时网络接至置“0”端 R。触发脉冲 U_i 从 CP 端输入，输出信号 U_o 由 Q 端输出。

单稳态触发器处于稳态时，$U_o=0$。当触发脉冲 U_i 加至 CP 端时，U_i 上升沿使数据端(D 端)的“1”到达输出端 Q，电路转换为暂稳态，$U_o=1$，并经 R_2 向 C_1 充电。

随着充电的进行，当电容 C_1 上的电压达到 R 端的阈值电压时，使 D 型触发器置“0”，$U_o=0$，电路回复稳态。这时 C_1 经 R_2 放电，为下一次触发做好准备。U_o 的输出脉宽 $T_W = 0.7R_2C_1$。各点工作波形如图 6-25 所示。图 6-22 电路中二极管 VD 的作用，是使 C_1 迅速放电，以便对第二次按下门铃按钮的快速响应。

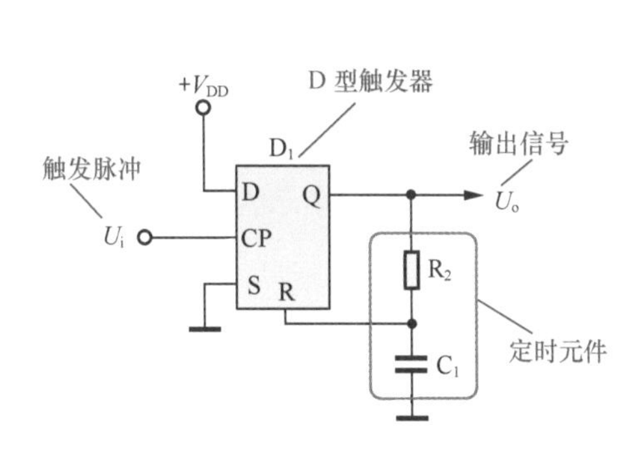

图 6-24　D 型触发器构成单稳态触发器

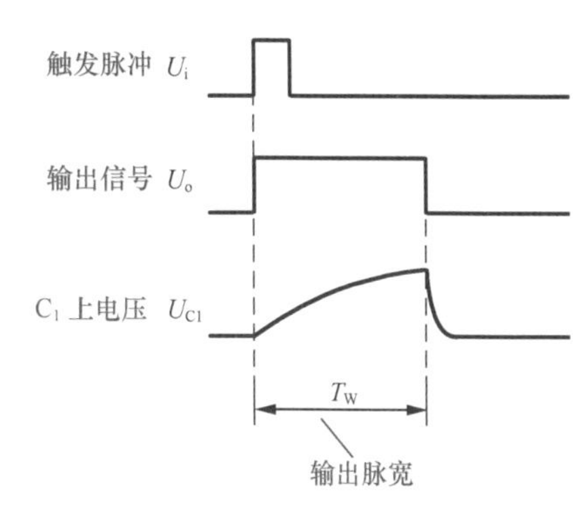

图 6-25　单稳态触发器波形

（2）门控多谐振荡器

一个与非门和一个非门可以构成门控多谐振荡器，电路如图 6-26 所示。D_2 为与非门，D_3 为非门，R_5 为定时电阻，C_2 为定时电容，它们决定振荡频率。R_4 为补偿电阻，可以有效地改善由于电源电压变化而引起的振荡频率不稳定的情况。当 R_4 远大于 R_5（一般应为 10 倍以上）时，电路振荡周期 $T=2.2R_5C_2$。

与一般多谐振荡器不同的是，门控多谐振荡器振荡与否，取决于控制信号。当控制信号为“1”时，电路起振，输出端输出方波信号。当控制信号为“0”时，关闭了与非门 D_2，电路停振，输出端为“0”。门控多谐振荡器工作波形如图 6-27 所示。

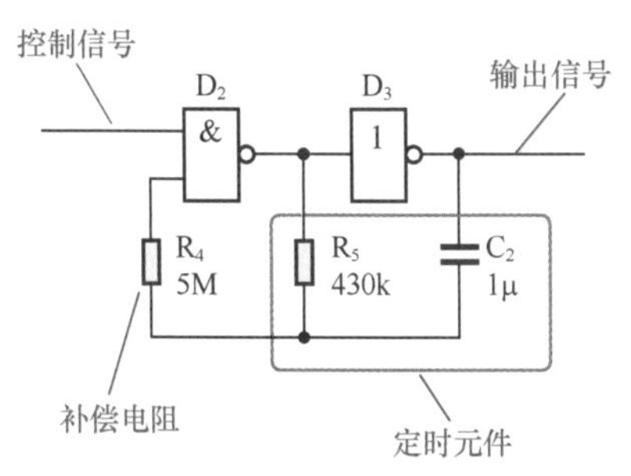

图 6-26　门控多谐振荡器

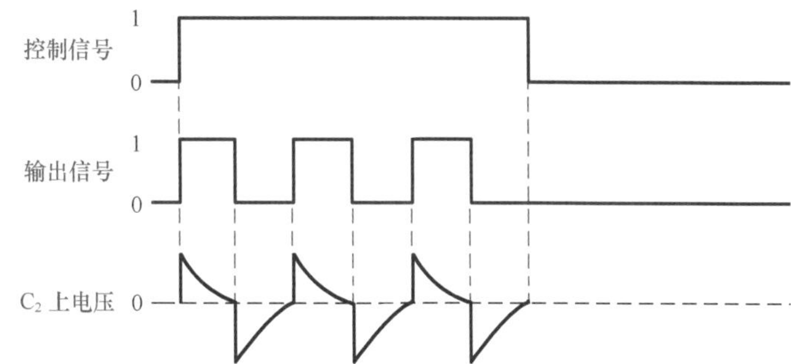

图 6-27　门控多谐振荡器工作波形

（3）电路工作过程

平时电路处于待机状态，单稳态触发器 D_1 输出端（Q 端）为“0”，使得两级门控多谐振荡器均不工作，扬声器无声。

当按下门铃按钮 SB 时，给单稳态触发器 D_1 的 CP 端输入了一个触发脉冲，单稳态触发器翻转至暂稳态，Q 端输出脉宽约 3s 的“1”信号，作为控制信号使超低频多谐振荡器（D_2、D_3）起振。

超低频多谐振荡器输出脉宽约 0.5s、间隔约 0.5s 的方波信号。在方波信号为“1”时，作为控制信号使音频多谐振荡器（D_4、D_5）起振，输出约 800 Hz 的音频信号。在方波信号为“0”时，音频多谐振荡器停振。两个多谐振荡器共同工作的效果是，产生间歇性的 800 Hz 的音频信号，经晶体管 VT 功率放大后驱动扬声器 BL 发声。

当单稳态触发器 D_1 暂稳态结束后，控制信号为“0”，两个多谐振荡器停振，门铃停止发声，电路回复待机状态。综上所述，按一下门铃按钮 SB，电路将发出“嘟、嘟、嘟”的三声门铃声。

6.2 报警器电路

报警器电路是电工电路中一类常用的安全管理监测电路，在日常生活、安全生产、设备保护等许多方面得到普遍应用。报警器电路包括震动报警器、风雨报警器、冰箱关门提醒器、光照不足提醒器、酒后驾车报警器、市电过欠压报警器、防盗报警器、高低温报警器等。报警器电路的特征是包含有环境变化检测电路和声光警示电路。

6.2.1 震动报警器

震动报警器的功能是在受到各种震动时发出持续一定时间的报警声。震动报警器电路如图 6-28 所示，采用压电陶瓷蜂鸣片 B 作为震动传感器，集成运放 IC_1 为电压放大器，C_3、R_5、IC_2 等组成延时电路，时基电路 IC_3、IC_4 分别组成超低频振荡器和音频振荡器，图 6-29 所示为震动报警器电路原理方框图。

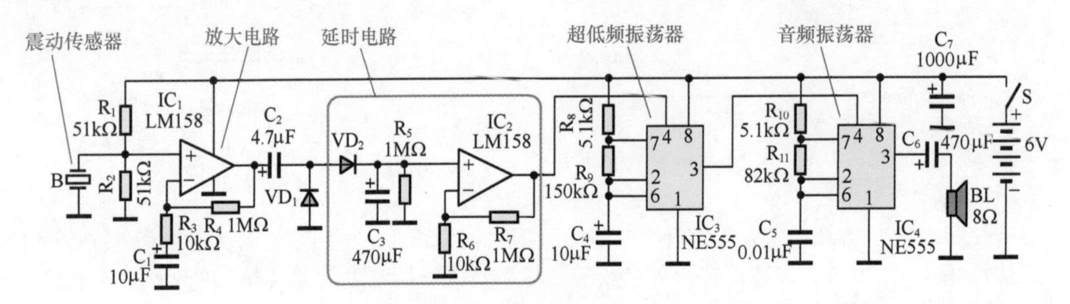

图 6-28 震动报警器电路

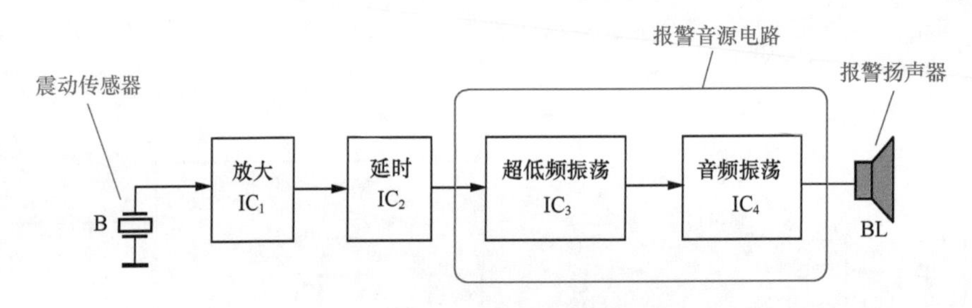

图 6-29 震动报警器电路原理方框图

电路工作原理如下：当震动等机械力作用于压电陶瓷蜂鸣片 B 时，由于压电效应，压电陶瓷蜂鸣片 B 输出电压信号，从第 3 脚进入 IC_1 进行电压放大。集成运放 IC_1 为单电源运用，R_1、R_2 将其“+”输入端偏置在$\frac{1}{2}V_{CC}$处，放大倍数 100 倍，可通过改变 R_4 予以调节。

C_2、VD_1、VD_2 等组成倍压整流电路，将放大后的信号电压整流为直流电压，使 C_3 迅速充满电。由于集成运放 IC_2 的输入阻抗很高，C_3 主要经 R_5 缓慢放电，可延时数分钟，在此期间，IC_2 输出端为高电平，使超低频振荡器 IC_3 起振，输出周期为 2s 的方波。

时基电路 IC_4 组成音频振荡器，振荡频率约 800Hz，经 C_6 驱动扬声器发声。IC_4 的复位端（第 4 脚）受 IC_3 输出的方波控制，振荡 1s，间歇 1s，作为报警音源。

综上所述，当有震动发生时，震动报警器即发出间隔 1s、响 1s 的报警声，持续 5～8min。

震动报警器可有多种用途。将压电陶瓷蜂鸣片 B 固定在门窗上或贵重物品上，可作防盗报警器。将压电陶瓷蜂鸣片 B 固定在墙壁上，可作地震报警器。将压电陶瓷蜂鸣片 B 固定在大门上，还可作震动触发式电子门铃。

6.2.2 风雨报警器

当天气突然刮大风或下雨时，风雨报警器会立即发出大风或下雨报警，提醒你收回晾晒在室外的衣被等。

风雨报警器电路如图 6-30 所示，电路中采用了一块音乐集成电路（IC）作为报警音源，与非门 D_1、晶体管 VT_1 等组成音调控制电路，与非门 D_2 构成触发电路，刮风或下雨的信息分别由大风探头或下雨探头检测。图 6-31 所示为风雨报警器电路工作原理方框图。

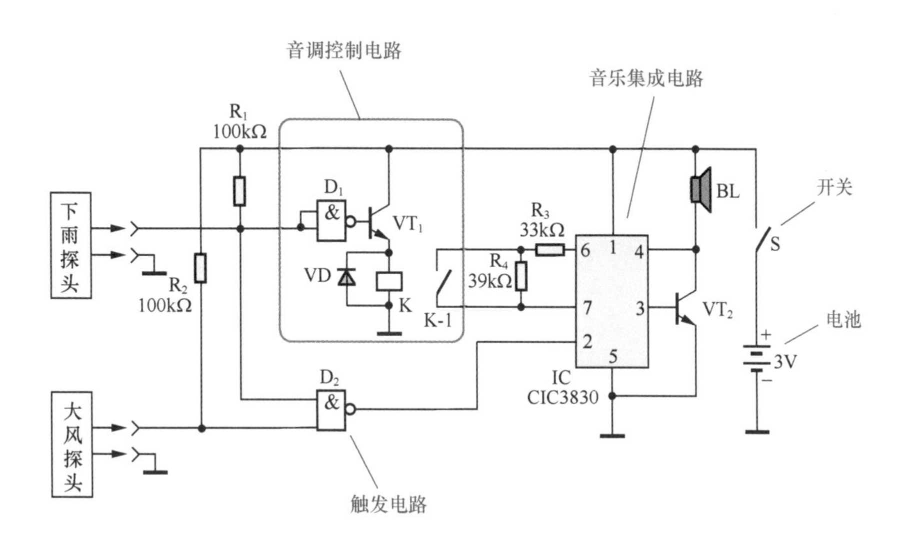

图 6-30　风雨报警器电路

（1）报警原理

当刮大风或者下雨时，大风探头或下雨探头检测到刮风或下雨的信息后，分别输出信号“0”，经触发电路 D_2 转换成信号“1”，触发音乐集成电路发出音乐报警声。当下雨时，下雨探头输出的信号“0”同时使音调控制电路工作，使音乐集成电路发出的音乐报警声节奏变快、音调变高，使你一听就知道外面是刮风了还是下雨了。

（2）探头结构

大风探头如图 6-32 所示，风叶悬挂在裸铜丝环中间，刮风时吹动风叶带动裸铜丝杆与裸铜丝环相触碰发出触发信号。

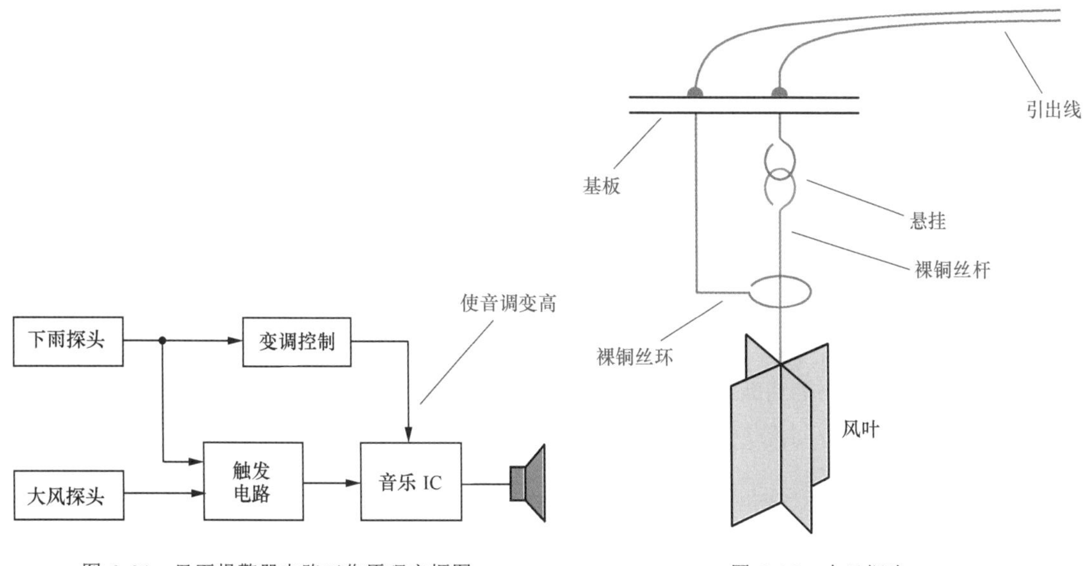

图 6-31　风雨报警器电路工作原理方框图

图 6-32　大风探头

下雨探头如图 6-33 所示，铜箔呈叉指状，下雨时雨水使其短路形成触发信号。这两个探头结构简单，实用性强，均可自制。

（3）音调控制原理

音乐集成电路（IC）的第 6 脚、第 7 脚之间需外接振荡电阻 R，改变 R 的阻值可改变振荡频率，即改变了音乐信号的节奏和音调。

电路中 R 由 R_3 和 R_4 组成。当继电器接点 K-1 未吸合时，$R=R_3+R_4$，音乐节奏较慢。当继电器接点 K-1 吸合后，R_4 被短路，$R=R_3$，R 变小，音乐节奏变快。

不论是刮风时还是下雨时，探头检测到的“0”信号都能使与非门 D_2 输出“1”触发信号。所不同的是，下雨信号同时经非门 D_1 反相后，使 VT_1 导通，继电器 K 吸合。而刮风信号并不能使继电器 K 吸合，从而使下雨报警和刮风报警的音乐报警声节奏不同，音调有明显区别，一听便知。

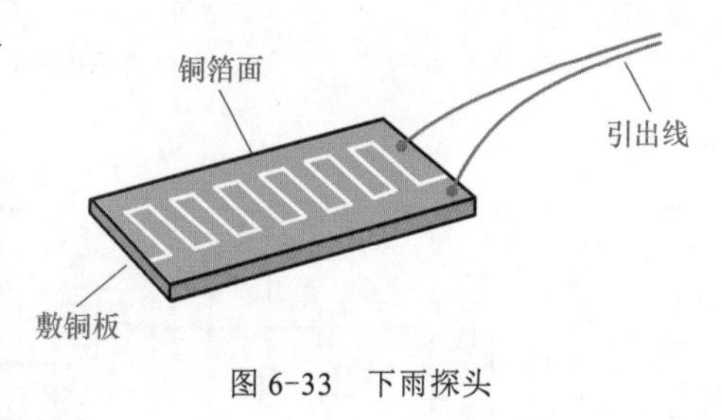

图 6-33　下雨探头

6.2.3　冰箱关门提醒器

如果一时疏忽忘了关冰箱门，或者冰箱门没关到位，不仅耗电剧增，还会造成冰箱内储存的食物化冻变质，后果真的很严重。冰箱关门提醒器就是为解决该问题设计的，它会在冰箱门未关好时发出报警声，提醒你及时关好冰箱门。

（1）冰箱关门“嘀嘀”提醒器

图 6-34 所示为冰箱关门提醒器电路，包括开关集成电路 IC_1 和光电二极管 VD 等构成的光控开关电路，7555 时基电路 IC_2、晶体管 VT 和自带音源讯响器 HA 等构成的声音电路。

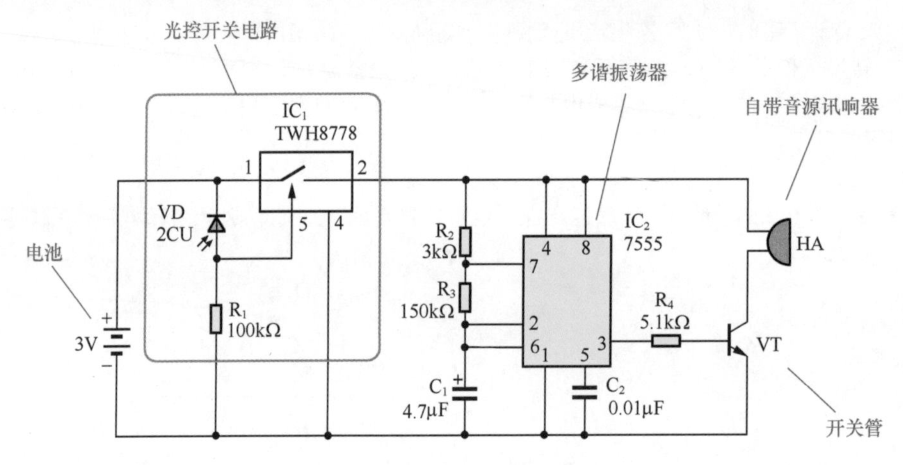

图 6-34　冰箱关门提醒器电路

电路工作原理是，在电源和声音电路之间串联接入一个光控开关电路，当有光照射到光电二极管 VD 时，开关集成电路 IC_1 导通，接通声音电路电源使其工作，发出报警声。无光照时，开关集成电路 IC_1 截止，切断声音电路电源使其不工作。

IC_1 采用高速电子开关集成电路 TWH8778，其 5 脚为控制极，控制电压约为 1.6V，通过控制电压的有无即可快速控制电路的通断。当 IC_1 5 脚无控制电压时，电子开关关断，1、2 脚之间截止。当 IC_1 5 脚有控制电压时，电子开关打开，1、2 脚之间导通。TWH8778 内部包含有过压、过流和过热等保护电路，工作稳定可靠。

声音电路的核心是 CMOS 时基电路 7555（IC_2）构成的多谐振荡器，振荡频率 1Hz。当 IC_2 输出端（第 3 脚）为“+3V”时，经 R_4 使开关管 VT 导通，自带音源讯响器 HA 发出声音。当 IC_2 输出端（第 3 脚）为“0”时，开关管 VT 截止，自带音源讯响器 HA 停止发声。综合效果是发出“嘀、嘀、嘀”的间歇音，提醒关好冰箱门。

（2）冰箱关门语音提醒器

图 6-35 所示为冰箱关门语音提醒器电路，它的特点是会发出“请随手关门”的语音提醒，提醒效果更加明显。

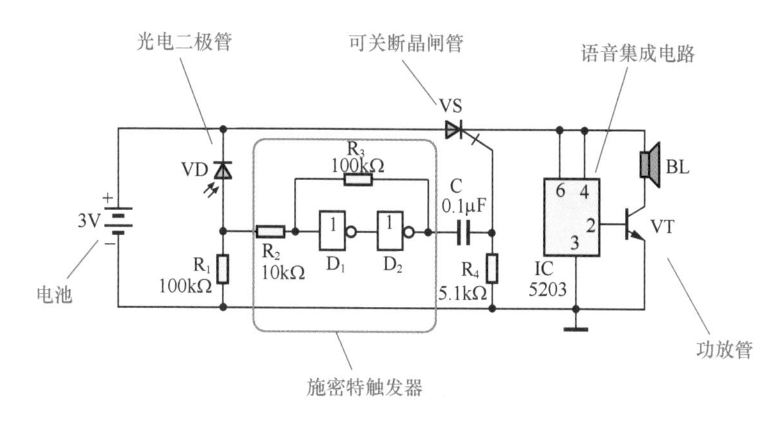

图 6-35　冰箱关门语音提醒器电路

光控开关电路的核心是可关断晶闸管 VS，正脉冲加至 VS 控制极使其触发导通，负脉冲加至 VS 控制极使其触发截止。触发脉冲由光电二极管 VD，施密特触发器 D_1、D_2 产生。

当冰箱门未关好，冰箱内照明灯光照射到光电二极管 VD 时，VD 导通，其负载电阻 R_1 上电压升高，经施密特触发器 D_1、D_2 整形后输出高电平。这个高电平的上升沿经 C、R_4 微分形成一正脉冲，加至 VS 的控制极触发其导通，接通语音电路 IC 的 +3V 电源。

IC 采用语音集成电路 5203，其内部储存了一句“请随手关门”的提示语，触发一次播放一遍。本电路中将其触发端直接接到电源正极，只要晶闸管 VS 导通接通电源，便反复播放“请随手关门”的提示语，直到冰箱门关好为止。

冰箱门关好后，冰箱内照明灯熄灭，光电二极管 VD 截止，其负载电阻 R_1 上电压下降为“0”，经施密特触发器 D_1、D_2 整形后输出的高电平下降为“0”，下降沿经 C、R_4 微分形成一负脉冲，加至 VS 的控制极触发其截止，切断语音电路 IC 的电源使其停止发声。

R_1 是光电二极管 VD 的负载电阻，改变 R_1 可调节光控灵敏度。

使用时，将冰箱关门提醒器放置于冰箱冷藏室内照明灯下即可，如图 6-36 所示。冰箱门打开时，冰箱内的照明灯亮，使冰箱关门提醒器发出报警语音提示。冰箱门关上后，冰箱内的照明灯熄灭，冰箱关门提醒器停止发声。

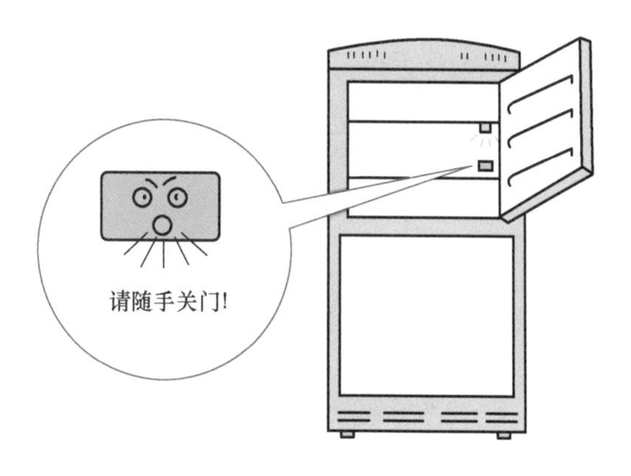

图 6-36　冰箱关门提醒器应用

6.2.4 光照不足提醒器

光照不足提醒器会在光线低于阅读标准时，以声光方式提醒你及时开灯，或者停止阅读与书写，以保护视力。

（1）断续声提醒器

光照不足提醒器电路如图 6-37 所示，包括光电二极管 VD_1 等组成的测光电路，施密特与非门 D_1、D_2、D_3、D_4 等分别组成的两级多谐振荡器，晶体管 VT_1、发光二极管 VD_2 等组成的闪光电路，晶体管 VT_2 和自带音源讯响器 HA 等组成的声音电路。

电路工作原理是，当光照充足时，光电二极管 VD_1 趋于导通输出为低电平，使两个多谐振荡器 D_1、D_2、D_3、D_4 停振，无声无光。

当光照不足时，光电二极管 VD_1 趋于截止输出为高电平，多谐振荡器 D_1、D_2 起振，输出脉宽 1s、间隔 1s 的方波，经开关管 VT_1 驱动发光二极管 VD_2 闪烁发光。该方波同时控制多谐振荡器 D_3、D_4 间歇起振，振荡频率约为 3Hz，振荡间隔约为 1s，经开关管 VT_2 驱动电磁讯响器 HA 间歇性断续发声，声、光同时提醒你光照不足。

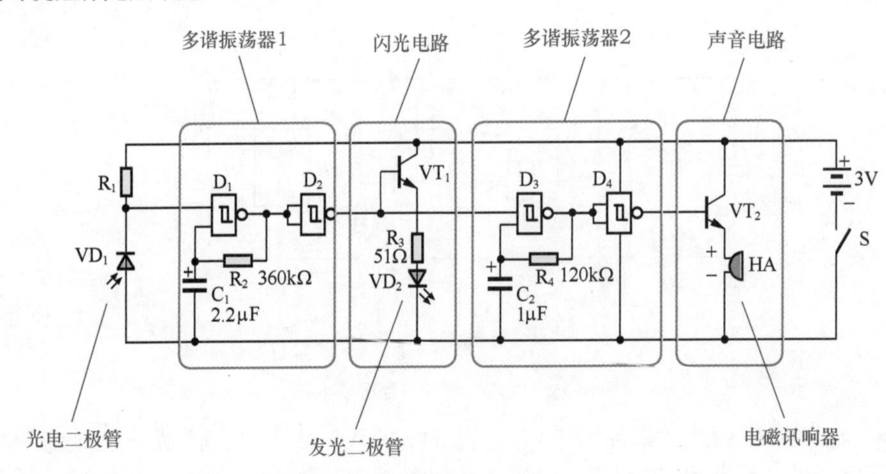

图 6-37 光照不足提醒器电路

（2）持续声光照不足提醒器

图 6-38 所示为持续声光照不足提醒器电路，其特点是采用单向晶闸管 VS 和自带音源讯响器 HA 等组成提醒音电路。

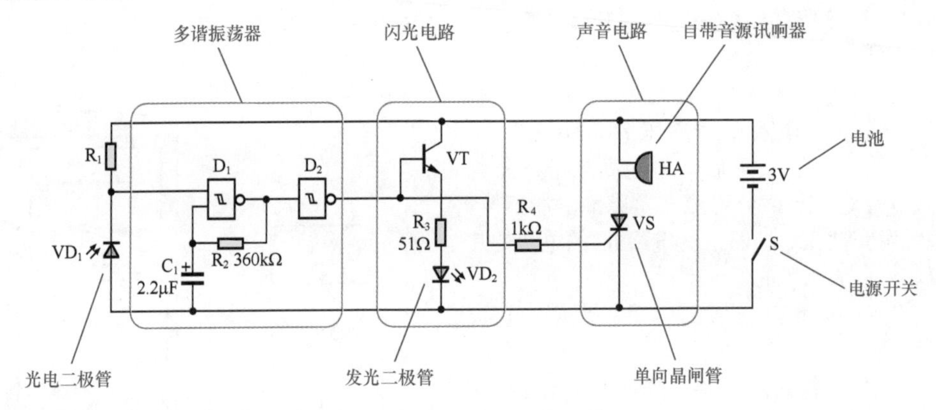

图 6-38 持续声光照不足提醒器电路

当光照足够时，光电二极管 VD_1 趋于导通，门控多谐振荡器 D_1 停振，电路处于无声无光状态。

当光照不足时，光电二极管 VD_1 趋于截止，门控多谐振荡器 D_1 起振，输出脉宽 1s、间隔 1s 的方波，经 D_2 倒相后分为两路。一路经晶体管 VT 驱动发光二极管 VD_2 闪烁发光；另一路经 R_4 触发单向晶闸管 VS 导通，使自带音源讯响器 HA 发出提醒音。

使用时，打开光照不足提醒器的电源，将其放置在书桌上，如图 6-39 所示。如果此时光照低于阅读标准，光照不足提醒器便会发出"嘀一 一"的提醒音和闪烁的提醒光，提醒你现在光照不足，直至你采取措施并关断电源开关为止。

图 6-39 光线不足提醒器应用

6.2.5 酒后驾车报警器

酒后驾车报警器能够自动检测驾车者是否饮酒，如检测到驾车者已饮酒即发出强烈的声光报警，提醒驾车者不能开车，也提醒同车人员劝阻饮酒者开车，以保证安全。

酒后驾车报警器电路如图 6-40 所示，由酒精气敏传感器、射极跟随器、电子开关、多谐振荡器和声光报警电路等组成。图 6-41 所示为酒后驾车报警器原理方框图。

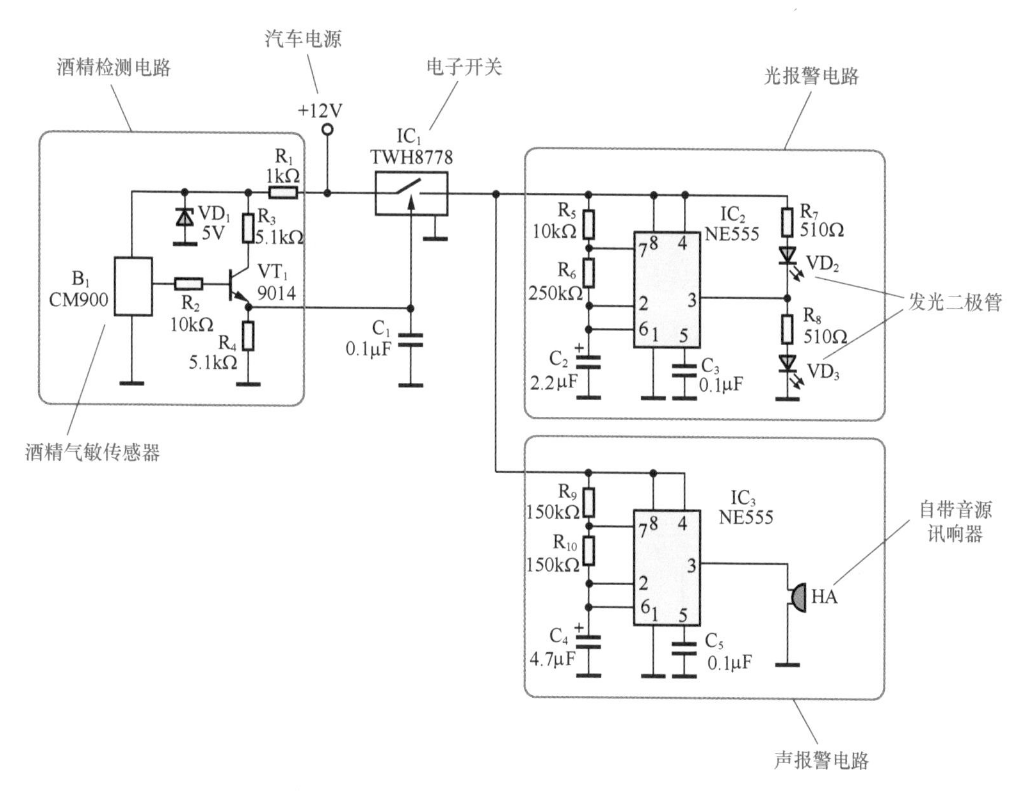

图 6-40　酒后驾车报警器电路

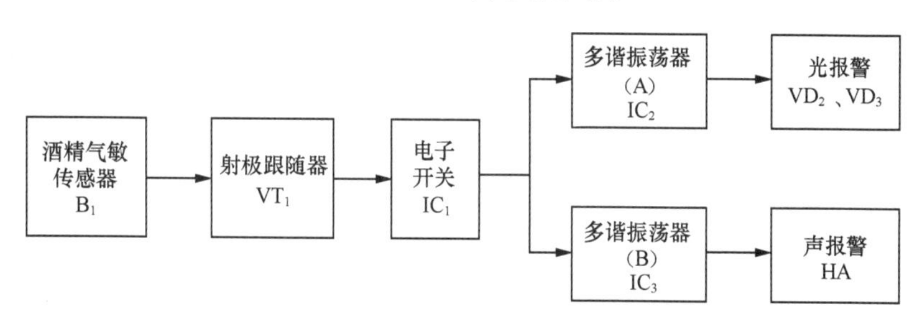

图 6-41　酒后驾车报警器原理方框图

（1）酒精检测电路

B_1 为酒精气敏传感器 CM900，其输出端电压会随着环境中酒精气体浓度的增加而升高。晶体管 VT_1 构成射极跟随器，以提高 B_1 传感器的输出负载能力，缓冲后续控制电路对传感器的影响。

平时，传感器 B_1 输出端电压为“0”，VT_1 截止，射极跟随器输出也为“0”，电子开关 IC_1 关断。

当有饮酒者在其近处时，传感器 B_1 感受到周围环境中的酒精气体分子，其输出端电压随即上升，VT_1 射极输出电压也同步上升，当该电压达到电子开关 IC_1 的开启电压时，IC_1 接通声光报警电路的电源，发出声光报警信号。

由于酒精气敏传感器 B_1 的工作电压为 5V，因此将汽车 12V 电压经 R_1 降压、VD_1 稳压为 5V 后作为其工作电压。

（2）光报警电路

IC_2 及其外围元器件组成光报警电路。IC_2 采用 555 时基电路构成多谐振荡器，输出周期约为 800ms 的方波，驱动两个发光二极管 VD_2 与 VD_3 以 0.4s 的间隔轮流闪烁发光。

（3）声报警电路

IC_3 及其外围元器件组成声报警电路。555 时基电路 IC_3 也构成多谐振荡器，输出不对称方波，驱动自带音源讯响器 HA 响 1s、停 0.5s，再响 1s、再停 0.5s……

（4）持续式酒后驾车报警器

图 6-42 所示为持续式酒后驾车报警器电路，其特点是采用晶闸管 VS 控制报警电路的电源。

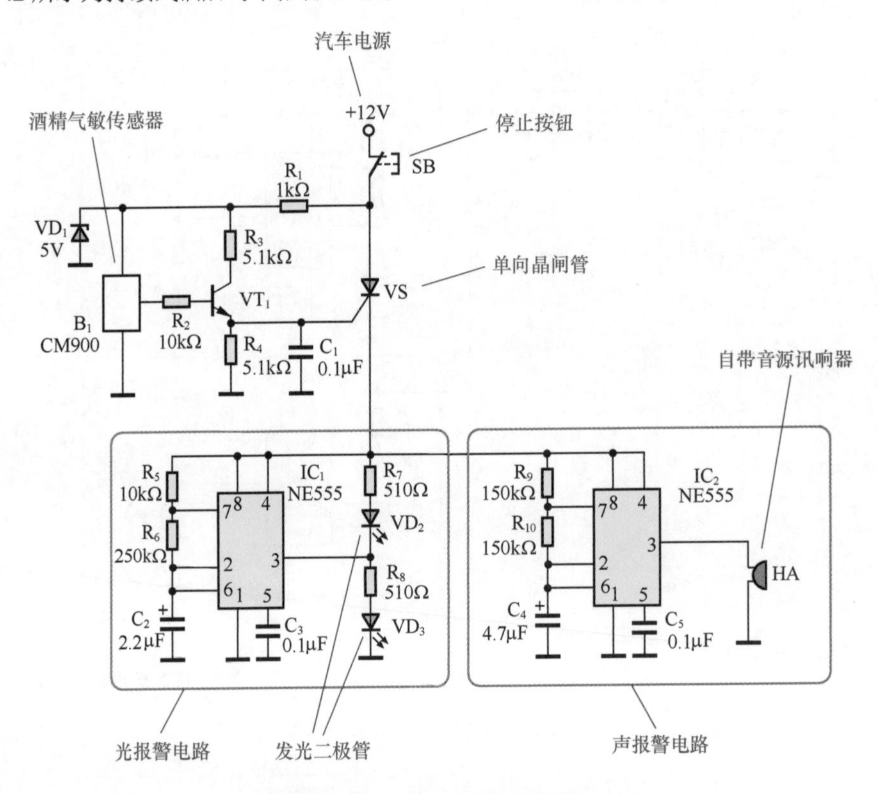

图 6-42　持续式酒后驾车报警器电路

报警器工作原理是，当酒精气敏传感器 B_1 检测到饮酒者呼吸中的酒精气体分子时，通过射极跟随器 VT_1 输出一触发信号，使单向晶闸管 VS 导通，接通声光报警电路的电源，发出持续的声光报警信号，直至你采取措施并按下停止按钮 SB 为止。

6.2.6　市电过欠压报警器

如果某种原因造成局部市电电压过高或过低，必将影响电器设备的正常运转，甚至造成故障或事故，因此时刻监测及时报警很有必要。图 6-43 所示为监测 220V 市电的过压欠压报警器电路，当市电电压大于 240V 或小于 180V 时，电路发出声光报警。

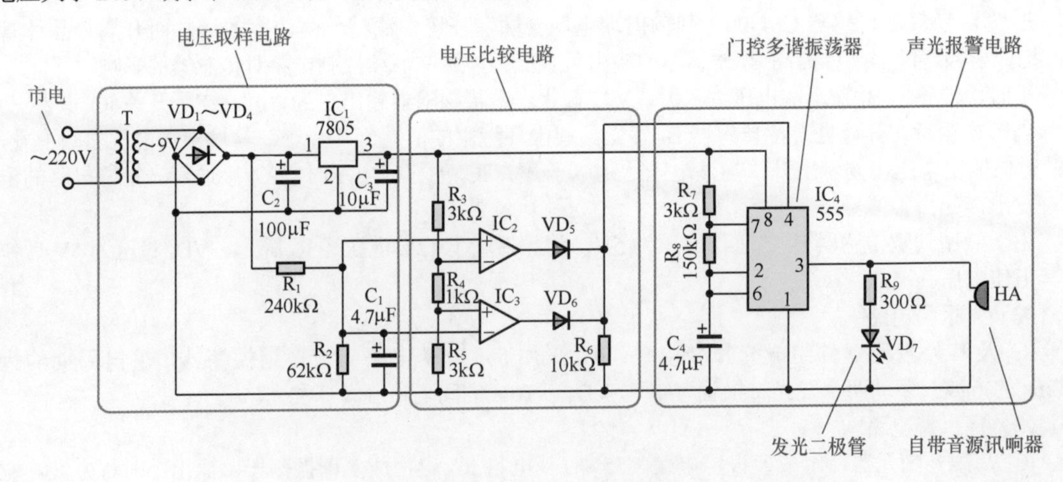

图 6-43　市电过欠压报警器电路

（1）电压取样电路

电压取样电路包括 220 ∶ 9 电源变压器、整流桥、分压取样电阻 R_1 和 R_2 等。220V 市电经变压器 T 降压、二极管 VD_1 ~ VD_4 桥式整流、电容 C_2 滤波后，得到$\sqrt{2}\times 9V$ 的直流电压，再经取样电阻 R_1、R_2 分压后，R_2 上所得电压即为取样电压。取样电压同时送至 IC_2 和 IC_3 进行比较。

相对应 220V 交流电，取样电压为 2.61V。如果 220V 交流电压上下波动，取样电压也随之按比例变化。如果电源变压器 T 的变压比不是 220 ∶ 9，则需重新调整 R_1 与 R_2 的比值。

（2）电压比较电路

集成运放 IC_2 和 IC_3 等构成窗口电压比较电路，以判断电网电压是否在允许的 180 ~ 240V 范围内。如果电网电压大于 240V 或小于 180V 时，则启动后续报警电路报警。

窗口电压比较电路工作原理是，集成运放 IC_2 为上门限电压比较器，其负输入端接 2.86V 基准电压。如果取样电压大于 2.86V（相应地电网电压大于 240V），IC_2 则输出高电平控制信号。

IC_3 为下门限电压比较器，其正输入端接 2.14V 基准电压。如果取样电压小于 2.14V（相应地电网电压小于 180V），IC_3 则输出高电平控制信号。两电压比较器的输出端经由 VD_5、VD_6、R_6 构成的或门输出。

（3）声光报警电路

555 时基电路 IC_4 等构成门控多谐振荡器，输出信号为 0.5s + 0.5s 的方波。在输出信号为高电平时，发光二极管 VD_7 发光，同时自带音源讯响器 HA 发声。在输出信号为“0”时，声光均停止。

IC_4 的复位端 $\overline{MR}$（第 4 脚）受电压比较电路的控制。只有当 220V 电网电压发生过压或欠压，比较电路输出高电平控制信号时，IC_4 才起振，发出声光报警。电网电压恢复正常范围后，声光报警自动停止。

6.2.7　防盗报警器

CMOS 门电路、时基电路等都可以构成防盗报警器，有些防盗报警器还采用了强音强光电路，以起到更好的防盗效果。

（1）断线式防盗报警器

图 6-44 所示为采用 CMOS 或非门构成的断线式防盗报警器电路。或非门 D_1、D_2 构成 RS 触发器，具有置“1”输入端 S、置“0”输入端 R。防盗线实际上是一根极细的漆包线，用它将需要防盗的区域围起来，或缠绕在需要防盗的物品上。

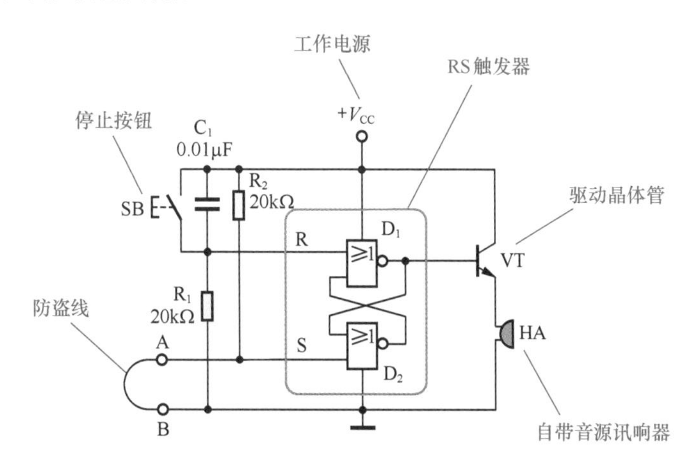

图 6-44　断线式防盗报警器电路

防盗线接在电路 A、B 两端间，正常状态下，防盗线将 S 端接地，R 端经 R_1 接地，RS 触发器输出端为“0”，不报警。

当有盗贼闯入偷盗物品而碰断防盗线时，电路 A、B 两端间断开，RS 触发器的 S 端在上拉电阻 R_2 的作用下变为高电平，将触发器置“1”输出变为高电平，晶体管 VT 导通驱动自带音源讯响器发出报警声。由 RS 触发器特性可知，此时即使盗贼重新接好防盗线也不可能使报警声停止，电路将持续报警，直至停止按钮 SB 被按下时，报警声才会停止。

（2）时基电路防盗报警器

图 6-45 所示为时基电路构成的防盗报警器电路，时基电路 IC 构成可控多谐振荡器，其复位端 $\overline{MR}$（第 4 脚）经电阻 R_3 接电源 $+V_{CC}$，同时在第 4 脚与地之间连接有一根细漆包线，使得复位端 $\overline{MR}$ 为 0，可控多谐振荡器 IC 停振，电路不报警。

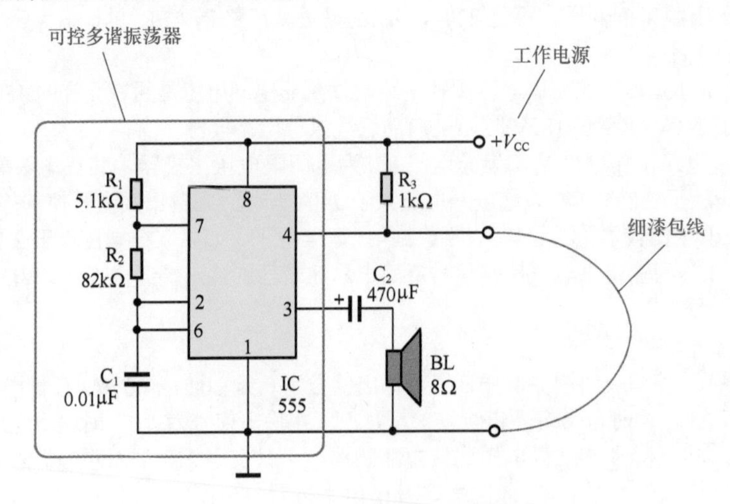

图 6-45　时基电路构成的防盗报警器电路

图 6-45 中的细漆包线即为防盗线。当某种原因使细漆包线断线后，时基电路 IC 复位端 $\overline{MR}$ 为 1，电路起振，IC 第 3 脚输出音频信号经耦合电容 C_2 驱动扬声器 BL 发出报警声，直至断线恢复接通或切断报警器电源为止。

该报警器的防盗探头就是细漆包线，可以很长，越细越好，这样不易被察觉而且容易被碰断。将细漆包线布置到需要监护的地方，例如，拉在门口或窗口，有人擅自进入或破窗而入时撞断细漆包线，报警器立即报警。将细漆包线缠绕在古董等重要物件上，被盗走时扯断细漆包线也会立即报警。

（3）强音强光报警器

图 6-46 所示为可发出超响度报警声和强烈光源的报警器电路，该电路一旦被触发，即可发出响度达 120dB 的报警声响，同时打开强光照明灯，将警戒区域照亮，因此特别适用于作防盗报警器。

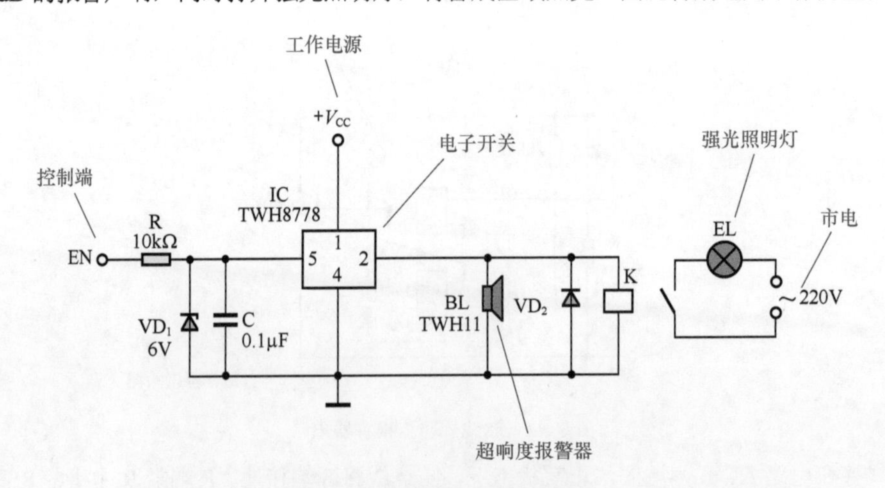

图 6-46　强音强光报警器电路

IC 采用高速电子开关 TWH8778，控制灵敏度高、反应速度快，内部设有过压、过热、过流保护等功能。当控制端 EN 有≥ 1.6V 的控制电压时，TWH8778 内部电路导通，使接在输入端（第 1 脚）的电源电压从输出端（第 2 脚和第 3 脚，已在电路内部并联）输出，使超响度报警器 BL 发声，同时使继电器 K 吸合，接通照明灯 EL 的电源。因 TWH8778 第 5 脚控制电压极限为 6V，故接入 VD_1 作钳位用。BL 为 TWH11 型超响度报警器，工作电压为 6～12V，电流为 200mA，响度为 120dB。

6.2.8　温度报警器

某些场合对温度有特殊要求。温度报警器能够随时监测温度的变化，当温度过高或过低时即发出报警。温度报警器包括高温报警器和低温报警器。

（1）高温报警器

图 6-47 所示为采用运算放大器构成的高温报警器电路，由负温度系数热敏电阻 RT 作为温度传感器。当被测温度高于设定值时，发出报警。

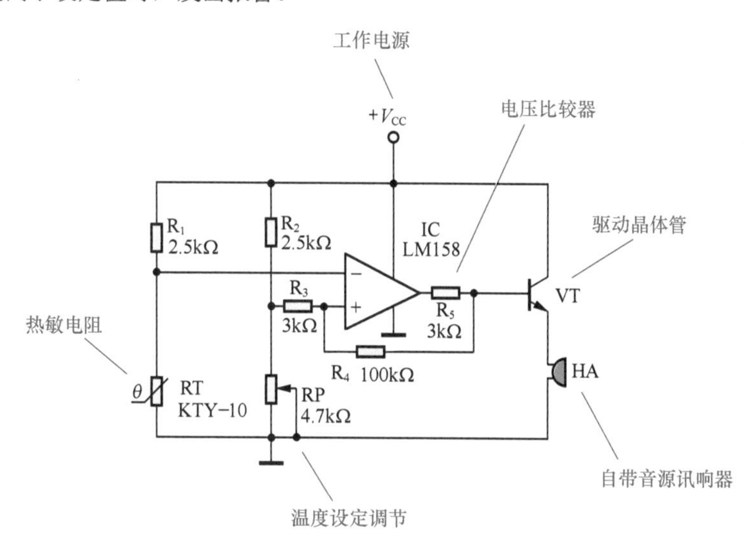

图 6-47　高温报警器电路

集成运放 IC 构成电压比较器，其正输入端接基准电压，基准电压由 R_2、RP 分压取得。IC 的负输入端接负温度系数热敏电阻 RT，RT 阻值与温度成反比，温度越高，阻值越小，RT 上压降也越低。随着温度的上升，RT 上压降（即 IC 负输入端电位）不断下降，当降至基准电压值以下时，电压比较器输出端由“0”变为高电平，晶体管 VT 导通，驱动自带音源讯响器 HA 发出报警声。

RP 为温度设定调节电位器，改变 RP 可改变基准电压值，亦即改变了报警器的温度设定值。R_3、R_4 的作用是使电压比较器具有一定的滞后性，工作更为稳定。驱动晶体管 VT 为射极跟随器模式，提高了电流的驱动能力。

（2）时基电路高温报警器

时基电路高温报警器电路如图 6-48 所示，时基电路 IC 构成施密特触发器，作为电压比较器使用。温度传感器采用负温度系数热敏电阻 RT，其特点是阻值与温度成反比关系。

555 时基电路 IC 的第 2 脚和第 6 脚并联后接在热敏电阻 RT 上。随着温度的上升 RT 阻值越来越小，IC 第 2 脚和第 6 脚的输入电压也越来越低，当输入电压小于时基电路 IC 构成的施密特触发器的阈值时，IC 输出端（第 3 脚）变为高电平，驱动自带音源讯响器 HA 发出报警声。时基电路具有较强的驱动能力，因此电路中无须驱动晶体管。

555 时基电路 IC 的控制端（第 5 脚）接电位器 RP，可以调节施密特触发器翻转的阈值，也就是调节了高温报警的温度设定值。

（3）低温报警器

图 6-49 所示为采用运算放大器构成的低温报警器电路，由负温度系数热敏电阻 RT 作为温度传感器，当被测温度低于设定值时报警。低温报警器电路与高温报警器电路相比，只是电路中的热敏电阻 RT 与电阻 R_1 的位置互换。

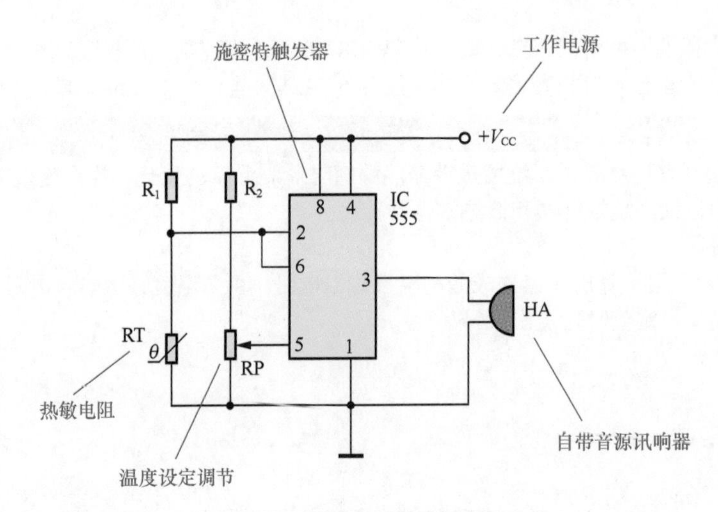

图 6-48 时基电路高温报警器

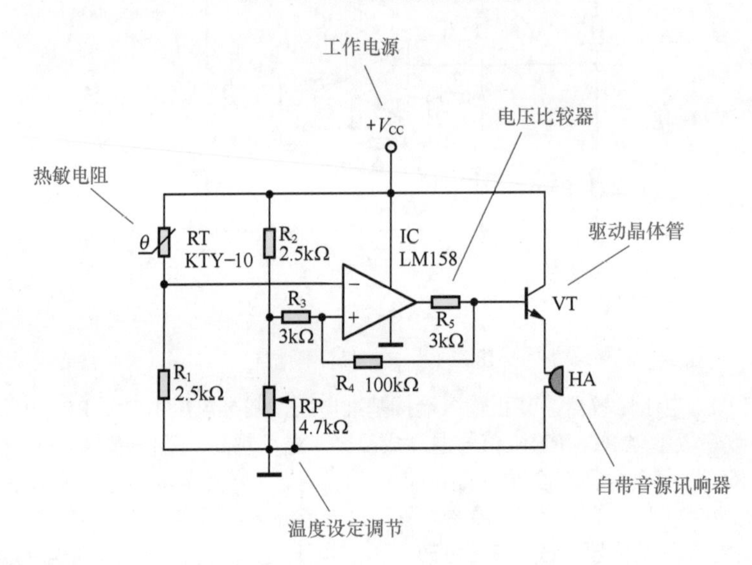

图 6-49 低温报警器电路

集成运放IC构成电压比较器，其输出端电平取决于正、负输入端电压的比较值。随着温度的下降，负温度系数热敏电阻RT上压降不断增大，导致电压比较器IC负输入端电压不断下降，当降至基准电压值以下时，电压比较器IC输出端由“0”变为高电平，驱动晶体管VT导通，自带音源讯响器HA发出报警声。

电压比较器IC正输入端接基准电压，基准电压由R_2、RP分压取得。RP为温度设定调节电位器，改变RP可改变基准电压值，亦即改变了报警器的温度设定值。

（4）时基电路低温报警器

图6-50所示为采用时基电路构成的低温报警器电路，555时基电路IC构成施密特触发器，作为电压比较器使用。温度传感器采用负温度系数热敏电阻RT。因为时基电路具有较大的电流驱动能力，可以直接驱动自带音源讯响器，所以省去了驱动晶体管，简化了电路。

时基电路低温报警器工作原理是，随着温度的下降，热敏电阻RT的阻值越来越大，导致R_1上电压越来越低。由于R_1上电压就是施密特触发器IC的输入电压，所以IC输入端（第2脚和第6脚并联）的输入电压也越来越低，当输入电压小于施密特触发器IC的阈值时，施密特触发器反转，其输出端（第3脚）变为高电平，驱动自带音源讯响器HA发出报警声。

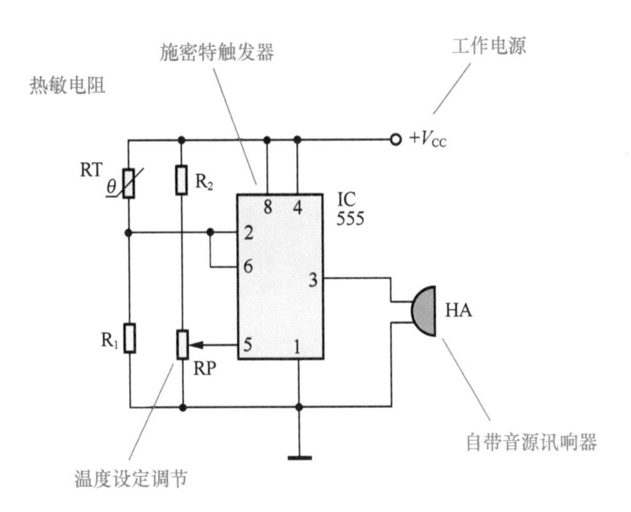

图 6-50　时基电路低温报警器

电位器 RP 用来调节时基电路 IC 的控制端（第 5 脚）电压，即调节施密特触发器的翻转阈值，达到调节低温报警的温度设定值的目的。

第7章 电源与充电电路图的识读

电源电路与充电电路应用几乎涉及所有用电领域，是电工电路中最基础和最重要的组成部分。电源与充电电路包括整流电路、滤波电路、稳压电路、开关电源电路、直流变换电路、以及各种充电电路等。

7.1 整流滤波电路

整流滤波电路是常用的电工电路。整流滤波电路的主要功能和作用是将交流电转换为直流电。使用最多的是电源整流电路，它将交流 220V 市电降压、整流、滤波为所需要的直流电源。整流滤波电路通常由整流电路和滤波电路两部分组成。

7.1.1 简单的整流电路

半波整流电路是最简单、最基本的整流电路。图 7-1 所示为半波整流电源电路，由变压器、整流器、滤波器等部分组成。对于半波整流电路来说，整流器就是一个整流二极管 VD。

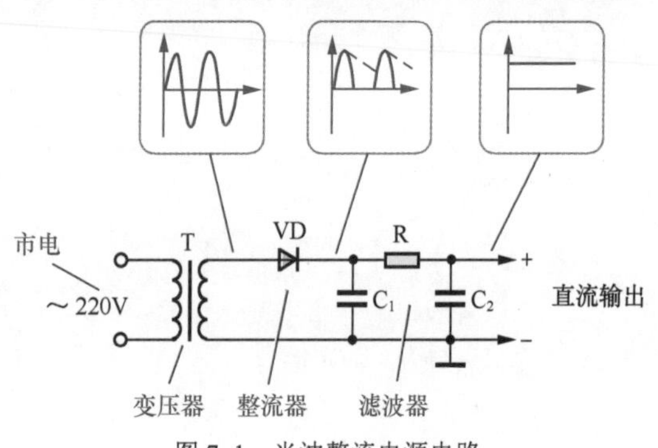

图 7-1 半波整流电源电路

整流二极管具有单向导电特性，即电流只能从正极流向负极，而不能从负极流向正极。整流电路正是利用整流二极管的这种特性，将交流电"整流"为直流电。

半波整流电路工作原理如下：

在交流电正半周时，电压极性为上正下负，整流二极管 VD 导通，电流 I 经由整流二极管 VD、负载电阻 R_L 形成电流回路，并在 R_L 上产生电压降(即为输出电压 U_o)，其极性为上正下负，如图 7-2 所示。

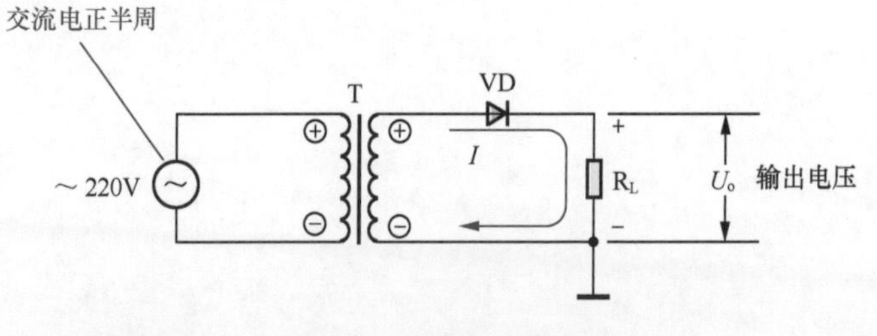

图 7-2 正半周 VD 导通

在交流电负半周时，电压极性为上负下正，对整流二极管 VD 来说是反向电压，因此 VD 截止，电流 $I=0$，负载电阻 R_L 上无电压降，输出电压 $U_o=0$，如图 7-3 所示。

半波整流电路虽然简单，但是由于只利用了交流电正弦波的一半，所以整流效率较低，输出的直流电压中含有较多的交流分量，仅应用于要求不高、电流不大的场合。

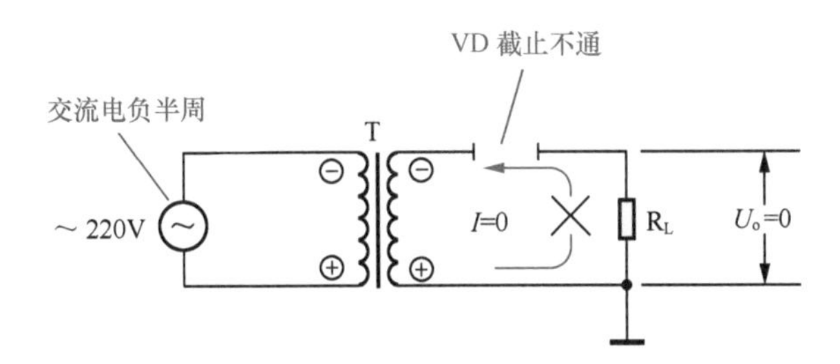

图 7-3　负半周 VD 截止

7.1.2　全波整流电路

为了提高整流效率、减少输出电压中的交流分量，往往采用全波整流电路。全波整流电路实际上是两个半波整流电路的组合，电路如图 7-4 所示。

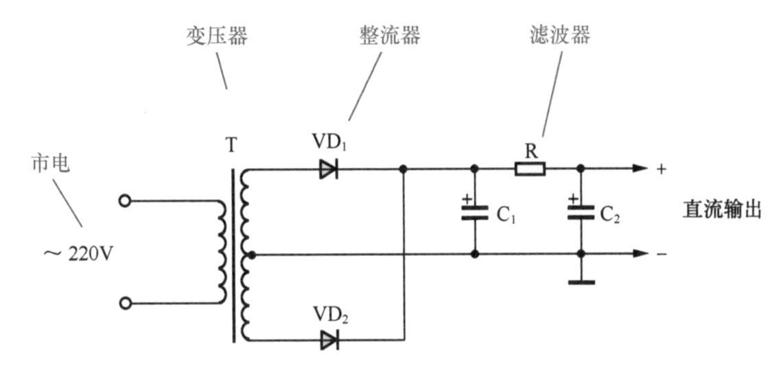

图 7-4　全波整流电路

全波整流电路中，电源变压器 T 的次级绕组圈数为半波整流时的两倍，且中心抽头，分为上、下两个部分。电路中采用了两个整流二极管 VD_1 和 VD_2。当电源变压器 T 初级线圈接入交流电源时，在次级线圈上、下两部分产生两个大小相等、相位相反的交流电压。

全波整流电路工作过程如下：

在交流电正半周时，次级线圈上、下两部分电压为上正下负，对于整流二极管 VD_1 而言是正向电压，因此 VD_1 导通，电流 I 经 VD_1 流过负载电阻 R_L 回到次级线圈中点，R_L 上电压 U_o 为上正下负，如图 7-5 所示。而对于整流二极管 VD_2 而言是反向电压，因此 VD_2 截止。

在交流电负半周时，次级线圈上、下两部分电压为上负下正，对于 VD_1 而言是反向电压，因此 VD_1 截止。而对于 VD_2 而言是正向电压，因此 VD_2 导通，电流 I 经 VD_2 流过负载电阻 R_L 回到次级线圈中点，R_L 上电压 U_o 仍为上正下负，如图 7-6 所示。

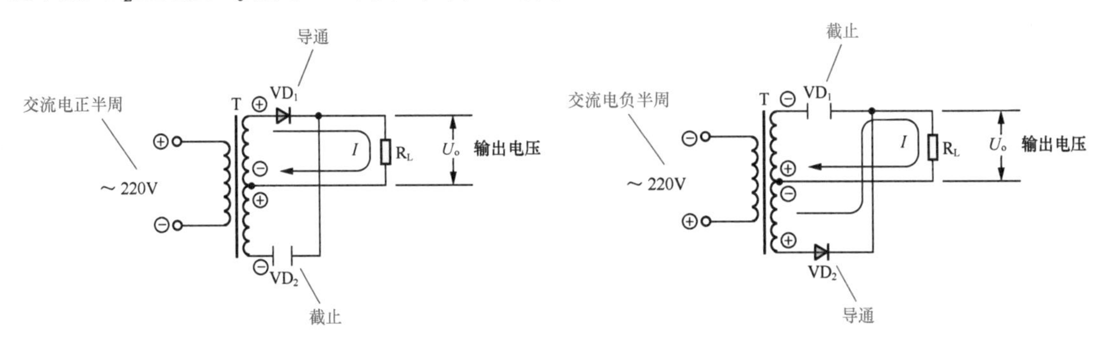

图 7-5　正半周 VD_1 导通　　图 7-6　负半周 VD_2 导通

综上所述，在交流电正半周时，整流二极管 VD_1 导通向负载电阻 R_L 供电。在交流电压负半周时，整流二极管 VD_2 导通向负载电阻 R_L 供电。全波整流电路利用了交流电的正、负两个半周，整流效率大大提高。

7.1.3 桥式整流电路

桥式整流电路是全波整流的另一种电路形式，电路如图 7-7 所示。桥式整流电路虽然需要使用 4 只整流二极管，但是电源变压器次级绕组不必绕两倍圈数，也不必有中心抽头，制作更为方便，因此得到了非常广泛的应用。

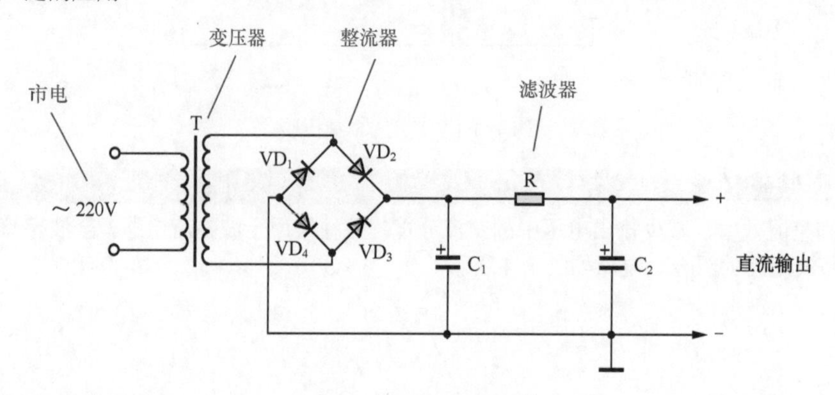

图 7-7 桥式整流电路

桥式整流电路工作过程如下：

在交流电正半周时，电源变压器次级电压极性为上正下负，4 只整流二极管中，VD_1、VD_3 因所加电压为反向电压而截止。VD_2、VD_4 因所加电压为正向电压而导通，电流 I 经 VD_2、R_L、VD_4 形成回路，在负载电阻 R_L 上产生电压降（即为输出电压 U_o），电压极性为上正下负，如图 7-8 所示。

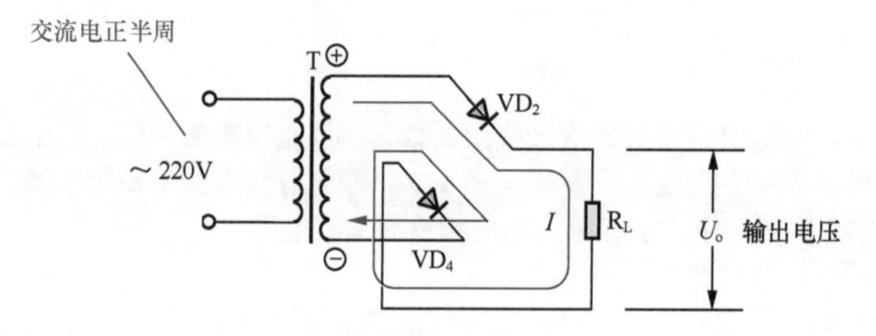

图 7-8 桥式整流过程（正半周时）

在交流电负半周时，电源变压器次级电压极性为上负下正，4 只整流二极管中，VD_2、VD_4 因所加电压为反向电压而截止。VD_1、VD_3 因所加电压为正向电压而导通，电流 I 经 VD_3、R_L、VD_1 形成回路，在负载电阻 R_L 上产生电压降（即为输出电压 U_o），电压极性仍为上正下负，如图 7-9 所示。

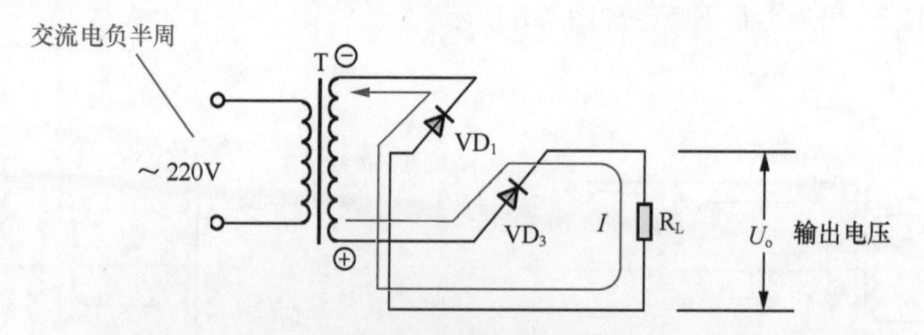

图 7-9 桥式整流过程（负半周时）

由于 4 只整流二极管巧妙地轮流工作，使得交流电压的正、负半周均在负载电阻 R_L 上得到了利用，从而实现了全波整流。

7.1.4 电容降压整流电路

由于电容器存在容抗，交流电流通过时必然产生压降，因此电容器可以用作交流降压。图 7-10 所示为电容降压整流电源电路，C_1 为降压电容器，将 220V 市电降压后经 VD_1 ~ VD_4 桥式整流、C_2 滤

波为直流电压 U_o 输出至负载 R_L。

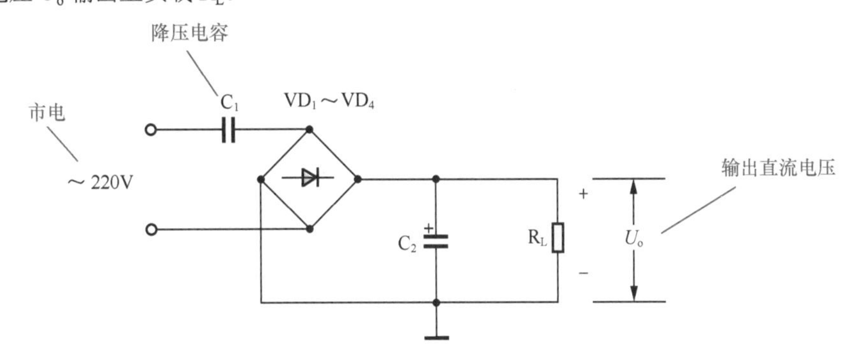

图 7-10　电容降压整流电源电路

电容降压整流电路的特点是电路简单、成本低廉、体积小巧，但输出电流较小、电源阻抗较大，适用于小电流供电电路的电源。

7.1.5　电容滤波电路

电容滤波电路是指采用大容量电容器作为滤波元件的滤波电路。电容滤波电路如图 7-11 所示，T 为电源变压器，$VD_1 \sim VD_4$ 为整流二极管，C 为滤波电容器，R_L 为负载电阻。

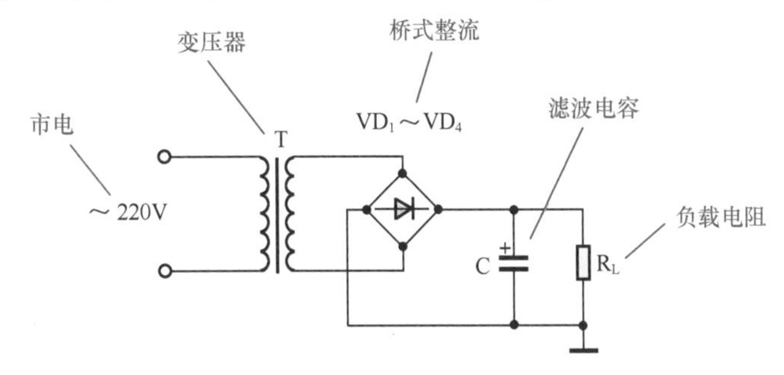

图 7-11　电容滤波电路

电容滤波电路是利用电容器的充放电原理工作的，其工作过程可用图 7-12 示意图进行说明。U_o 为整流电路输出的脉动电压，U_C 为滤波电路输出电压（即滤波电容 C 上电压）。

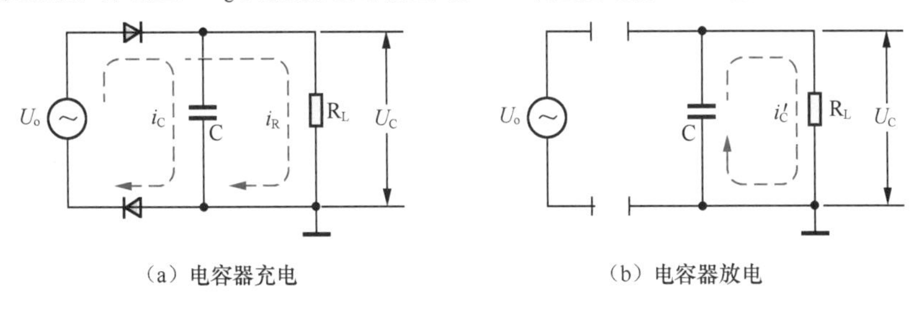

（a）电容器充电　　（b）电容器放电

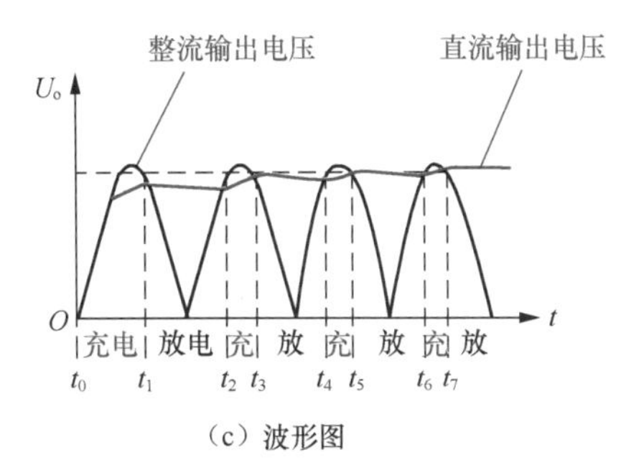

（c）波形图

图 7-12　电容滤波电路的工作过程

在 t_0 时刻，$U_C=0$。

在 $t_0 \sim t_1$ 时刻，随着整流输出脉动电压 U_o 的上升，$U_o > U_C$，整流二极管导通，U_o 向滤波电容 C 充电，使 C 上电压 U_C 迅速上升，充电电流为 i_C。同时，U_o 向负载电阻 R_L 供电，供电电流为 i_R，如图 7-12（a）所示。到 t_1 时刻时，C 上电压 $U_C=U_o$，充电停止。

在 $t_1 \sim t_2$ 时刻，U_o 处于下降和下一周期的上升阶段，但因为 $U_o < U_C$，整流二极管截止，无充电电流，C 向负载电阻 R_L 放电，放电电流为 i'_C，如图 7-12（b）所示。

在 $t_2 \sim t_3$ 时刻，U_o 上升再次达到 $U_o > U_C$，整流二极管导通，U_o 又开始向 C 充电，补充 C 上已放掉的电荷。

在 $t_3 \sim t_4$ 时刻，U_o 又处于 $U_o < U_C$ 阶段，整流二极管截止，停止充电，C 又向负载电阻 R_L 放电。如此周而复始，其工作波形如图 7-12（c）所示。

从波形图可见，在起始的若干周期内，虽然滤波电容 C 时而充电、时而放电，但其电压 U_C 的总趋势是上升的。经过若干周期以后，电路达到稳定状态，每个周期 C 的充放电情况都相同，即 C 上充电得到的电荷刚好补充了上一次放电放掉的电荷。

正是通过电容器 C 的充放电，使得输出电压 U_C 保持基本恒定，成为波动较小的直流电。滤波电容 C 的容量越大，滤波效果相对就越好。

7.1.6 LC 滤波电路

图 7-13 所示为电感器 L 与电容器 C_1、C_2 组成的 π 型 LC 滤波器。由于电感器具有通直流阻交流的功能，对直流电阻抗几乎为“0”，而对于交流电则具有较大的阻抗，电感量越大阻抗越大。因此，整流二极管 $VD_1 \sim VD_4$ 桥式整流输出的脉动直流电压 U_i 中的直流成分可以通过电感器 L，而交流成分绝大部分不能通过 L，被电容器 C_1、C_2 旁路到地，输出电压 U_o 便是较纯净的直流电压了。

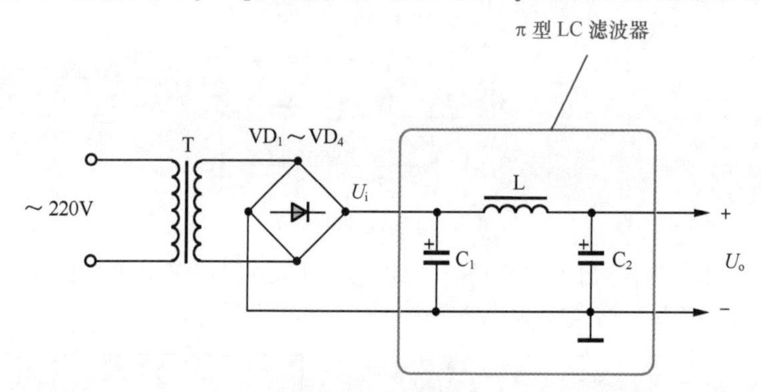

图 7-13　LC 滤波电路

7.1.7 RC 滤波电路

RC 滤波电路是指采用电阻和电容构成的滤波电路。RC 滤波电路中采用了两个滤波电容 C_1、C_2 和一个滤波电阻 R_1，组成 π 形状，如图 7-14 所示。

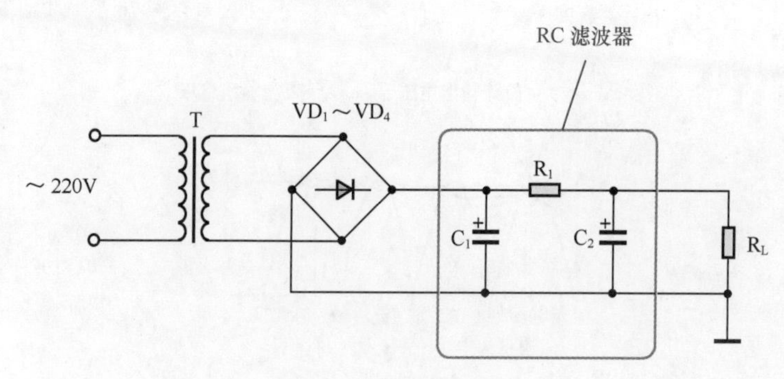

图 7-14　RC 滤波电路

RC 滤波电路可看作是在 C_1 电容滤波电路的基础上，再经过 R_1 和 C_2 的滤波，整个滤波电路的最终输出电压即为 C_2 上的电压 U_{C2}。R_1 和 C_2 可看作是一个分压器，输出电压 U_{C2} 等于 C_1 上电压 U_{C1} 经 R_1 与 C_2 分压后在 C_2 上所得到的电压，如图 7-15 所示。

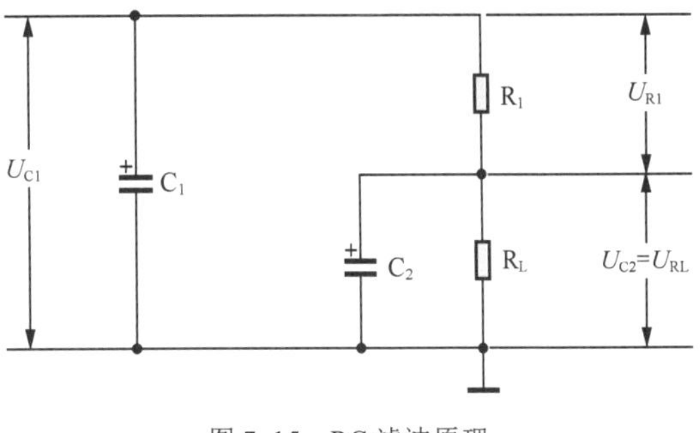

图 7-15　RC 滤波原理

整流电路经过 C_1 初步滤波后的输出电压 U_{C1} 中，既有直流分量，也有交流分量。对于 U_{C1} 中的直流分量来说，C_2 的容抗极大，几乎没有影响，输出端直流电压的大小取决于滤波电阻 R_1 与负载电阻 R_L 的比值，只要 R_1 不是太大，就可以保证 R_L 得到绝大部分的直流输出电压。

而对于 U_{C1} 中的交流分量来说，C_2 的容抗很小，交流分量基本上都被 C_2 旁路到地。因此，经过 RC 滤波电路所输出的直流电压中，交流纹波已经很小。RC 滤波电路可以满足大多数电路对电源的要求。

7.1.8　有源滤波电路

有源滤波电路是指采用晶体管等有源元器件构成的滤波电路。图 7-16 所示为晶体管有源滤波电路，VT_1 为有源滤波晶体管。R_1 是偏置电阻，为 VT_1 提供合适的偏置电流。C_2 是基极旁路电容，使 VT_1 基极可靠地交流接地，确保基极电流中无交流成分。C_3 为输出端滤波电容。

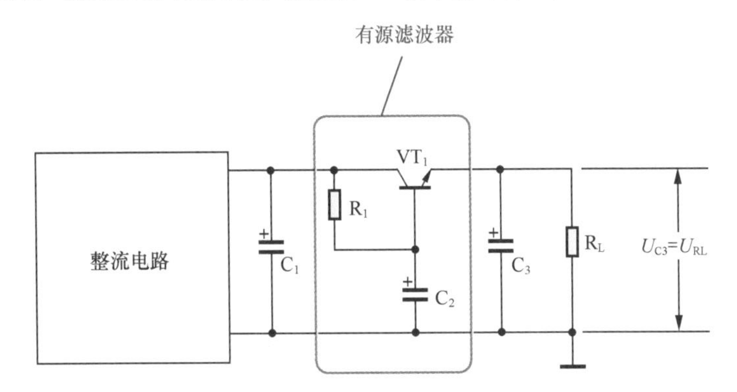

图 7-16　晶体管有源滤波电路

有源滤波电路是利用晶体管的直流放大作用而工作的。虽然整流电路输出并加在 VT_1 集电极的是脉动直流电压，其中既有直流分量也有交流分量，但晶体管的集电极－发射极电流主要受基极电流的控制，而受集电极电压变动的影响极微。由于 C_2 的旁路滤波作用，VT_1 的基极电流中几乎没有交流分量，从而使 VT_1 对交流呈现极高的阻抗，在其输出端（VT_1 发射极）得到的就是较纯净的直流电压（U_{C3}）。

因为晶体管的发射极电流是基极电流的（$1+\beta$）倍，所以 C_2 的作用相当于在输出端接入了一个容量为（$1+\beta$）倍 C_2 容量的大滤波电容。有源滤波电路具有直流压降小、滤波效果好的特点，主要应用在滤波要求高的场合。

7.1.9　倍压整流电路

倍压整流电路可以使整流输出电压为输入电压的数倍。在需要输出电压较高、输出电流较小的场合，可以采用倍压整流电路。

（1）二倍压整流电路

图 7-17 所示为典型的二倍压整流电路，它在空载时的输出直流电压是输入交流电压峰值的两倍。

倍压整流电路是利用电容器充放电原理实现倍压输出的。其工作原理如下：在输入交流电压 U_2 负半周时，整流二极管 VD_1 导通，C_1 很快被充电至 U_2 峰值，C_1 上电压 $U_{C1}=\sqrt{2}\,U_2$，极性为左负右正，如图 7-18（a）所示。

在输入交流电压 U_2 正半周时，整流二极管 VD_1 截止、VD_2 导通，U_2 与 C_1 上电压 U_{C1} 串联后经 VD_2

向 C_2 充电，C_2 上电压等于 U_2 峰值与 C_1 上电压 U_{C1} 之和，即 $U_{C2}=2\sqrt{2}\,U_2$，极性为上正下负，如图 7-18（b）所示。U_{C2} 即为输出电压 U_o，所以，负载电阻 R_L 上得到的输出直流电压 U_o 是 U_2 峰值的两倍。

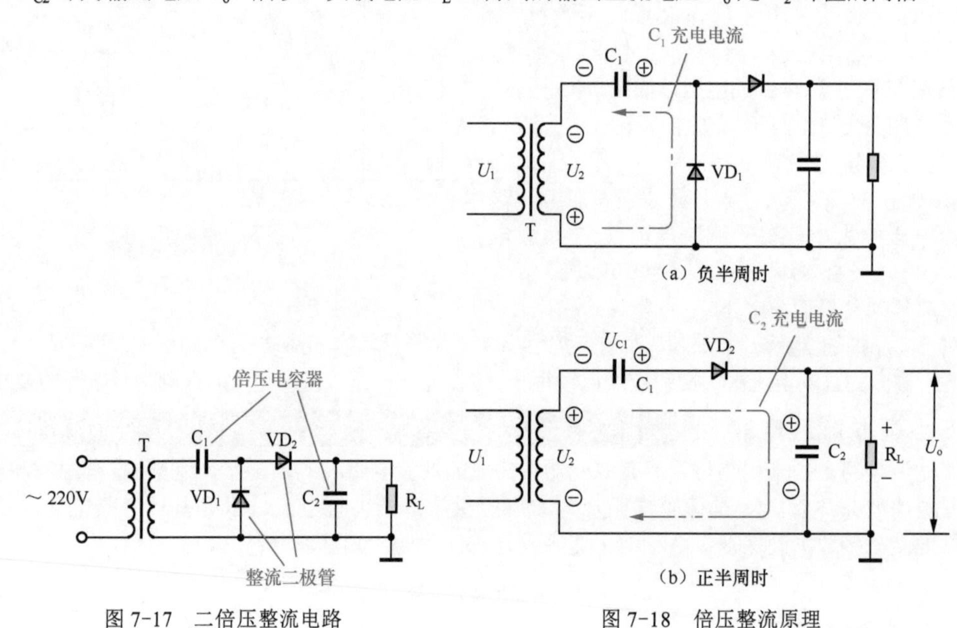

图 7-17　二倍压整流电路　　　　图 7-18　倍压整流原理

（2）三倍压整流电路

根据二倍压整流电路原理可以构成多倍压整流电路，一般来讲，n 倍压整流电路需要 n 个整流二极管和 n 个电容器。但是，倍压整流的倍数越高，电路的输出电流越小，即带负载能力越弱。

三倍压整流电路如图 7-19 所示，由三个整流二极管 $VD_1\sim VD_3$ 和三个电容器 $C_1\sim C_3$ 组成。在输入交流电压 U_2 的第一个半周（正半周）时，U_2 经 VD_1 对 C_1 充电至$\sqrt{2}U_2$；在 U_2 的第二个半周（负半周）时，U_2 与 C_1 上的电压串联后经 VD_2 对 C_2 充电至 $2\sqrt{2}U_2$；在 U_2 的第三个半周（正半周）时，VD_3 导通使 C_3 也充电至 $2\sqrt{2}U_2$。因为输出电压 $U_o=U_{C1}+U_{C3}=3\sqrt{2}U_2$，所以在负载电阻 R_L 上即可得到 3 倍于 U_2 峰值的电压。

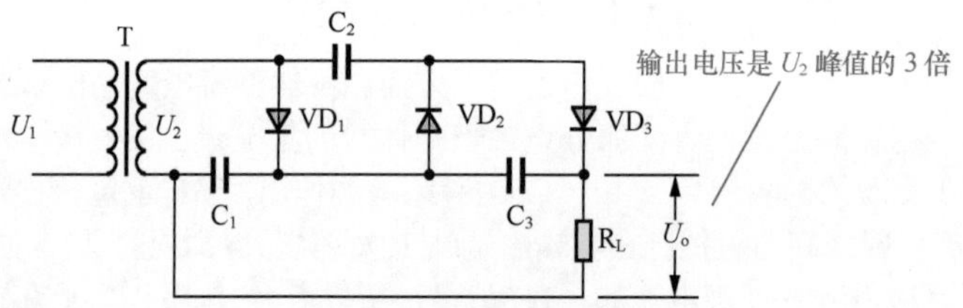

图 7-19　三倍压整流电路

（3）四倍压整流电路

四倍压整流电路如图 7-20 所示，由四个整流二极管 $VD_1\sim VD_4$ 和四个电容器 $C_1\sim C_4$ 组成，工作原理分析同三倍压整流电路。输出电压 $U_o=U_{C2}+U_{C4}=4\sqrt{2}U_2$，在负载电阻 R_L 上可得到 4 倍于 U_2 峰值的电压。按以上电路规律，还可以组成五倍压、六倍压甚至更多倍压的倍压整流电路。

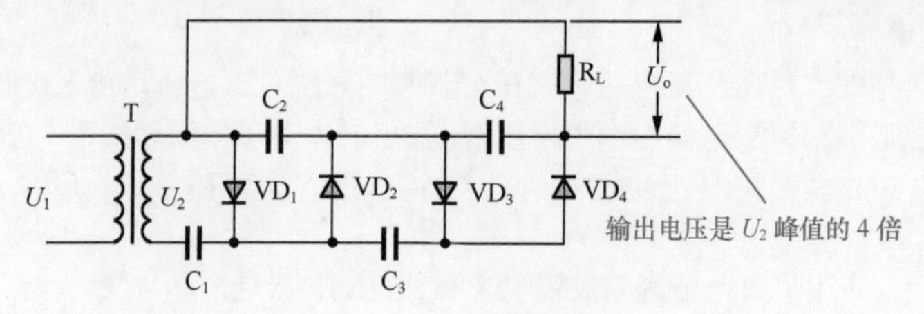

图 7-20　四倍压整流电路

7.1.10　可控整流电路

可控整流电路是指输出直流电压可以控制的整流电路。晶闸管具有独特的可控单向导电特性，可以方便地构成可控整流电路。

（1）全波可控整流电路

图 7-21 所示为全波可控整流电路，采用两只单向晶闸管 VS_1、VS_2 完成全波整流。

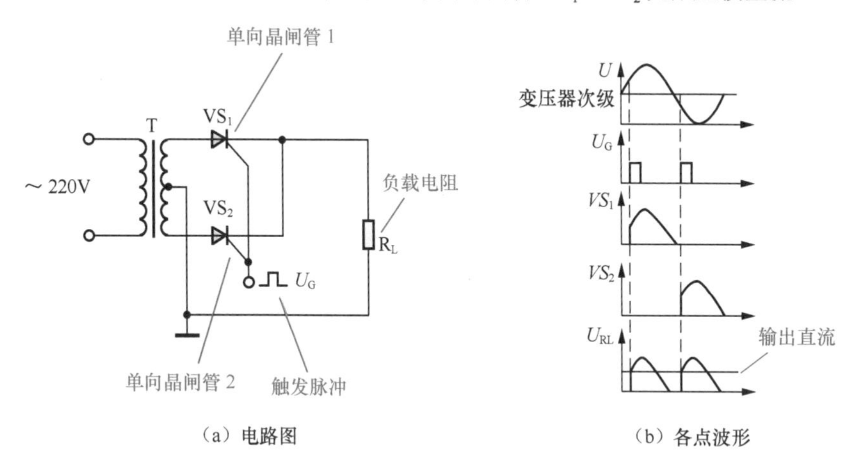

（a）电路图　　（b）各点波形

图 7-21　全波可控整流电路

与二极管全波整流电路不同的是，晶闸管并不会自行导通。只有当控制极有正触发脉冲时，晶闸管 VS_1、VS_2 才导通进行整流，而每当交流电压过零时，晶闸管关断。改变触发脉冲在交流电每半周内出现的时间，即可改变晶闸管的导通角，从而改变了输出到负载的直流电压的大小。

（2）桥式可控整流电路

图 7-22 所示为桥式可控整流电路，包括晶闸管 VS_1、VS_2 与整流二极管 VD_1、VD_2 构成的可控桥式整流器，单结晶体管 V 等构成的同步触发电路，电容 C_3、C_4 和电阻 R_5 构成的 RC 滤波器，RP 为输出电压调节电位器。R_1C_1 构成阻容吸收网络，与保险丝 FU 一起为晶闸管提供过压、过流保护。

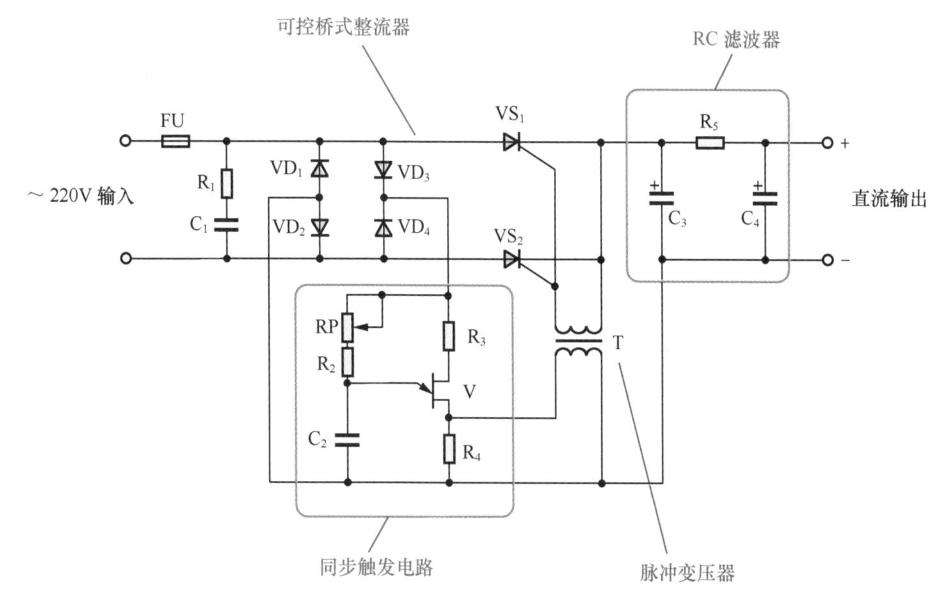

图 7-22　桥式可控整流电路

单向晶闸管 VS_1、VS_2 与整流二极管 VD_1、VD_2 构成可控桥式整流器，VS_1 和 VS_2 的控制极并联接在一起，通过脉冲变压器 T 接触发电路，如图 7-23 所示。

在交流电的每个半周，晶闸管由触发电路触发导通。正半周时，电流经 VS_1、负载 R_L、VD_2 构成回路；负半周时，电流经 VS_2、负载 R_L、VD_1 构成回路；负载 R_L 得到的电压始终是上正下负，实现了桥式整流。触发脉冲在每个半周中出现的时间，决定了晶闸管的导通角，也就决定了输出直流电压的大小。

整流二极管 VD_1、VD_2 同时与二极管 VD_3、VD_4 构成另一个桥式整流器，为触发电路提供工作电源，保证了触发电路与主控电路的同步。单结晶体管 V 等构成触发电路，RP、R_2、C_2 构成定时网络，如图 7-24 所示。

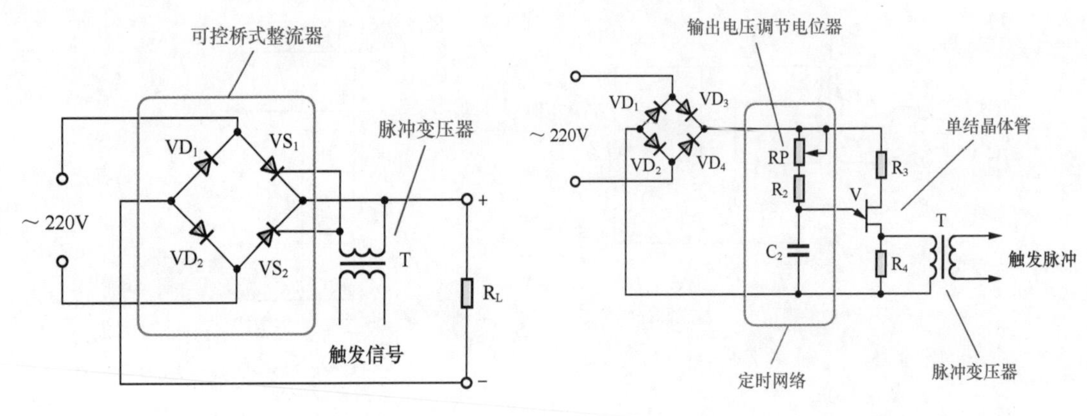

图 7-23　可控桥式整流器　　　　图 7-24　同步触发电路

交流电每个半周开始时，电流经 RP、R_2 向 C_2 充电。当 C_2 上电压达到单结晶体管 V 的峰点电压时，单结晶体管 V 导通，在 R_4 上形成一正脉冲，并由脉冲变压器 T 耦合至两个晶闸管的控制极，触发晶闸管导通。

C_2 的充电时间决定了触发脉冲出现的时间。增大 RP 的阻值，C_2 的充电电流减小、充电时间延长，触发脉冲推迟出现，晶闸管的导通角变小，输出电压降低。减小 RP 的阻值，C_2 的充电电流增大、充电时间缩短，触发脉冲较早出现，晶闸管的导通角变大，输出电压提高。RP 即为输出直流电压调节电位器。

7.2 稳压电路

稳压电路的作用是稳定电源电路的输出电压。由于种种原因，电网的交流电压往往是不稳定的，因此整流滤波电路输出的直流电压也就会不稳定。另一方面，由于整流滤波电路必然存在内阻，当负载电流发生变化时，输出电压也会受到影响而发生变化。为了得到稳定的直流电压，必须在整流滤波电路之后采用稳压电路。

7.2.1 简单的稳压电路

图 7-25 所示为简单的并联稳压电路，稳压二极管 VD 并联在输出端，VD 上的电压即为输出电压；R 为限流电阻。这种简单并联稳压电路的特点是电路简单，但输出电压不可调、输出电流受稳压二极管的限制，主要应用在输入电压变化不大、负载电流较小的场合。

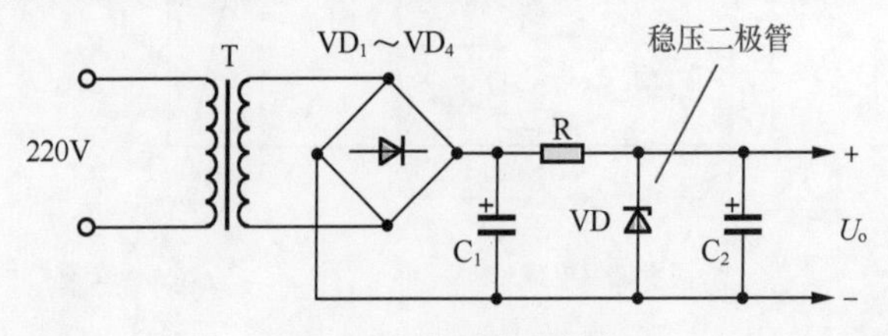

图 7-25　并联稳压电路

并联稳压电路的关键是稳压二极管 VD。稳压二极管是利用 PN 结反向击穿后，其端电压在一定范围内基本保持不变的原理工作的。当加上正向电压或反向电压较小时，稳压二极管与一般二极管一样具有单向导电性。当反向电压增大到一定程度时，反向电流剧增，二极管进入了反向击穿区，这时即使反向电流在很大范围内变化，二极管端电压仍保持基本不变，这个端电压即为稳定电压 U_Z。只要使反向电流不超过最大工作电流 I_{ZM}，稳压二极管是不会损坏的。

简单并联稳压电路的稳压过程如下。

当因为输入电压升高或负载电流减小等原因，造成输出电压 U_o 上升时，流过稳压二极管 VD 的电流增大，使得限流电阻 R 上电压降增大，迫使输出电压 U_o 回落，最终使输出电压 U_o 保持基本不变。

当因为输入电压降低或负载电流增大等原因，造成输出电压 U_o 下降时，流过稳压二极管 VD 的电流减小，使得限流电阻 R 上电压降减小，迫使输出电压 U_o 回升，最终也使输出电压 U_o 保持基本不变。

7.2.2　串联型稳压电路

串联型稳压电路如图 7-26 所示，晶体管 VT 为自动调整元件，由于调整元件串联在负载回路中，因此称为串联型稳压电路。VD 为稳压二极管，为调整管 VT 提供稳定的基极电压，R 为稳压二极管的限流电阻。

串联型稳压电路工作原理如图 7-27 所示，在供电回路中串联一个可变电阻 R，R 上的电压降 U_R 与输出电压 U_o 之和等于输入电压 U_i。如果输入电压 U_i 变大，我们就将可变电阻 R 的阻值适当调大，使其电压降 U_R 增大，从而保持输出电压 U_o 不变。如果输入电压 U_i 变小，我们就将 R 的阻值适当调小，使其电压降 U_R 减小，从而也保持输出电压 U_o 不变。

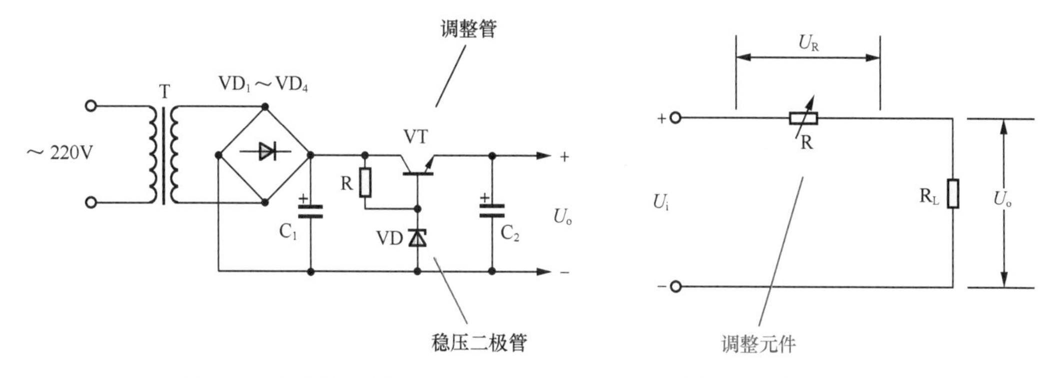

图 7-26　串联型稳压电路　　　　图 7-27　串联型稳压电路工作原理

当然，在实际电路中，我们不可能人工调节可变电阻 R，而是利用晶体管 VT 的集电极 - 发射极间的管压降作为可变电阻 R 来进行自动调节，该晶体管 VT 称为调整管，其工作原理如图 7-28 所示。

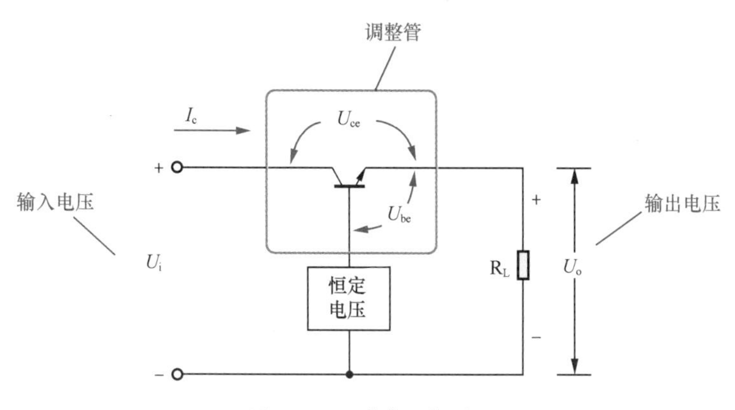

图 7-28　调整管工作原理

由于调整管 VT 的基极电压是由稳压二极管 VD 提供的恒定电压，因此输出电压 U_o 的任何变化都将引起调整管 VT 的基极 - 发射极之间电压 U_{be} 的反向变化，从而改变了调整管 VT 的管压降 U_{ce}，达到自动稳压的目的。

串联型稳压电路稳压精度较高，可以输出较大的直流电流，还可以做到输出直流电压连续可调，得到了广泛的应用。

7.2.3　带放大环节的串联型稳压电路

带放大环节的串联型稳压电路如图 7-29 所示，这是一个应用广泛的典型的稳压电路，其特点是在调整管 VT_1 基极与稳压二极管 VD 之间，增加了一个由比较管 VT_2 构成的直流放大器，起比较放大作用。由于增加了比较放大器，所以该稳压电路的调节灵敏度更高，输出电压的稳定性更好。图 7-30 所示为带放大环节的串联型稳压电路原理方框图。

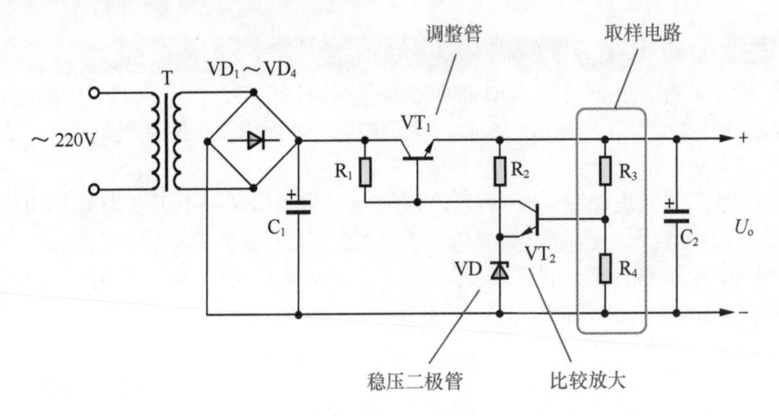

图 7-29　带放大环节的串联型稳压电路

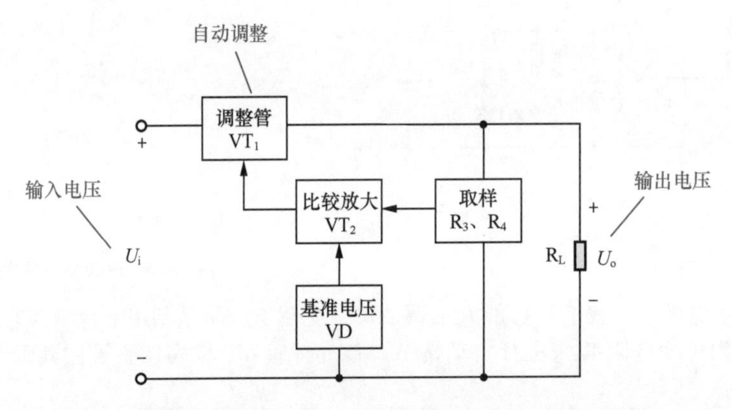

图 7-30　带放大环节的串联型稳压电路原理方框图

电路中，调整管 VT_1 的基极控制信号来自比较管 VT_2 集电极。VT_2 等构成比较放大器，R_1 为其集电极负载电阻。稳压二极管 VD 和 R_2 构成稳定的基准电压，接入比较管 VT_2 发射极。R_3、R_4 组成取样电路，将输出电压 U_o 按比例取出一部分送入比较管 VT_2 基极，取样比取决于 R_3 与 R_4 的比值，改变取样比即可改变输出电压的大小。

带放大环节的串联型稳压电路基本的工作原理是，当输出电压 U_o 发生变化时，比较管 VT_2 将取样的输出电压与稳压二极管 VD 提供的基准电压进行比较，并将差值放大后，去控制调整管 VT_1 的管压降做相反方向的变化，以抵消输出电压的变化，从而保持输出电压 U_o 稳定。

7.2.4　输出电压连续可调的串联型稳压电路

在带放大环节的串联型稳压电路中，改变取样电路的分压比，即可改变稳压电路输出电压的大小，因此可以方便地构成输出电压连续可调的串联型稳压电路。

输出电压连续可调的串联型稳压电路如图 7-31 所示，取样电路由电阻 R_3、R_4 和电位器 RP 组成。

RP 是输出电压调节电位器，当调节 RP 的动臂向下移动时，取样比减小，输出电压 U_o 增大。当调节 RP 的动臂向上移动时，取样比增大，输出电压 U_o 减小。

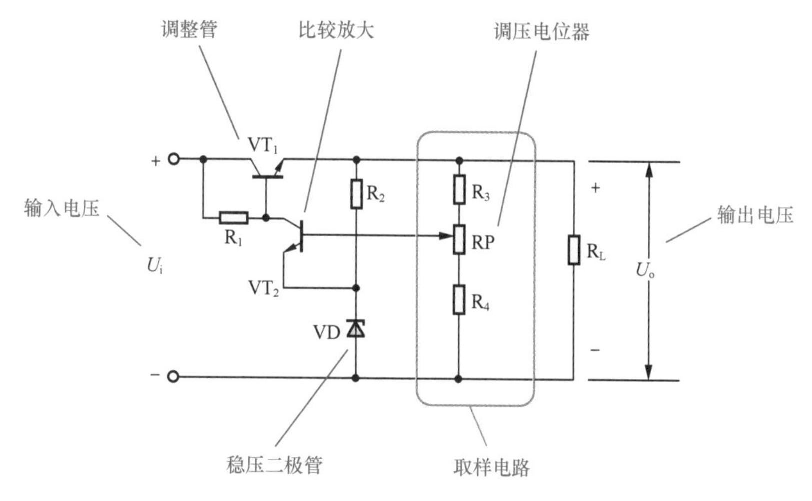

图 7-31　输出电压连续可调的串联型稳压电路

7.2.5　正输出可调稳压电源

图 7-32 所示为采用 CW117 构成的正输出电压可连续调节的稳压电源电路，输出电压可调范围为 1.2～37V。R_1 与 RP 组成调压电阻网络，调节电位器 RP 即可改变输出电压的大小。RP 动臂向上移动时，输出电压增大；RP 动臂向下移动时，输出电压减小。

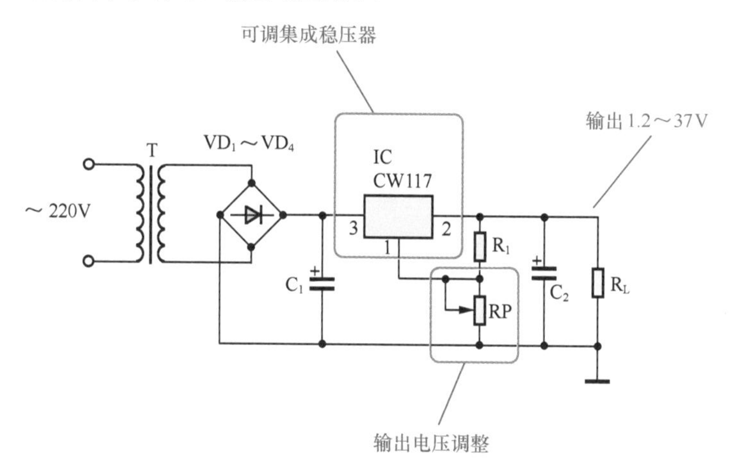

图 7-32　CW117 构成的正输出电压可连续调节的稳压电源电路

CW117 为常用的三端可调正输出集成稳压器，输出电压可调范围为 1.2V～37V，输出电流可达 1.5 A。其 1 脚为调整端，2 脚为稳压电压 U_o 输出端，3 脚为非稳压电压 U_i 输入端。

7.2.6　负输出可调稳压电源

图 7-33 所示为采用 CW137 构成的负输出电压可连续调节的稳压电源电路，输出电压可调范围为 −37～−1.2V。RP 为输出电压调节电位器，RP 动臂向上移动时，输出负电压的绝对值增大；RP 动臂向下移动时，输出负电压的绝对值减小。

CW137 为常用的三端可调负输出集成稳压器，输出电压可调范围为 −37～−1.2V，输出电流可达 1.5A，其 1 脚为调整端，2 脚为输入端，3 脚为输出端。

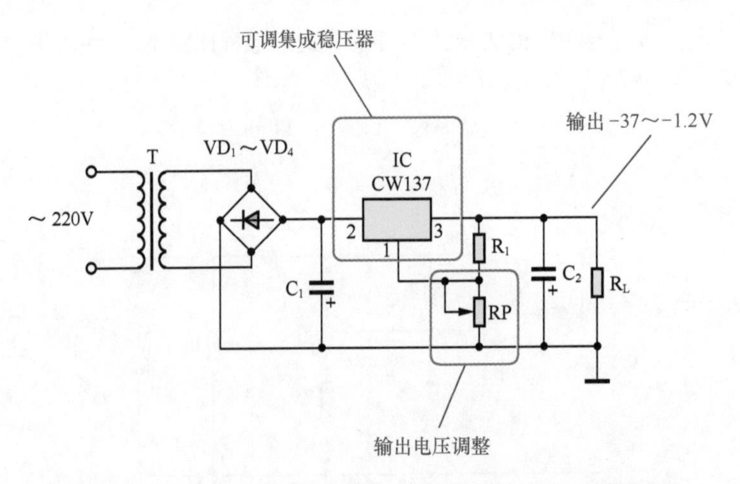

图 7-33　CW137 构成的负输出电压可连续调节的调稳压电源

7.2.7　正、负对称输出可调稳压电路

集成稳压器 CW1468 构成的正、负对称输出可调稳压电路如图 7-34 所示。固定 R_1 不变，调节 R_2 可以使输出电压在 ±8V ~±14V 范围内改变，并保持正、负输出电压的完全对称。正、负输出电压的绝对值 $U_o = 7.6 \times \frac{R_1 + R_2}{R_2}$。$R_3$、$R_4$ 为平衡电阻，R_5、R_6 分别为正、负输出限流电阻，C_1、C_2 为补偿电容。

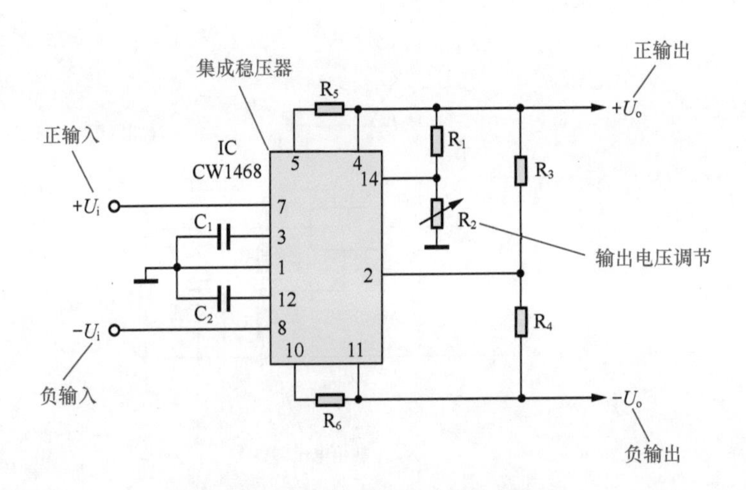

图 7-34　正、负对称输出可调稳压电路

CW1468 为跟踪式正、负对称输出集成稳压器，由两个差分比较器和两个调整器组成，电路结构属于串联式稳压器。负输出电压的绝对值自动跟踪正输出电压值，保证输出正、负电压的完全对称。

7.2.8　软启动稳压电源

图 7-35 所示为应用 CW117 构成的软启动稳压电源电路，打开电源后它的输出电压不是立即到位，而是从很低的电压开始慢慢上升到额定电压。

电路软启动原理是，刚接通输入电源时，C_2 上无电压，VT 导通将 RP 短路，稳压电源输出电压 U_o = 1.2V。随着 C_2 的充电，VT 逐步退出导通状态，U_o 逐步上升，直至 C_2 充电结束，VT 截止，U_o 达最大值。启动时间的长短由 R_1、R_2 和 C_2 决定。VD 为 C_2 提供放电通路。

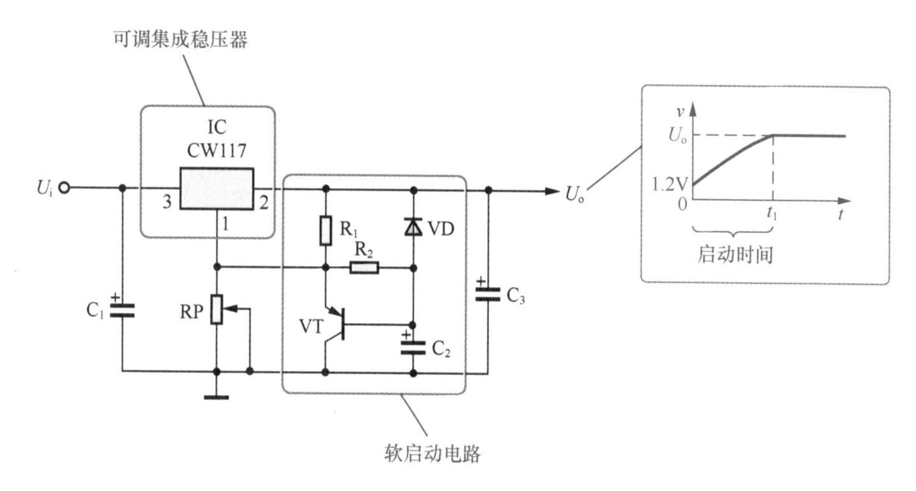

图 7-35 软启动稳压电源

7.2.9 分挡可调稳压电源

分挡可调稳压电源额定输出电压分为 1.5V、3V、4.5V、6V 和 9V 共 5 挡，最大输出电流为 1A，具有过热、过流和输出端短路保护功能。由于采用了集成稳压器，因此具有性能优良、工作稳定可靠、电路简洁和制作调试方便的特点。

图 7-36 所示为分挡可调稳压电源电路，由三部分电路组成：① 电源变压器 T、整流全桥 UR、滤波电容 C_1 和 C_2 等构成整流滤波电路，其作用是将交流 220V 市电变换为直流电压。② 集成稳压器 IC、输出电压选择开关 S_2 等构成可调稳压电路，其作用是自动保持输出直流电压的稳定。③ 发光二极管 VD_1、微安表头 PA 等构成指示电路，分别作为整流电源和稳压电源的输出指示。

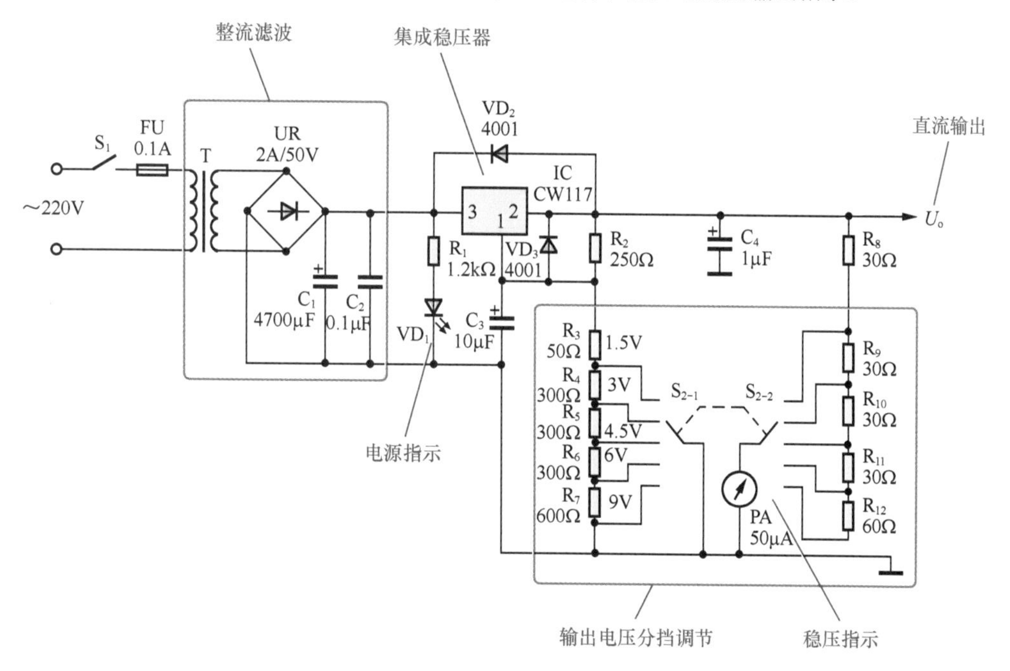

图 7-36 分挡可调稳压电源

（1）电路工作过程

交流 220V 市电经电源变压器 T 降压、整流全桥 UR 整流、电容 C_1 和 C_2 滤波后，得到约 16V 的直流电压。再经由集成稳压器 IC 稳压调整后，输出稳定的直流电压。当输入电压或负载电流在一定范围内变化时，输出的直流电压稳定不变。

（2）稳压与保护电路原理

集成稳压器 IC 型号为 CW117，内部具有过流、过热和调整管保护功能，其输出电压 U_o 由电阻 R_b 与 R_a 的比值决定，R_b 越大 U_o 越高，$U_o = 1.25\left(1+\frac{R_b}{R_a}\right)$。

为了实现输出电压分挡调节，R_b 由 $R_3 \sim R_7$ 的电阻串构成，并由 S_{2-1} 予以选择。C_3 的作用是提高纹波抑制比，C_4 的作用是消除振荡以确保电路工作稳定。

VD_2、VD_3 为保护二极管。VD_2 可防止 C_4 放电而损坏集成稳压器，VD_3 可防止 C_3 放电而损坏集成稳压器。

（3）指示电路的作用

发光二极管 VD_1 为整流全桥输出指示，微安表头 PA 为集成稳压器输出指示。由于集成稳压器的输出电压有不同的 5 档，因此 PA 的降压电阻为 $R_8 \sim R_{12}$ 的电阻串，并由 S_{2-2} 予以同步选择。如果 VD_1 亮而 PA 无指示，则可判断故障在稳压部分。

7.3 开关电源电路

开关电源革除了笨重的工频电源变压器，主控功率管工作于开关状态，因此具有效率高、自身功耗低、适应电源电压范围宽、体积小、重量轻等显著特点，得到了越来越广泛的应用。

7.3.1 正输出开关电源

图 7-37 所示为 12V、20W 开关稳压电源电路图，该开关稳压电源采用 TOP 系列开关电源集成电路为核心设计，具有优良的技术指标：输入工频交流电压范围 85 ~ 265V，输出直流电压 12V，最大输出电流 2.5A，电压调整率≤ 0.7%，负载调整率≤ 1.1%，效率＞ 80%，具有完善的过流、过热保护功能。

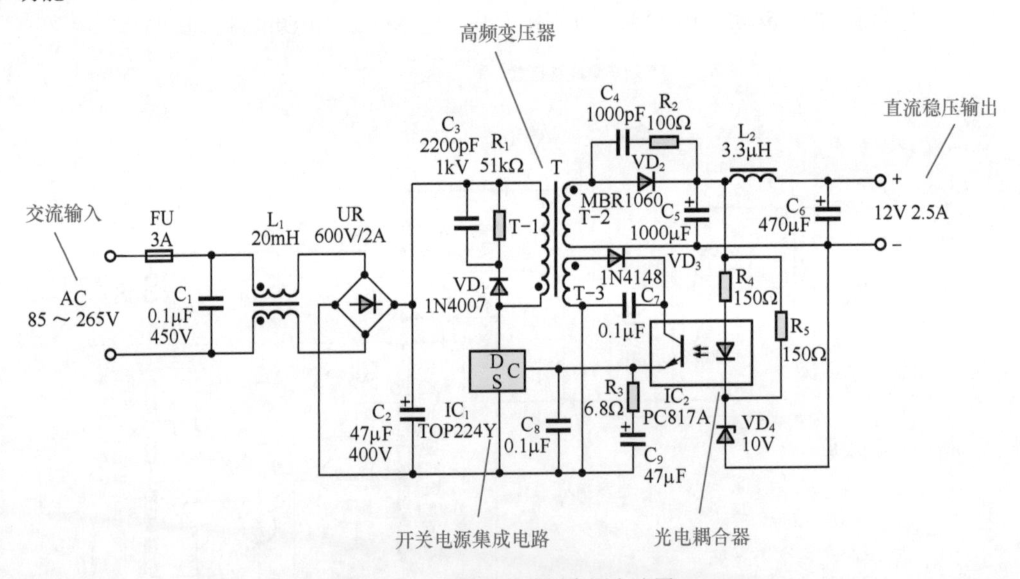

图 7-37 12V 开关稳压电源电路图

整机电路包括 5 个部分组成：① 电容器 C_1 和电感器 L_1 组成的电源噪声滤波器，用于净化电源和抑制高频噪声。② 全波整流桥堆 UR 和滤波电容器 C_2 组成的工频整流滤波电路，将交流市电转换为高压直流电。③ 开关电源集成电路 IC_1、高频变压器 T 等组成的高频振荡和脉宽调制电路，产生脉宽受控的高频脉冲电压。④ 整流二极管 VD_2，滤波电容器 C_5、C_6，滤波电感器 L_2 等组成的高频整流滤波电路，将高频脉冲电压变换为直流电压输出。⑤ 光电耦合器 IC_2、稳压二极管 VD_4 等组成的取样反馈电路，将输出直流电压取样后反馈至高频振荡电路进行脉宽调制。图 7-38 所示为 12V 开关稳压电源方框图。

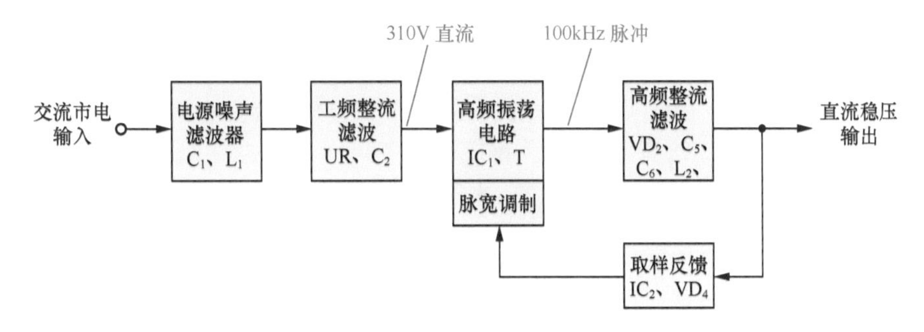

图 7-38　12V 开关稳压电源方框图

（1）电路工作原理

交流市电接入 AC 端后，依次经过 C_1、L_1 电源噪声滤波器、整流桥堆 UR 全波整流、电容器 C_2 滤波后，得到直流高压（当交流市电 = 220V 时，直流高压≈310V），作为高频振荡和脉宽调制电路的工作电源。

直流高压经高频变压器 T 的初级线圈 T-1 加至集成电路 IC_1 的 D 端，IC_1（TOP224Y）内部含有 100kHz 高频振荡器和脉宽调制电路 PWM，在 IC_1 的控制下，通过 T-1 的电流为高频脉冲电流，耦合至高频变压器次级线圈 T-2，再经高频整流二极管 VD_2 整流，C_5、L_2、C_6 滤波后，输出 +12V 直流电压。

T-3 为高频变压器的反馈线圈，用以产生控制电流去改变高频脉冲的脉宽。当脉宽较大时，输出直流电压较高；当脉宽较小时，输出直流电压较低，如图 7-39 所示。通过调整高频脉冲的脉宽，达到稳定输出电压的目的。

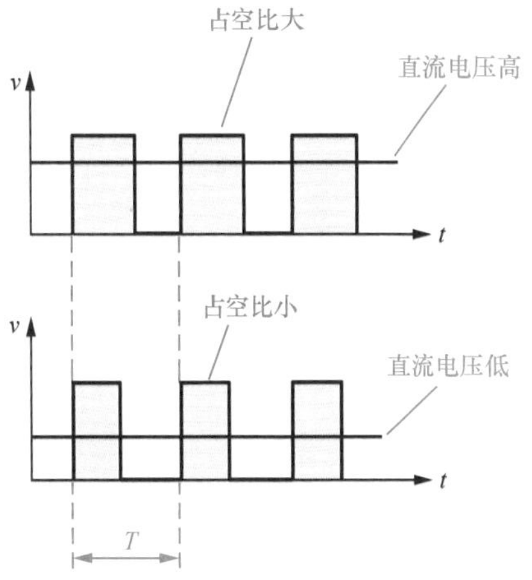

图 7-39　脉宽与输出电压

（2）脉宽调制稳压过程

脉宽调制电路由 TOP224Y（IC_1）、高频变压器（T）、光电耦合器（IC_2）等组成，是开关稳压电源的核心电路，功能是变压和稳压。

如图 7-40 所示，由输入交流市电直接整流获得的 +310V 直流高压，经高频变压器初级线圈 T-1、IC_1 的 D-S 端构成回路。由于 IC_1 的 D-S 间的功率开关管按 100kHz 的频率开关，因此通过 T-1 的电流为 100kHz 脉冲电流，并在次级线圈 T-2 上产生高频脉冲电压，经整流滤波后输出。

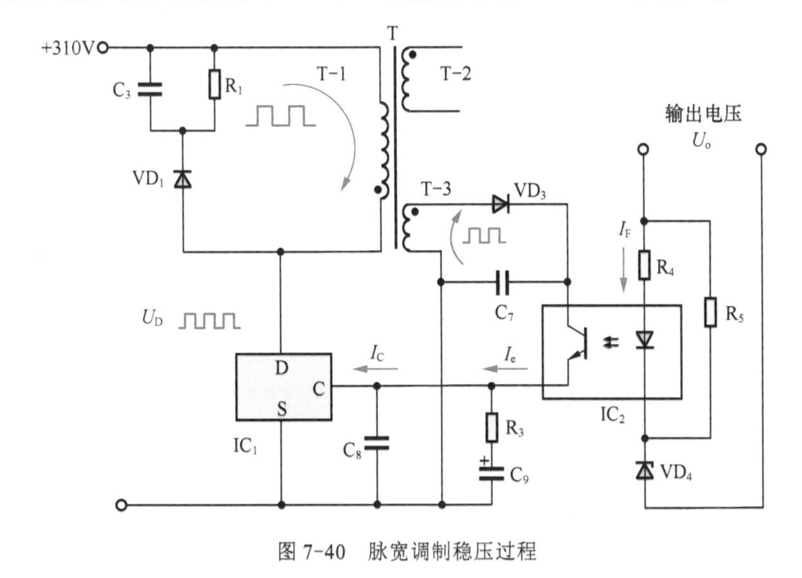

图 7-40　脉宽调制稳压过程

T-3 为高频变压器的反馈线圈，其感应电压由 VD_3 整流后作为 IC_1 的控制电压，经光耦（IC_2）中接收管 c-e 极加至 IC_1 的控制极 C 端，为 IC_1 提供控制电流 I_C。

脉宽调制稳压过程如下：如果因为输入电压升高或负载减轻导致输出电压 U_o 上升，一方面 T-3 上的反馈电压随之上升，使经 VD_3 整流后通过光耦接收管的电流 I_e 增大，即 IC_1 控制极 C 端的控制电流 I_C 上升；另一方面，输出电压 U_o 上升也使光耦发射管的工作电流 I_F 上升，发光强度增加，致使接收管导通性增加，I_e 增大，同样也使控制电流 I_C 上升。

I_C 上升使得 IC_1 的脉冲占空比下降，迫使输出电压 U_o 回落，最终保持输出电压 U_o 的稳定。由于某种原因导致输出电压 U_o 下降时的稳压过程与前述相似，只是调节方向相反。

VD_1 为钳位二极管，R_1、C_3 组成吸收电路，用于钳位并吸收高频变压器关断时漏感产生的尖峰电压，对 IC_1 起到保护作用。C_8、C_9 是控制电压旁路滤波电容，C_9 同时与 R_3 组成控制环路补偿电路，决定电路自动重启动时间。R_4 是光耦发射管的限流电阻，R_5 为稳压二极管 VD_4 提供足够的工作电流。

7.3.2 正、负对称输出开关电源

开关电源集成电路 CW3524 具有两路输出，能够很方便地构成正、负对称输出的开关电源电路。图 7-41 所示为采用 CW3524 构成的 ±15V 开关电源，输出电流为每路 20mA。

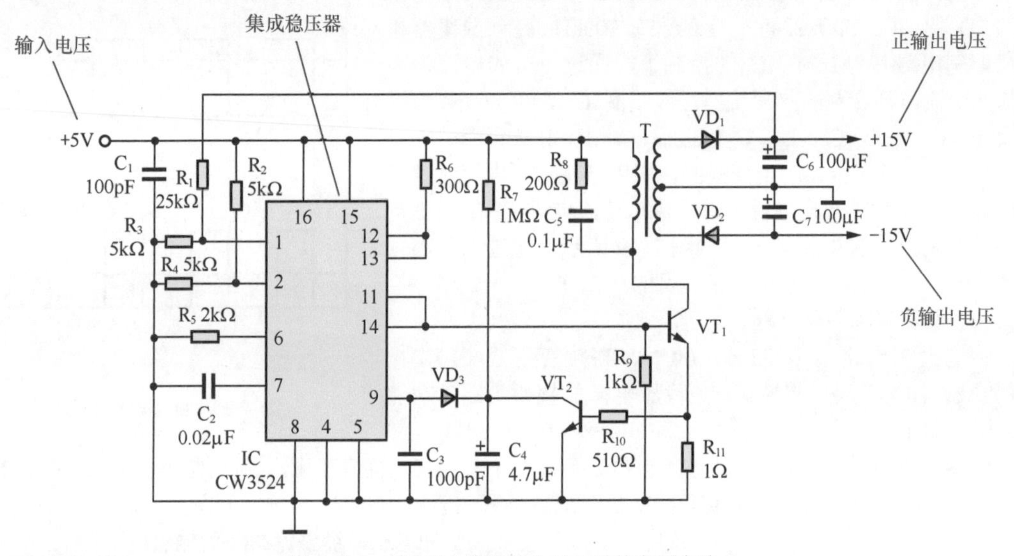

图 7-41　CW3524 构成的±15V 开关电源电路

7.3.3 直流升压开关电源

直流升压开关电源的功能是将较低的直流电压转换为较高的直流电压。

（1）频率调制型直流升压开关电源

频率调制型开关电源是通过调节输出脉冲电压的频率来稳定输出电压的。图 7-42 所示为采用开关电源集成电路 TL497 构成的直流升压开关电源，输出电压高于输入电压。

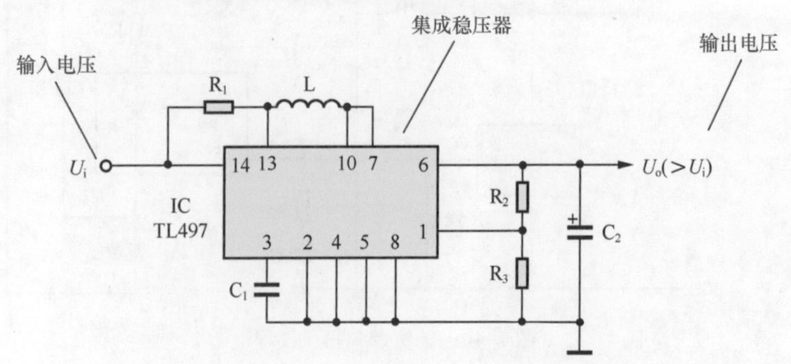

图 7-42　TL497 构成的直流升压开关电源

TL497 是一种频率调制型开关电源集成电路，内部电路由基准电压源、电压比较器、振荡器、限流器、开关管和输出电路等组成。TL497 输出脉冲导通时间固定，而通过调节输出脉冲的频率来实现稳压，具有限流保护和缓启动功能。

（2）脉宽频率调制型直流升压开关电源

脉宽频率调制型开关电源是通过同时调节输出脉冲电压的脉宽和频率来稳定输出电压的。图 7-43 所示为采用开关电源集成电路 CW78S40 构成的直流升压开关电源，输出电压高于输入电压。

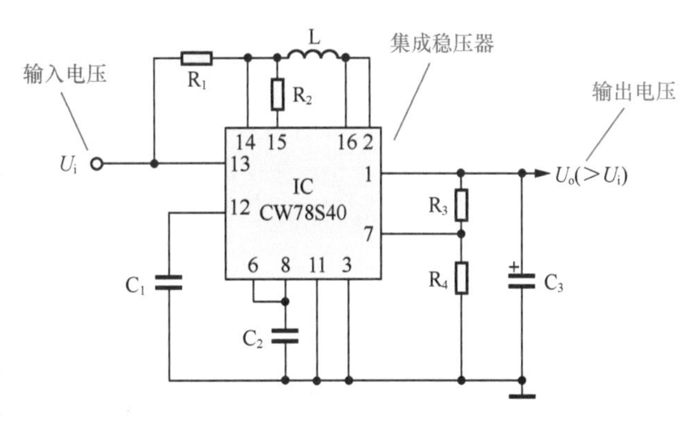

图 7-43　CW78S40 构成的直流升压开关电源

CW78S40 是一种脉宽和频率同时调制的通用型开关电源集成电路，内部电路由基准电压源、比较放大器、运算放大器、占空比和周期可控振荡器、输出电路和保护电路等组成。CW78S40 通过同时调节输出脉冲的宽度和频率来实现稳压。

7.3.4 直流降压开关电源

直流降压开关电源的功能是将较高的直流电压转换为较低的直流电压。图 7-44 所示为 TL497 构成的直流降压开关电源电路，输出电压低于输入电压。IC 采用频率调制型开关电源集成电路 TL497，它是通过调节输出脉冲电压的频率来稳定输出电压的。

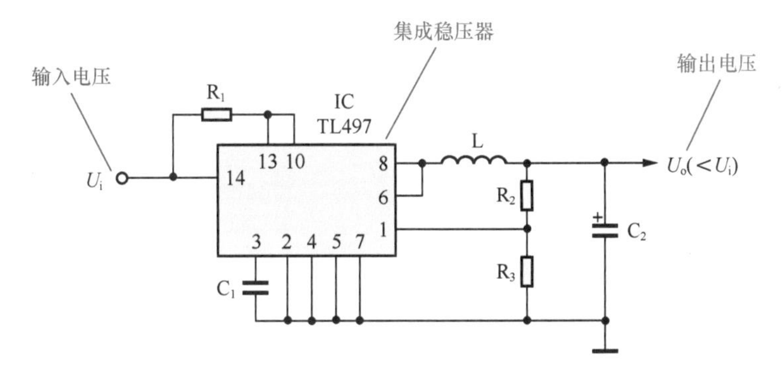

图 7-44　TL497 构成的直流降压开关电源电路

图 7-45 所示为采用 CW78S40 构成的直流降压开关电源电路，输出电压低于输入电压。CW78S40 是一种脉宽和频率同时调制的通用型开关电源集成电路，通过同时调节输出脉冲的宽度和频率来实现稳压。

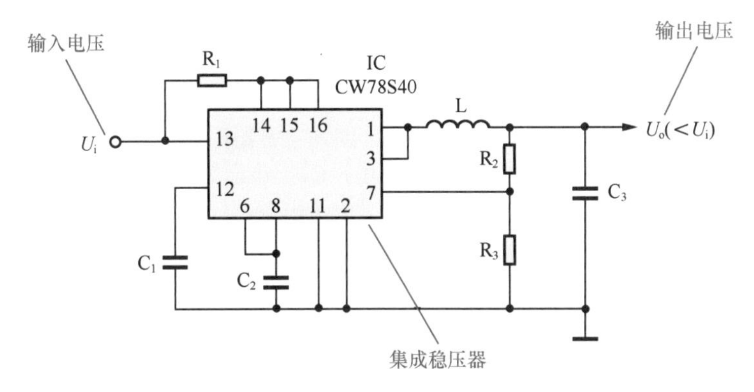

图 7-45　CW78S40 构成的直流降压开关电源

7.3.5 直流变换电路

直流变换电路能够改变电源极性，例如可以将正电源变为负电源，也称之为负电源产生电路。

（1）直流变换电路

图 7-46 所示为采用直流电压变换器 CW33163 构成的反相直流变换电路，可输出稳定的负电压。

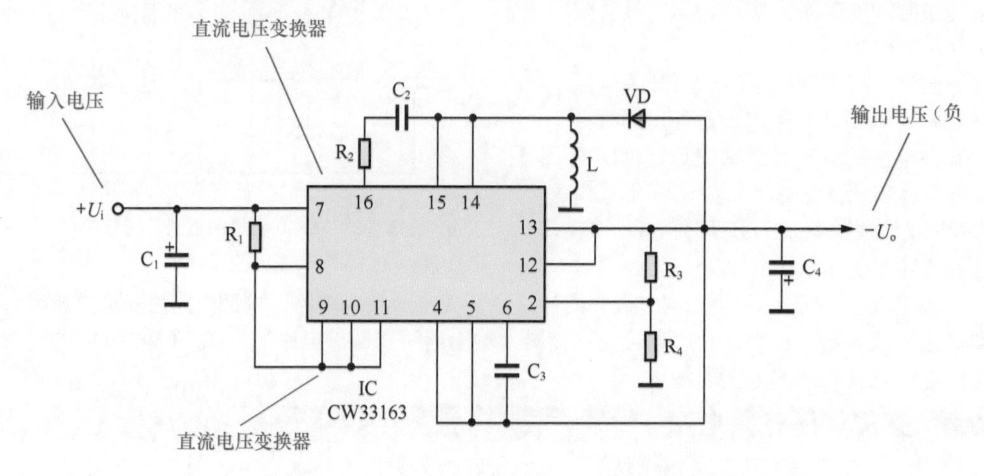

图 7-46　CW33163 构成的反相直流变换电路

CW33163 是一种可调输出电压的直流 - 直流（DC-DC）电压变换器，内部电路由基准电压源、振荡器、低压比较器、反馈比较器、限流比较器、逻辑控制器、输出电路和保护电路等组成。

（2）电源极性变换电路

图 7-47 所示为时基电路构成的电源极性变换电路，能够将 $+V_{CC}$ 工作电源变换为 $-V_{CC}$ 输出。

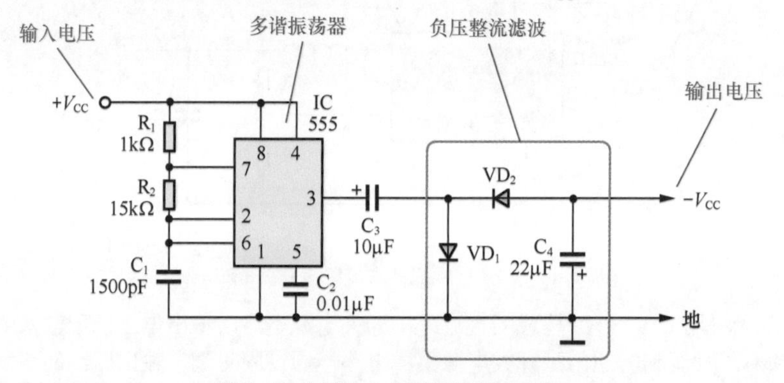

图 7-47　时基 IC 电源极性变换电路

时基电路 IC 构成多谐振荡器，振荡频率约 30kHz，峰峰值为 V_{CC} 的脉冲电压由第 3 脚输出，即 IC 第 3 脚的输出电压 U_o 在 "$+V_{CC}$" 与 "0" 之间变化。

当 $U_o=+V_{CC}$ 时，经二极管 VD_1 使 C_3 充电，C_3 上电压为左正右负，即 C_3 左侧电压为 "$+V_{CC}$"、右侧电压为 "0"。当 $U_o=0$ 时，C_3 左侧电压变为 "0"，因为电容器两端电压不能突变，其右侧电压即变为 "$-V_{CC}$"。地线端电压（0V）经二极管 VD_2 使 C_4 充电，C_4 上电压为下正上负，即 C_4 下端电压为 "0"，上端电压为 "$-V_{CC}$"，实现了电源极性变换，并向外提供负电源。

7.3.6 双电源产生电路

双电源产生电路能够在单电源供电的情况下，产生正、负对称的双电源，在需要正、负对称双电源供电的场合，可以省去一组负电源，有利于简化电路，提高效率。

双电源产生电路如图 7-48 所示，时基电路 IC 构成对称式多谐振荡器，它的特点是定时电阻 R_1 和定时电容 C_2 接在 IC 输出端（第 3 脚）与地之间。当 IC 输出端为高电平时经 R_1 向 C_2 充电，当 IC 输出端为低电平时 C_2 经 R_1 放电，可见充、放电回路完全相同，所以输出脉冲的高电平脉宽与低电平脉宽完全相等。

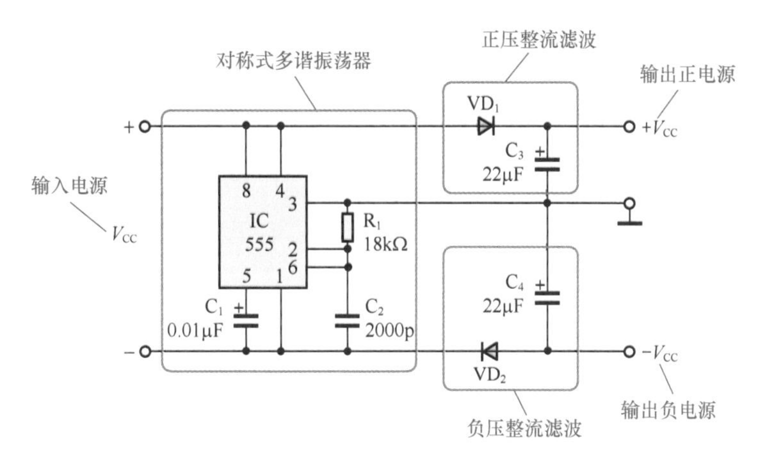

图 7-48　双电源产生电路

时基电路 IC 第 3 脚输出频率为 20kHz、占空比为 1 ∶ 1 的方波脉冲。当 IC 第 3 脚为高电平时，C_4 被充电；当 IC 第 3 脚为低电平时，C_3 被充电。VD_1、VD_2 是隔离二极管，由于 VD_1、VD_2 的存在，C_3、C_4 在电路中只充电不放电，充电最大值为 V_{CC}。将 IC 输出端（第 3 脚）接地，在 C_3、C_4 上就得到了 $\pm V_{CC}$ 的双电源。本电路电源电压 V_{CC} 可在 5 ~ 15V 范围，输出电流可达数十毫安。

7.4 充电器电路

随着手机、电动车等电器设备越来越多，充电器使用也越来越多。充电器电路已成为电工电路中重要的部分。充电器电路的特点是将交流市电整流为直流电为蓄电池充电。

7.4.1 多用途充电器

图 7-49 所示为时基电路构成的多用途充电器电路，可以为 4 节镍氢电池或镍镉电池、4V 或 6V 铅酸蓄电池充电。充电器电路由整流滤波、稳压、充电控制、电压设定、充电指示等部分组成。

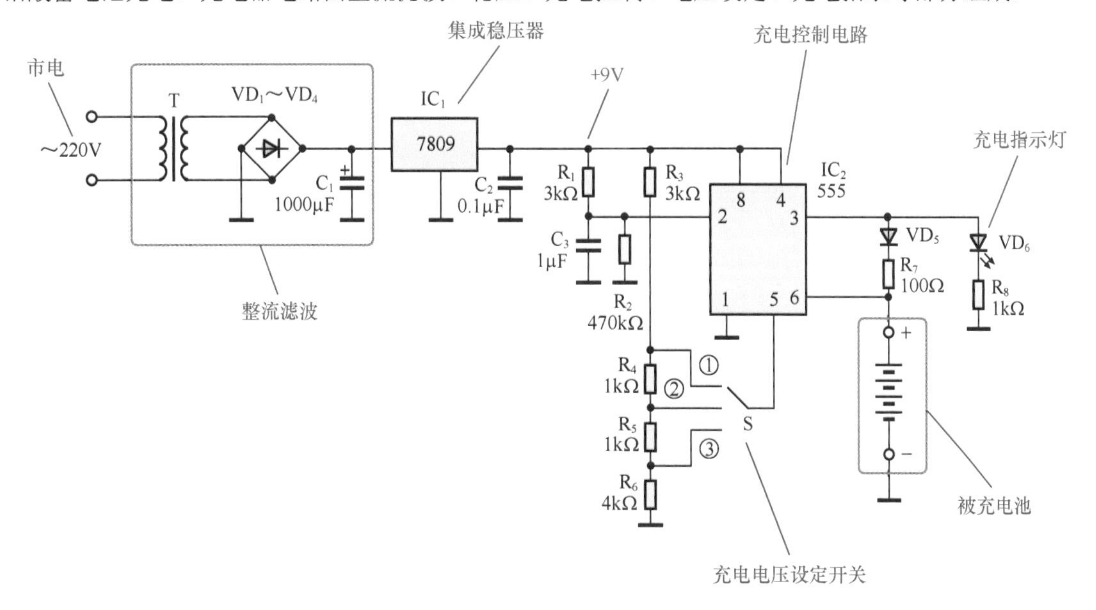

图 7-49　多用途充电器

（1）工作原理

交流 220V 市电经电源变压器 T 降压、二极管 VD_1 ~ VD_4 桥式整流、电容器 C_1 滤波、集成稳压器 IC_1 稳压后，成为 +9V 直流电压，作为充电控制电路的工作电压和充电电压，对被充电池进行充电，

充电指示灯 VD_6 点亮。电充满后，充电控制电路关断充电电压，充电指示灯 VD_6 熄灭。

（2）充电控制电路

时基电路 IC_2 工作于 RS 型双稳态触发器状态，构成充电检测与控制电路。

R_1、C_3 构成启动电路，刚接通电源时，由于 C_3 来不及充电，“0”电压加至 IC_2 的第 2 脚使双稳态触发器置“1”，其输出端（第 3 脚）为 +9V，经 VD_5、R_7 向被充电池充电，同时使发光二极管 VD_6 发光，指示正在充电。

随着充电时间的推移，被充电池的端电压不断上升，并送入 IC_2 的第 6 脚进行检测比较。当端电压上升到被充电池的标称电压值时（即被充电池基本充满时），通过第 6 脚触发双稳态触发器置“0”，其输出端（第 3 脚）变为 0V，充电停止，发光二极管 VD_6 熄灭。

时基电路 IC_2 的控制端（第 5 脚）通过开关 S 接入不同电压，也就是为检测电路设定了不同的比较电压，当 IC_2 第 6 脚的电压达到第 5 脚的比较电压时，双稳态触发器即刻翻转。

S 是充电电压设定开关。当 S 指向①挡时，设定电压为 6V，适用于为 4 节镍镉电池、6V 铅酸蓄电池等充电。当 S 指向②挡时，设定电压为 5V，适用于为 4 节镍氢电池等充电。当 S 指向③挡时，设定电压为 4V，适用于为 4V 铅酸蓄电池等充电。

7.4.2 电动车充电器

晶闸管构成的电动车充电器电路如图 7-50 所示，能够为电动自行车、电动残疾人车的蓄电池充电，充电电流可调节，以便适应不同电压、不同容量的蓄电池充电。

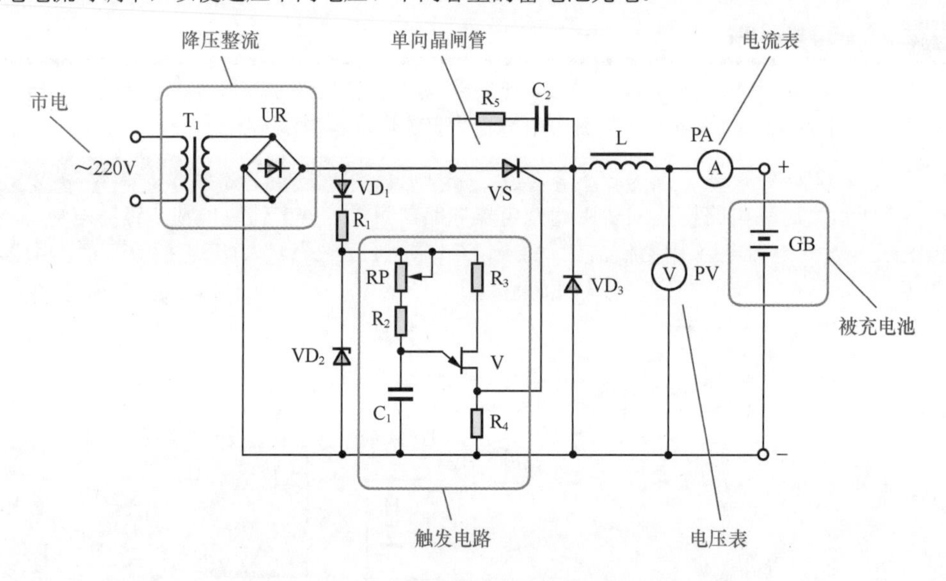

图 7-50 电动车充电器电路图

晶闸管充电器电路包括电源变压器 T_1 和整流桥堆 UR 构成的降压整流电路、单向晶闸管 VS 等构成的主控电路、单结晶体管 V 等构成的触发电路三个组成部分，如图 7-51 方框图所示。

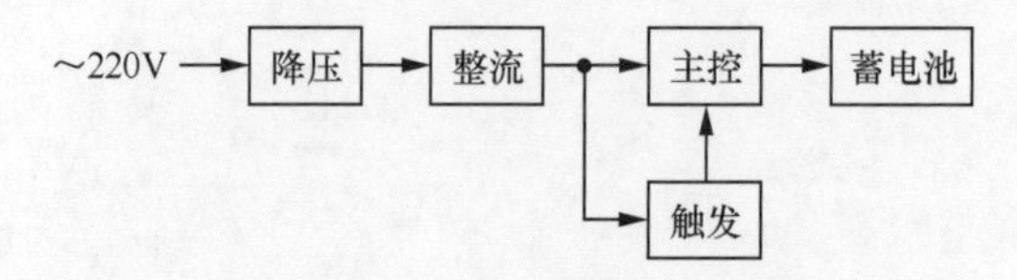

图 7-51 电动车充电器方框图

（1）电路工作原理

充电器的功能是将交流 220V 市电转换为直流电压，向蓄电池充电，并且要求充电电流可调节。晶闸管充电器就是利用晶闸管的可控整流特性，实现充电器的基本功能。

电路工作原理是，交流 220V 市电经电源变压器 T_1 降压、整流桥堆 UR 全波整流后，成为脉动直流电压，在单向晶闸管 VS 的控制下向蓄电池 GB 充电。通过改变触发脉冲的时间，即可改变晶闸管的导通角，从而控制充电电压和充电电流的大小。

（2）主控电路

单向晶闸管 VS 构成主控电路。整流桥堆 UR 全波整流输出的脉动直流电压加在晶闸管 VS 阳极，在每个半周内，只要有触发脉冲加至晶闸管 VS 的控制极，晶闸管 VS 即导通；而在每个半周结束电压过零时，晶闸管 VS 截止。

晶闸管 VS 的导通角受触发脉冲到来迟早的控制。在每个半周内，触发脉冲到来越早晶闸管 VS 的导通角越大，通过晶闸管 VS 的平均充电电压和充电电流就越大。触发脉冲到来越迟晶闸管 VS 的导通角越小，通过晶闸管 VS 的平均充电电压和充电电流就越小。

晶闸管 VS 输出的脉动直流电压，经电感 L 滤波后，向被充蓄电池 GB 充电。R_5、C_2 构成阻容吸收网络，并接在晶闸管 VS 两端起过压保护作用。VD_3 为续流二极管，在晶闸管 VS 截止期间，为电感 L 产生的自感电动势提供通路，以防晶闸管 VS 失控或损坏。PA 为电流表，用以监测充电电流。PV 为电压表，用以监测被充蓄电池 GB 的端电压。

（3）触发电路

单结晶体管 V 等构成晶闸管触发电路，RP、R_2 和 C_1 构成定时网络，决定触发脉冲产生的时间。整流桥堆 UR 全波整流输出的脉动直流电压，经二极管 VD_1 隔离、电阻 R_1 降压、稳压二极管 VD_2 稳压后，为单结晶体管 V 提供合适的工作电压。

在每个半周开始时，脉动直流电压经 RP、R_2 向 C_1 充电。当 C_1 上电压达到单结晶体管 V 的峰点电压时，单结晶体管 V 导通，C_1 经 V 和 R_4 迅速放电，在 R_4 上形成一个触发脉冲，去触发晶闸管 VS 导通。

C_1 的充电时间受 RP 和 R_2 制约。当 RP 阻值增大时，C_1 充电时间延长，单结晶体管 V 导通产生触发脉冲的时间延后，使晶闸管 VS 导通角减小。当 RP 阻值减小时，C_1 充电时间缩短，单结晶体管 V 导通产生触发脉冲的时间提前，使晶闸管 VS 导通角增大。RP 即为充电电流调节电位器。

7.4.3 手机智能充电器

手机智能充电器允许输入交流电压 110～240V/50Hz 或 60Hz，可以对各种手机锂电池进行充电(配以不同的电池固定座和接点)，充电过程智能控制并有相应的 LED 指示。

手机智能充电器电路如图 7-52 所示，包括开关电源和充电控制两部分。开关电源摒弃了笨重的电源变压器，减小了充电器的体积和重量，提高了电源效率。充电电路采用脉宽调制控制，可以对电池进行先大电流后涓流的智能快速充电，并由发光二极管予以指示。VD_9 为电源指示灯，VD_{10} 为充电指示灯。图 7-53 所示为手机智能充电器方框图。

（1）开关电源电路

电路左半部分为开关电源电路。整流二极管 VD_1～VD_4 将交流 220V 市电直接整流为 310V 直流电压，经开关管 VT_1、脉冲变压器 T_1、整流二极管 VD_8 等组成的直流变换电路后，输出 +12V 直流电压供给后续的充电电路。

（2）充电控制电路

电路右半部分为充电控制电路，包括脉宽调制控制电路和充电指示控制电路。脉宽调制控制电路采用 PWM 集成电路 MB3759（IC_1），指示控制电路由集成运算放大器 LM324（IC_2）构成。

充电电路工作原理是，充电器接通电源后，电源指示灯 VD_9 点亮，+12V 电压通过驱动晶体管 VT_3 对被充电池进行充电。

刚开始充电时，被充电池两端电压较低，经 R_{13} 与 R_{29} 和 RP_1 分压后使 IC_1 的输出脉宽较宽，VT_3 导通时间较长，对电池的充电电流较大（180～200mA），充电指示灯 VD_{10}（双色 LED）发红光。

随着充电时间的推移，被充电池两端电压逐步升高，IC_1 输出脉宽逐步变窄，VT_3 导通时间逐步缩短，充电电流逐步减小。IC_1 输出脉宽（U_b）与充电电流（I_c）的关系如图 7-54 所示。

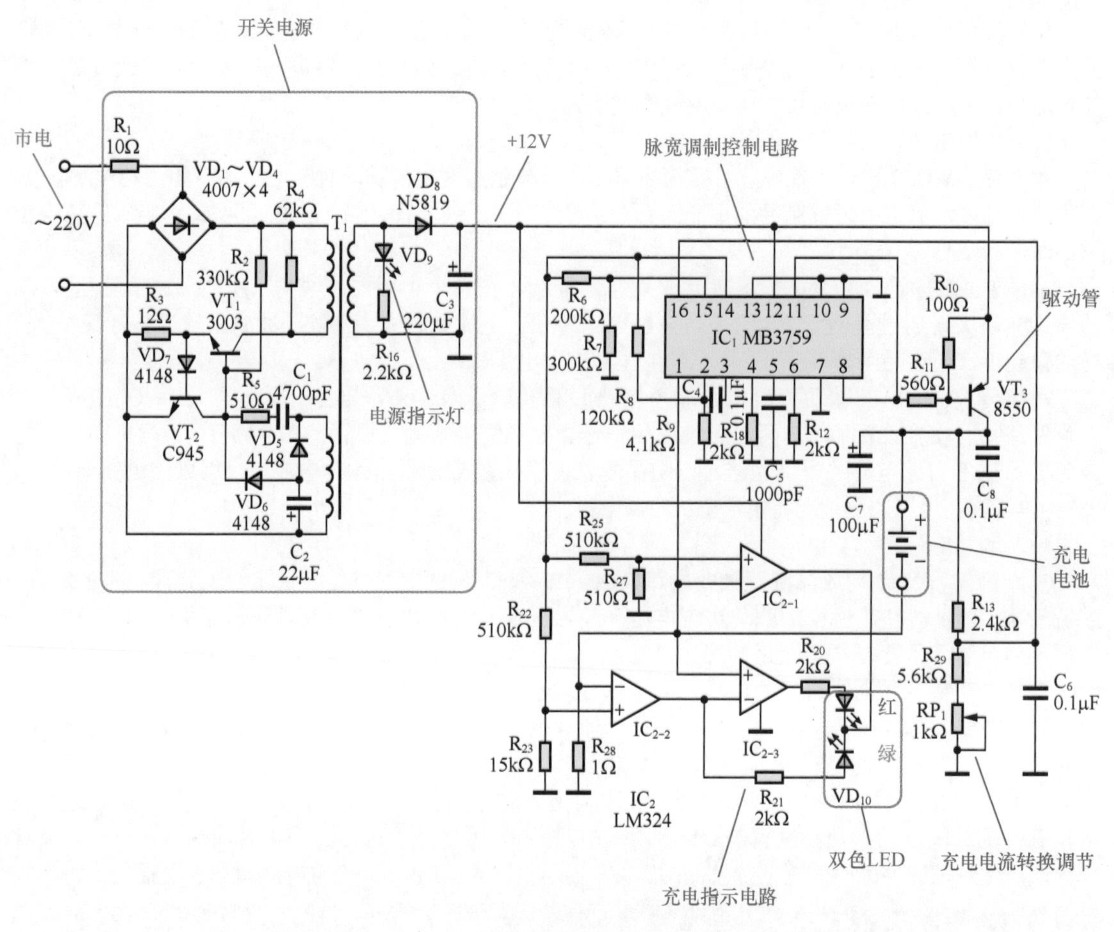

图 7-52 手机智能充电器电路图

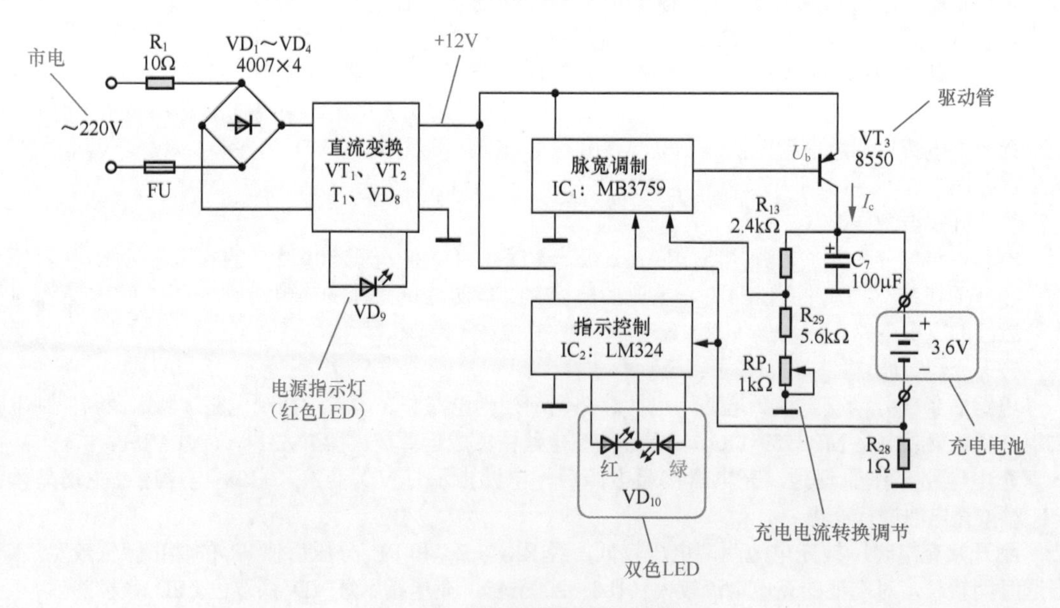

图 7-53 手机智能充电器方框图

当被充电池电量充到 50% 时，发光二极管 VD_{10} 发橙色光。当被充电池电量充到 75% 后，发光二极管 VD_{10} 发绿色光，进入充电电流< 50mA 的涓流充电状态，直至充满。R_{28} 是 IC_2 的取样电阻，另外如果电池出现短路，R_{28} 上过高的取样电压还会使 IC_1 关断，保护 VT_3 不被损坏。

电位器 RP_1 用于调节充电电流从大电流转为涓流的时机，一般选择被充电池电量达到 75% 时转入涓流充电状态。调整方法是，当 C_7 正端电压为 4.2V 时，调节 RP_1 使 R_{13}、R_{29} 连接处为 3.1V 即可。

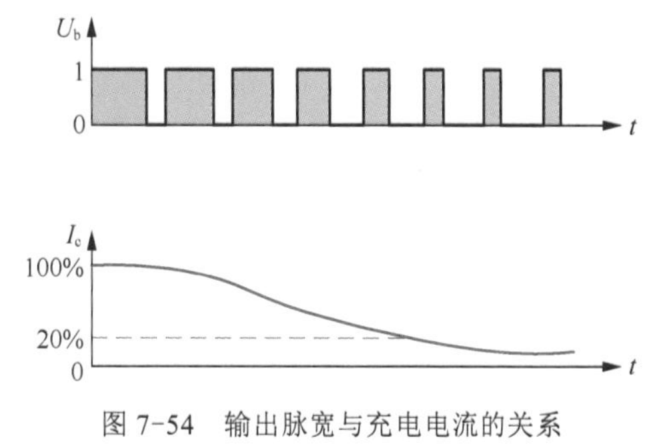

图 7-54　输出脉宽与充电电流的关系

7.4.4　车载快速充电器

车载快速充电器的功能是利用汽车上的 12V 电源为镍氢充电电池快速充电。您可以在行驶途中为镍氢充电电池快速充电，到达目的地后保证您的数码电子设备具有充足的电源，满足您的使用需要。

车载快速充电器电路如图 7-55 所示。电路中 IC_1 采用了镍氢电池快速充电控制集成电路 MAX712，可对两节镍氢充电电池进行全自动快速充电。VT_1 为充电电流控制晶体管。R_5 为取样电阻，R_1 为降压电阻。发光二极管 VD_1 为工作指示灯，VD_2 为快充指示灯。整机输入电源为 12V。

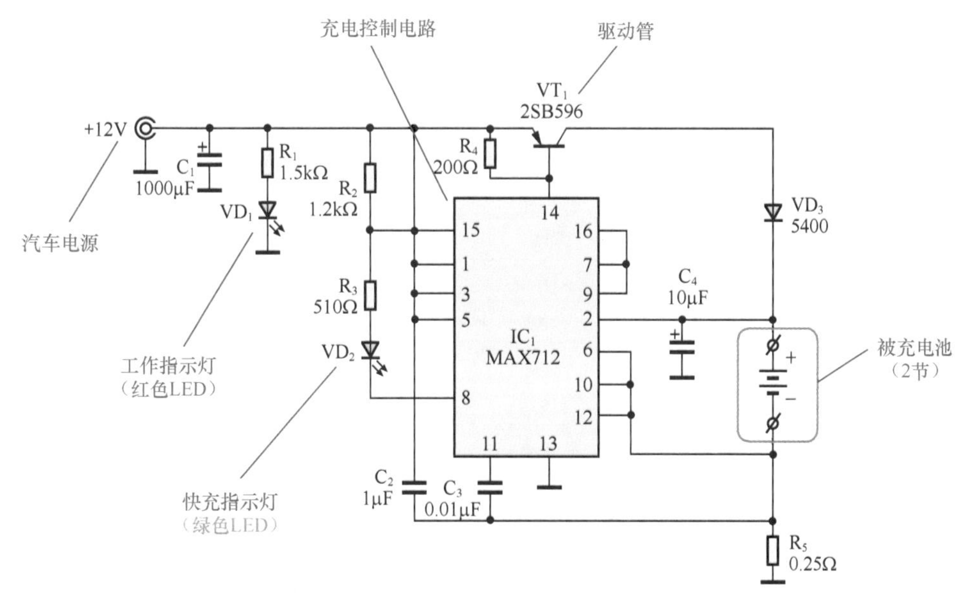

图 7-55　车载快速充电器

（1）充电控制集成电路

充电控制集成电路 MAX712 内部包含有定时器、电压增量检测器、温度比较器、欠压比较器、控制逻辑单元、电流电压调节器、充电状态指示控制电路、基准电压源和并联式稳压器等。

MAX712 具有较完备的智能充电控制与检测功能，其特点为：① 可以为 1 ~ 16 节镍氢电池（串联）充电。② 快速充电电流可在$\frac{1}{3}$C ~ 4C 之间选择（C 为镍氢充电电池的额定容量）。③ 具有电压增量检测法（ΔV 法）、定时法、温度监测法 3 种结束快速充电的方式可供选用。④ 基本充满后自动由快速充电转为$\frac{1}{16}$C 的涓流充电。⑤ 具有充电状态指示功能。⑥ 具有被充电池电压检测控制功能。

（2）电路设定

IC_1（MAX712）连接成对两节镍氢电池串联充电模式，设定镍氢电池容量为 2000mA · h，充电时间为 180min，快速充电电流为 1A（充电率为$\frac{1}{2}$C），涓流充电电流为 125mA（$\frac{1}{16}$C）。选用电压增量检测法，当被充电池电压的增量为“0”（$\Delta V/\Delta t=0$）时，结束快速充电转为涓流充电。

（3）电路工作过程

接通 12V 电源，VD_1（红色 LED）亮。当接入两节镍氢充电电池后，IC_1 首先对被充电池进行检测，如果单节电池的电压低于 0.4V，则先用涓流充电，待单节电池电压上升到 0.4V 以上时，才开始快速充电，快充指示灯 VD_2（绿色 LED）亮。

IC_1 内部电路通过检测取样电阻 R_5 上的电压降来监测和稳定快充电流。如果 R_5 上电压降小于 250mV，IC_1 驱动输出端 DRV（第 14 脚）则使控制晶体管 VT_1 增加导通度以增加充电电流，反之则减小充电电流，以保持恒流充电。

当被充电池基本充满、电压不再上升时（即电池端电压的增量为“0”时），IC_1 内部电压增量检测器将检测结果送入控制逻辑单元处理后，通过电流电压调节器使电路结束快速充电过程并转入涓流充电，同时通过第 8 脚使快充指示灯 VD_2 熄灭，直到切断 12V 电源为止。

（4）拓展使用

本充电器电路可以根据需要方便地拓展使用。① 如需改变充电电池的节数，相应改变 IC_1 的第 3 脚、第 4 脚的接法即可，见表 7-1。② 如需改变快充电流，调节 R_5 的阻值即可，R_5（Ω）= 0.25V/ 快充电流（A）。③ 如需改变设定充电时间，相应改变 IC_1 的第 9 脚、第 10 脚的接法即可，见表 7-2。

表 7-1　MAX713 不同电池节数的接法

电池节数	第 3 脚连接到	第 4 脚连接到
1	第 15 脚	第 15 脚
2	第 15 脚	开路
3	第 15 脚	第 16 脚
4	第 15 脚	第 12 脚
5	开路	第 15 脚
6	开路	开路
7	开路	第 16 脚
8	开路	第 12 脚
9	第 16 脚	第 15 脚
10	第 16 脚	开路
11	第 16 脚	第 16 脚
12	第 16 脚	第 12 脚
13	第 12 脚	第 15 脚
14	第 12 脚	开路
15	第 12 脚	第 16 脚
16	第 12 脚	第 12 脚

表 7-2　MAX713 不同充电时间的接法

充电时间（分）	取样间隔（秒）	$-\Delta V$ 法作用	第 9 脚连接到	第 10 脚连接到
22	21	不	第 15 脚	开路
22	21	是	第 15 脚	第 16 脚
33	21	不	第 15 脚	第 15 脚
33	21	是	第 15 脚	第 12 脚
45	42	不	开路	开路
45	42	是	开路	第 16 脚
66	42	不	开路	第 15 脚

续表

充电时间（分）	取样间隔（秒）	$-\Delta V$ 法作用	第 9 脚连接到	第 10 脚连接到
66	42	是	开路	第 12 脚
90	84	不	第 16 脚	开路
90	84	是	第 16 脚	第 16 脚
132	84	不	第 16 脚	第 15 脚
132	84	是	第 16 脚	第 12 脚
180	168	不	第 12 脚	开路
180	168	是	第 12 脚	第 16 脚
264	168	不	第 12 脚	第 15 脚
264	168	是	第 12 脚	第 12 脚

7.4.5　太阳能充电器

太阳能充电器电路如图 7-56 所示，它具有以下功能和特点：① 在光照下直接为 4 节镍氢电池充电。② 在光照下直接为手机等电器充电。③ 具有电能储存功能，在光照下储存电能后，能够在无光照情况下为手机等电器充电。④ 采用发光二极管指示充电状态。

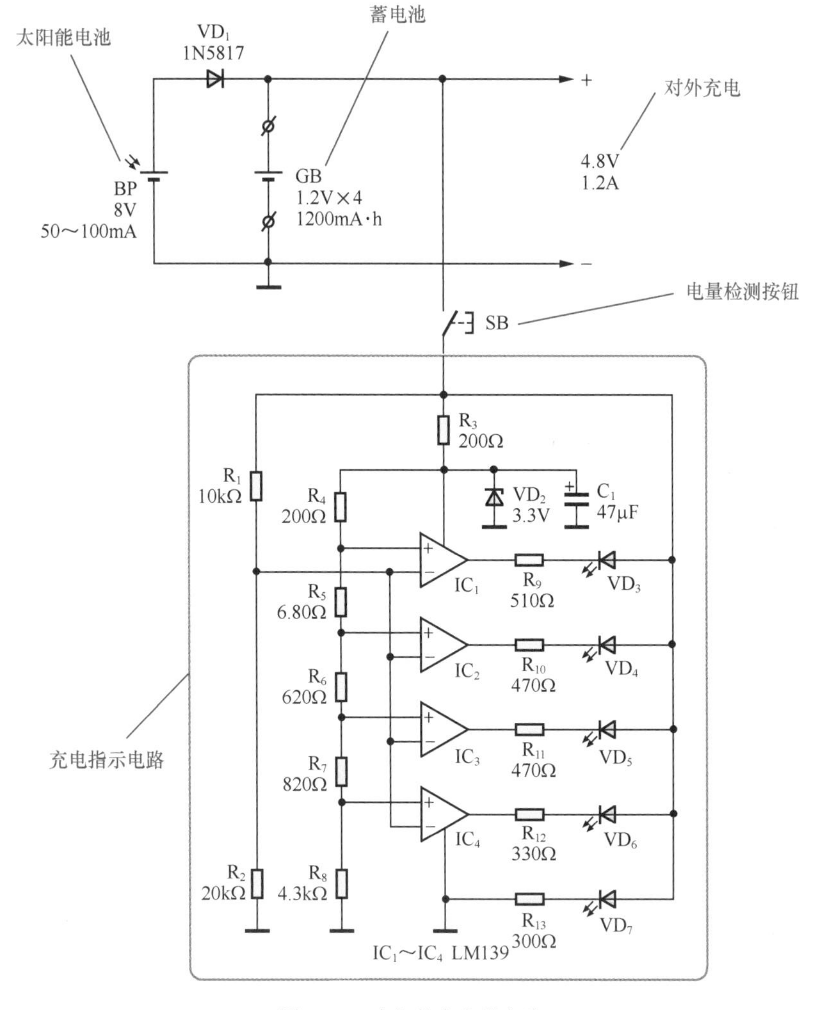

图 7-56　太阳能充电器电路

充电器电路由太阳能电池板、充电电路、镍氢电池组、电压指示电路等部分组成。由于太阳能电池板输出电压和电流均取决于光照强度，不稳定且输出电流较小。设置镍氢电池组的作用是作为“蓄水池”，既可稳定输出电压、提高输出电流，又可在无光照情况下提供应急充电；同时作为镍氢电池的充电仓，可为 4 节 1.2V 镍氢电池充电。

（1）充电电路

整流二极管 VD_1 构成最简充电电路。太阳能电池板 BP 在光照下产生的电能，经 VD_1 向镍氢电池组 GB 充电。由于太阳能电池板 BP 所能提供电流较小（50 ~ 100mA），属于涓流充电，因此可以将充电控制与保护电路略去，简化了电路，降低了制作成本，而丝毫不影响充电器功能。

电池组 GB 由 4 节镍氢可充电池组成，充满时端电压约为 4.8V。当太阳能电池板 BP 的输出电压高于电池组 GB 电压与 VD_1 管压降之和时，VD_1 导通，向电池组 GB 充电。当太阳能电池板 BP 的输出电压低于电池组 GB 电压与 VD_1 管压降之和时，VD_1 截止，停止向电池组 GB 充电。

（2）电压指示电路

电压指示电路为检测镍氢电池组GB电量所设，需要时按下“电量”按钮，五个发光二极管则按＜70%、70%、80%、90%、100% 五级指示出电池组电量，点亮的发光二极管越多则电量越足。

电压指示电路由集成电路 IC_1 ~ IC_4、发光二极管 VD_3 ~ VD_7 等构成。IC_1 ~ IC_4 分别构成 100%、90%、80%、70% 电压比较器，分别由 VD_3~ VD_6 予以指示，＜ 70% 电压由 VD_7 指示。

R_3、VD_2 等构成 3.3V 稳压电路，以提高比较器基准电压的稳定度。R_4 ~ R_8 构成串联分压器，将 3.3V 稳定电压分压后形成 4 个递增的电压，分别送至 4 个电压比较器的“IN+”端作为基准电压。R_1、R_2 为取样电阻，取样比为 2/3，取样电压同时送至 4 个电压比较器的“IN−”端。R_9~ R_{13} 为发光二极管限流电阻。SB 为“电量”检测按钮。IC_1~ IC_4 为集成电压比较器，集电极开路输出形式。

按下“电量”检测按钮 SB 后，当取样点（R_1 与 R_2 的分压点）电压未达到 IC_4 基准电压时，仅 VD_7 点亮，指示电量＜ 70%。当取样点电压≥ IC_4 基准电压时，IC_4 输出管导通，使 VD_6 点亮（VD_7 仍亮），指示电量≥ 70%。当取样点电压≥ IC_3 基准电压时，VD_5 点亮（VD_6、VD_7 仍亮），指示电量≥ 80%。当取样点电压≥ IC_2 基准电压时，VD_4、VD_5、VD_6、VD_7 点亮，指示电量≥ 90%。当取样点电压≥ IC_1 基准电压时，VD_3 ~ VD_7 均点亮，指示电量达到 100%。

7.4.6 恒流充电器

恒流充电器电路如图 7-57 所示，采用三端固定正输出集成稳压器 7805 作为恒流源，可以为两节镍氢充电电池充电，充满后指示灯自动熄灭。

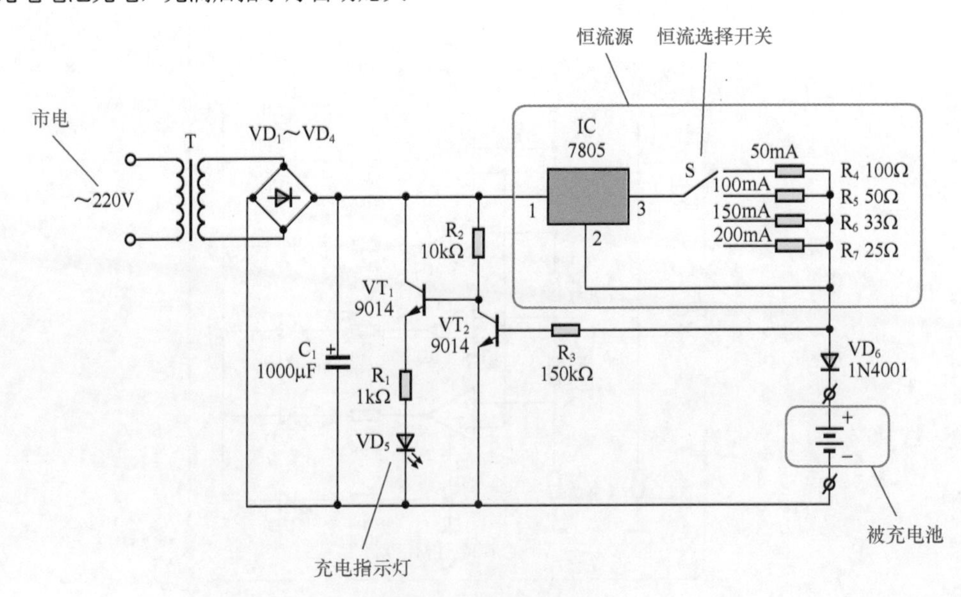

图 7-57 恒流充电器

恒流充电器电路由整流电源、恒流源、充电指示电路等部分组成。集成稳压器 7805 与 R_4、R_5、R_6、R_7 分别构成 50mA、100mA、150mA、200mA 恒流源，由开关 S 进行选择，以适应不同容量电池充电电流的需要。两节 1.2V 镍氢充电电池串联接入电路进行充电，二极管 VD_6 的作用是防止被充电池电流倒灌。

晶体管 VT_1、VT_2、发光二极管 VD_5 等组成充电指示电路。充电开始时，因为被充电池电压很低，VD_6 正极电位也较低，不足以使 VT_2 导通，VT_2 截止，VT_1 导通，发光二极管 VD_5 点亮指示正在充电。随着充电的进行，VD_6 正极电位逐步上升。当被充电池充满电时，VT_2 导通，VT_1 截止，发光二极管 VD_5 熄灭指示充电结束。

变压器 T、整流二极管 $VD_1 \sim VD_4$、滤波电容 C_1 等组成整流电源电路，为充电电路提供约 12V 的直流电源。

使用时，一般用 10 小时率电流充电。例如，对于 500mA · h 左右的镍氢充电电池，将 S 置于 50mA 挡进行充电；对于 1000mA · h 左右的镍氢充电电池，将 S 置于 100mA 挡进行充电；对于 1500mA · h 左右的镍氢充电电池，将 S 置于 150mA 挡进行充电；对于 2000mA · h 左右的镍氢充电电池，将 S 置于 200mA 挡进行充电。

第8章 延时与定时电路图的识读

延时与定时电路是常用的自动控制电路，延时电路的特点是能够将指令自动延迟一定时间后执行，定时电路的特点是能够在指定的时间执行指定的任务。延时与定时电路在生产生活、教育卫生、科技国防等各领域广泛应用。识读延时与定时电路的关键是理解和掌握时间电路原理。

8.1 延时关灯电路

延时关灯电路主要应用在楼梯、走道、门厅等只需要短时间照明的场合，有效地避免了“长明灯”现象，既可节约电能，又可延长照明灯使用寿命。

8.1.1 时间继电器延时关灯电路

时间继电器构成的自动延时关灯电路如图 8-1 所示，KT 是缓放、动合接点延时断开的时间继电器。

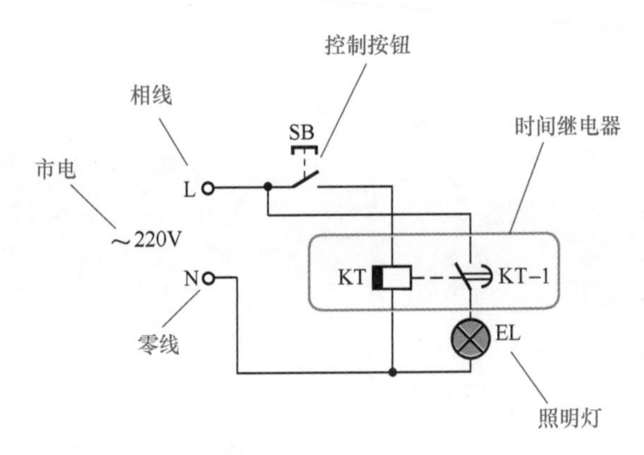

图 8-1 时间继电器构成的延时关灯电路

按一下控制按钮 SB，时间继电器 KT 吸合，接点 KT-1 接通照明灯 EL 电源使其点亮。当松开 SB 时，接点 KT-1 并不立即断开，而是延时一定时间后才断开。在延时时间内照明灯 EL 继续亮着，直至延时结束接点 KT-1 断开后才熄灭。该电路的延时时间可通过时间继电器上的调节装置进行调节。

8.1.2 单向晶闸管延时关灯电路

采用单向晶闸管 VS 构成的自动延时关灯电路如图 8-2 所示，整流二极管 VD1 ~ VD_4 构成桥式整流电路，将 220V 交流电整流为脉动直流电，使得单向晶闸管 VS 也能够控制 220V 交流电的通断，即控制照明灯 EL 的开与关。

电路控制原理是，当按下控制按钮 SB 时，二极管 VD_1 ~ VD_4 整流输出的直流电压经 VD_5 向 C_1 充电，同时通过 R_1 使单向晶闸管 VS 导通，照明灯 EL 点亮。由于充电时间常数很小，C_1 被迅速充满电。

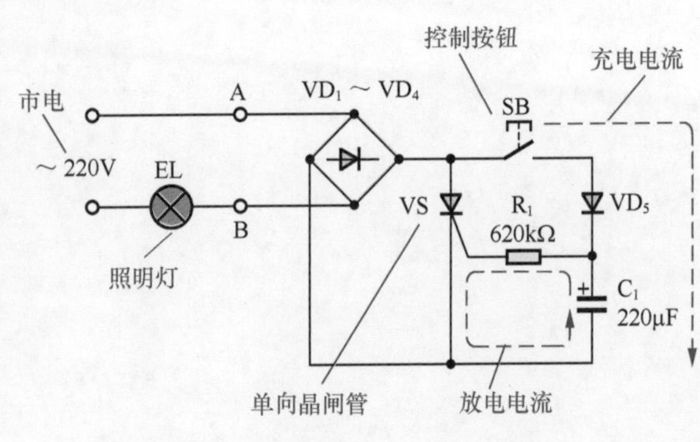

图 8-2 单向晶闸管延时关灯电路

松开控制按钮 SB 后，C_1 上所充电压经 R_1 加至单向晶闸管 VS 控制极，维持 VS 导通，同时 C_1 经 R_1 和 VS 控制极放电。

随着放电的进行，2～3min 后，C_1 上电压下降至不能继续维持单向晶闸管 VS 导通时，VS 在交流电过零时截止，照明灯 EL 自动熄灭。延时时间可通过改变 C_1 或 R_1 来调节。

该延时关灯电路体积小巧，可直接放入开关盒内取代原有的电灯开关 S，接线方法如图 8-3 所示，实物接线方法如图 8-4 所示。

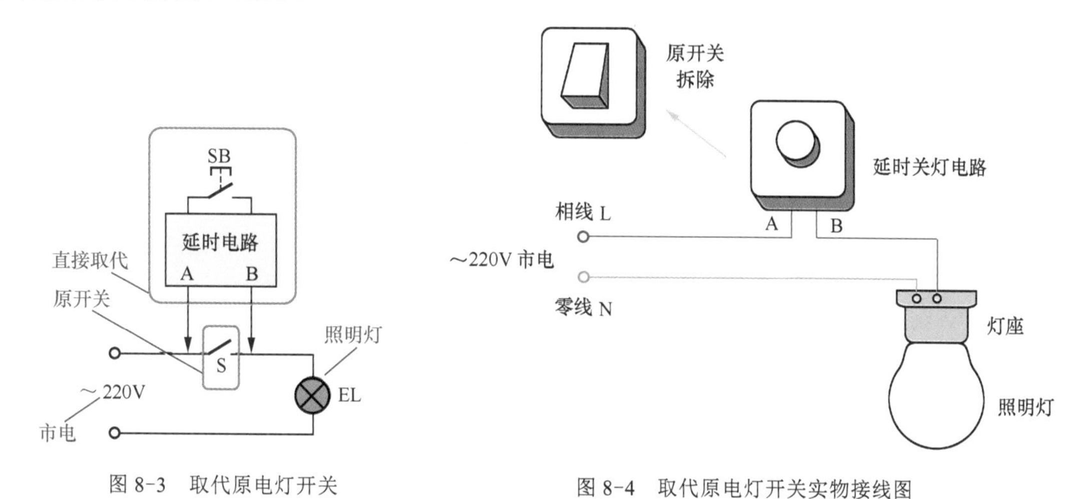

图 8-3　取代原电灯开关　　　　图 8-4　取代原电灯开关实物接线图

8.1.3　双向晶闸管延时关灯电路

图 8-5 所示为双向晶闸管构成的延时关灯电路，采用 555 时基电路构成双向晶闸管的触发电路，可以提供数分钟至数十分钟的延时照明，延时时间结束自动关灯。

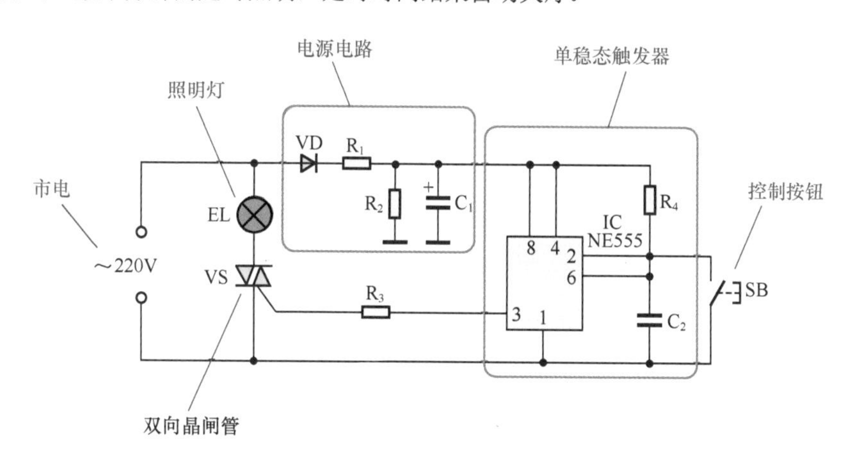

图 8-5　双向晶闸管延时关灯电路

555 时基电路（IC）工作于单稳态触发器模式，C_2、R_4 为定时元件，SB 为控制按钮。需要时按一下控制按钮 SB，单稳态触发器被触发翻转至暂态，输出端（第 3 脚）输出为高电平，作为触发电压经 R_3 使双向晶闸管 VS 导通，接通了照明灯 EL 的电源，照明灯 EL 点亮。

单稳态触发器进入暂态后，电源开始经 R_4 向 C_2 充电，C_2 上电压逐步上升。当 C_2 上电压达到 555 时基电路的阈值电压时，单稳态触发器自动回复稳态，输出端（第 3 脚）输出为“0”，双向晶闸管 VS 失去触发电压而在交流电过零时截止，切断了照明灯 EL 的电源，照明灯 EL 熄灭。

该电路延时时间由定时元件 C_2 与 R_4 决定，定时时间 $T = 1.1C_2R_4$，可根据需要调节 C_2 或 R_4 予以改变。整流二极管 VD、降压与分压电阻 R_1 和 R_2、滤波电容 C_1 组成电源电路，为单稳态触发器提供直流工作电压。

8.1.4 时基 IC 延时关灯电路

时基电路构成的延时关灯电路如图 8-6 所示，555 时基电路 IC 工作于单稳态触发器模式，C_1、R_1 为定时元件，SB 为控制按钮，K 为继电器。采用继电器控制可以将延时关灯电路与交流 220V 市电完全隔离。

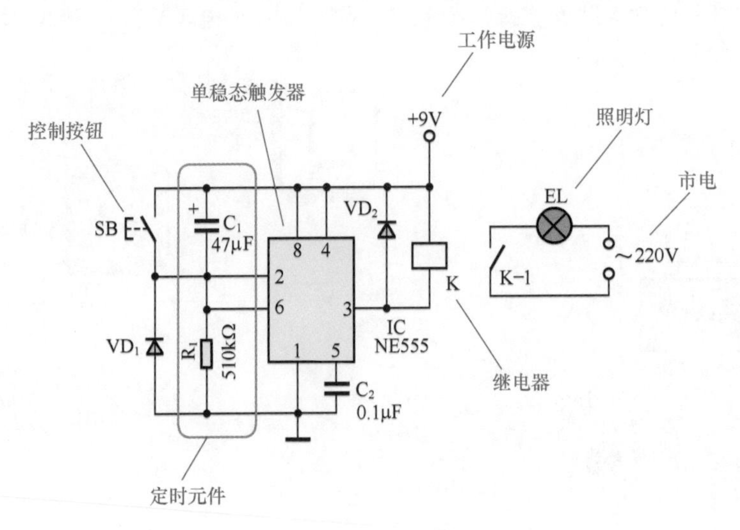

图 8-6　时基电路构成的延时关灯电路

在继电器线圈未通电时，衔铁在弹簧的作用下向上翘起，动接点与静接点处于断开状态。当接通电源后，电流通过线圈时，铁芯被磁化将衔铁吸合，衔铁向下运动并推动动接点与静接点接通，实现了对被控电路的控制。

需要开灯时按一下控制按钮 SB，C_1 上电压被放电，单稳态触发器 IC 翻转为暂态，其输出端（第 3 脚）输出为“0”，继电器 K 吸合接点 K-1 接通市电电源，照明灯 EL 点亮。随着 C_1 的充电，延时约 25s 后单稳态触发器 IC 再次翻转回复为稳态，其输出端（第 3 脚）变为“+9V”，继电器 K 释放接点 K-1 断开，照明灯 EL 熄灭，实现了延时自动关灯。改变 C_1、R_1 的大小可改变延时时间。

8.1.5 多路控制延时关灯电路

多路控制延时关灯电路是一种具有延时关灯功能的自动开关，按一下延时开关上的按钮，照明灯立即点亮，延时数分钟后自动熄灭，并且可以多路控制，特别适合作为门灯、楼道灯等公共部位照明灯的控制开关。

图 8-7 所示为多路控制延时关灯电路图，由整流电路、延时控制电路、电子开关和指示电路等组成。X_1、X_2 是开关接线端，X_3、X_4 是并联控制按钮接线端。图 8-8 所示为多路控制延时关灯电路原理方框图。

（1）整流电路

二极管 VD_1 ~ VD_4 组成桥式整流电路，其作用是将 220V 交流电转换为脉动直流电，为延时控制电路提供工作电源。同时由于整流电路的极性转换作用，使用单向晶闸管 VS 即可控制交流回路照明灯 EL 的开与关。

（2）延时控制工作原理

晶体管 VT_1、VT_2、二极管 VD_6、电容 C_1 等组成延时控制电路，其作用是控制单向晶闸管 VS 的导通与截止，其控制特点是触发后瞬时接通、延时关断。单向晶闸管 VS 等组成电子开关，其作用是接通或关断照明灯 EL 的电源。

延时控制原理如下。

SB 为控制按钮。SB 尚未被按下时，电容 C_1 上无电压，晶体管 VT_1 截止、VT_2 导通，晶闸管 VS

截止。这时，整流电路输出峰值约为 310V 的脉动直流电压。虽然 VT_2 导通，但由于 R_6 阻值很大，导通电流仅几毫安，不足以使照明灯 EL 点亮。

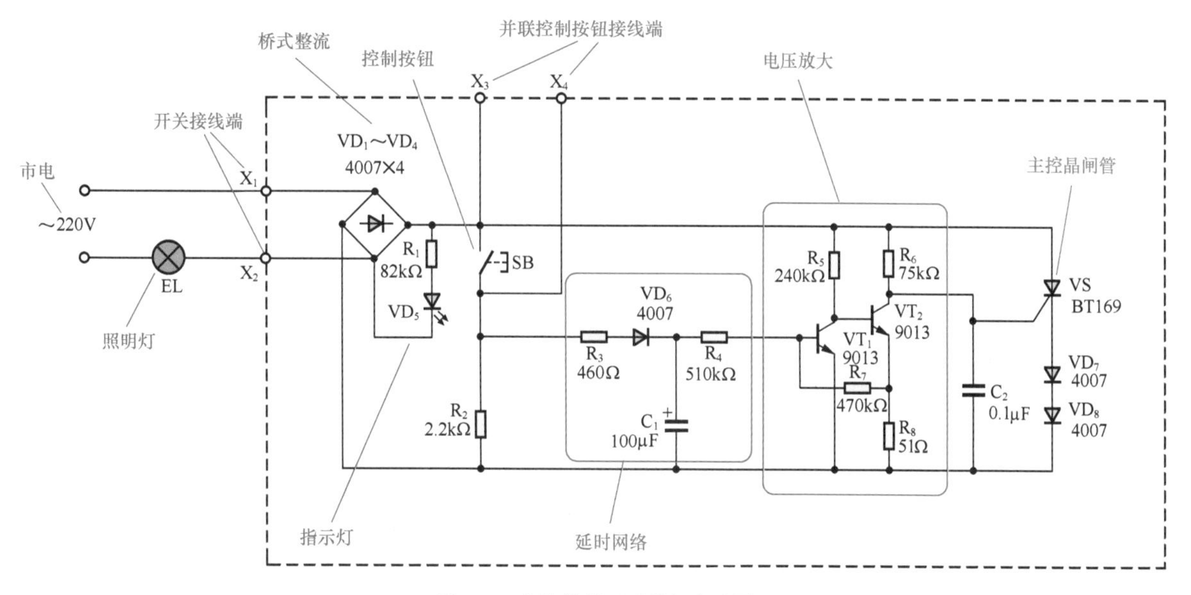

图 8-7　多路控制延时关灯电路图

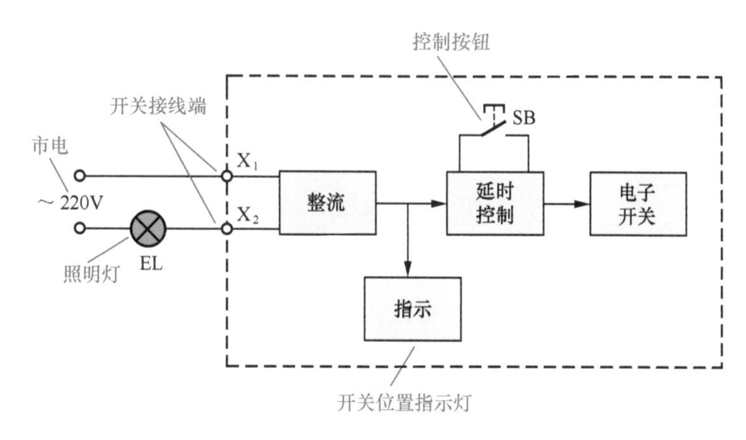

图 8-8　多路控制延时关灯电路原理方框图

当按下 SB 时，整流输出的 310V 脉动直流电压经 R_3、VD_6 使 C_1 迅速充满电，并经 R_4 使 VT_1 导通、VT_2 截止，VT_2 集电极电压加至晶闸管 VS 控制极，VS 导通使照明灯 EL 电源回路接通，EL 点亮。

松开 SB 后，由于 C_1 上已充满电，照明灯 EL 继续维持点亮。随着 C_1 的放电，数分钟后，当 C_1 上电压下降到不足以维持 VT_1 导通时，VT_1 截止、VT_2 导通，VS 在脉动直流电压过零时截止，照明灯 EL 熄灭。如需改变延时时间可调节 C_1 或 R_4，增大 C_1 或 R_4 可延长延时时间，减小 C_1 或 R_4 可缩短延时时间。

（3）指示电路

发光二极管 VD_5 等组成指示电路，其作用是指示触发按钮的位置，以便在黑暗中易于找到。照明灯 EL 未亮时，整流输出的 310V 脉动直流电压经限流电阻 R_1 使发光二极管 VD_5 点亮。照明灯 EL 点亮后，整流输出的脉动直流电压大幅度下降为 3 ~ 4V（VS、VD_7、VD_8 管压降之和），发光二极管 VD_5 熄灭。

将本延时开关固定在标准开关板上，即可直接代换照明灯原来的开关。如图 8-9 所示，拆除楼道灯原来的电源开关，将本延时开关接入原开关位置并固定好即可。

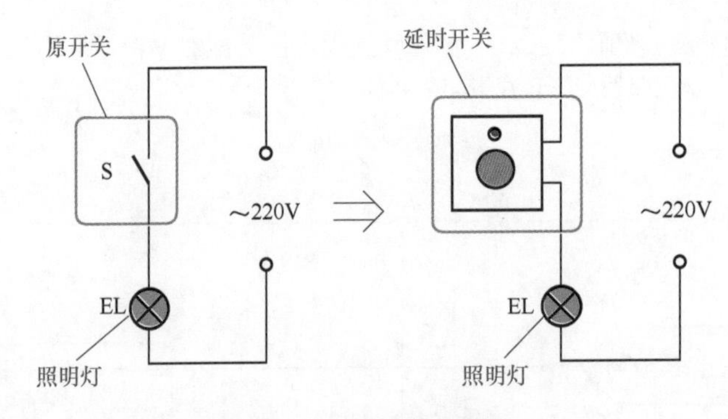

图 8-9　安装使用接线图

如需在多处控制同一盏灯，可将布置在其他地方的多个控制按钮（例如楼道的每一层布置一个控制按钮），并联接入 X_3、X_4 端子即可，如图 8-10 所示。

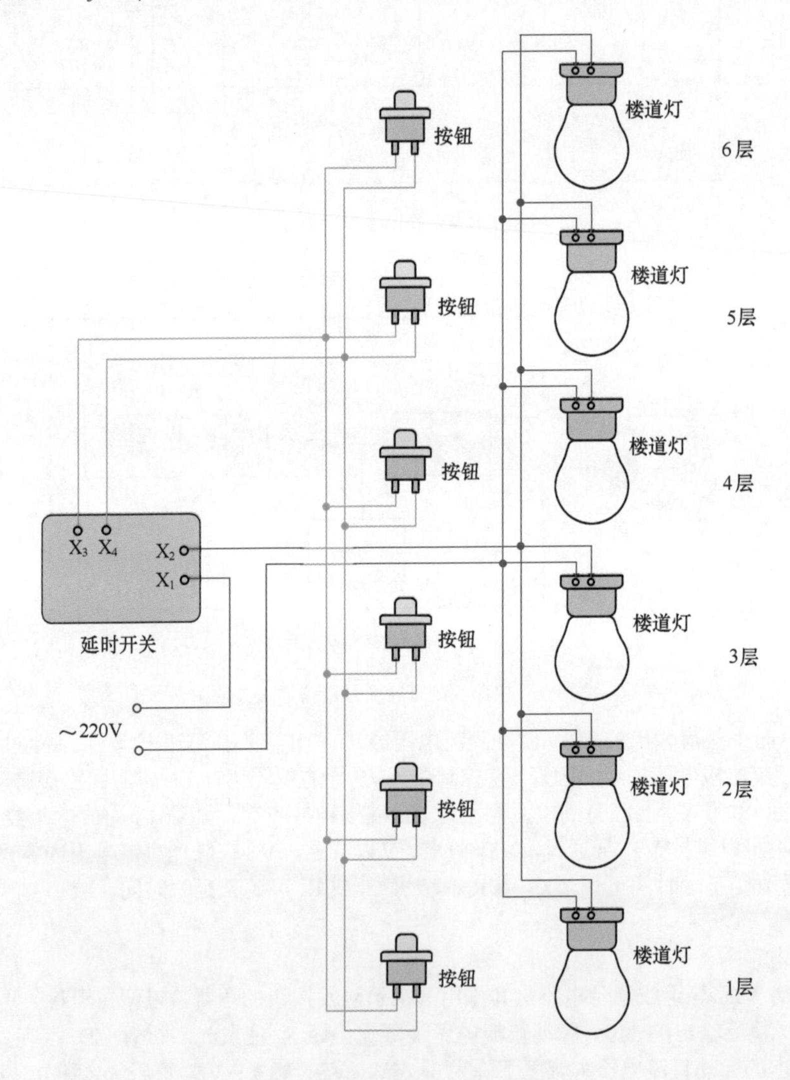

图 8-10　楼道多按钮接线图

夜间上下楼时，在任一楼层按一下发光二极管亮点提示下的控制按钮，楼道灯即点亮，数分钟后自动关灯。这样，既为您提供了照明，又最大限度地节约电能。

8.2 延时开关电路

延时开关电路包括延时接通电路、延时切断电路、双向延时电路等。延时开关电路应用广泛，例如延时关灯、电风扇延时控制、空调和电冰箱延时启动等。

8.2.1 触摸式延时开关

触摸式延时开关并没有传统意义上的“开关”存在，用户只需触摸特定的金属部件，照明灯即刻点亮，延时一定时间后会自动关灯。

（1）晶体管触摸式延时开关

晶体管触摸式延时开关电路如图 8-11 所示，具有触摸启动、延时自动关灯的功能，可以直接替代原有的电灯开关。R_4 为安全隔离电阻，利用其高达 2MΩ 的电阻值确保人体接触金属触摸片时的安全。

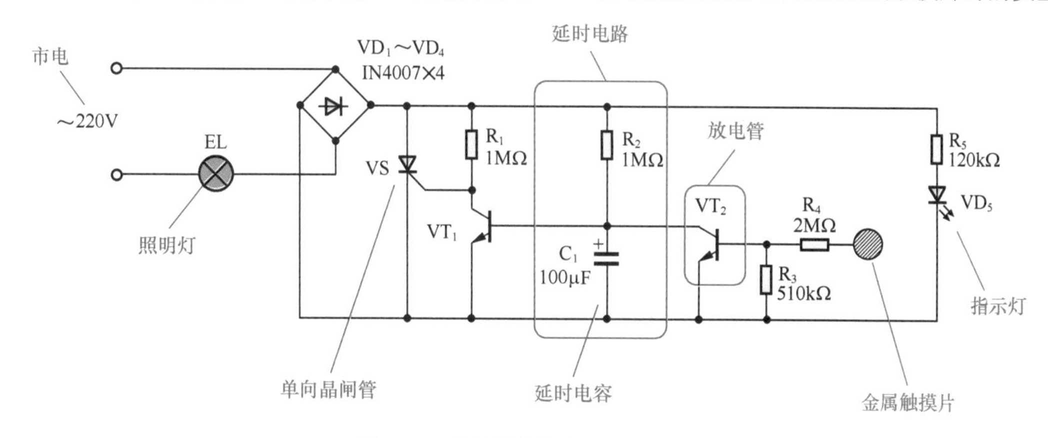

图 8-11　晶体管触摸式延时开关电路

电路中，单向晶闸管 VS 承担主控任务，控制着照明灯 EL 的开与关。晶体管 VT_1、VT_2、电容 C_1 等组成触摸和延时控制电路，控制着单向晶闸管 VS 的导通与截止。VD_1 ~ VD_4 为整流二极管，为电路提供直流工作电源。

该开关电路的特点是用一金属触摸片取代了按钮开关。平时，晶体管 VT_2 处于截止状态，C_1 上充满电使晶体管 VT_1 导通，将单向晶闸管 VS 控制极的触发电压短路到地，VS 截止，照明灯 EL 不亮。

当有人触摸金属片时，人体感应电压经安全隔离电阻 R_4 加至晶体管 VT_2 基极使其导通，C_1 被快速放电而使晶体管 VT_1 截止，单向晶闸管 VS 控制极通过 R_1 获得触发电压而导通，照明灯 EL 点亮。

人体停止触摸后，晶体管 VT_2 恢复截止状态，VD_1 ~ VD_4 桥式整流输出的直流工作电压开始通过 R_2 向 C_1 充电，这个充电过程就是延时时间，直至 C_1 上电压达到 0.7V 以上时，晶体管 VT_1 导通使单向晶闸管 VS 失去触发电压在交流电过零时截止，照明灯 EL 熄灭。

延时时间取决于 R_1、C_1 的大小，本电路延时时间约为 2min。

发光二极管 VD_5 作为指示灯，与金属触摸片一起固定在开关面板上，可以在黑暗中指示触摸开关的位置，便于使用者找到。触摸式延时开关可以单独制成产品，供用户直接替代原有的电灯开关。图 8-12 所示为触摸式延时开关实物接线图。

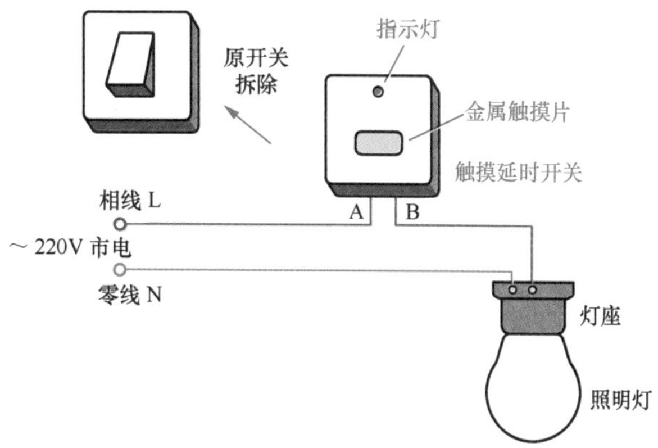

图 8-12　触摸式延时开关实物接线图

（2）触发器构成的触摸延时开关

触发器也可以构成触摸延时开关，电路如图 8-13 所示。该触摸延时开关可应用于楼道、走廊等公共部位的照明灯节电控制，路人用手触摸一下开关，照明灯即点亮数十秒后自动熄灭。

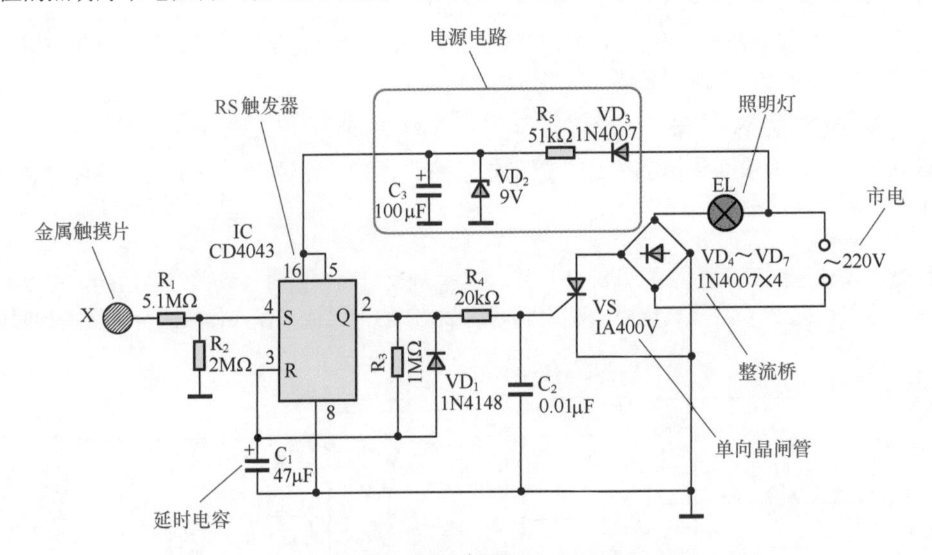

图 8-13　触发器构成的触摸延时开关电路

触摸延时开关的控制核心是 RS 触发器 CD4043（IC），在这里接成单稳态工作模式。X 为金属触摸片。R_3、C_1 构成阻容延时电路。单向晶闸管 VS、整流桥 $VD_4\sim VD_7$ 等构成执行电路，在 RS 触发器输出信号的作用下控制照明灯 EL 的亮与灭。

当人体接触到金属触摸片 X 时，人体感应电压经 R_1 加至触发器的 S 端（置“1”输入端），使触发器置“1”，触发器输出端 $Q=1$（高电平），通过 R_4 使单向晶闸管 VS 导通，照明灯 EL 点亮。

同时，输出端 Q 的高电平经 R_3 向 C_1 充电，C_1 上电压逐步上升。当 C_1 上电压达到 R 输入端的阈值时，触发器被置“0”，输出端 $Q=0$，单向晶闸管 VS 在交流电过零时关断，照明灯 EL 熄灭。

照明灯 EL 点亮的时间 t_W 由延时电路 R_3 与 C_1 的取值决定，$t_W=0.69\,R_3C_1$，本电路中延时时间约为 32s。二极管 VD_1 的作用是当延时结束 $Q=0$ 时，将 C_1 上的电荷迅速放掉，为下一次触发做好准备。R_1 为隔离电阻，以保证触摸安全。

二极管整流桥 $VD_4\sim VD_7$ 的作用是，无论交流 220V 电源的相线与零线怎样接入电路，都能保证控制电路正常工作。整流二极管 VD_3、降压电阻 R_5、滤波电容 C_3 和稳压二极管 VD_2 组成电源电路，将交流 220V 市电直接整流为 +9V 电源供控制电路工作。

8.2.2　轻触延时节能开关

轻触延时节能开关是一种具有延时关灯功能的自动开关，按一下延时开关上的按钮，照明灯立即点亮，延时数分钟后自动熄灭，特别适合作为门灯、楼道灯等公共部位照明灯的控制开关，起到节能减排、绿色环保的功效。

图 8-14 所示为轻触延时节能开关电路，其核心控制器件采用了 7555 时基电路，具有电路简洁、工作可靠、延时时间长的特点。

时基电路 IC、晶体管 VT、二极管 VD_6、电容 C_1 等组成延时控制电路，控制单向晶闸管 VS 的导通与截止，其控制特点是触发后瞬时接通、延时关断。单向晶闸管 VS 等组成电子开关，其作用是接通或关断照明灯。IC 采用 CMOS 型时基电路 7555，具有很高的输入阻抗，特别适合用作长延时电路。

时基电路 IC 构成施密特触发器，SB 为轻触控制按钮。SB 未按下时，电容 C_1 上无电压，时基电路 IC 第 3 脚输出为高电平，并经 R_5 使晶体管 VT 导通，单向晶闸管 VS 因无控制电压而截止。

当按下 SB 时，整流输出的 310V 脉动直流电压经 R_3、VD_6 使 C_1 迅速充满电，时基电路 IC 第 3 脚输出变为低电平，晶体管 VT 截止，其集电极电压加至单向晶闸管 VS 控制极，VS 导通使 EL 电源回路接通，照明灯 EL 点亮。

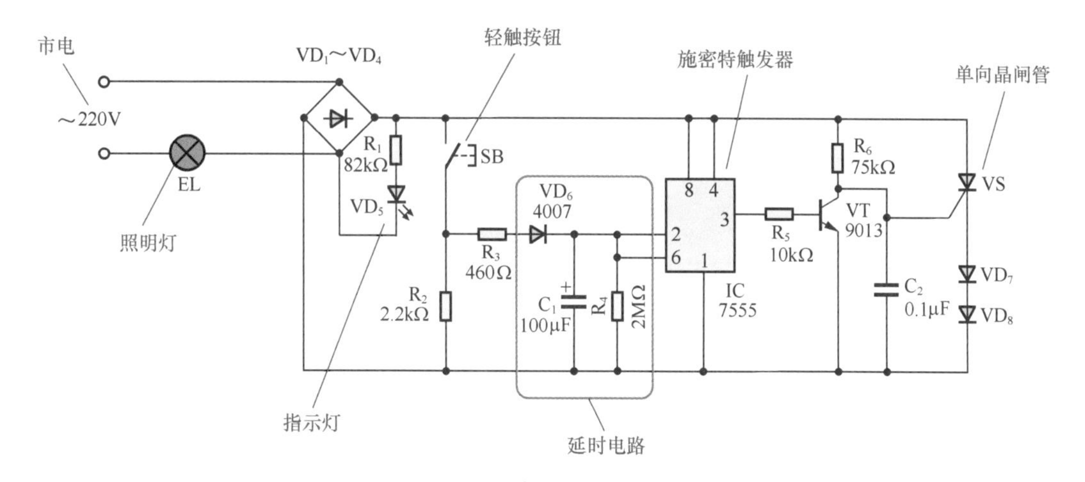

图 8-14　轻触延时节能开关电路

松开 SB 后，由于 C_1 上已充满电，照明灯 EL 继续维持点亮。随着 C_1 通过 R_4 放电，数分钟后，当 C_1 上电压下降到$\frac{1}{3}V_{CC}$时，时基电路 IC 再次翻转为输出高电平，晶体管 VT 导通，单向晶闸管 VS 在脉动直流电压过零时截止，照明灯 EL 熄灭。

8.2.3　超长延时电路

图 8-15 所示为超长延时电路，可提供 1 小时以上的延时时间。电路由四级时基电路构成的单稳态触发器串联而成，每一级单稳态触发器受上一级定时结束时的下降沿触发，并在本级定时结束时触发下一级单稳态触发器。U_i 为启动触发信号，或门 D_1 输出端为延时时间。

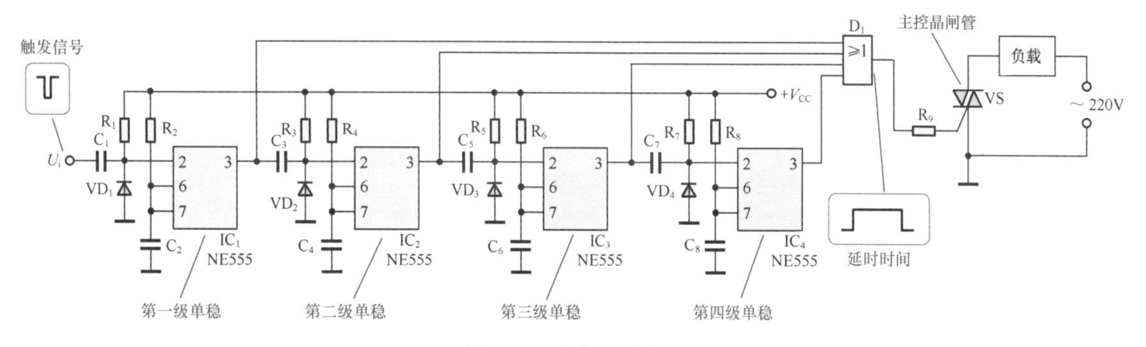

图 8-15　超长延时电路

四级单稳态触发器的输出端经或门 D_1 后作为延时输出，通过双向晶闸管 VS 控制负载工作与否。电路总的延时时间为各单稳态触发器定时时间之和，如各级定时元件 R、C 的数值相同，则总延时时间 $T=1.1nRC$，式中，n 为单稳态触发器的级数。本电路中，$n=4$。

电路的主控器件是双向晶闸管 VS，由超长延时电路触发。超长延时电路启动后，或门 D_1 输出高电平“1”，经电阻 R_9 触发双向晶闸管 VS 导通，接通负载的交流 220V 电源回路，使负载工作。

超长延时结束后，或门 D_1 输出端变为“0”，双向晶闸管 VS 因失去触发电压而在交流电过零时截止，切断了负载的交流 220V 电源回路，负载停止工作。

8.2.4　分段可调延时电路

分段可调延时电路可以实现 1s ~ 60s 和 1min ~ 60min 的延时，分两段控制，电路如图 8-16 所示。C_1、C_2 是定时电容，RP 和 R_2 是定时电阻，RP 同时还是定时时间调节电位器，SB 是启动按钮，S_1 是分段控制开关。

该电路的特点是采用晶体管 VT 构成阻抗变换电路，可将定时电阻的等效阻值提高 β 倍，这样就可以在较小的定时电容和定时电阻的情况下，实现较长时间的延时。

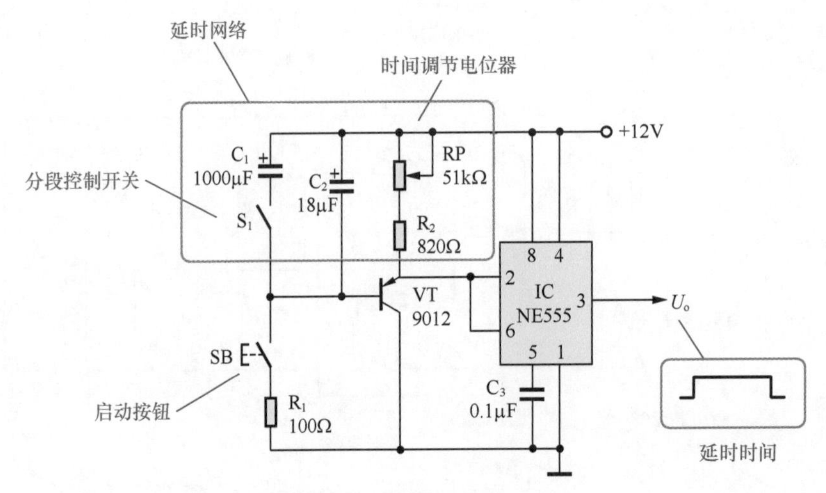

图 8-16　分段可调延时电路

整机电路工作原理和工作过程解读如下。平时，电路输出端（IC 的第 3 脚）为低电平，U_o= 0V。

当按下启动按钮 SB 时，电容 C_2 迅速充满电（C_2 两端电压为 12V，上负下正），PNP 晶体管 VT 的基极电位为“0”，其发射极电位也为“0”（忽略管压降），使时基电路 IC 构成的施密特触发器翻转，输出端（第 3 脚）变为高电平，U_o= 12V，延时开始。

松开 SB 后，电容 C_2 上电压经 VT、R_2 和 RP 缓慢放电，VT 发射极电位也从“0V”开始缓慢上升。当 VT 发射极电位上升到施密特触发器翻转阈值时，施密特触发器再次翻转，输出端（第 3 脚）变为低电平，U_o= 0V，延时结束。

调节电位器 RP 可改变放电的速度，也就改变了延时时间。按照电路图中的参数，调节 RP 可在 1 ~ 60 之间改变延时时间。

开关 S_1 控制着延时时间的计量单位（“s” 或 “min”）。S_1 处于断开状态时，定时电容为 C_2，相应的延时时间为 1 ~ 60s。S_1 处于接通状态时，定时电容为 C_1 与 C_2 并联，相应的延时时间为 1 ~ 60min。

8.2.5　电子时间继电器电路

时间继电器是延时动作的继电器，根据延时结构不同可分为机械延时式时间继电器和电子延时式时间继电器两大类。根据动作特点不同，时间继电器又分为缓吸式时间继电器和缓放式时间继电器两种。缓吸式时间继电器的特点是，继电器电路接通电源后需经一定延时各接点才动作，电路断电时各接点瞬时复位。缓放式时间继电器的特点是，电路通电时各接点瞬时动作，电路断电后各接点需经一定延时才复位。

（1）缓吸式时间继电器

缓吸式时间继电器电路如图 8-17 所示，555 时基电路工作于施密特触发器模式，电位器 RP 与电容 C_1 组成延时电路。

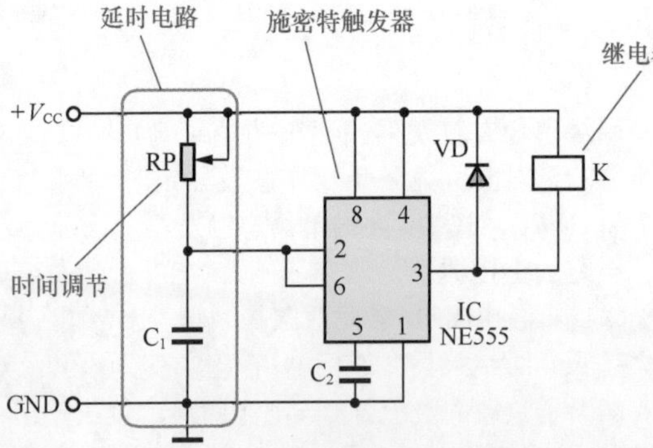

图 8-17　缓吸式时间继电器电路

接通电源后，由于电容器 C_1 上电压不能突变，555 时基电路输出端（第 3 脚）为高电平，所以继电器 K 并不立即吸合。这时电源 $+V_{CC}$ 经 RP 向 C_1 充电，C_1 上电压逐步上升。当 C_1 上电压达到 $\frac{2}{3}V_{CC}$ 时，施密特触发器翻转，555 时基电路输出端（第 3 脚）变为低电平，继电器 K 吸合。延时吸合时间取决于 RP 与 C_1 的大小，调节 RP 可改变延时时间。

切断电源后，继电器 K 因失去工作电压而立即释放。

（2）缓放式时间继电器

缓放式时间继电器电路如图 8-18 所示，555 时基电路工作于施密特触发器模式，电位器 RP 与电

容 C_1 组成延时电路。$+V_{CC1}$ 为控制电源，$+V_{CC2}$ 为工作电源。

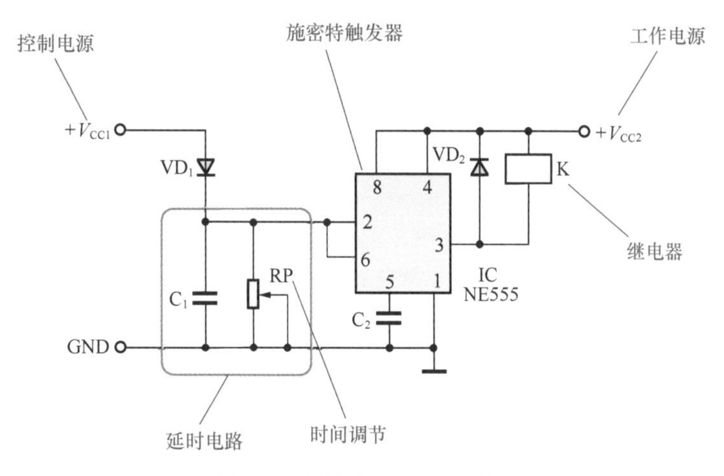

图 8-18　缓放式时间继电器电路

接通电源后，$+V_{CC1}$ 经二极管 VD_1 使 C_1 迅速充满电，555 时基电路输出端（第 3 脚）为低电平，继电器 K 立即吸合。

切断控制电源 $+V_{CC1}$ 后，由于电容器 C_1 上电压不能突变，555 时基电路输出端（第 3 脚）仍维持低电平，所以继电器 K 并不立即释放。这时 C_1 通过 RP 放电，C_1 上电压逐步下降。当 C_1 上电压降到 $\frac{1}{3}V_{CC2}$ 时，施密特触发器翻转，555 时基电路输出端（第 3 脚）变为高电平，继电器 K 释放。延时释放时间取决于 RP 与 C_1 的大小，调节 RP 可改变延时时间。

8.3 定时器电路

定时器电路是一种实用电路，包括固定时间定时器、时间可变定时器、倒计时定时器等。定时器启动后即自动运行，定时时间结束时会发出声、光提示，也可通过晶闸管、继电器等控制负载的动作。

8.3.1 定时电路

时基电路构成的定时电路如图 8-19 所示，时基电路 IC 工作于单稳态触发器模式，C_1、R_1 为定时元件，SB 为触发按钮。每按一下 SB 触发，电路将输出一定时间的高电平。定时时间 $T = 1.1C_1R_1$，可根据需要调节 C_1、R_1。

图 8-20 所示为晶闸管定时器电路，以单向晶闸管 VS 为核心组成，R_1 为定时电阻，C_1 为定时电容，HA 为自带音源讯响器，S 为电源开关。定时时间由 R_1 和 C_1 确定，R_1 和 C_1 越大，定时时间越长。

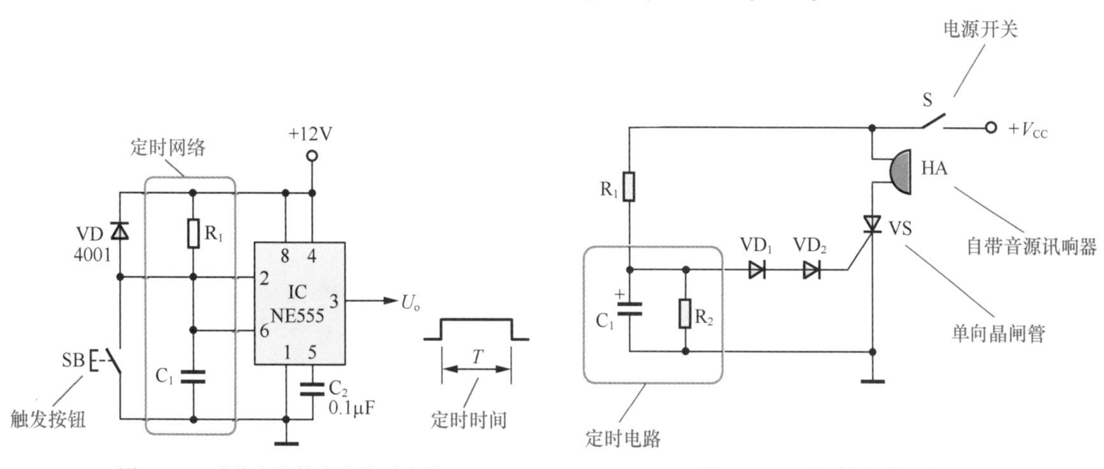

图 8-19　时基电路构成的定时电路　　图 8-20　晶闸管定时器电路

打开电源开关 S 后，电源 $+V_{CC}$ 开始经 R_1 向 C_1 充电。由于电容器两端电压不能突变，C_1 上电压仍为“0”，单向晶闸管 VS 无触发电压而截止，自带音源讯响器 HA 无声。

随着时间的推移，C_1 上所充电压越来越高。当 C_1 上电压达到单向晶闸管 VS 的触发电压时，VS 被触发而导通，自带音源讯响器 HA 发声，提示定时时间结束。

电磁讯响器是一种微型的电声转换器件，应用在一些特定的场合，外形和符号如图 8-21 所示。电磁讯响器分为不带音源讯响器和自带音源讯响器两大类。

不带音源的电磁讯响器相当于一个微型扬声器，工作时需要接入音频驱动信号才能发声。电磁讯响器是运用电磁原理工作的，其内部结构如图 8-22 所示，由线圈、磁铁、振动膜片等部分组成。当给线圈通以音频电流时将产生交变磁场，振动膜片在交变磁场的吸引力作用下振动而发声。电磁讯响器的外壳形成一个共鸣腔，使其发声更加响亮。

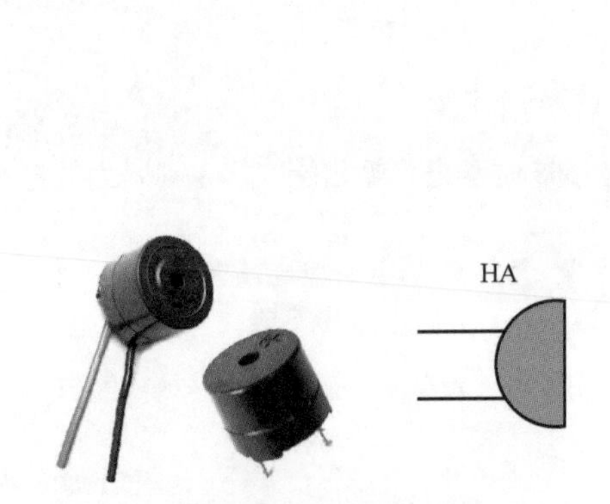

图 8-21　电磁讯响器

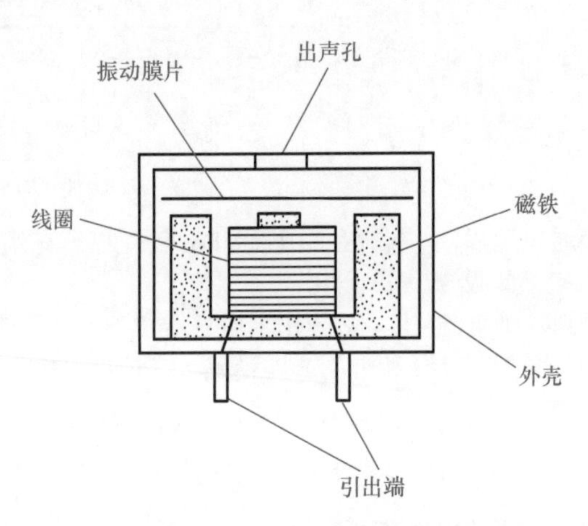

图 8-22　电磁讯响器的内部结构

自带音源讯响器结构如图 8-23 所示，内部包含有音源集成电路，可以自行产生音频驱动信号，工作时不需要外加音频信号，接上规定的直流工作电压后，音源集成电路产生音频信号并驱动电磁讯响器发声。按照所发声音的不同，自带音源讯响器又分为连续长音和断续声音两种。

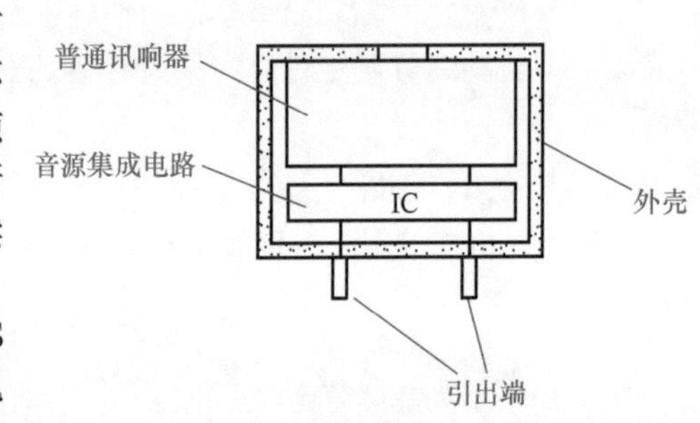

图 8-23　自带音源讯响器结构

晶体二极管 VD_1、VD_2 串联后接在单向晶闸管 VS 的控制极回路中，作用是提高晶闸管控制极的触发电压。因为 C_1 上电压必须超过两个二极管的管压降才能触发晶闸管，从而在同样大小的定时电阻与电容的情况下，获得更长的定时时间。R_2 为 C_1 的泄放电阻，定时结束切断电源开关 S 后，可以迅速将 C_1 上电压放掉，以利于再次启动定时器。

8.3.2　声光提示定时器

声光提示定时器具有定时工作指示灯，在定时结束时同时发出声、光提示。声光提示定时器电路如图 8-24 所示，由单向晶闸管 VS 和晶体管 VT_1 ~ VT_3 等组成，VD_2 和 VD_3 是发光二极管，HA 是自带音源讯响器，S 是电源开关，SB 是启动按钮。

晶体管 VT_1、VT_2 交叉耦合构成单稳态触发器，单稳态触发器的特点是只有一个稳定状态，另外还有一个暂时的稳定状态（暂稳态）。在没有外加触发信号时，电路处于稳定状态。在外加触发信号的作用下，电路就从稳定状态转换为暂稳态，并且在经过一定的时间后，电路能够自动地再次转换回到稳定状态。定时时间取决于单稳态触发器的暂稳态时间（也就是输出脉宽），由 C_1 经 R_2 的放电时间决定，输出脉宽 $T_W = 0.7R_2C_1$。

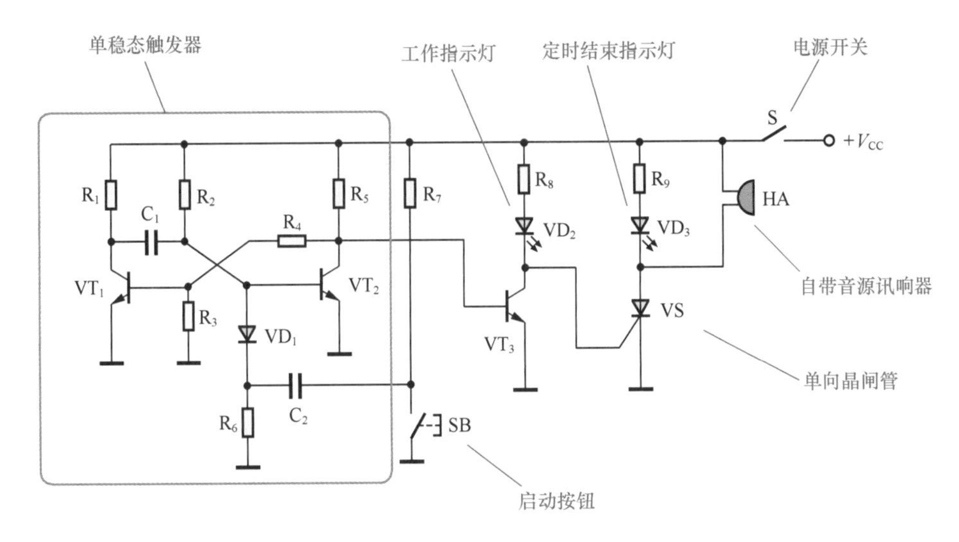

图 8-24　声光提示定时器电路

晶体管 VT_3、单向晶闸管 VS 等构成指示和提示电路。绿色发光二极管 VD_2 为定时器工作指示灯，由晶体管 VT_3 控制，R_8 为其限流电阻。红色发光二极管 VD_3 为定时结束提示灯，R_9 为其限流电阻。VD_3 与自带音源讯响器 HA 均由晶闸管 VS 控制。

应用定时器时，按一下启动按钮 SB，触发单稳态触发器翻转至暂稳态，VT_2 集电极输出高电平，使晶体管 VT_3 导通，VD_2 发光(绿色)表示定时器已工作。此时晶闸管 VS 因控制极无触发电压而截止，VD_3 不发光，HA 不发声。

定时结束时，单稳态触发器自动回复稳态，VT_2 集电极输出为“0”，使晶体管 VT_3 截止，VD_2 熄灭。同时 VT_3 的集电极电压加至晶闸管 VS 控制极，触发 VS 导通，使 VD_3 发光（红色）、讯响器 HA 发声，提示定时已结束。切断电源开关 S 后，提示声光停止。

8.3.3　时间可调定时器

时间可调定时器的定时时间可根据需要设定，最短为 1s，最长为 1000s。在定时时间内，发光二极管点亮进行指示。定时时间结束，发出 6s 左右的提示音。

图 8-25 所示为时间可调定时器电路。电路采用了两个集成单稳态触发器，第一个单稳态触发器 IC_1 构成定时器主体电路，第二个单稳态触发器 IC_2 构成提示音电路。SB 为定时启动按钮，S_2 为电源开关。电路包括开机清零、定时控制、提示音控制、发光指示和发声提示等组成部分。

（1）定时控制电路

定时控制电路由集成单稳态触发器 IC_1 等构成，采用 TR+ 输入端触发，当按下启动按钮 SB 时，正触发脉冲加至 TR+ 端，IC_1 被触发，其输出端 Q 便输出一个宽度为 T_W 的高电平信号。

输出脉宽 T_W 由定时电阻 R 和定时电容 C 决定，$T_W = 0.7RC$，改变定时元件 R 和 C 的大小即可改变定时时间。电路中，定时电阻 R 等于 RP 与 R_2 之和，定时电容 C 等于 C_1、C_2、C_3 中被选中的一个。

S_1 为定时时间设定波段开关，S_1 指向 C_1 时，定时时间为 1 ~ 10s（由 RP 调节，下同）；S_1 指向 C_2 时，定时时间为 10 ~ 100s；S_1 指向 C_3 时，定时时间为 100 ~ 1000s。RP 为定时时间调节电位器，因为定时电阻 $R = RP + R_2$，调节 RP，可使 R 最小为 330kΩ、最大为 3.33MΩ，调节率达 10 倍。

（2）发光指示电路

晶体管 VT_1 和发光二极管 VD 等构成发光指示电路。当集成单稳态触发器 IC_1 输出端 Q 为高电平时，晶体管 VT_1 导通使发光二极管 VD 发光。R_4 为 VD 的限流电阻，改变 R_4 可调节 VD 的发光亮度。

（3）提示音电路

集成单稳态触发器 IC_2 等构成提示音控制电路，工作时间由 R_6、C_5 确定，约为 6s。当 IC_1 定时结束时，其$\overline{Q}$端由低电平变为高电平，上升沿加至 IC_2 的 TR+ 端，IC_2 被触发，IC_2 的 Q 端便输出一个宽度为 6s 左右的高电平信号，使发声提示电路工作。

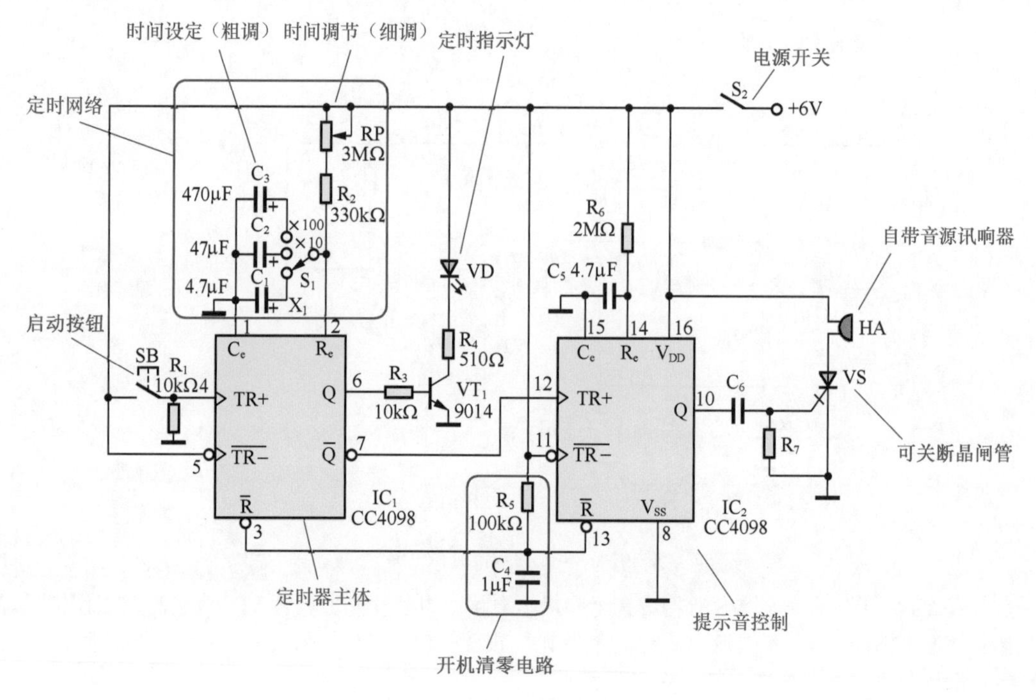

图 8-25　时间可调定时器电路

可关断晶闸管 VS 和自带音源讯响器 HA 等构成声音提示电路。当集成单稳态触发器 IC_2 输出端 Q 变为高电平时，其上升沿经 C_6、R_7 微分电路产生正脉冲触发可关断晶闸管 VS 导通，使自带音源讯响器 HA 发出提示音。当 IC_2 暂稳态结束、输出端 Q 回复低电平时，其下降沿经 C_6、R_7 微分电路产生负脉冲触发可关断晶闸管 VS 截止，使 HA 停止发声。

（4）开机清零电路

为了防止开机时定时器被误触发，电路中设计了开机清零电路，由 R_5、C_4 等构成。在接通电源开关 S_2 的瞬间，因 C_4 上电压不能突变，$U_{C4}=0$，加至两个单稳态触发器的$\overline{R}$端使其清零。

8.3.4　实用的电子定时器

实用电子定时器由 555 时基电路构成，电路如图 8-26 所示。555 时基电路具有较强的驱动能力，可以直接驱动发光二极管和电磁讯响器，构成的定时器电路简洁可靠。定时时间分三挡连续可调，S_1 为分挡开关，RP 为调时电位器。

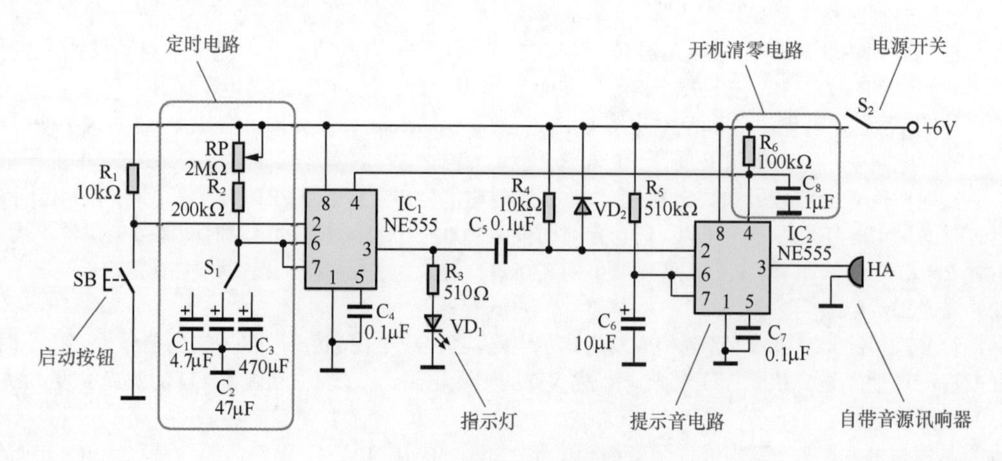

图 8-26　实用电子定时器电路

SB 为定时启动按钮，当按下启动按钮 SB 时，负触发脉冲加至时基电路 IC_1 的第 2 脚，IC_1 构成的单稳态触发器被触发，其输出端（第 3 脚）便输出一个宽度为 T_W 的高电平信号，这时定时指示灯 VD_1 点亮发光。

输出脉宽 T_W 由定时电阻 R 和定时电容 C 决定，$T_W = 1.1RC$，改变定时元件 R 和 C 的大小即可改变定时时间。本电路中，定时电阻 R 等于 RP 与 R_2 之和，定时电容 C 等于 C_1、C_2、C_3 中被选中的一个。C_1、C_2、C_3 容量以 10 倍递增，所以每挡定时时间也是以 10 倍递增。

调节定时时间时，首先用分挡开关 S_1 进行粗调，选择 C_1 的定时时间为 1～10s，选择 C_2 的定时时间为 10～100s，选择 C_3 的定时时间为 100～1000s。然后用定时电位器 RP 进行细调，选择所需的定时时间。

定时时间结束，时基电路 IC_1 输出端（第 3 脚）由高电平变为低电平，下降沿经 C_5、R_4 微分后，负脉冲加至时基电路 IC_2 的第 2 脚，触发 IC_2 翻转，驱动自带音源讯响器 HA 发出 6s 的提示音。

R_6、C_8 等构成开机清零电路。两个时基电路的复位端（第 4 脚）不是直接接电源，而是接在电容 C_8 上。在接通电源开关 S_2 的瞬间，因 C_8 上电压不能突变，$U_{C8} = 0$，加至两个时基电路的复位端（第 4 脚）使其清零。一定时间后 C_8 充满电，复位端（第 4 脚）电压上升为 +6V，两个时基电路进入正常工作状态。

8.3.5　数显倒计时定时器

数显倒计时定时器的用途很广泛。它可以用作定时器，控制被定时电器的工作状态，定时开或者定时关，最长定时时间 99min，在定时的过程中，随时显示剩余时间；还可以用作倒计时计数，最长倒计时时间 99s，由两位 LED 数码管直观显示倒计时计数状态。倒计时结束时有提示音。

（1）电路工作原理

图 8-27 所示为倒计时定时器电路图，最大计时数“99”，计时间隔为“1”，计时单位为 s 或 min（由选择开关控制），倒计时初始时间可以预置。采用两位 LED 数码管显示。倒计时结束时有提示音，同时具有“通”“断”两种控制形式。

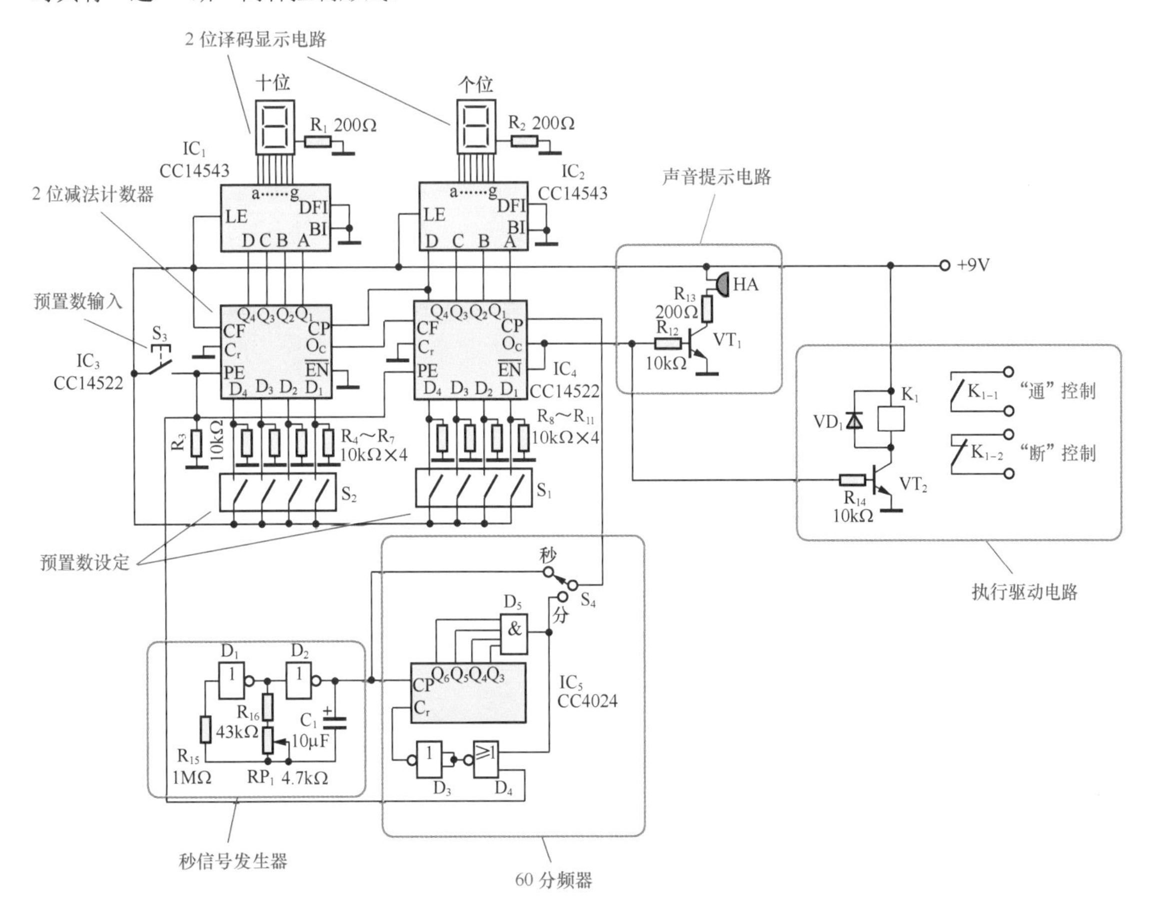

图 8-27　倒计时定时器电路图

倒计时定时器电路包括：① IC_3 和 IC_4 构成的两位可预置数减计数器；② IC_1、IC_2 以及 LED 数码管等构成的两位译码显示电路；③ 非门 D_1、D_2 等构成的秒信号产生电路；④ IC_5、与门 D_5 等构成的 60 分频器；⑤ 晶体管 VT_1、VT_2 以及讯响器 HA 和继电器 K_1 等组成的提示和执行电路。S_1、S_2 为预置数设定开关，S_3 为启动按钮，S_4 为秒 / 分选择开关。图 8-28 所示为倒计时定时器电路原理方框图。

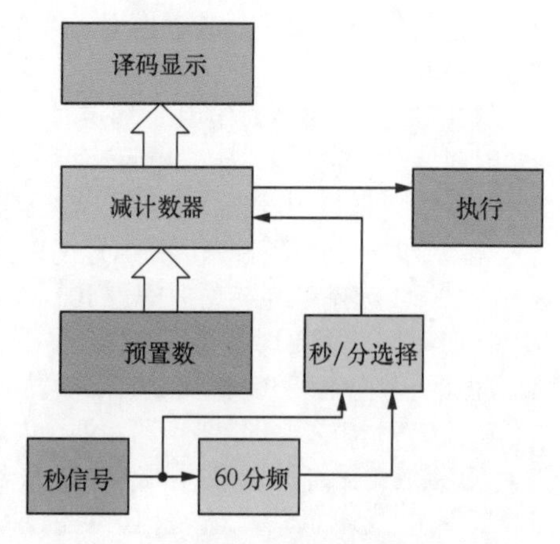

图 8-28　倒计时定时器电路原理方框图

电路工作原理如下：

倒计时定时器的核心是可预置数减计数器 IC_3、IC_4，其初始数由拨码开关 S_1、S_2 设定，其输出状态由 BCD 码 -7 段译码器 IC_1、IC_2 译码后驱动 LED 数码管显示。非门 D_1、D_2 产生的秒信号脉冲，以及经 IC_5 等 60 分频后得到的分信号脉冲，由开关 S_4 选择后作为时钟脉冲送入减计数器的 CP 端。

当按下启动按钮 S_3 后，S_1 与 S_2 设定的预置数进入减计数器，数码管显示出该预置数。然后减计数器就在时钟脉冲 CP 的作用下进行减计数，数码管亦进行同步显示。

当倒计时结束，减计数器显示为“00”时，输出高电平使 VT_1、VT_2 导通，继电器 K_1 吸合，其常开接点 K_{1-1} 闭合，接通被控电器；其常闭接点 K_{1-2} 断开，切断被控电器。同时，自带音源讯响器 HA 发出提示音。

（2）门电路多谐振荡器

CMOS 门电路输入阻抗很高，构成多谐振荡器容易获得较大的时间常数，尤其适用于低频时钟振荡电路。本电路中，非门 D_1、D_2 等构成多谐振荡器，产生秒信号脉冲，振荡周期 $T \approx 2.2(R_{16}+RP_1)C_1$，可通过 RP_1 进行微调，使其为标准的 1s。R_{15} 是补偿电阻，可提高振荡频率的稳定度。

（3）60 分频器

当倒计时定时器以“分”为计时单位时，需要每分钟 1 个脉冲的时钟信号，它是由秒信号经过 60 分频后得到的。

60 分频器电路由 IC_5、D_5 等组成，如图 8-29（a）所示。IC_5 采用 7 位二进制串行计数器 CC4024，$Q_1 \sim Q_7$ 分别为 7 位计数单元的输出端。从图 8-29（b）计数状态表可见，当第 60 个脉冲到达，计数状态为“0111100”时，与门 D_5 输出一高电平使 IC_5 清零，计数状态回复为“0000000”，并开始新的一轮计数。D_5 输出信号为输入信号 f 的 1/60，实现了 60 分频。

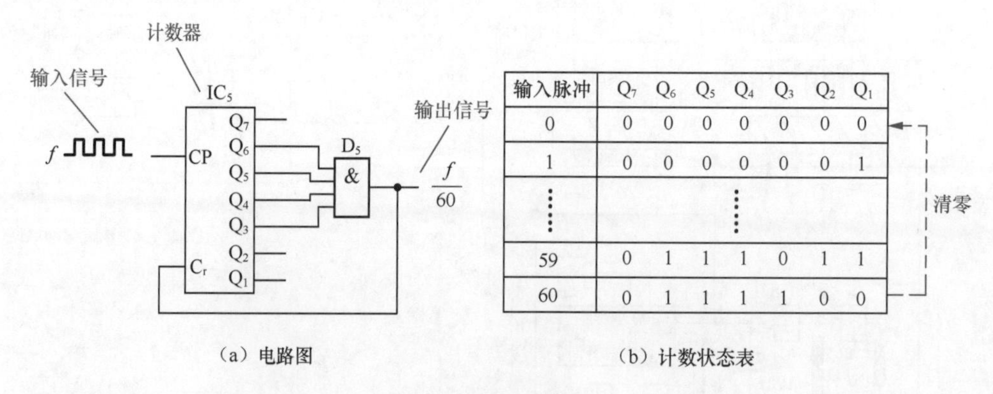

输入脉冲	Q_7	Q_6	Q_5	Q_4	Q_3	Q_2	Q_1
0	0	0	0	0	0	0	0
1	0	0	0	0	0	0	1
⋮				⋮			
59	0	1	1	1	0	1	1
60	0	1	1	1	1	0	0

（a）电路图　　（b）计数状态表

图 8-29　60 分频器

（4）减计数器

电路的核心是可预置数减计数器，由集成电路 CC14522 构成。CC14522 是可预置数的二 - 十进制 $\frac{1}{N}$ 计数器，各引脚功能如图 8-30 所示。IC_3、IC_4 的预置数输入端 $D_1 \sim D_4$ 的状态由拨码开关 S_1、S_2 设定，开关断开为“0”、闭合为“1”。

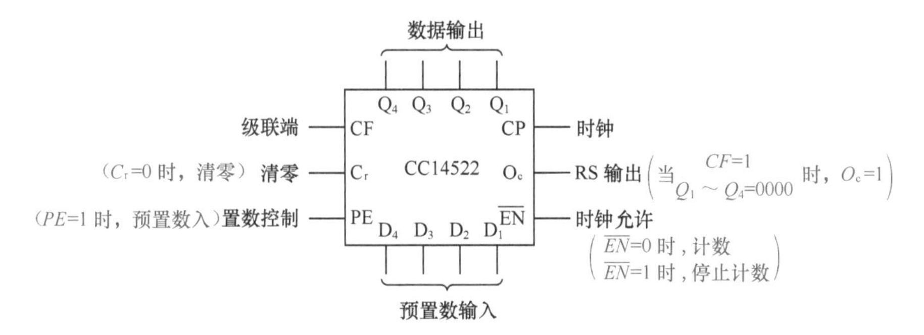

图 8-30　CC14522 引脚功能

当按下启动按钮 S_3 时，高电平加至 IC_3 和 IC_4 的“PE”端，使设定的预置数进入计数器中，然后计数器就在时钟脉冲作用下进行减计数。减计数过程如下。

当个位计数器（IC_4）减到“0000”时，再输入一个时钟脉冲，就跳变为其最高位“1001”，其 Q_4 端输出一“1”脉冲（可理解为借位信号）使十位计数器（IC_3）减 1。

当十位计数器减至“0000”时，其“O_C”端变为“1”，使个位计数器的“CF”端为“1”。

当个位计数器再减至“0000”时，其“O_C”端变为“1”，并使本位的“$\overline{EN}$”端为“1”，计数停止。个位计数器的“O_C”端为两位减计数器的输出端。

（5）译码显示电路

减计数器的输出状态由 LED 数码管显示。译码器 IC_1、IC_2 采用 BCD-7 段锁存译码集成电路 CC14543，将减计数器 IC_3、IC_4 输出端（Q 端）的 4 位 BCD 码（二 - 十进制 8421 码）译码后，驱动 7 段 LED 数码管显示，如图 8-31 所示。由于采用共阴数码管，所以 IC_1、IC_2 的“DFI”端接地。R_1、R_2 为数码管限流电阻。

LED 数码管是最常用的一种字符显示器件，它是将若干发光二极管按一定图形组织在一起构成的。LED 数码管具有许多种类，按显示字形分为数字管和符号管；按显示位数分为一位、两位和多位数码管；按内部连接方式分为共阴极数码管和共阳极数码管两种；按字符颜色分为红色、绿色、黄色和橙色等。7 段数码管是应用较多的一种数码管，外形和符号如图 8-32 所示。

图 8-31　显示电路　　图 8-32　7 段数码管的外形及符号

一位共阴极 LED 数码管共 10 个管脚，其中第 3、第 8 两管脚为公共负极（该两管脚内部已连接在一起），其余 8 个管脚分别为 7 段笔画和 1 个小数点的正极，如图 8-33 所示。

一位共阳极 LED 数码管共 10 个管脚，其中第 3、第 8 两管脚为公共正极（该两管脚内部已连接在一起），其余 8 个管脚分别为 7 段笔画和 1 个小数点的负极，如图 8-34 所示。

两位共阴极 LED 数码管共 18 个管脚，其中第 6、第 5 两管脚分别为个位和十位的公共负极，其余 16 个管脚分别为个位和十位的笔画与小数点的正极，如图 8-35 所示。

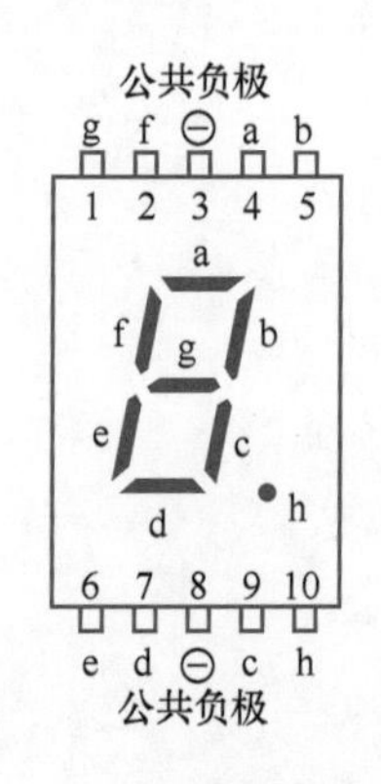

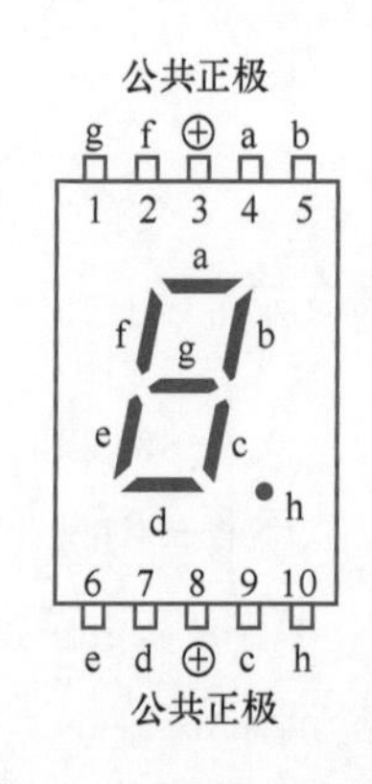

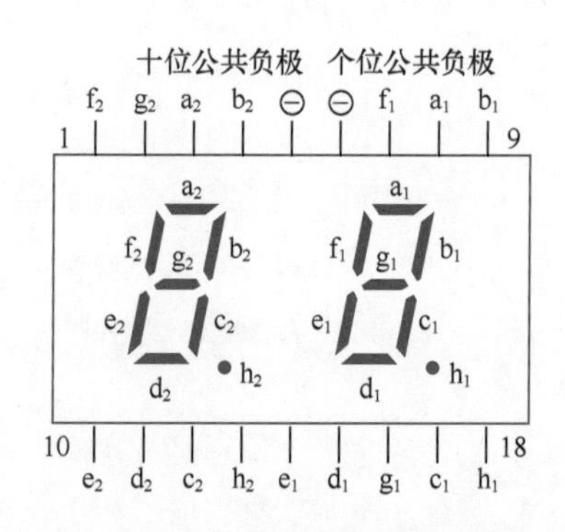

图 8-33　一位共阴极 LED 数码管　图 8-34　一位共阳极 LED 数码管　　图 8-35　两位共阴极 LED 数码管

LED 数码管的显示原理是，将数码管的 7 个笔画段组成“8”字形，能够显示“0~9”十个数字和“A~F”六个字母，如图 8-36 所示，可以用于二进制、十进制以及十六进制数的显示。

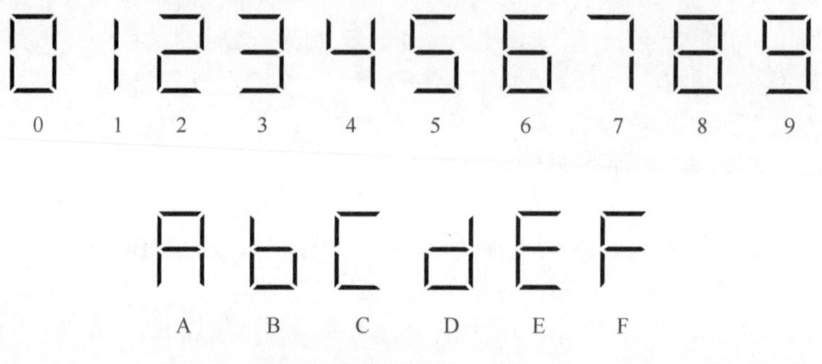

图 8-36　LED 数码管显示字形

LED 数码管的特点是发光亮度高、响应时间快、高频特性好、驱动电路简单等，而且体积小、重量轻、寿命长和耐冲击性能好，在字符显示方面应用广泛。

8.3.6　时基电路倒计时定时器

时基电路构成的倒计时定时器电路如图 8-37 所示，采用两位 LED 数码管显示剩余时间，时间单位分为“秒”与“分”两挡，由选择开关 S_4 控制。双向晶闸管 VS 构成执行电路，控制负载的工作与否。倒计时结束时发出声音提示。

该倒计时定时器电路的特点是，555 时基电路 IC_6 等构成多谐振荡器，为减计数器 IC_3、IC_4 提供时钟脉冲。IC_3、IC_4 构成两位数减计数器，并由两位 LED 数码管显示，IC_4 的 CP 端每输入一个时钟脉冲，显示数便减“1”。

555 时基电路 IC_6 输出端（第 3 脚）输出为每秒一个的秒脉冲信号，使减计数器每秒减“1”，相应地最大倒计时时间为 99s。

集成电路 IC_5 等构成 60 分频器，将 555 时基电路 IC_6 输出的秒脉冲 60 分频，得到每分钟一个的分脉冲信号，使减计数器每分钟减“1”，相应地最大倒计时时间为 99min。S_4 为秒 / 分选择开关，控制“秒脉冲”还是“分脉冲”接入减计数器，也就是控制倒计时定时器的计时单位是“秒”还是“分”。

倒计时定时器的起始数字最大为“99”，但不一定是“99”，可以是 1 ~ 99 的任何数，由预置数设定开关 S_1、S_2 设定。S_1、S_2 均为 4 位拨码开关，以 BCD 码形式分别预置“个位”“十位”的起始数，接通为“1”，断开为“0”。

举例一，当 S_1、S_2 设定预置数为“60”，S_4 选择“秒”时，按下启动按钮 S_3，倒计时时间即为 60 秒，LED 数码管显示数从“60”开始每秒递减，直至“00”。

举例二，当 S_1、S_2 设定预置数为“25”，S_4 选择“分”时，按下启动按钮 S_3，倒计时时间即为 25 分钟，LED 数码管显示数从“25”开始每分钟递减，直至“00”。

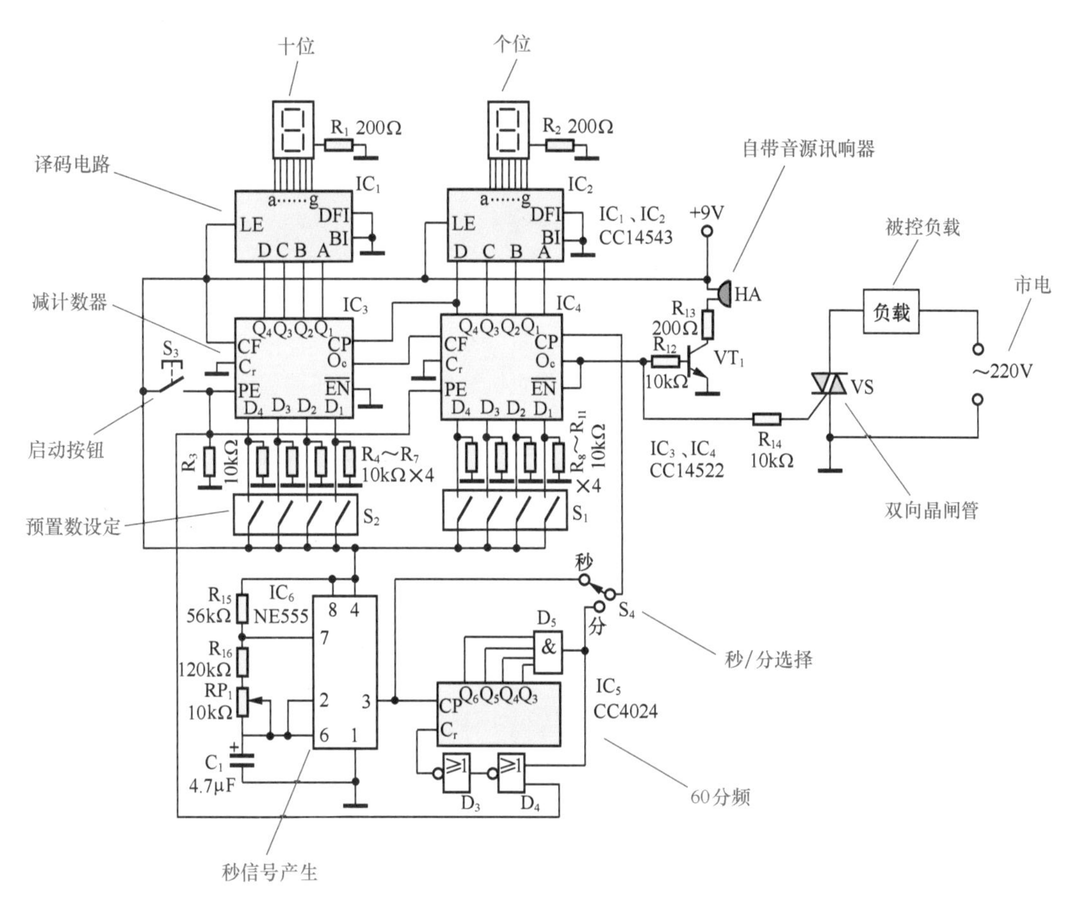

图 8-37　时基电路倒计时定时器

第9章 电动机控制电路图的识读

电动机是最常用的电动动力设备，也是各种电器设备的动力装置，使用面广、量大。电动机控制电路是电工电路的组成部分，包括直流电机、交流电机等各种大小电机的驱动电路、控制电路、调速电路、自动控制电路等。正确识读电动机控制电路图，是熟练掌握电动机控制原理、灵活控制应用电动机的基础。

9.1 直流电机驱动与调速电路

直流电机控制电路主要包括电机同相驱动电路、电机反相驱动电路、电机桥式驱动电路、直流电机调速电路等。

9.1.1 电机同相驱动电路

图9-1所示为直流电机同相驱动电路，即输入控制信号高电平时电机转动。555时基电路（IC）构成施密特触发器，直流电机M接在IC第3脚与电源 $+V_{CC}$ 之间。当输入控制信号 $U_i=1$ 时，IC第3脚输出为低电平，直流电机M转动。当输入控制信号 $U_i=0$ 时，IC第3脚输出为高电平，直流电机M停转。

时基电路有单时基电路、双时基电路、双极型时基电路和CMOS型时基电路等种类。双极型时基电路具有200mA的驱动能力，用它构成电机驱动电路十分方便，特别是对于工作电流不超过200mA的直流电机，可以直接驱动而省去功率开关元件。CMOS型时基电路功耗低、输入阻抗高，更适合作长延时电路。

时基集成电路简称时基电路，是一种将模拟电路和数字电路结合在一起、能够产生时间基准和完成各种定时或延迟功能的非线性集成电路。图9-2所示为时基集成电路外形和符号。

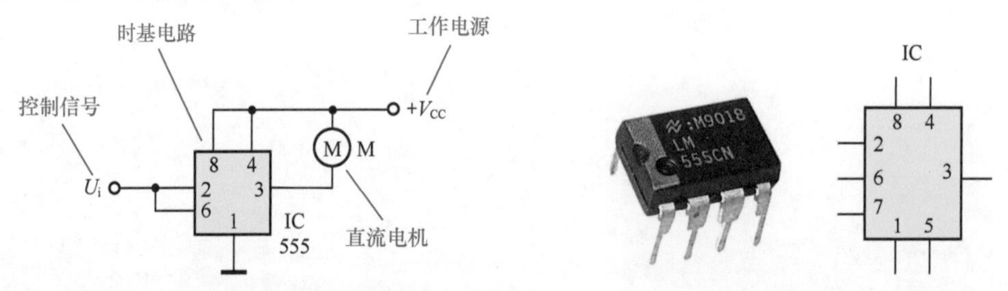

图9-1 直流电机同相驱动电路　　图9-2 时基集成电路外形及符号

图9-3所示为时基电路内部原理方框图。电阻 R_1、R_2、R_3 组成分压网络，为 A_1、A_2 两个电压比较器提供 $\frac{2}{3}V_{CC}$ 和 $\frac{1}{3}V_{CC}$ 的基准电压。两个比较器的输出分别作为RS触发器的置"0"信号和置"1"信号。输出驱动级和放电管VT受RS触发器控制。由于分压网络的三个电阻 R_1、R_2、R_3 均为5kΩ，所以该集成电路也被称为555时基电路。

时基电路的工作原理是：当置"0"输入端 $R \geqslant \frac{2}{3}V_{CC}$ 时（$\overline{S}>\frac{1}{3}V_{CC}$），上限比较器 A_1 输出为"1"，使电路输出端 U_o 为"0"，放电管VT导通，DISC端为"0"。

当置"1"输入端 $\overline{S} \leqslant \frac{1}{3}V_{CC}$ 时（$R<\frac{2}{3}V_{CC}$），下限比较器 A_2 输出为"1"，使电路输出端 U_o 为"1"，

放电管 VT 截止，DISC 端为“1”。

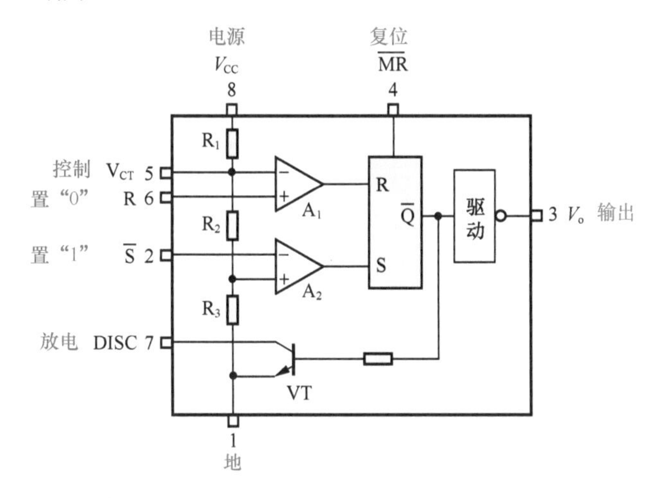

图 9-3　时基电路内部方框图

$\overline{MR}$为复位端，当$\overline{MR}=0$时，$U_o=0$，$DISC=0$。

时基电路的典型工作模式有单稳态触发器模式、双稳态触发器模式、多谐振荡器模式、施密特触发器模式等四种。时基电路的主要用途是定时、振荡和整形，广泛应用在延时、定时、多谐振荡、脉冲检测、波形发生、波形整形、电平转换和自动控制等领域。

9.1.2 电机反相驱动电路

图 9-4 所示为直流电机反相驱动电路，即输入控制信号低电平时，电机转动。555 时基电路（IC）构成施密特触发器，直流电机 M 接在 IC 第 3 脚与地之间。当输入控制信号 $U_i=0$ 时，IC 第 3 脚输出为高电平，直流电机 M 转动。当输入控制信号 $U_i=1$ 时，IC 第 3 脚输出为低电平，直流电机 M 停转。

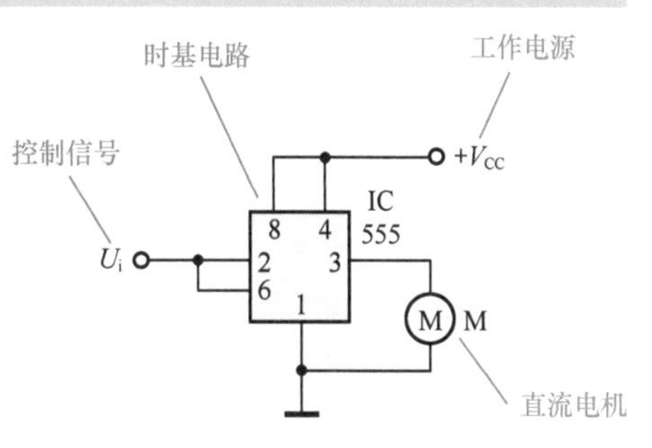

图 9-4　直流电机反相驱动电路

9.1.3 电机桥式驱动电路

图 9-5 所示为直流电机桥式驱动电路，可控制电机的正、反转。两个 555 时基电路 IC_1、IC_2 均构成施密特触发器，直流电机 M 接在 IC_1、IC_2 两个输出端之间。

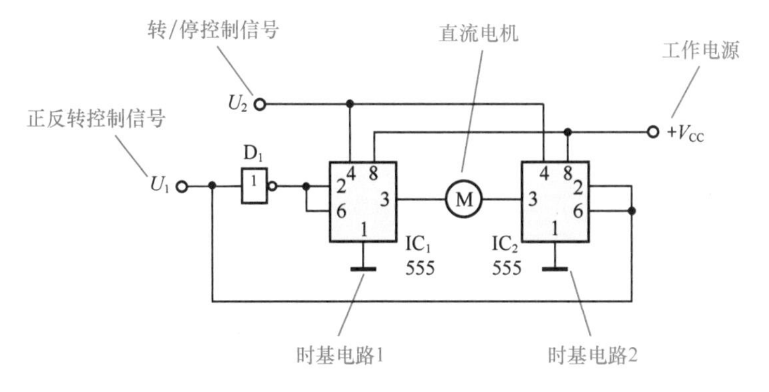

图 9-5　直流电机桥式驱动电路

电机正转与反转由控制信号 U_1 决定。当 $U_1=1$ 时，使 IC_2 第 3 脚输出为低电平（VT_{21} 截止，VT_{22}

导通），同时经非门 D_1 反相后使 IC_1 第 3 脚输出为高电平（VT_{11} 导通，VT_{12} 截止），直流电机 M 正转，电流 I_{M1} 如图 9-6 中红色虚线所示。

当 $U_1=0$ 时，使 IC_2 第 3 脚输出为高电平（VT_{21} 导通，VT_{22} 截止），同时经非门 D_1 反相后使 IC_1 第 3 脚输出为低电平（VT_{11} 截止，VT_{12} 导通），直流电机 M 反转，电流 I_{M2} 如图 9-6 中绿色点画线所示。

电机转动与停转由控制信号 U_2 决定。U_2 控制着两个 555 时基电路的复位端 $\overline{MR}$（第 4 脚）。当 $U_2=1$ 时，IC_1、IC_2 正常工作，电机 M 在 U_1 的控制下正转或反转。$U_2=0$ 时，IC_1、IC_2 均输出为“0”，电机 M 停转。

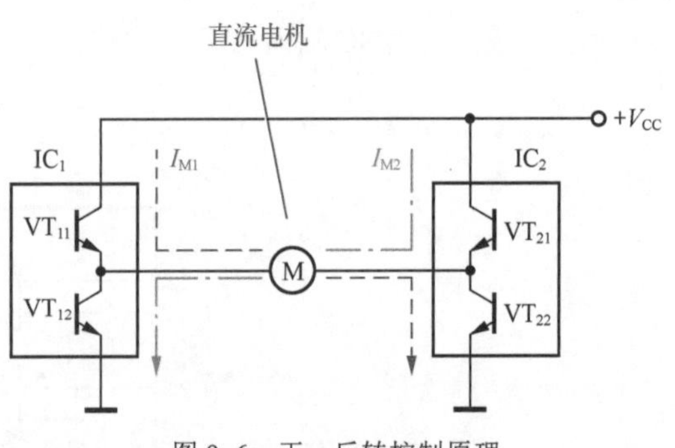

图 9-6 正、反转控制原理

9.1.4 直流电机调速电路

图 9-7 所示为采用脉宽调速方式的直流电机调速电路，555 时基电路（IC）构成占空比可调的多谐振荡器，振荡频率一般在 3kHz ~ 5kHz 之间进行选择。VT 是功率开关管，R_3 是其基极电阻。

555 时基电路（IC）第 3 脚输出的脉冲信号，经 R_3 控制功率开关管 VT 的导通与截止，驱动直流电机 M 转动。脉冲信号的占空比越大，通过电机的平均电流就越大，电机的转速就越快。脉冲信号的占空比越小，通过电机的平均电流就越小，电机的转速就越慢。RP 是占空比调节电位器，因此也就是电机速度调节电位器。

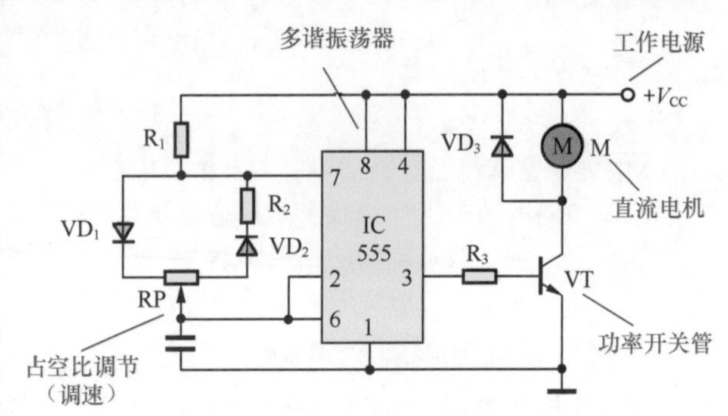

图 9-7 采用脉宽调速方式的直流电机调速电路

VD_3 是续流二极管，在功率开关管截止期间为电机电流提供通路，既保证电机电流的连续性，又防止电机线圈的自感反压损坏功率开关管。

9.2 交流电机控制电路

交流电机控制电路主要有交流电机间接控制电路、三相电机正反转控制电路、远距离控制三相电机电路、双按钮控制电机正反转电路、电机间歇运行控制电路、电机自动再启动电路、多处控制电机电路等。

9.2.1 交流电机间接控制电路

图 9-8 所示为交流电机间接控制电路。开关 SB 并不直接控制交流电机的电源，而是控制光电耦合器 IC 的输入信号。当按下按钮开关 SB 时，光电耦合器输出端三极管导通，产生触发电压触发双向晶闸管 VS 导通，交流电机 M 转动。由于光电耦合器的作用，只需控制 3V 低压直流电即可间接控制交流 220V 电源，实现了低压直流电路与高压交流电路的完全隔离。

光电耦合器原理如图 9-9 所示，内部包括一个发光二极管和一个光电三极管。当输入端加上直流低压时，发光二极管发光，光电三极管接受光照后就导通，接通交流电源回路，从而实现了间接控制。

光电耦合器的特点是输入端与输出端之间既能传输电信号，又具有电的隔离性，并且传输效率高、隔离度好、抗干扰能力强、使用寿命长，在隔离耦合、电平转换、继电控制等方面得到广泛的应用。

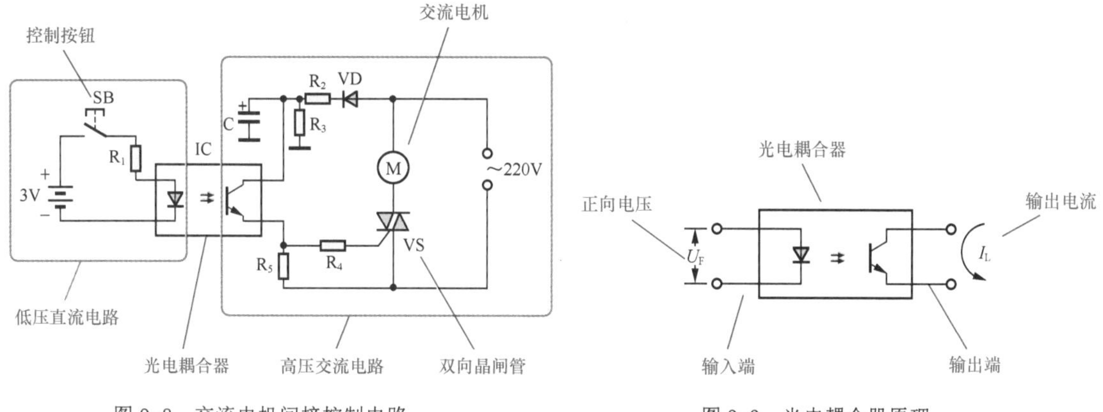

图 9-8　交流电机间接控制电路　　　图 9-9　光电耦合器原理

9.2.2　三相电机控制电路

图 9-10 所示为三相交流电机控制电路，Q 为电力开关，控制交流电机的三相电源。当合上开关 Q 时，接通了三相电源，交流电机转动。当分断开关 Q 时，切断了三相电源，交流电机停转。FU_1、FU_2、FU_3 分别是 A、B、C 三相电源的熔断器。

9.2.3　三相电机正反转控制电路

图 9-11 所示为三相交流电机正、反转控制电路，控制开关 Q 是三极三位开关，控制着 A、B、C 三相电源的接入方式，从而达到控制三相交流电机正转或反转的目的。

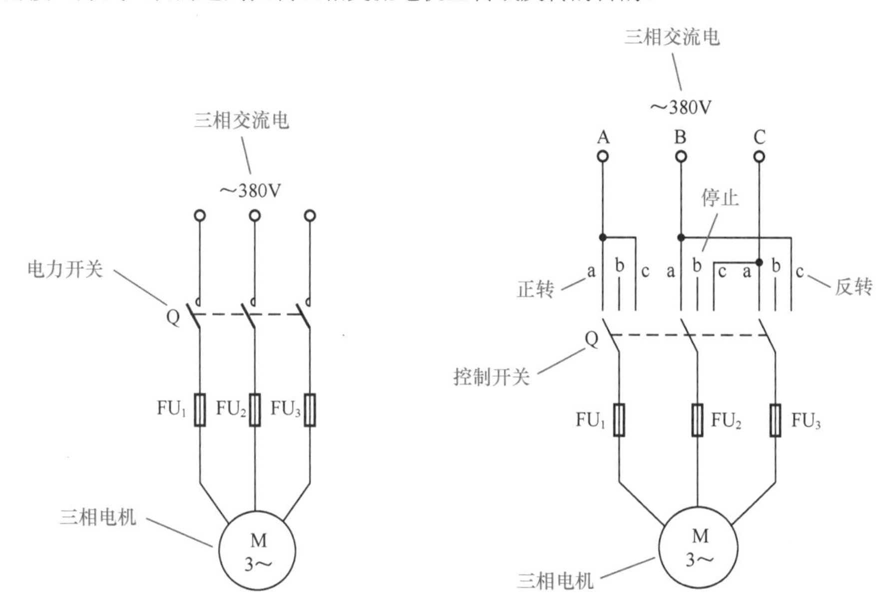

图 9-10　三相电机控制电路　　　图 9-11　三相电机正、反转控制电路

当控制开关 Q 拨至“a”位时，接通了交流电机的三相电源，电机正转。当控制开关 Q 拨至“b”位时，切断了交流电机的三相电源，电机停转。当控制开关 Q 拨至“c”位时，同样是接通了交流电机的三相电源，但 A 相与 B 相调换了位置，使得电机反转。

9.2.4　远距离控制三相电机电路

图 9-12 所示为采用交流接触器构成的远距离控制三相电机电路，控制开关 S 可置于远离电机的地方。当 S 闭合时，交流接触器 KM 得电吸合，接通电机的三相电源使其工作。当 S 断开时，交流接触器 KM 失电释放，切断电机的三相电源使其停止工作。

电路的核心器件是交流接触器，它是利用电磁铁原理工作的，主要应用在交流电机等设备的主电路和交流供电系统，作间接或远距离控制用。交流接触器由线圈、铁芯、衔铁、压簧和触点等组成，外形和符号如图 9-13 所示，结构原理如图 9-14 所示。三相交流接触器至少具有三组常开触点，有的还有常闭触点和更多常开触点，图中仅示出一组常开触点和一组常闭触点。

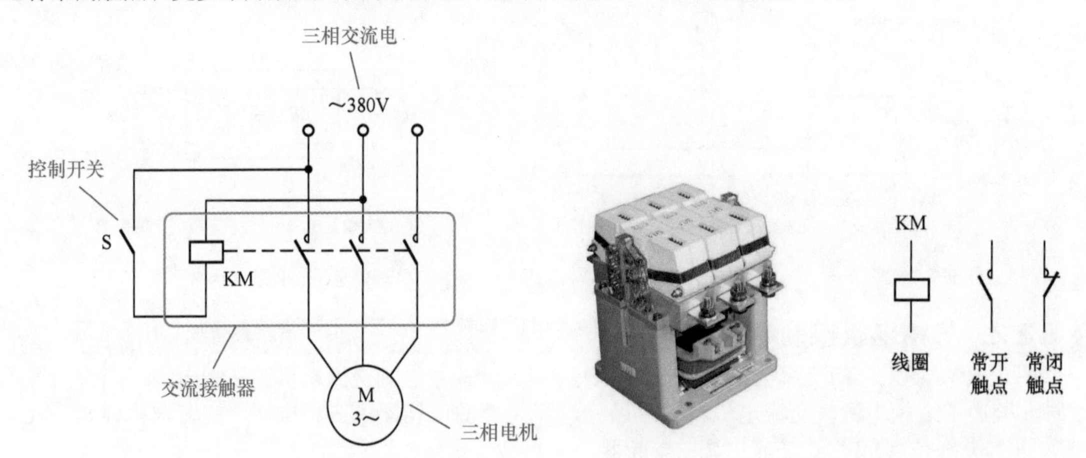

图 9-12　采用交流接触器构成的远距离控制三相电机电路　　图 9-13　交流接触器的外形和符号

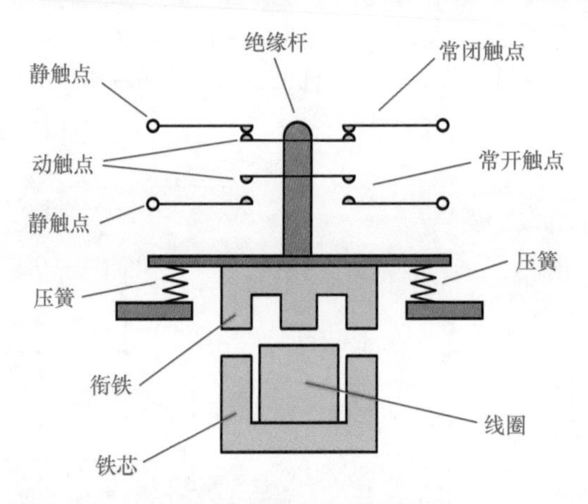

图 9-14　交流接触器结构原理

平时，衔铁在压簧的作用下弹起，各触点处于静止状态，常开触点断开、常闭触点接通。当给线圈通以工作电流时，铁芯产生电磁力将衔铁吸下，衔铁向下运动时，通过固定在衔铁上的绝缘杆带动各动触点同步向下运动，使常闭触点断开、常开触点接通，相应负载电路工作。当线圈断电时，铁芯失去电磁力，衔铁在压簧的作用下弹起并带动各触点回复静止状态，相应负载电路停止工作。

9.2.5　按钮控制电机电路

图 9-15 所示为按钮控制交流电机电路，适用于需要频繁启动、停止，运转时间短暂的场合。SB 为控制用按钮开关，KM 为交流接触器。按下按钮 SB 时，接通交流接触器 KM 的绕组电源，其主触点吸合，接通交流电机电源使其转动。松开按钮 SB 时，交流接触器 KM 的绕组断电，其主触点释放，切断交流电机电源使其停转。

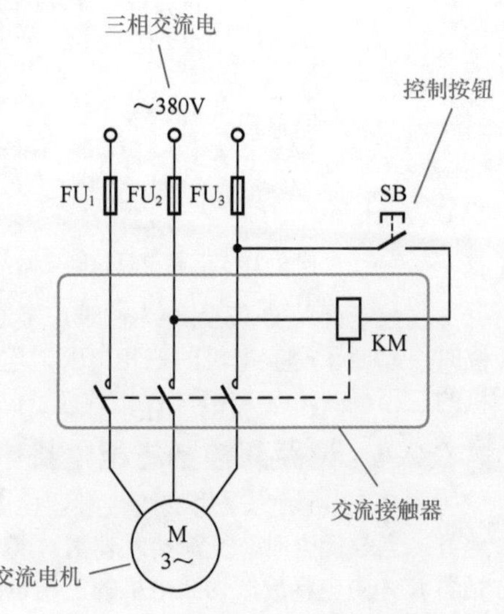

图 9-15　按钮控制交流电机电路

9.2.6　双按钮控制电机正、反转电路

图 9-16 所示为双按钮控制交流电机正、反转电路，使用了两个交流接触器 KM_1 和 KM_2，SB_1 为正转控制按钮，SB_2 为反转控制按钮。

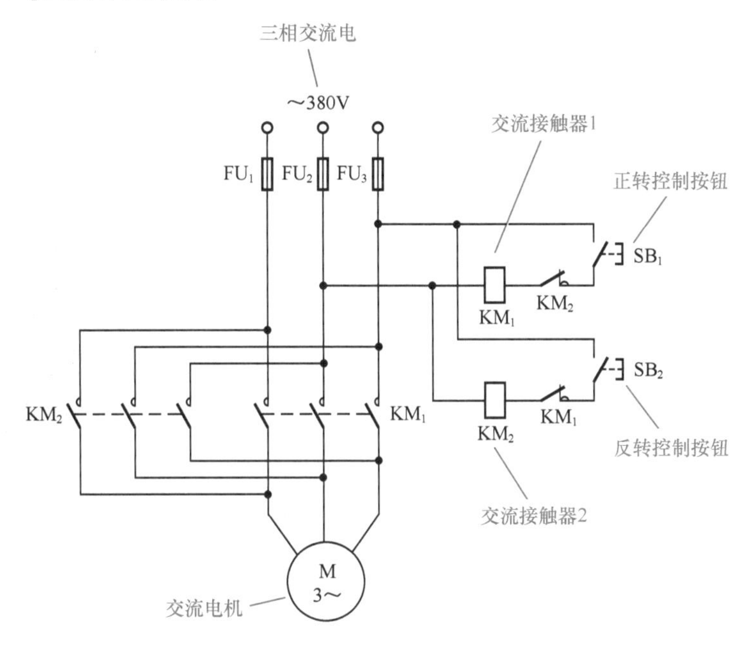

图 9-16　双按钮控制电机正、反转电路

按下按钮 SB_1 时，交流接触器 KM_1 得电吸合，接通交流电机电源使其正向转动。松开按钮 SB_1 时，交流接触器 KM_1 断电释放，切断交流电机电源使其停转。

按下按钮 SB_2 时，交流接触器 KM_2 得电吸合，在接通交流电机电源的同时改变了三相交流电的相序，使交流电机反向转动。松开按钮 SB_2 时，交流接触器 KM_2 断电释放，切断交流电机电源使其停转。

在交流接触器 KM_2 的绕组回路中，串联接 KM_1 的常闭辅助触点。同样在交流接触器 KM_1 的绕组回路中，串联接 KM_2 的常闭辅助触点。它们的作用是连锁保护，其保护原理是，当按下 SB_1 时，KM_1 吸合，其常闭辅助触点断开，切断了 KM_2 的绕组回路，这时即使误按下 SB_2，KM_2 也不会吸合，有效防止了 SB_1 与 SB_2 同时按下时造成三相电源相间短路。同理，当按下 SB_2 时，KM_2 吸合，其常闭辅助触点断开，切断了 KM_1 的绕组回路，这时即使误按下 SB_1，KM_1 也不会吸合。

9.2.7　电机间歇运行控制电路

图 9-17 所示为电机间歇运行控制电路，电路中使用了两个时间继电器 KT_1 和 KT_2、一个普通继电器 KA、一个交流接触器 KM。该电路自动能够控制交流电机运转一段时间、停止一段时间、再运转一段时间、再停止一段时间……，如此自动周而复始间歇运行。

时间继电器是延时动作的继电器，根据延时结构不同可分为机械时间继电器和电子时间继电器两大类。

机械时间继电器如图 9-18 所示，其结构原理如图 9-19 所示，由铁芯、线圈、衔铁、空气活塞、接点等部分组成，它是利用空气活塞的阻尼作用达到延时目的的。

线圈通电时使铁芯产生磁力，衔铁被吸合。衔铁向上运动后，固定在空气活塞上的推杆也开始向上运动，但由于空气活塞的阻尼作用，推杆不是瞬时而是缓慢向上运动，经过一定延时后才使常开接点 a-a 接通、常闭接点 b-b 断开。

电子时间继电器工作原理如图 9-20 所示，实际上是在普通继电器前面增加了一个延时电路，当在其输入端加上工作电源后，经一定延时才使继电器 K 动作。电子时间继电器具有较宽的延时时间调节范围，可通过调节 R 进行延时时间调节。

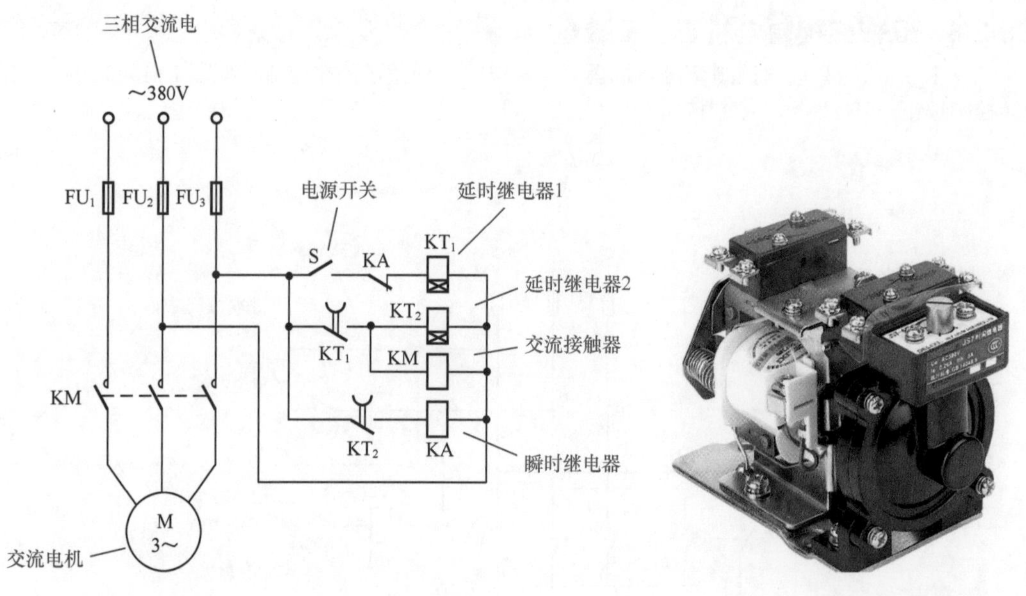

图 9-17　电机间歇运行控制电路

图 9-18　机械时间继电器

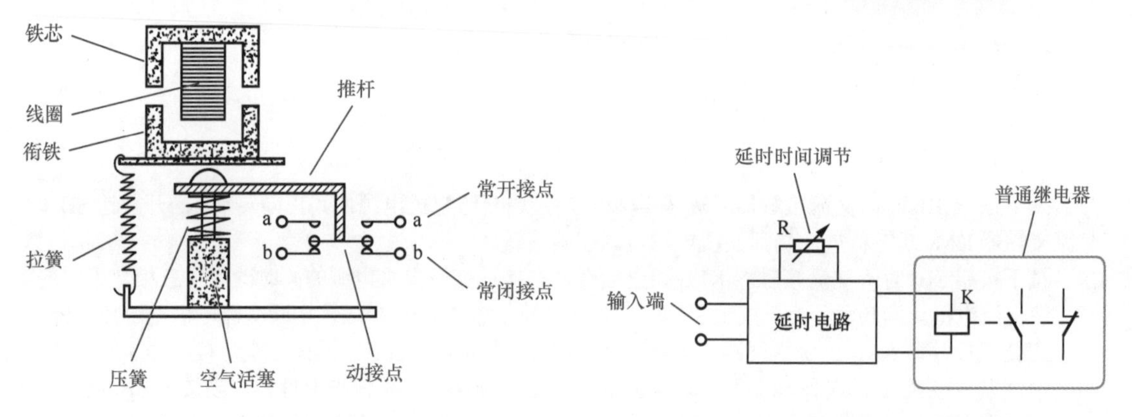

图 9-19　机械时间继电器结构原理

图 9-20　电子时间继电器的工作原理

根据动作特点不同，时间继电器又分为缓吸式和缓放式两种。缓吸式时间继电器的特点是，继电器线圈接通电源后需经一定延时各接点才动作，线圈断电时各接点瞬时复位。

缓放式时间继电器的特点是，线圈通电时各接点瞬时动作，线圈断电后各接点需经一定延时才复位。图 9-21 所示为时间继电器的图形符号。时间继电器主要用作延时控制。

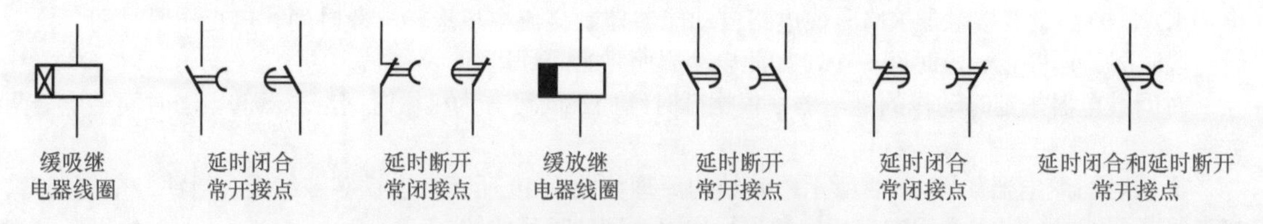

图 9-21　时间继电器的图形符号

电机间歇运行自动控制过程是，接通电源开关 S 后，交流电机并不立即运转，而是要待时间继电器 KT_1 延迟一定时间后动作，其触点接通交流接触器 KM 电源使其吸合，交流电机才运转。同时也接通了时间继电器 KT_2 电源，延迟一定时间后接通瞬时继电器 KA 电源，KA 动作其常闭触点断开，时间继电器 KT_1 断电释放，使交流接触器 KM 断电释放，交流电机停转。此时时间继电器 KT_2 也断电释放，切断了瞬时继电器 KA 电源，KA 释放其常闭触点闭合，又接通了时间继电器 KT_1 的电源，进入新一轮延时循环。

该间歇运行控制电路中，交流电机运转时间取决于时间继电器 KT_2 的延迟时间，交流电机停止时间取决于时间继电器 KT_1 的延迟时间。

9.2.8　电机自动再启动电路

图 9-22 所示为交流电机自动再启动电路，主要应用于电源切换、换用备用电源等短暂断电又较快恢复供电情况下，交流电机的自动启动。KM 为交流接触器，KA 为中间继电器，KT 为延时释放时间继电器，SB_1 为启动按钮，SB_2 为停止按钮。

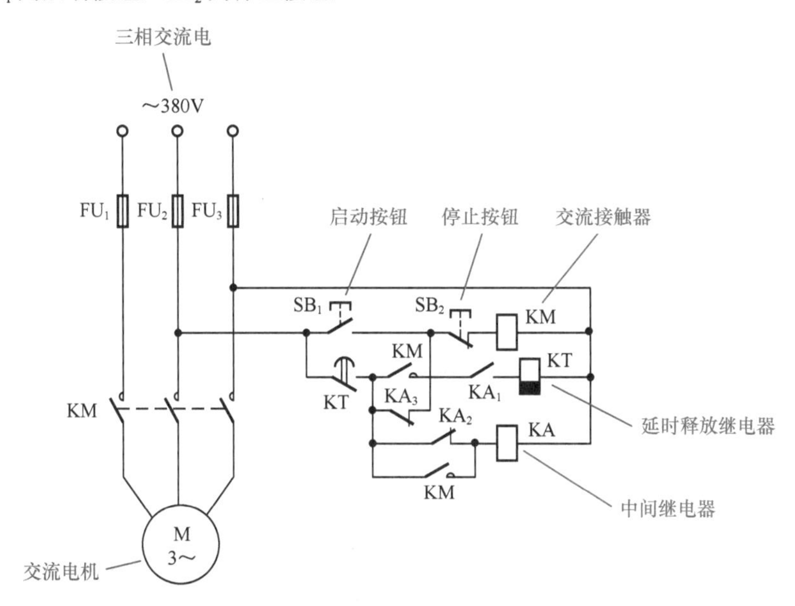

图 9-22　电机自动再启动电路

电路工作原理是，按下启动按钮 SB_1，交流接触器 KM、中间继电器 KA、延时释放时间继电器 KT 相继吸合，交流电机运转。这时如果断电，中间继电器 KA 与交流接触器 KM 释放，延时释放时间继电器 KT 虽然断电，但其触点并不立即断开，而是要延迟一定时间才断开。如果在 KT 触点尚未断开前又恢复供电，交流接触器 KM 绕组经 KT 触点、KA_3 常闭触点、SB_2 常闭按钮构成回路，使 KM 再次吸合，交流电机立即再自动启动。

需要交流电机停止时，应使按下停止按钮 SB_2 的时间超过延时释放时间继电器 KT 的延迟时间。

9.2.9　多处控制电机电路

实际工作中，有时需要在多处控制同一个交流电机。图 9-23 所示为多处控制电机电路，可以在不同的地点控制同一个交流电机的运转或停止。

电路中，SB_1、SB_2、SB_3 为三组控制按钮，每组都包括一个常开按钮和一个常闭按钮，常开按钮的功能是启动电机运转，常闭按钮的功能是停止运转。

在任一处按下常开按钮（例如 SB_{1-1}），交流接触器 KM 得电吸合，主触点 KM-1 接通三相电源使交流电机运转，辅助触点 KM-2 接通维持交流接触器 KM 绕组的电源。

在任一处按下常闭按钮（例如 SB_{1-2}），交流接触器 KM 断电释放，主触点 KM-1 断开，交流电机即停止运转。

三组控制按钮分置于三处。也可根据需要增加控制按钮的数量，只要将所有常开按钮并联、所有常闭按钮串联，然后一起接入交流接触器 KM 的绕组回路，即可实现在更多处控制一个交流电机。图 9-24 所示为多处控制电机电路实物接线图。

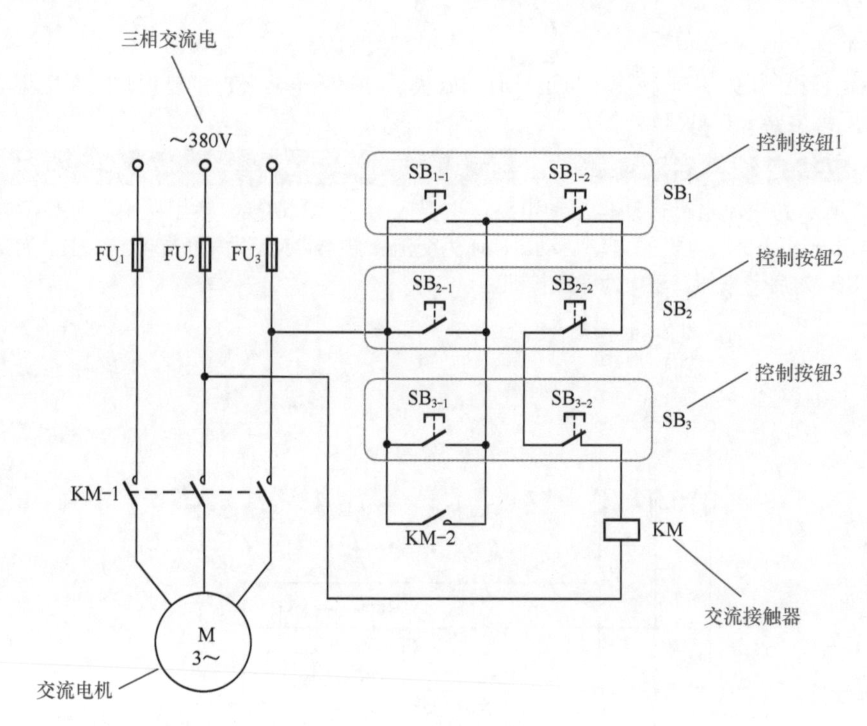

图 9-23　多处控制电机电路

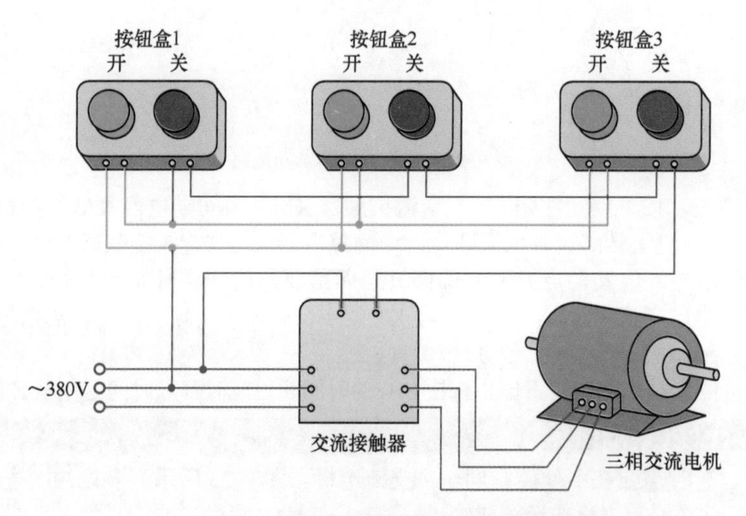

图 9-24　多处控制电机电路实物接线图

第10章 供配电电路图的识读

室内供配电电路是电工电路中的重要组成部分，包括电能表连接电路、住宅或写字楼内配电电路、户内配电箱电路、漏电保护器电路、电网电压监测电路等。正确识读这些电工电路关系到合理和安全用电，其中电能表连接电路应由有资质和授权的电工技术人员进行操作。

10.1 户内配电电路

一般住宅楼或写字楼的配电采用分级配电方式。图 10-1 所示为某住宅楼配电方案，这是一个典型的三级配电方式，各单元、各楼层、各住户都设计有低压配电箱，每级配电箱中都设置有计量装置和保护装置。

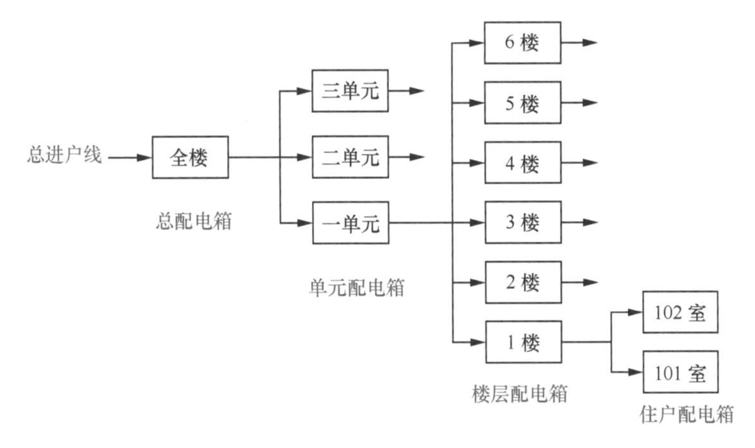

图 10-1 住宅楼配电方案

该配电方案中，每一级的计量装置的容量，必须大于其所有下一级计量装置容量的总和。每一级的保护装置的额定电流，必须大于其所有下一级保护装置的额定电流的总和。

一旦户内电路和电器发生短路或过载故障，首先是住户配电箱的保护装置动作，其次是楼层配电箱的保护装置动作，然后是单元配电箱的保护装置动作，最后才是整幢楼的总配电箱的保护装置动作。这样安排的好处是，某一户室内电路发生故障不致影响其他用户的正常用电。

户内供配电的总体要求是，户内配电方案应依据户内房间的作用和用途、照明灯具和家用电器的情况，参考一般用电要求，有针对性地进行设计，以达到安全、规范、节约、方便的要求。

家庭住宅户内配电的内容包括从进户线到每一盏灯和每一个插座。设计安装前应充分了解户内每一个房间的用途、对照明的要求、各种家用电器的使用情况等，并应考虑留有一定的余量。

10.1.1 小户型住宅户内配电电路

对于一室一厅的小户型住宅，可以采用图 10-2 所示的配电电路。图中，QS 为户内总断路器，FU 为户内总熔断器。$QF_1 \sim QF_3$ 为各支路断路器，$FU_1 \sim FU_3$ 为各支路熔断器。

该方案的特点是，照明电路和动力电路（插座）分为两个支路，各自相对独立供电，各个卧室、客厅、厨房、卫生间的灯具或电器插座，分别归类连接到照明或动力支路上。考虑到空调器的电功率较大，也单设一条供电支路。

每个支路都单独设置断路器和熔断器，一旦某一支路发生故障，其断路器和熔断器保护动作切断该支路电源，并不会影响其他支路的供电。特别是晚间插座电路发生故障时，照明电路仍可正常工作提供照明，给检修带来很大方便。

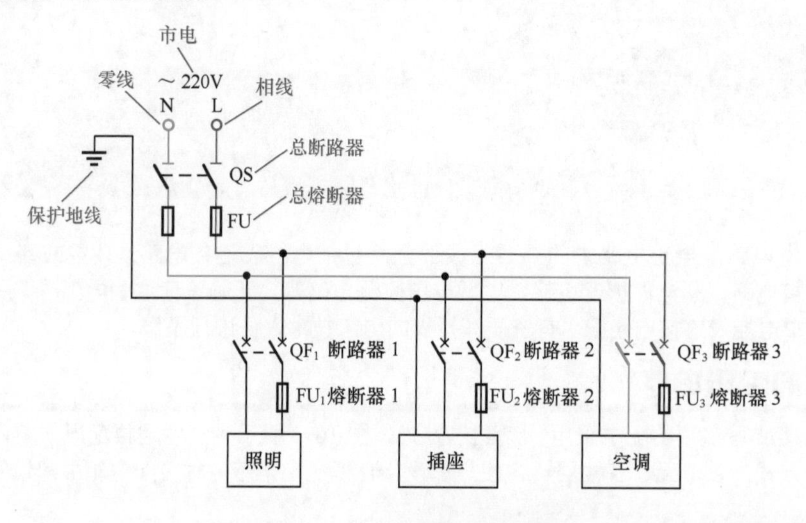

图 10-2 小户型住宅配电电路

10.1.2 中户型住宅户内配电电路

图 10-3 所示为某两室一厅中户型住宅的户内配电电路。方案是将入户电源分为照明、插座、空调三路，每一路都有各自的断路器和熔断器，再分别连通到卧室、客厅、厨房、卫生间等处。

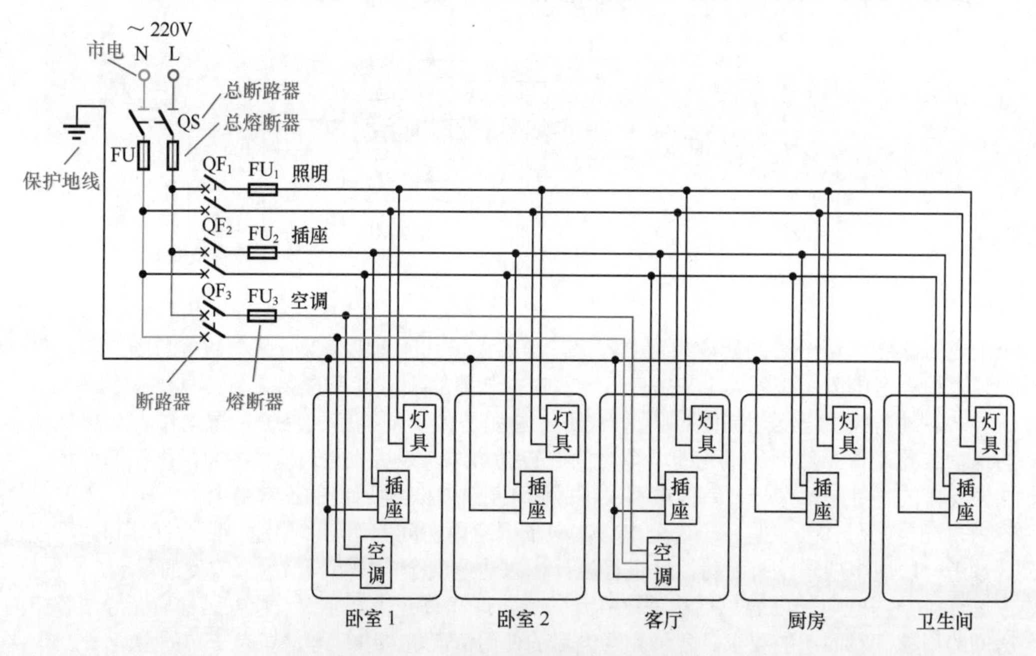

图 10-3 中户型住宅的户内配电电路

10.1.3 大户型住宅户内配电电路

对于三室一厅以上较大面积的住宅，由于厅室数量和面积的增加，照明灯具和家用电器所需要的电源插座必然增加，可考虑将照明、插座、空调等支路分别再各自拆分为两路或三路。

图 10-4 所示为某三室两厅住宅的户内配电电路，共分为 8 路供电。①照明电路分为两路，如果一路发生故障，另一路可以继续提供照明，以便检修。②插座电路分为三路，分别通往卧室、客厅和餐厅、厨房和卫生间等，分散了线路中的电流，以防电线过载。当某一路故障时，其他插座电路仍可

正常提供电源，便于检修时电动工具和仪表的使用。③空调电路分为三路，分别为卧室和客厅等处的空调器供电。考虑到日后增加空调器的可能，最好每一厅室都预留设置一路空调电路。

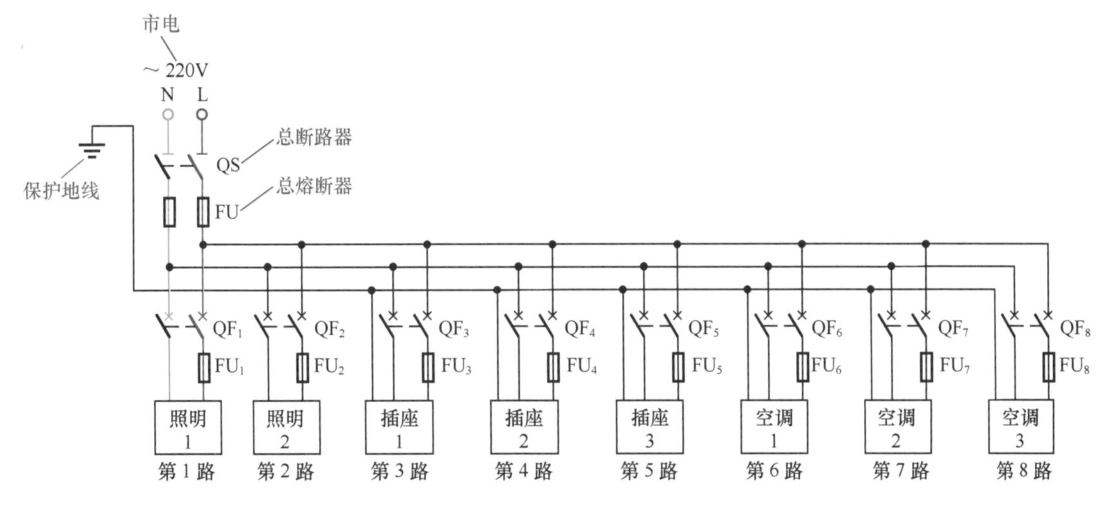

图 10-4 大户型住宅的户内配电电路

10.1.4 写字楼室内配电电路

写字楼中的办公室配电与住宅户内配电类似，一般也分为照明电路、动力（插座）电路、空调电路三个支路。可以按楼层设计，每个楼层作为一个单元供电。如果一个楼层中办公室的数量较多，还可以将照明电路、插座电路、空调电路都分别设计为 2～3 路，每一路为部分办公室供电。

例如，某写字楼一个楼层共有 10 个办公室，我们可以为该楼层设计 6 个供电支路。其中，两路照明电路、两路插座电路、两路空调电路，将 10 个办公室分为两组分别供电。该配电电路如图 10-5 所示。

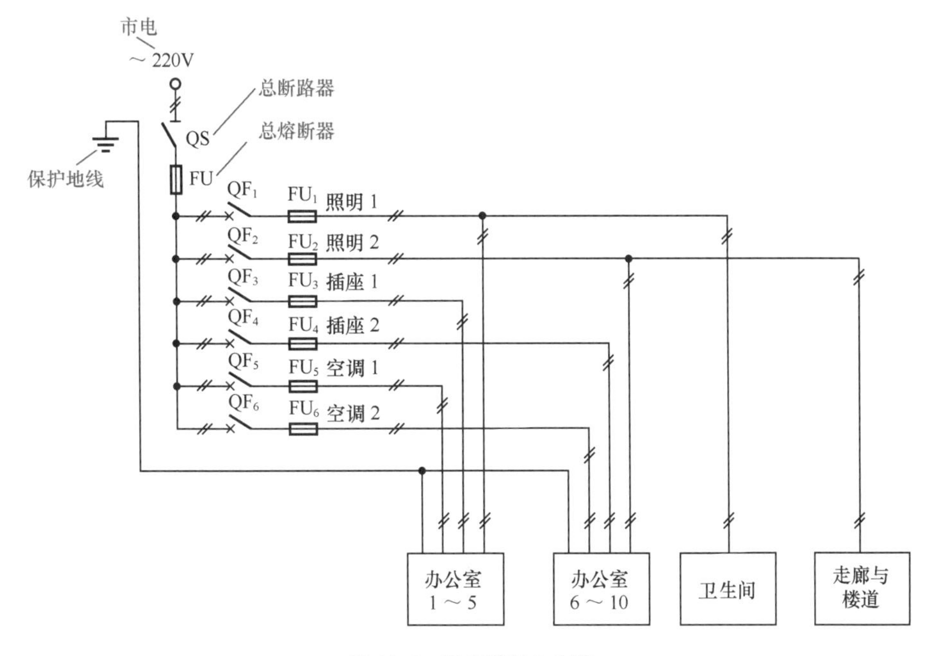

图 10-5 写字楼配电电路

10.1.5 户内配电箱电路

户内配电箱担负着住宅内部的供电与配电任务，并具有过载保护和漏电保护功能。住宅内的电路或某一电器如果出现问题，户内配电箱将会自动切断供电电路，以防止出现严重后果。

户内配电箱如图 10-6 所示。在电气上，总断路器、漏电保护器、断路器三个功能单元是顺序连接的，即交流 220V 电源首先接入总断路器，通过总断路器后进入漏电保护器，通过漏电保护器后分两路分别经过断路器输出。户内配电箱电路如图 10-7 所示。

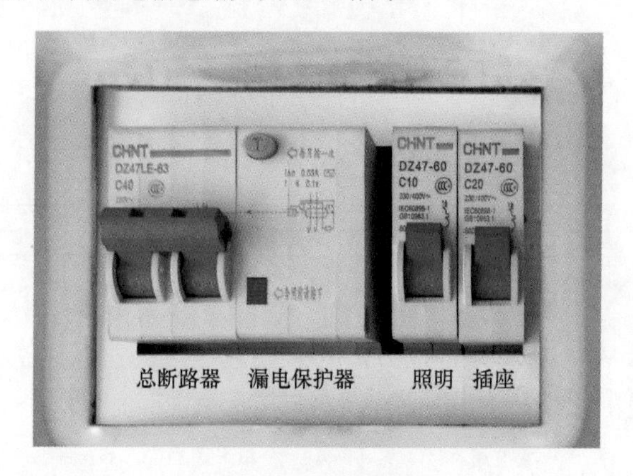

图 10-6　户内配电箱

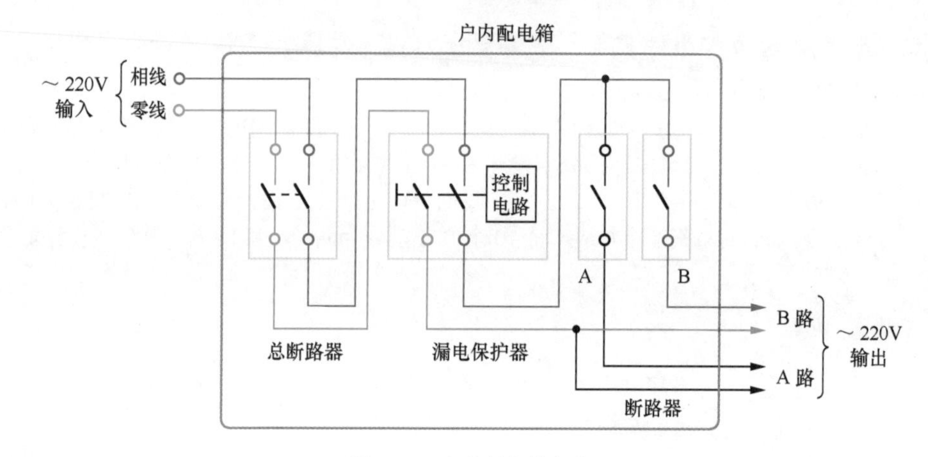

图 10-7　户内配电箱电路

10.2 电能表连接电路

电能表安装使用时，必须正确连接电源线和负载线，方能正常工作和准确计量。电能表接线的连接原则是：电压线圈与电路并联，电流线圈串联在相线回路中。电能表的接线方式有：直接接入式和经电流互感器接入式。

10.2.1 单相电能表连接电路

单相电度表是最常用的电能表。DD 系列单相电能表如图 10-8 所示，接线盒盖子已打开，可见接线盒内的四个连接外电路的接线端，从左到右依次为：①相线电源端，②相线负载端，③零线电源端，④零线负载端。

图 10-9 所示为单相电能表电气图，四个内部引出线中，接线端①、②为电流线圈，其中①端应接相线。接线端①、③或④为电压线圈，电压联片已将电压线圈首端与接线端①连接，表内已将接线端③、④短接。

图 10-10 所示为单相电能表直接接入式连接的接线原理图，一般常用单相电能表均为直接接入式连接。

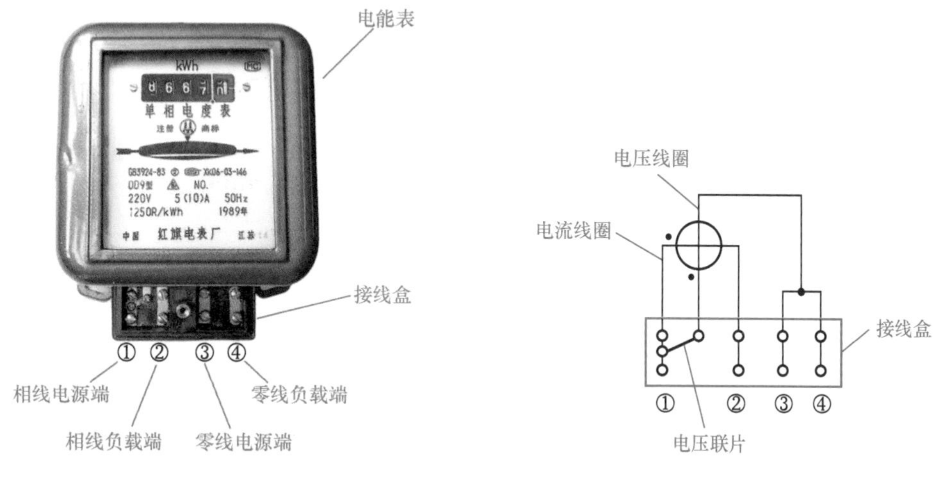

图 10-8 单相电能表　　　　图 10-9 单相电能表电气图

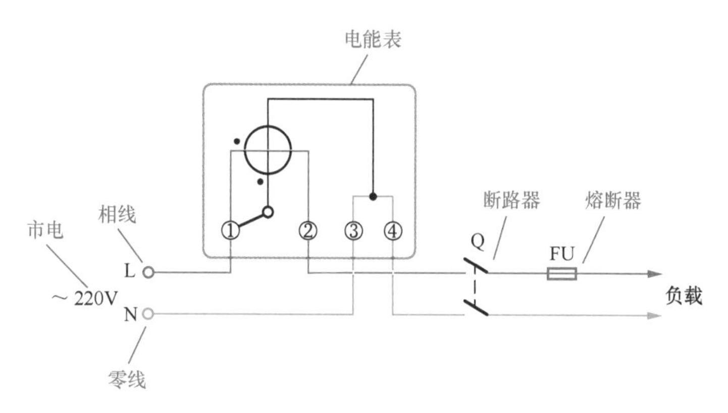

图 10-10 单相电能表直接接入式连接的接线原理图

随着电工电子技术的发展进步，电子电能表和智能电能表得到了广泛的应用。电子电能表和智能电能表具有计量精确、可以分时计量、远程传输数据、无须工作人员上门抄表等显著优点。图 10-11 所示为 DDZY 型单相智能电能表。

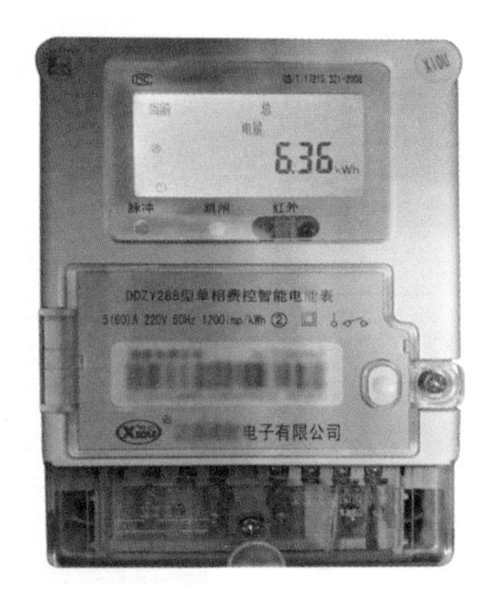

图 10-11 单相智能电能表

10.2.2 单相电能表经互感器连接

图 10-12 所示为单相电能表经电流互感器接入式连接的接线原理图，当负载电流较大时，可采用电流互感器接入式连接，这时实际用电量应是电能表读数值与电流互感器变流比的乘积。例如，当

配用变流比为 100A/5A 的电流互感器时，电能表读数为 80kW · h（度），则实际用电量为 $80\times\frac{100}{5}=$ 1600［kW · h（度）］。

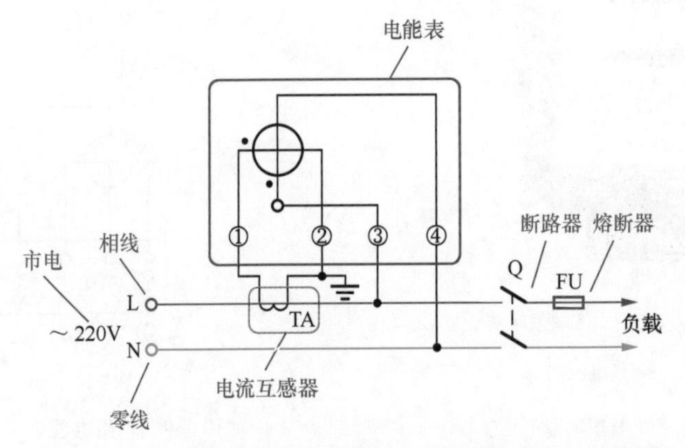

图 10-12 单相电能表经电流互感器接入式连接的接线原理图

10.2.3 三相三线电能表连接电路

三相三线电能表具有两个电磁测量机构，共同驱动一个积算显示机构。三相三线电能表的电压线圈的额定电压为线电压（380V），主要应用于三相三线制供电电路或三相四线制供电系统中的三相平衡负载的电能计量。图 10-13 所示为 DS 系列三相三线电能表直接接入式连接的接线原理图。

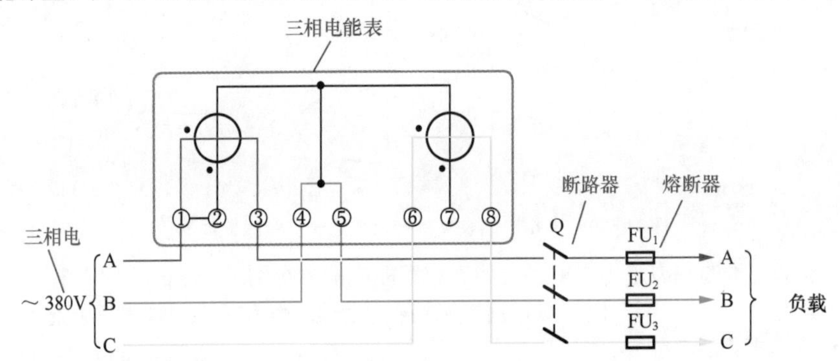

图 10-13 三相三线电能表直接接入式连接的接线原理图

10.2.4 三相三线电能表经互感器连接

图 10-14 所示为 DS 系列三相三线电能表经电流互感器接入式连接的接线原理图。

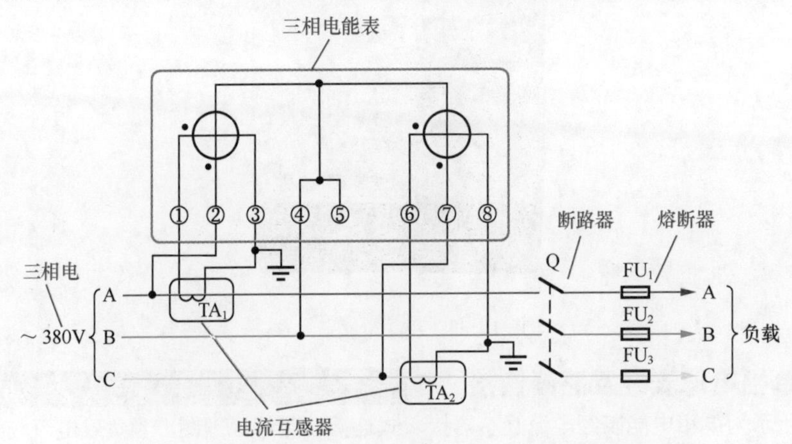

图 10-14 三相三线电能表经电流互感器接入式连接的接线原理图

10.2.5　三相四线电能表连接电路

三相四线电能表具有三个电磁测量机构，共同驱动一个积算显示机构。三相四线电能表的电压线圈的额定电压为相电压（220V），主要应用于三相四线制供电电路的电能计量。图 10-15 所示为 DT 系列三相四线电能表直接接入式连接的接线原理图。

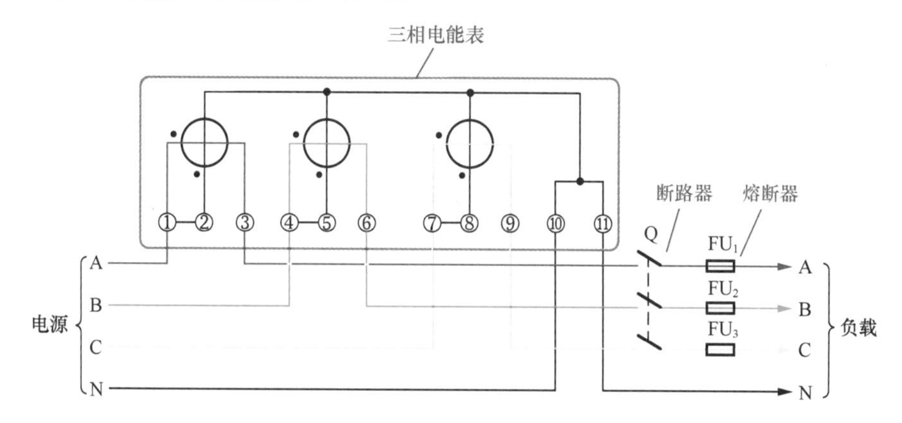

图 10-15　三相四线电能表直接接入式连接的接线原理图

10.2.6　三相四线电能表经互感器连接

图 10-16 所示为 DT 系列三相四线电能表经电流互感器接入式连接的接线原理图。

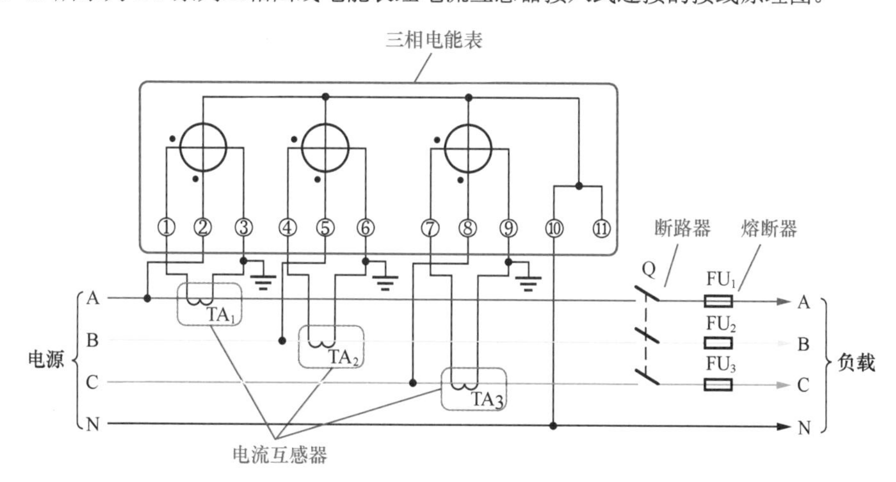

图 10-16　三相四线电能表经电流互感器接入式连接的接线原理图

10.2.7　电能表校验电路

电能表每 kW · h（度）电所对应的转盘的转数是固定的，称之为电能表常数，并标注在电能表上，单位为 R/（kW · h）。例如，某电能表上标注有“1250R/kW · h”字符，表示该电能表常数为 1250，即每用 1kW · h（度）电其转盘转动 1250 圈。因此，可以通过计算已知负载情况下单位时间内转盘转动的圈数，来校验电度表的准确性。方法如下。

（1）按图 10-17 所示将电能表接入电路，并联接一已知功率的负载，例如 40W 白炽灯。对于正在使用的在线电度表，例如某一家庭的电能表，可以将所有用电器全部关掉，只开一盏白炽灯。

（2）观察并计算转盘转动若干圈（例如 5 圈）所用的时间。电能表转盘上有一个颜色标记，便于观察。

（3）将转盘转动的圈数、所用时间、电度表常数等代入下式，计算出测量所得负载功率。

$$P=\frac{3600\times r}{t\times R}\text{（kW）}$$

式中 P——功率（kW）；

r——转盘转动的圈数；

t——转盘转动 r 圈所用时间（s）；

R——电能表常数。

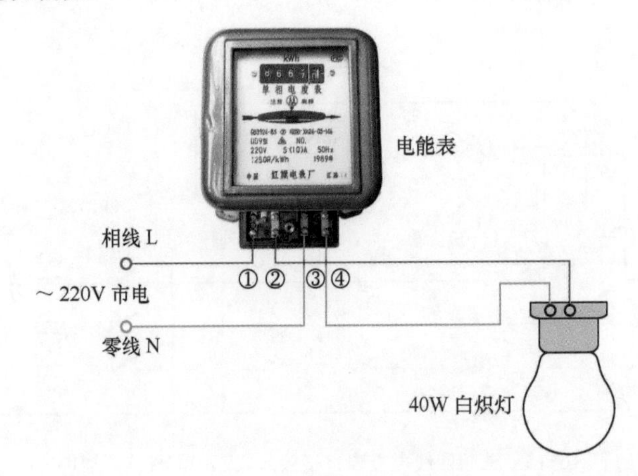

图 10-17 电能表校验电路

（4）将测量所得功率与已知负载功率进行对比，即可知道该电能表是否准确。例如，负载为 40W 白炽灯，电能表常数为 1250R/kW · h，观察转盘转动 5 圈用时 360s，代入公式得：

$$P=\frac{3600\times5}{360\times1250}=0.04\,\text{kW}\ （40\text{W}）$$

测量所得功率与实际负载功率相符，说明该电能表是准确的。如果测量所得功率大于实际负载功率，说明该电能表计量偏大(正误差)。如果测量所得功率小于实际负载功率，说明该电能表计量偏小(负误差)。

10.3 供配电保护电路

为了确保用电安全和电网安全，供配电保护电路是必需的。供配电保护电路包括供电侧的过压、欠压、电压异常波动等检测与保护，用电侧的过载、过流、超负荷、负载短路、漏电等检测与保护。

10.3.1 熔断器电路

熔断器是一种常用的一次性保护器件，主要用来对用电设备和电路进行过载或短路保护。熔断器的特点是当电流过大时能够迅速熔断、切断电源，从而起到对用电设备和电路的保护的作用。

熔断器应串联接在被保护的电路中，并应接在电源相线输入端，如图 10-18 所示。一般熔丝的保护作用是一次性的，一旦熔断即失去作用，应在故障排除后更换新的相同规格的熔丝。

有些熔断器具有熔断指示电路，如图 10-19 所示，由氖泡和降压电阻 R 组成的熔断指示电路并接在熔丝 FU 两端，熔丝正常时氖泡无电压不发光。一旦熔丝熔断后，全部电压便加在氖泡和 R 两端，使氖泡发光，指示该熔丝已熔断。使用中可以很方便地透过安装架上的熔断指示窗观察到氖泡是否发光，这使得在具有多个熔断器的配电板上可以很快找到熔断的熔丝并及时排除故障。

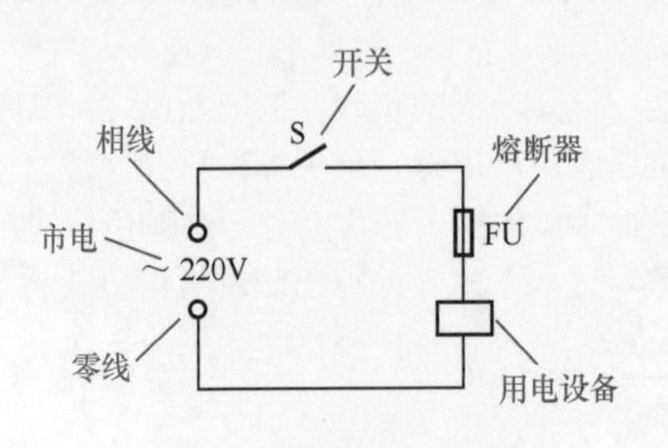

图 10-18 熔断器应用电路

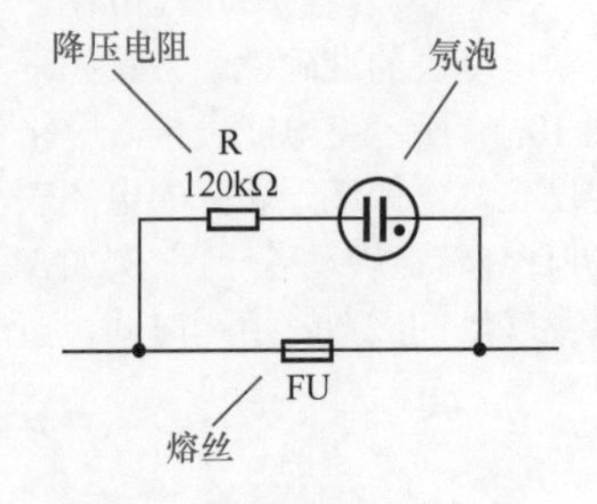

图 10-19 熔断指示电路

10.3.2 漏电保护器电路

漏电保护器如图 10-20 所示，左侧可见一开关扳手，平时朝上处于“ON”接通位置。右侧有一试验按钮（一般为黄色或橙色），供检验漏电保护器用。当户内电线或电器发生漏电，以及万一有人触电时，漏电保护器会迅速动作切断电源（这时可见左侧的开关扳手已朝下处于“OFF”关断位置）。

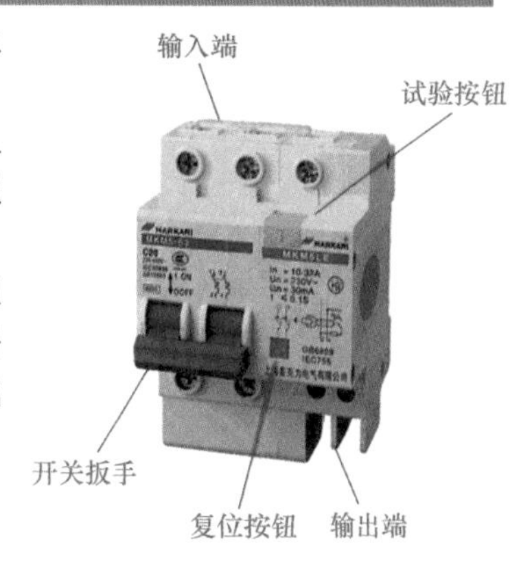

图 10-20 漏电保护器

图 10-21 所示为集成电路构成的漏电保护器电路，包括四个组成部分：①电流互感器 TA 构成的漏电电流检测电路；②集成电路 IC_1、晶体闸流管 VS 等构成的控制处理电路；③电磁断路器 Q_1 构成的执行保护电路；④按钮开关 SB 和电阻 R_1 构成的试验检测电路。

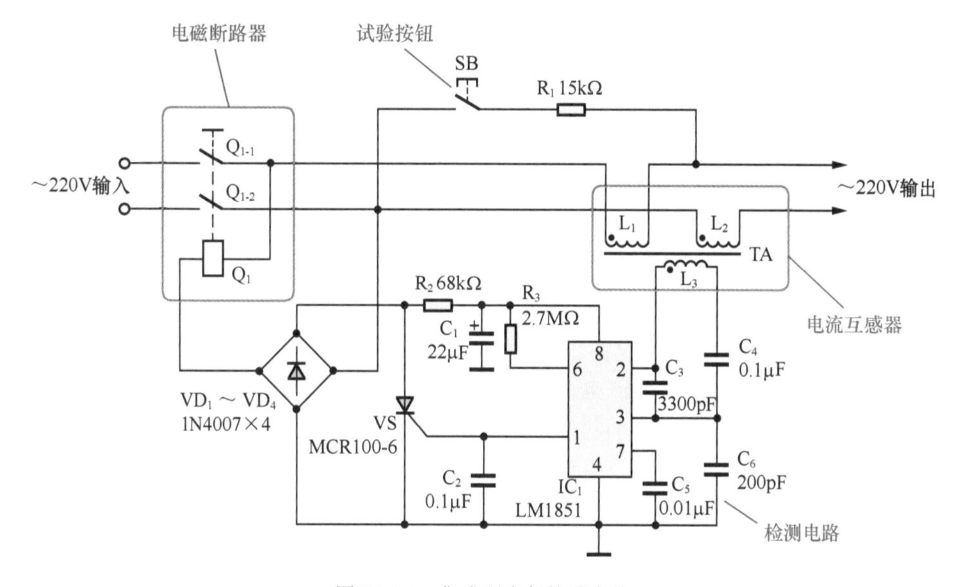

图 10-21 集成漏电保护器电路

图 10-22 所示为 555 时基电路构成的漏电保护器电路，同样包括四个组成部分：①电流互感器 TA 构成的漏电检测电路；② 555 时基电路 IC、晶体闸流管 VS 等构成的控制处理电路；③电磁断路器 Q_1 构成的执行保护电路；④按钮开关 SB 和电阻 R_1 构成的试验检测电路。

两个电路工作原理相似，都是利用漏电或触电发生时相线和零线的瞬时电流不相等原理工作的。所不同的是图 10-21 中控制处理电路采用了集成电路 LM1851，而图 10-22 中控制处理电路采用了 555 时基电路，并增加了发光二极管 VD_5 作为电路供电正常指示灯。

（1）漏电保护器工作原理

漏电保护器工作原理是：交流 220V 电源经过电磁断路器 Q_1 接点和电流互感器 TA 后输出至负载。正常情况下，电源相线和零线的瞬时电流大小相等、方向相反，它们在电流互感器 TA 铁芯中所产生的磁通互相抵消，TA 的感应线圈 L_3 上没有感应电压。

当漏电或触电发生时，相线和零线的瞬时电流大小不再相等，它们在电流互感器 TA 铁芯中所产生的磁通不能完全抵消，L_3 上便产生一感应电压，输入到集成电路 IC_1 进行放大处理后，IC_1 的第 1 脚输出触发信号使晶闸管 VS 导通，电磁断路器 Q_1 得电动作，其接点瞬间断开而切断了 220V 电源，保证了线路和人身安全。

电磁断路器 Q_1 的结构为手动接通、电磁驱动切断的脱扣开关，一旦动作便处于“断”状态，故障排除后需要手动合上。

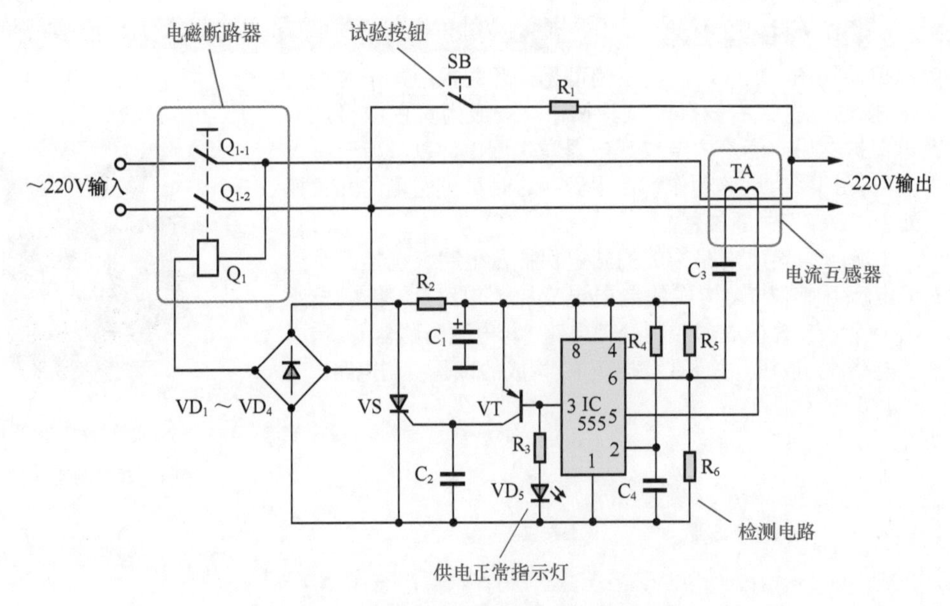

图 10-22　时基电路漏电保护器电路

（2）电流互感器

电流互感器 TA 的结构如图 10-23 所示，交流 220V 市电的相线和零线穿过高导磁率的环形铁芯形成初级线圈 L_1、L_2，次级感应线圈 L_3 有 1500 ~ 2000 圈，因此可以检测出 mA 级的漏电电流。

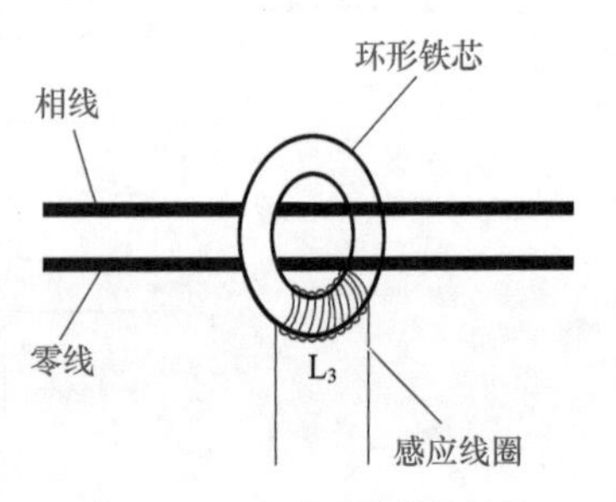

图 10-23　电流互感器的结构

（3）试验按钮

SB 为试验按钮，用于检测漏电保护器的保护功能是否正常可靠。按下 SB 后，相线与零线之间通过限流电阻 R 形成一电流，该电流回路的相线部分穿过了电流互感器 TA 的环形铁芯，而零线部分没有穿过电流互感器 TA 的环形铁芯，这就人为地造成了环形铁芯中相线与零线电流的不平衡，模拟了漏电或触电的情况，使得电磁断路器 Q_1 动作。试验过后，需要先将弹出的复位按钮按下，再将开关扳手合上。

二极管 VD_1 ~ VD_4 构成桥式整流电路，并通过 R_2、C_1 降压滤波后，为集成电路 IC_1 和电磁断路器 Q_1 的驱动线圈提供工作电源。

需要特别说明的是，漏电保护器是基于漏电或触电时相线与零线电流不平衡的原理工作的，所以对于以下情况：①相线与零线之间漏电；②触电发生在相线与零线之间。此类漏电保护器不起保护作用。

10.3.3　电网电压监测电路

电网电压监测电路如图 10-24 所示，由电压取样、电压比较、驱动指示等电路组成。当电网电压过压（大于 240V）或欠压（小于 180V）时，分别由不同颜色的 LED 发光示警。

电路工作原理是，集成运放 IC_2 和 IC_3 等构成的窗口电压比较电路，以判断电网电压是否在允许的 180 ~ 240V 范围内。如果电网电压正常，则警示 LED 不发光。集成稳压器 IC_1 和分压电阻 R_3、R_4、R_5 构成基准电压，分别为两个电压比较器提供高、低基准电压。

集成运放 IC_2 为高电压比较器，负责鉴别电网电压是否过压。当电网电压大于 240V 时，即认定为过压，输出端变为高电平使晶体管 VT_1 导通，驱动发光二极管 VD_5 发出红光，指示电网电压已超过 240V。

集成运放 IC_3 为低电压比较器，负责鉴别电网电压是否欠压。当电网电压小于 180V 时，即认定为欠压，输出端变为高电平使晶体管 VT_2 导通，驱动发光二极管 VD_6 发出绿光，指示电网电压已低于 180V。R_6 和 R_7 分别是 VD_5 和 VD_6 的限流电阻。

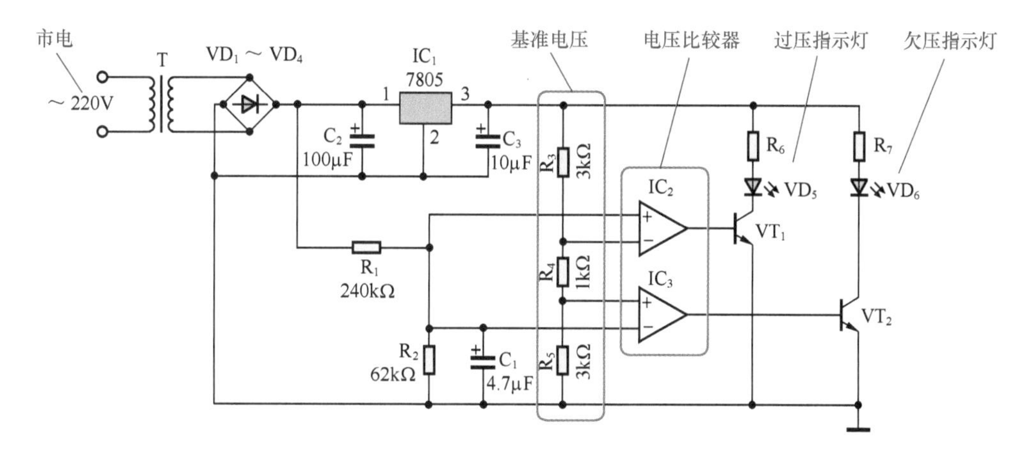

图 10-24　电网电压监测电路

图 10-25 所示为采用双色 LED 的电网电压监测电路，VD_5 为双色发光二极管。当电网电压超过 240V 时，电压比较器 IC_2 输出高电平，驱动晶体管 VT_1 导通，电流通过双色发光二极管 VD_5 的上侧管芯，VD_5 发出红光示警。当电网电压低于 180V 时，电压比较器 IC_3 输出高电平，驱动晶体管 VT_2 导通，电流通过 VD_5 的下侧管芯，VD_5 发出绿光示警。

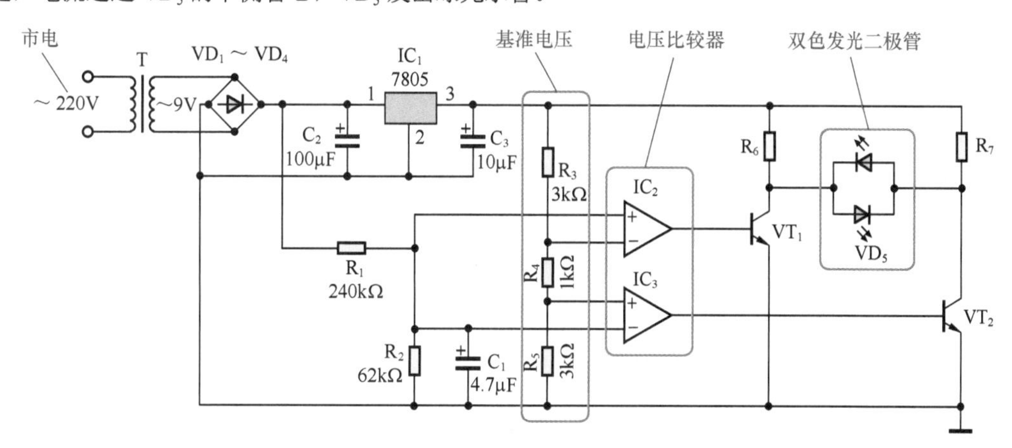

图 10-25　双色 LED 电网电压监测电路

双色发光二极管是将两种发光颜色的 LED 管芯反向并联后封装在一起构成的，可以起到两个不同颜色发光二极管的作用，有利于简化电路结构。

10.3.4　电源电压状态指示电路

图 10-26 所示为电源电压状态指示电路，包括电压取样、电压比较、驱动指示等组成部分。当电网电压大于 240V（过压）、在 240V 至 180V 之间（正常区间）、小于 180V（欠压）时，由发光二极管发出不同颜色的光予以指示。VD_5 为三色发光二极管，R_6 是它的限流电阻，VT_1、VT_2、VT_3 分别是三个不同颜色管芯的驱动晶体管。

（1）电路工作原理

电源变压器 T、整流桥 $VD_1 \sim VD_4$、分压电阻 R_1 和 R_2 等构成取样电路。集成稳压器 IC_1，分压电阻 R_3、R_4 和 R_5 等构成阶梯式基准电压电路。集成运放 IC_2 和 IC_3 等构成窗口电压比较电路，以判断电网电压是否在允许的 180 ~ 240V 范围内。

当电网电压超过 240V 时，电压比较器 IC_2 输出高电平使驱动晶体管 VT_1 导通，三色 LED 中的 VD_a 管芯（红色）发光，指示电源电压过压。

当电网电压低于 180V 时，电压比较器 IC_3 输出高电平使驱动晶体管 VT_2 导通，三色 LED 中的 VD_c 管芯（蓝色）发光，指示电源电压欠压。

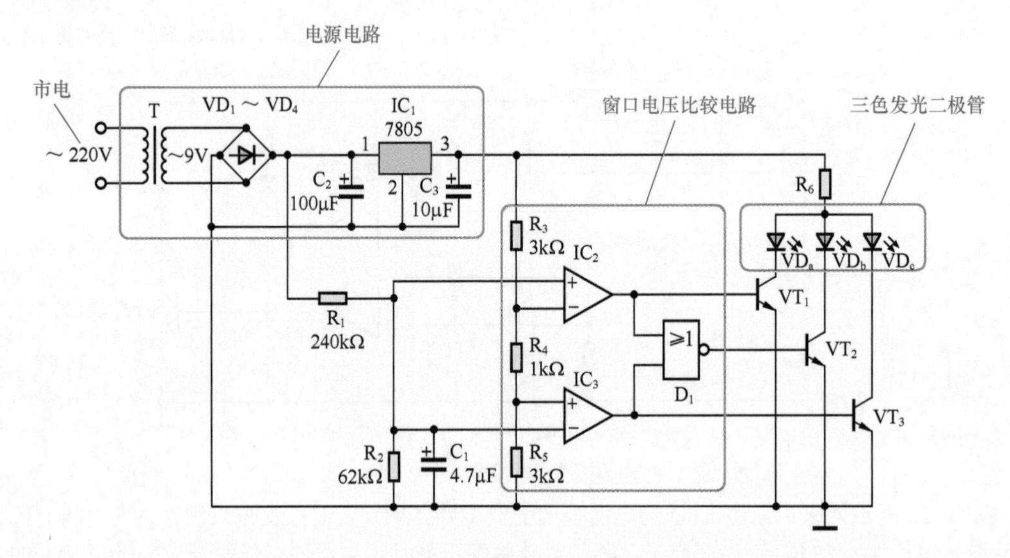

图 10-26　电源电压状态指示电路

当电网电压在180 ~ 240V时，两个电压比较器IC_2、IC_3输出均为低电平，经或非门D_1输出高电平，使驱动晶体管 VT_2 导通，三色 LED 中的 VD_b 管芯（绿色）发光，指示电源电压正常。

（2）三色发光二极管

三色发光二极管是将三种不同颜色的管芯封装在一起，分为共阳极三色 LED 和共阴极三色 LED 两种。

共阳极四管脚三色 LED 如图 10-27 所示，3 种发光颜色（例如红、蓝、绿三色）的管芯正极连接在一起。4 个管脚中，1 脚为绿色 LED 的负极，2 脚为蓝色 LED 的负极，3 脚为公共正极，4 脚为红色 LED 的负极。使用时，公共正极 3 脚接工作电压，其余管脚按需接地即可。

共阴极四管脚三色 LED 如图 10-28 所示，3 种发光颜色的管芯负极连接在一起。4 个管脚中，1 脚为绿色 LED 的正极，2 脚为蓝色 LED 的正极，3 脚为公共负极，4 脚为红色 LED 的正极。使用时，公共负极 3 脚接地，其余管脚按需接入工作电压即可。

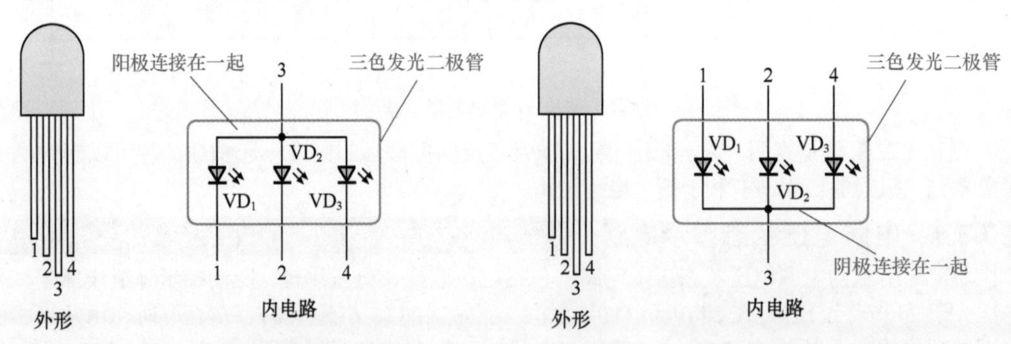

图 10-27　共阳极三色发光二极管　　图 10-28　共阴极三色发光二极管